新农村能工巧匠速成丛书

拖 拉 机
修 理 工

王世杰 主编

中国农业出版社

内容提要

　　本书共十五章，内容包括：拖拉机修理基础知识，拖拉机修理基本技能，拖拉机技术状态的变化及保养修理过程，柴油发动机工作原理及主要性能指标，机体及曲柄连杆机构的修理，换气系统的修理，柴油供给系统的修理，润滑系统的修理，冷却系统的修理，柴油发动机的总装与磨合，传动系统的修理，行走、转向及制动装置的修理，工作装置的修理，电器设备的修理，拖拉机的总装与磨合试运转等。

　　本书全面系统地介绍了拖拉机的构造原理、拖拉机修理的基础知识与基本技能，通俗易懂，实用性强。适合拖拉机修理的初学者、爱好者自学，也适合在岗拖拉机修理工自学参考，以进一步提高操作技能；也可作为职业院校、培训中心等的技能培训教材。

主　编　王世杰

副主编　崔玉山　江　平　郑芸芳

参　编　徐　莉　李　易　李明刚

　　　　赵　予　张长明　白雪梅

　　　　董云秀　黄　健　冯思志

　　　　赵均胜　王建业　樊兆兵

　　　　张　锋　李　君　孙昀璟

　　　　王亚明

前　言

随着国民经济和现代科学技术的迅猛发展，我国农村也发生了巨大的变化。在党中央构建社会主义和谐社会和建设社会主义新农村的方针指引下，为落实党中央提出的"加快建立以工促农、以城带乡的长效机制""提高农民整体素质，培养造就有文化、懂技术、会经营的新型农民""广泛培养农村实用人才"等具体要求，全社会都在大力开展"农村劳动力转移培训阳光工程"，以增强农民转产转岗就业的能力。目前，图书市场上针对这一读者群的成规模成系列的读物不多。为了满足数亿农民的迫切需求和进一步规范劳动技能，中国农业出版社组织编写了《新农村能工巧匠速成丛书》。

该套丛书力求体现"定位准确、注重技能、文字简明、通俗易懂"的特点。因此，在编写中从实际出发，简明扼要，不追求理论的深度，使具有初中文化程度的读者就能读懂学会，稍加训练就能轻松掌握基本操作技能，从而达到实用速成、快速上岗的目的。

《拉拉机修理工》为初级拖拉机修理工而编写的。书中不涉及高深的专业知识，您只要按照本书的指引，通过自己的努力训练，很快就可以掌握拖拉机修理的基本技能和操作技巧，成为一名合格的拖拉机修理工。

  本书全面系统地介绍了拖拉机的拆装、检查调整、故障排除、修理工艺等操作技术，侧重介绍了近几年生产的、采用新技术的大型拖拉机的结构原理、故障排除及修理方法。适合拖拉机修理的初学者、爱好者自学，也适合在岗拖拉机修理工自学参考，以进一步提高操作技能；也可作为职业院校、培训中心等的技能培训教材。

编 者

2012 年 12 月

目　录

拖拉机修理的基础知识

拖拉机修理是一项技术复杂程度较高的工作。学习并掌握与拖拉机制造和修理有关的基础知识，是做好拖拉机修理工作的前提，能收到事半功倍的效果。

第一节 拖拉机零件的技术要求

拖拉机零件是拖拉机最基本的组成单位，成百上千个零件，按照各个零件的不同作用和技术要求，分别组成若干组件、部件和总成等装配单位，将这些装配单位按照一定的配合关系装配在一起，就造成了一台拖拉机。假若有一个零件不符合技术要求，就可能影响到整台拖拉机的正常运转，小问题可能逐渐演变为大麻烦，所以，为保证拖拉机良好的技术状态，每个零件都有严格的技术要求。

一、零件的加工技术要求

零件的技术要求通常标注在零件图纸上，作为制造和修理的依据，是零件质量检验的标准。在修理拖拉机时，判断一个零件是否需要更换和修复后的质量是否符合要求，除了看它材质和热处理是否符合图纸规定外，通常还要从四个方面来判断：一是检验它的尺寸及尺寸公差是否符合图纸规定；二是检验它的表面形状公差是否符合图纸规定；三是检验它的相互位置公差是否符合图纸规定；四是检验它的表面粗糙度是否符合技术要求。

1. 尺寸与尺寸公差 尺寸与尺寸公差是为保证零件互换性和配合精度而提出的重要技术要求，也是判断零件质量的重要技术指标。下面以图 1-1 中零件图为例，说明尺寸及尺寸公差的基本概念。

（1）基本尺寸 基本尺寸是根据零件的安装部位、材料的强度、受力情况以及加工工艺要求确定的，通常为整数值。图 1-1 中的零件长度 35 mm 和

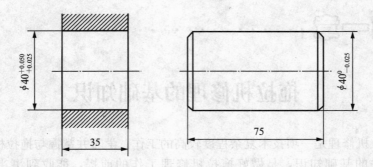

图 1-1　零件尺寸图

75 mm 都是基本尺寸，相互配合的孔和轴的直径，其基本尺寸 $\phi40$ mm 是相同的。

（2）实际尺寸　实际尺寸是指在按图纸要求加工完毕的零件上实际测得的尺寸。在测量中不可避免地存在测量误差，所以实际尺寸并非真实尺寸。由于受加工设备和技术条件的限制，加工出来的零件的实际尺寸不可能和基本尺寸完全相同，图 1-1 中孔和轴的直径不可能正好是 $\phi40$ mm。

（3）极限尺寸　极限尺寸是对实际尺寸的变动范围加以最大和最小限制的两个界限值。两个界限值中数值最大的称为最大极限尺寸，最小的称为最小极限尺寸。在图 1-1 中，孔的最大极限尺寸为 $\phi40.050$ mm，最小极限尺寸为 $\phi40.025$ mm；轴的最大极限尺寸为 $\phi40$ mm，最小极限尺寸为 $\phi39.975$ mm。

零件加工后的实际尺寸必须介于最大极限尺寸和最小极限尺寸之间或者等于极限尺寸，否则就是不合格零件。

（4）尺寸偏差　尺寸偏差简称偏差，它包括实际偏差和极限偏差。

①实际偏差是指实际尺寸与基本尺寸的代数差。即：

$$实际偏差＝实际尺寸－基本尺寸$$

设基本尺寸为 80 mm 长的某零件的实际尺寸为 80.015 mm，该零件的实际偏差为：

$$80.015－80＝0.015（mm）$$

②极限偏差是指极限尺寸与基本尺寸的代数差。因为极限尺寸有最大和最小两个，所以极限偏差有上偏差和下偏差之分。

$$上偏差＝最大极限尺寸－基本尺寸$$
$$下偏差＝最小极限尺寸－基本尺寸$$

在图 1-1 中，孔直径的上、下偏差为：

$$上偏差＝40.050－40＝0.050（mm）$$
$$下偏差＝40.025－40＝0.025（mm）$$

偏差可以是正值、负值和零，实际偏差只要在上偏差和下偏差范围内，这个零件的尺寸就是合格的。在零件的基本尺寸一定时，其实际尺寸主要决定于偏差值，因此在零件图纸上，不标注极限尺寸，而是标注基本尺寸和上下偏差。上下偏差以较小的字号分别标注在基本尺寸的右上角和右下角。当偏差值为零时，不标注。零件的尺寸标注方法参见图 1-1 中的标注。

（5）尺寸公差　尺寸公差简称公差，是最大极限尺寸与最小极限尺寸代数差的绝对值，也是上偏差与下偏差代数差的绝对值。这也就是说，公差是一个不为零的绝对值，总是为正值；是一个表述范围的数值，表示零件在加工时允许实际尺寸变动的数值范围。图 1-1 中某零件孔和轴的公差为：

$$孔的公差＝0.050－0.025＝0.025（mm）$$
$$轴的公差＝0－（－0.025）＝0.025（mm）$$

对于配合零件来讲，公差越小，加工时允许实际尺寸变动的范围越小，零件就越紧密，互换性越好，配合精度就越高。因此公差是衡量零件质量的一项重要指标。但是，并非公差越小越好，随着公差进一步减小，加工难度加大，对设备和工艺的要求进一步提高，加工成本会进一步增大，同时也必然给修理工作增加难度。因此，零件是根据其作用、工作条件、材料以及加工能力等情况来确定公差值的，以保证零件的互换性和良好的使用性能，并尽可能地简化加工工艺，降低制造成本和修理费用。

2. 形位公差　形位公差是表面形状公差和位置公差的简称。零件加工后不仅有尺寸公差，还存在着形位公差。形位公差和尺寸公差一样，是为实现零件的互换性、保证配合精度和良好的使用性能而提出的一项重要技术要求，也是判断零件质量的重要指标。

（1）形状公差　形状公差是指零件加工后所得到的实际形状相对于图纸规定形状所允许的变动范围。国家标准规定，形状公差有直线度、平面度、圆度、圆柱度、线轮廓度和面轮廓度 6 个项目，前 4 项是拖拉机修理工应该了解和掌握的，简述如下：

① 直线度。直线度是表示加工后零件上直线（如轴心线）或平面的不直程度，其变动范围称为直线度公差。如图 1-2 所示，零件圆柱体素线的公差为 0.02 mm，其含义是素线必须位于轴剖面上，距离为公差值 0.02 mm 的平行直线之间。在图 1-3 中，零件 ϕd 轴线在任意方向上的直线度公差为 0.04 mm，其含义为，ϕd 圆柱体的轴线必须位于直径为公差值 0.04 mm 的圆

柱面内。拖拉机上的许多零件都有直线度要求，如气门杆、推杆、离合器轴、半轴等。直线度公差是修理的一项重要技术要求，在平时的检修过程中，必须按图纸规定检查零件的直线度。直线度公差越小，零件的互换性越好，配合精度越高，工作越可靠。

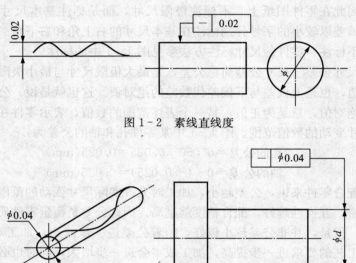

图 1-2　素线直线度

图 1-3　轴线直线度

② 平面度。平面度是表示加工后零件上平面的不平程度，其变动范围称为平面度公差。如图 1-4 所示，零件上表面的平面度公差为 0.1 mm，其含义是上表面必须位于距离为公差值 0.1 mm 的两平行平面内。汽缸体与汽缸盖的接合面、飞轮与离合器摩擦片的接合平面，都有平面度要求。修理过程中，对一些接合平面检查平面度是否超出规定要求，对杜绝漏油、漏气，提高拖拉机功率有着重要作用。

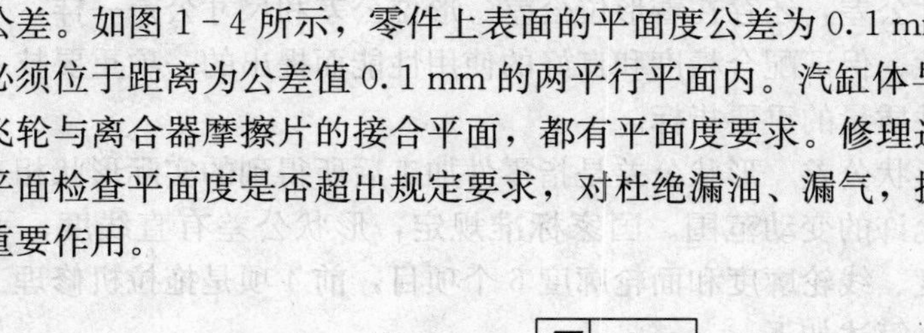

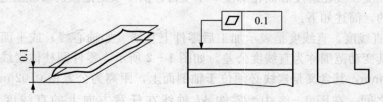

图 1-4　平面度

③ 圆度。圆度是表示加工后的圆柱面、圆锥面及球面零件,在其径向截面上圆轮廓的不圆程度,其变动范围称为圆度公差。如图 1-5 所示,零件圆柱面的圆度公差为 0.02 mm,其含义是,在垂直于轴线的任意截面上,该圆必须位于半径差为公差值 0.02 mm 的两个同心圆之间。拖拉机上的孔、轴配合零件,如曲轴轴颈、汽缸套、活塞等都有圆度要求。圆度对零件的配合精度影响极大,因此,在修理过程中要重视零件的圆度公差。

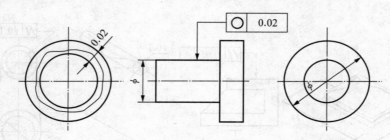

图 1-5 圆 度

④ 圆柱度。圆柱度是表示加工后的圆柱体零件,在其径向和轴向截面内的形状变化程度,也就是实际圆柱面对理想圆柱面所允许的变动范围,称为圆柱度公差。如图 1-6 所示,零件圆柱面圆柱度公差为 0.05 mm,其含义是,圆柱面必须位于半径差为公差值 0.05 mm 的两个同轴圆柱面之间。圆柱度包括圆度、锥度、鼓形度和鞍形度 4 种情况。在拖拉机修理过程中经常遇到的是锥度,如曲轴轴颈、汽缸套、活塞等都有圆柱度要求。

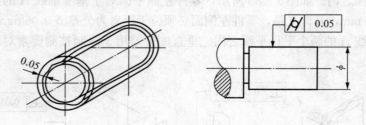

图 1-6 圆柱度

(2) 位置公差 位置公差是指零件加工后所得到的各部分(点、线、面)的实际相互位置对于图纸规定的基准位置所允许的变动范围。国家标准规定,位置公差分为定向、定位和跳动 3 类公差。

① 定向公差。定向公差是指零件各部分的相互位置对于基准位置在方向上允许的变动量。它包括平行度、垂直度和倾斜度 3 项公差。

a. 平行度。被测要素对基准在平行方向上所允许的变动量称为平行度公差。如图 1-7a 所示，零件上平面对于底部基准平面的平行度公差为 0.05 mm，其含义是，零件上平面必须位于距离为公差值 0.05 mm，且平行于基准面的两个平行面之内。如图 1-7b 所示，零件 ϕD 轴线在任意方向对基准轴线 A 的平行度公差为 0.1 mm，其含义是，零件 ϕD 轴线必须位于直径为公差值 0.1 mm，且平行于基准轴线 A 的圆柱面内。平行度公差用于限制被测要素对基准不平行的程度。

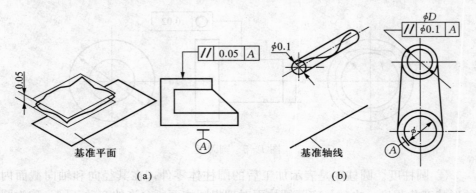

图 1-7 平行度

b. 垂直度。被测要素对基准在垂直方向上所允许的变动量称为垂直度公差。如图 1-8a 所示，零件右侧平面对于基准平面 A 的垂直度公差为 0.08 mm，其含义是，零件右侧面必须位于距离为公差值 0.08 mm，且垂直于基准平面 A 的两个平行平面之内。如图 1-8b 所示，零件左侧平面对于基准轴线 A 的垂直度公差为 0.05 mm，其含义是，零件左侧面必须位于距离为公差值 0.05 mm，且垂直于基准轴线 A 的两个平行平面之内。垂直度公差用于限制被测要素对基准不垂直的程度。

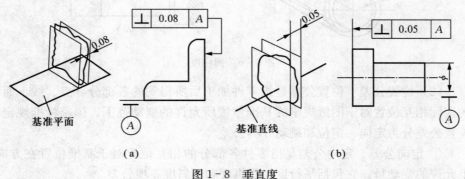

图 1-8 垂直度

c. 倾斜度。被测要素对基准成规定角度时所允许的变动量称为倾斜度公差。如图 1-9 所示，零件左倾斜面对于基准平面 A 的倾斜度公差为 0.08 mm，其含义是，零件左倾斜面必须位于距离为公差值 0.08 mm，且与基准平面 A 成 45°角的两个平行平面之内。倾斜度公差用于限制被测要素对基准成规定角度的偏离程度。

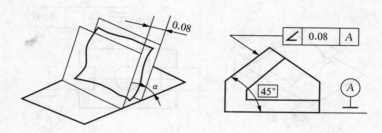

图 1-9　倾斜度

② 定位公差。定位公差是指零件各部分的相互位置对于基准位置在位置上允许的变动量。定位公差的特点是公差带位置是固定的。它包括同轴度、对称度和位置度 3 项公差。

a. 同轴度。被测要素的实际轴线对基准轴线所允许的变动全量称为同轴度公差。如图 1-10 所示，零件 ϕd 轴线对于基准轴线 A 的同轴度公差为 0.01 mm，其含义是，零件 ϕd 轴线必须位于直径为公差值 0.01 mm，且与基准轴线 A 同轴的圆柱面内。同轴度公差用于限制圆柱面轴线对基准轴线的不共轴程度。

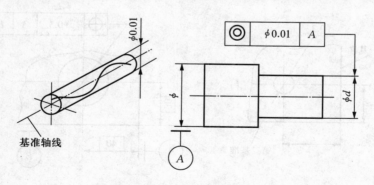

图 1-10　同轴度

b. 对称度。被测要素的实际中心平面或轴线，对基准中心平面或轴线所允许的变动全量称为对称度公差。如图 1-11 所示，零件 ϕd 轴线对于公共基

准中心平面 $A-B$ 的对称度公差为 0.1 mm，其含义是，零件 ϕd 轴线必须位于距离为公差值 0.1 mm，且与公共基准中心平面 $A-B$ 对称配置的平行平面之间。对称度公差用于限制实际中心平面或轴线对基准中心平面或轴线倾斜或偏离的程度。

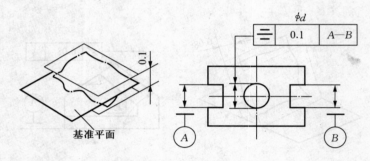

图 1-11　对称度

　　c. 位置度。被测的点、线、面的实际位置，对它的理想位置所允许的变动全量称为位置度公差。如图 1-12 所示，ϕd 轴线相对于基准平面 A、B 的位置度公差为 $\phi 0.03$ mm，其含义是，零件 ϕd 轴线必须位于直径为公差值 0.03 mm，且相对于基准平面 A、B 用理论正确尺寸定位的理想位置为轴线的圆柱面内。零件位置度公差用于限制被测要素的实际位置偏离它的理想位置的程度。

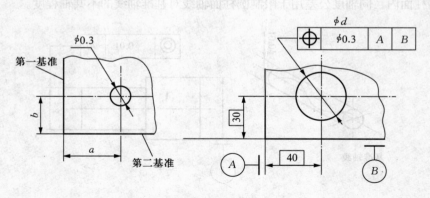

图 1-12　位置度

　　③ 跳动公差。跳动公差是指零件回转体表面或端平面绕基准轴线回转 1 周或连续回转时，所允许的最大跳动量。跳动公差包括圆跳动和全跳动两项公差。

a. 圆跳动。圆跳动包括径向圆跳动和端面圆跳动。被测要素（回转表面或端平面）绕基准轴线作无轴向移动回转 1 周时，在任意一测量面内的最大跳动量称为圆跳动公差。如图 1-13 所示，零件 ϕd 圆柱面对基准轴线 A 的圆跳动公差为 0.05 mm，其含义是，零件 ϕd 圆柱面绕基准轴线 A 作无轴向移动回转时，在任一测量面内的径向跳动量均不大于公差值 0.05 mm。径向圆跳动公差同时控制了圆度误差和对基准轴线的同轴度误差；端面圆跳动公差可控制局部端面的平面度误差和对基准线的垂直度误差。

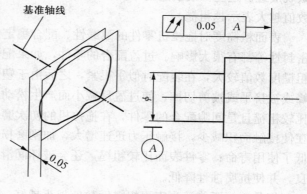

图 1-13　圆跳动

b. 全跳动。全跳动包括径向全跳动和端面全跳动。被测要素（回转表面或端平面）绕基准轴线作无轴向移动的连续回转，与此同时，指示器（如百分表等）沿被测要素理想轮廓作直线移动，在整个表面上所允许的最大跳动量称为全跳动公差。如图 1-14 所示，零件右端面对基准轴线 A 的全跳动公差为 0.05 mm，其含义是，零件端面绕基准轴线 A 作无轴向移动的连续回转，同时指示器作垂直于基准轴线的直线移动，此时，在整个端面上的跳动量不得大于 0.05 mm；端面全跳动公差同时控制了端面的平面度误差和对基准轴线的垂直度误差；径向全跳动公差同时控制了圆柱度公差和对基准轴线的同轴度误差。

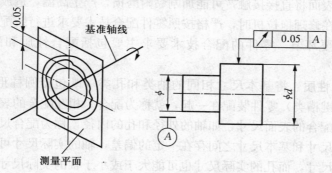

图 1-14　全跳动

3. 表面粗糙度 表面粗糙度是指零件加工后的表面产生微小峰谷的高低程度和间距状况,表面粗糙度也可称为微观不平度。实际上,加工的零件表面,由于加工设备、加工方法和工艺要求不同,总是留下粗细、深浅不一样的微观痕迹。这些微观痕迹的不同,决定着表面粗糙度数值的大小,一般来讲,数值越大表示越粗糙。

表面粗糙度对拖拉机零件的耐磨性、配合稳定性、疲劳强度、抗腐蚀性及密封性等都有很大影响。过盈配合的零件,如果配合表面很粗糙,也就是表面粗糙度数值较大,在装配时似乎很紧,之后由于塑形变形,零件表面的微观凸峰或被挤平或被剪切掉,使过盈量减小而产生松动,降低连接的牢固性;表面比较粗糙且是间隙配合的零件,在拖拉机的初次磨合阶段,由于微观凸峰的存在使接触面积减少,接触压力迅速增大,加剧磨损,配合间隙也快速增大,降低了使用寿命;零件表面比较粗糙,还会破坏润滑油膜的连续性,造成润滑不良,并使抗腐蚀性降低。

但是,也不能认为表面粗糙度数值越小越好。表面过于光滑,不利于润滑油的储存,会使润滑条件变差,增加零件的磨损。因此,为了提高零件的配合精度和耐磨性,必须根据工作条件和材质合理选择表面粗糙度。通常重负荷条件下工作的零件表面粗糙度数值要低于轻负荷条件下工作的零件表面粗糙度数值。

二、零件的配合技术要求

组成拖拉机的各个部件和总成的配合性质及配合精度,直接影响拖拉机的工作性能和使用寿命。如果曲轴轴颈与轴瓦的配合间隙过小,润滑油膜就难以形成,配合表面将直接接触,可能加剧黏附磨损,产生高温,造成烧瓦抱轴事故。所以,在修理拖拉机时,严格按照零件配合技术要求进行装配,是保证修理质量的重要环节。零件的配合技术要求主要包括配合性质和配合基准制两项。

1. 配合性质 将基本尺寸相同的轴类和孔类(既包括圆柱形的轴和孔,也包括键和键槽类)零件装配在一起,就称为配合。相互配合的表面称为配合表面,相互配合的表面尺寸,如轴的外径和孔的内径,称为配合尺寸。由于轴和孔的实际尺寸和基本尺寸之间存在一定的偏差,轴的实际尺寸可能大于或小于孔的实际尺寸,而孔的实际尺寸也可能大于或小于轴的实际尺寸,所以轴类和孔类零件的配合性质必然会有以下 3 种情况:

（1）间隙配合 当轴类和孔类零件配合时，孔的实际尺寸大于轴的实际尺寸，两者之间有一定的间隙，能相互运动，这种配合称为间隙配合。由于轴和孔的实际尺寸都在公差范围内变动，所以配合间隙大小也随着变动。当轴的尺寸为最小极限尺寸，孔的尺寸为最大极限尺寸时，配合间隙为最大间隙；反之，轴的尺寸为最大极限尺寸，孔的尺寸为最小极限尺寸时，配合间隙为最小间隙。

最大间隙与最小间隙之差，称为间隙公差。间隙公差表示间隙配合的间隙的变动范围。孔和轴的公差越大，间隙公差变动范围就越大，配合精度就越低。由此可见，要提高配合精度，就要尽量减小轴和孔的公差值，但这样会使制造成本增加。在拖拉机修理过程中，通常采用分组选配的方法来提高配合精度。例如汽缸和活塞的修理，分别测量汽缸和活塞的实际尺寸，把尺寸较大的活塞装配到尺寸较大的汽缸内，这样就可以在不提高零件加工精度的情况下，大大提高配合精度。

（2）过盈配合 当轴类和孔类零件配合时，轴的实际尺寸大于孔的实际尺寸，两者之间没有间隙，不能相互运动，这种配合称为过盈配合。

过盈配合与间隙配合一样，也有最大过盈与最小过盈两种。当轴的尺寸为最大极限尺寸，孔的尺寸为最小极限尺寸时，称为最大过盈；反之，轴的尺寸为最小极限尺寸，孔的尺寸为最大极限尺寸时称为最小过盈。

最大过盈与最小过盈之差称为过盈公差。过盈公差表示零件配合紧度的变动范围。轴类和孔类零件的过盈公差越大，配合紧度变动范围越大，配合紧度就越低。为了使轴类和孔类零件的配合紧度适当，修理换件时常常采用选配的方法。

（3）过渡配合 轴类和孔类零件配合时，可能是间隙配合，也可能是过盈配合，这种介于活动与固定之间的配合，称为过渡配合。

过渡配合中没有最小过盈和最小间隙，只有最大过盈和最大间隙。最大过盈与最大间隙之和，称为过渡配合的公差。

过渡配合，不论出现过盈还是出现间隙，其数值都不大，是一种比间隙配合紧一些和比过盈配合松一些的配合。这种配合的同轴度比较好，配合精度也比较高。拖拉机中多数滚动轴承与轴、滚动轴承与轴承座、活塞销与销孔的配合都属于这一类过渡配合。

2. 配合基准制 轴类和孔类零件配合的松紧程度取决于轴类和孔类零件的偏差值，只要改变其中一个零件的偏差值，就可以得到不同性质的配合。为了标准化，国家规定了两种基准制，即基孔制和基轴制。

（1）基孔制　轴类和孔类零件配合时，孔类零件的上下偏差不变，通过改变轴类零件的上下偏差而得到不同性质的配合，这时，孔类零件上的孔就是基准孔，这种配合制度称为基孔制，如图 1－15 所示。

国家标准规定，基准孔的下偏差为 0，那么上偏差就自然为正值了。发动机的汽缸套与活塞的配合，常用基孔制，也就是说以汽缸套为基准件，如 95 系列发动机汽缸套的尺寸为 $95^{+0.035}$。

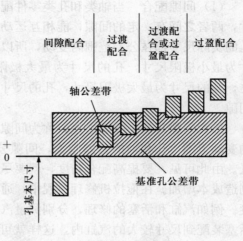

图 1－15　基孔制

（2）基轴制　轴类和孔类零件配合时，轴类零件的上偏差不变，通过改变孔类零件的上下偏差而得到不同性质的配合，这时，轴类零件上的轴就是基准轴，这种配合制度称为基轴制，如图 1－16 所示。

国家标准规定，基准轴的上偏差为 0，那么下偏差就自然为负值了。发动机的活塞销与衬套的配合，常用基轴制，也就是说以活塞销为基准件，如 95 系列发动机活塞销的尺寸为 $40_{-0.035}$。

一般情况下，由于孔的加工成本比较高，常常通过改变轴的偏差来得到各种不同性质的配合，所以采用基孔制较多；有时轴的加工成本比较高，改变轴的偏差难以得到各种不同性质的配合，应该采用基轴制，如滚珠轴承的外圆与轴承座的配合，大多采用基轴制。由此可见，基孔制和基轴制是两种并行的配合制度。

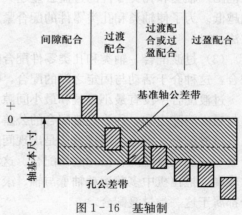

图 1－16　基轴制

另外，在某些特殊结构中，相互配合的轴和孔都不是基准件，这种非基准件的轴和非基准件的孔的配合，称为不同基准制的混合配合。在拖拉机上，水泵轴和间隔套的配合、各种轴承端盖与机体的配合，都可称为不同基准制的混合配合。

第二节 常用的测量工具

拖拉机修理工在检验零件、部件和总成的技术要求时，必须借助于各种测量工具。常用的测量工具有塞尺、钢直尺、卡钳、游标卡尺、百分尺、百分表及内径百分表等。下面简要介绍常用测量工具的构造原理、使用方法及注意事项。

一、厚薄规

厚薄规又叫做塞尺。修理工常常用来检验相互配合表面之间的间隙大小。

塞尺是由多个不同厚度的钢片组成，钢片的两面为测量平面，如图 1－17 所示。测量间隙在 0.03～0.1 mm 的塞尺，各个钢片的尺寸间隔为 0.01 mm；测量间隙在 0.1～1 mm 的塞尺，各个钢片的尺寸间隔为 0.05 mm。塞尺的长度有 50 mm、100 mm 和 200 mm 等规格。

使用塞尺测量间隙时，首先要注意把塞尺的钢片擦拭干净，而后根据估计被测间隙的大小，用一片或数片重叠组合钢片轻轻插入被测间隙内，并来回轻轻抽动钢片，以稍有阻力感为标准，此时钢片上的数值或数片钢片数值之和即为被测间隙的数值。

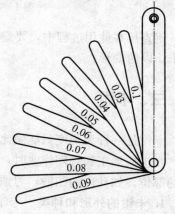

图 1－17 厚薄规

二、钢直尺

钢直尺用钢板制成，在尺面上刻有刻线，刻度间距（相邻两刻线中心之间的距离）为 1 mm，如图 1－18 所示。

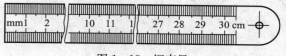

图 1－18 钢直尺

钢直尺的长度规格有 150 mm、300 mm、500 mm 及 1 000 mm 等多种。

如图 1-19 所示，用钢直尺进行测量时，尺的位置要放正，不得歪斜，否则测得的尺寸会增大。也可以从钢直尺的某一刻线作为起始进行测量，测得值应减去起始值，才是测得的尺寸。当测量圆柱体长度时，应使钢直尺刻线纵边与被测件的轴线平行。当测量轴径或孔径时，应使尺端靠着被测轴或孔的一边，来回摆动另一端，过程中读得最大的读数值，即是所测的尺寸。

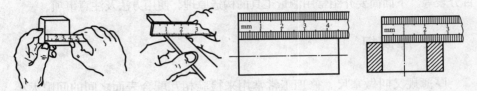

图 1-19　钢直尺的正确使用

钢直尺在使用过程中，要避免磕碰。使用后应擦干净平放在平板上或悬挂起来，以防变形。

三、卡钳

卡钳是一种无刻度只能做比较用的量具，需要与钢直尺或其他量具配合使用。在机械加工和修理作业时，对一些精度较低的零件或用一般量具测量不方便的部位，如孔内的凹槽，习惯用卡钳来测量。

1. 卡钳的外形和种类　卡钳根据用途可分为外卡钳和内卡钳，如图 1-20 所示，外卡钳用于测量外尺寸，如轴径、外表面宽度；内卡钳用于测量内尺寸，如孔内径、槽宽。

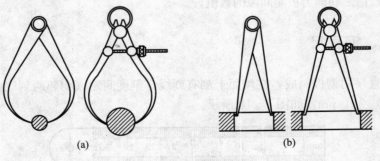

(a)　　　　　　　　　　　　(b)

图 1-20　卡　钳
(a) 外卡钳　(b) 内卡钳

2. 卡钳的使用方法 使用卡钳测量零件有两种方法：一是按图样标注的尺寸调整好卡钳去试卡，如卡钳能轻轻划过被测表面，即算合格。另一种方法是，先按被测件实物的大小，调整卡钳的两测量端之间的距离，使之能轻轻滑过，然后固定卡钳的开口角度，从卡钳上间接量得被测尺寸。

用外卡钳在钢直尺上量取尺寸时，应把一个测量端贴靠钢直尺的端面，再将另一测量端顺着尺边对准所要取的尺寸。内卡钳在钢直尺上量取尺寸时，需要将钢直尺的端边贴靠在一个平面上，然后把一个测量端靠着这个平面，再按所要求的尺寸调整另一测量端。

如图 1-21 所示，用外卡钳测量轴径时，两测量端应处于被测轴的径向平面内，借卡钳的自重滑过被测表面。用内卡钳测量孔径时，将一个测量端靠在孔壁上作为支点，另一测量端先在圆周上摆动，找出最大值

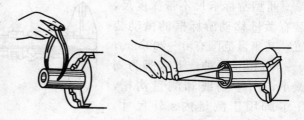

图 1-21　卡钳的正确使用

后，再在通过直径的平面中摆动，找出最小值。此时，两测量端的连线已通过圆心，且在被测孔的径向平面内，测得的数值即为孔径的尺寸。

3. 卡钳的使用注意事项

（1）使用前，检查两钳脚的铆钉松紧是否合适；两测量端的相对位置要准确。

（2）调整卡钳尺寸时，可轻轻敲击钳脚，但不得敲击测量端。

（3）调整后的卡钳要轻拿轻放，以防止尺寸变动。

四、游标卡尺

游标卡尺是机械加工与修理作业中广泛应用的量具之一。它用于测量零件的外廓尺寸、内廓尺寸、宽度、深度和孔距等。

1. 游标卡尺的构造 游标卡尺主要由具有固定卡脚的主尺、具有活动卡脚的副尺（即游标）、深度尺和微动装置等组成。游标卡尺在主尺背面制有深度尺，与活动卡脚一起移动。测量范围大于 200 mm 的游标卡尺上有微动装置，它的作用是保证测量压力稳定，减小测量误差。主尺上的刻度线间距为 1 mm，游标尺上的刻度线间距小于 1 mm，通常有 0.9 mm、0.95 mm、0.98 mm 3 种，这是游

标卡尺测量数值精确度的关键所在，由此可从游标卡尺上读出的最小值分别为 0.1 mm、0.05 mm、0.02 mm。

游标卡尺的结构形式较多，常用的是Ⅰ型和Ⅲ型，如图 1-22 所示。Ⅰ型游标卡尺的测量范围为 0~125 mm。下卡脚用于测量外尺寸，上卡脚用于测量内尺寸，深度尺可测量深度。

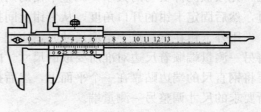

Ⅲ型游标卡尺不带深度尺，装有微量移动游标框的微动装置，其测量范围有 0~200 mm，0~300 mm 两种。上卡脚为划线爪，用于划线和测量沟槽，下卡脚用于测量内、外尺寸。当使用下卡脚测量内尺寸时，需要将卡尺上的读数加上两卡脚的厚度，才是测得的实际尺寸。

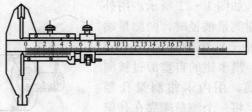

图 1-22 Ⅰ型和Ⅲ型游标卡尺

2. 游标卡尺的读数原理和方法

（1）读数原理 分度值 0.1 mm 的游标卡尺的读数原理。如图 1-23 所示，主尺刻度间距为 1 mm，游标的刻度是将 9 mm 等分成 10 格，因而游标刻度间距为 0.9 mm，使主尺和游标的刻度间距之差为 (1.0-0.9)=0.1(mm)。

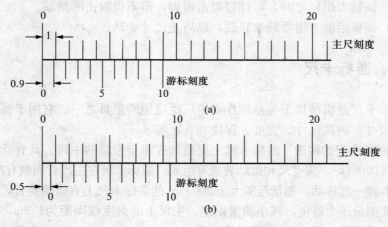

图 1-23 分度值 0.1 mm 的游标卡尺读数原理

当固定卡脚和活动卡脚贴合时，主尺上的 0 刻线和游标上的 0 刻线对准；当游标零线与主尺零线对准时，除游标的最末一条线与主尺第九条线对准外，其他刻线都不与主尺刻线对准。当游标零线相对主尺零线右移 0.1 mm 时，游标上的第一条线与主尺的第一条线对准；当右移 0.2 mm 时，游标的第二条线与主尺的第二条线对准，以此类推。在图 1-23b 中，当游标零线相对主尺零线右移 0.5 mm 时，游标上的第五条线与主尺的第五条线对准。因此，游标向右移动不足 1 mm 的间距时，可根据游标上的某条刻线与主尺刻线对准，将分度值乘以该刻线在游标上的次序数而得出小数值。

另有一种分度值为 0.1 mm 的游标卡尺，如图 1-24a 所示，是将游标上的 10 格对准主尺的 19 mm，则游标每格为 19 mm÷10＝1.9 mm，使主尺 2 格与游标 1 格相差（2－1.9）＝0.1（mm）。这种增大游标间距的方法，其读数原理并未改变，但使游标线条清晰，更容易看准读数。

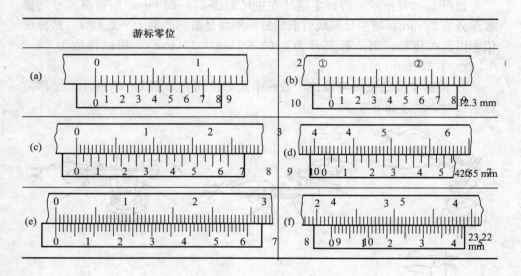

图 1-24 游标卡尺读数示例

分度值为 0.05 mm 的游标卡尺，如图 1-24c 所示，主尺每小格 1 mm，当两爪合并时，游标上的 20 格刚好等于主尺的 39 mm，则游标每格间距为 39 mm÷20＝1.95 mm。主尺 2 格间距与游标 1 格间距相差 0.05 mm。0.05 mm 即为此种游标卡尺的最小读数值。同理，也有用游标上的 20 格刚好等于主尺上的 19 mm，其读数原理不变。

分度值为 0.02 mm 的游标卡尺，如图 1-24e 所示，主尺每小格 1 mm，当两爪合并时，游标上的 50 格刚好等于主尺上的 49 mm，则游标每格间距为 49÷50＝0.98(mm)。主尺每格间距与游标每格间距相差 0.02 mm，0.02 mm 即为此种游标卡尺的最小读数值。

（2）读数方法　图 1-24b 所示游标卡尺上的读数可按下述方法读出：游标零线处在主尺刻线 12～13 mm，即被测尺寸的整数部分为 12 mm；游标的第三条刻线与主尺刻线对准。按分度值乘以其次序数，则小数部分为 0.1×3＝0.3(mm)。所以读数为 12＋0.3＝12.3(mm)。

分度值为 0.05 mm 和 0.02 mm 的游标卡尺，也可按上述方法读出其测量尺寸。如图 1-24d 所示：游标零线处在主尺刻线 42～43 mm，即被测尺寸的整数部分为 42 mm；与主尺刻线对准的游标刻线是游标的第十一条刻线。按分度值乘以其次序数，则小数部分为 0.05×11＝0.55(mm)。所以读数为 42＋0.55＝42.55(mm)。

如图 1-24f 所示：游标零线处在主尺刻线 23～24 mm，即被测尺寸的整数部分为 23 mm；与主尺刻线对准的游标刻线是游标的第十一条刻线。按分度值乘以其次序数，则小数部分为 0.02×11＝0.22(mm)。所以读数为 23＋0.22＝23.22(mm)。

3. 游标卡尺的使用与维护　游标卡尺的使用，如图 1-25 所示。使用游标卡尺时，注意如下事项：

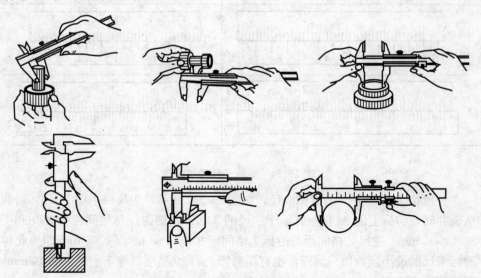

图 1-25　游标卡尺使用实例

（1）使用游标卡尺前，应首先检查零位。当两卡脚测量面接触时，观察游标零线与主尺零线是否对齐。

（2）根据被测面的形状选用卡脚的适当部位进行测量。如测量轴径和外表面宽度，测量面应是平面；测量轴上带圆弧槽的直径，要用刀口状量爪。

（3）测量外尺寸或内尺寸时，应先把卡脚张开得比被测尺寸稍大或略小，然后推或拉游标框，使卡脚轻轻地靠向被测面。不要用力过大，以免产生测量误差。有微动装置的，用微调螺母移动游标框时，转动螺母的力也同样不能过大。

（4）测量结束后，擦净游标卡尺，并涂上防锈油，放在专用盒内，以免生锈和造成尺身变形。

前面介绍的各种游标卡尺，有时读数不很清晰，容易读错，有时不得不借放大镜将读数部分放大。为了改善这种状况，有的游标卡尺采用无视差结构，使游标刻线与主尺刻线处在同一平面上，消除了在读数时因视线倾斜而产生的视差。有的游标卡尺装有测微表（图1－26a），使读数准确，提高了测量精度；有的游标卡尺带有数字显示装置（图1－26b），这种游标卡尺在测量零件尺寸时，直接用数字显示出来，避免读数时造成的误差，使用比较方便。

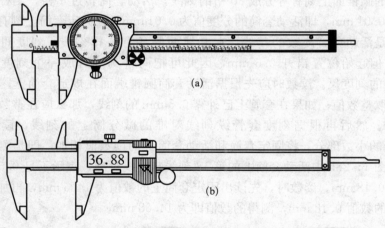

（a）

（b）

图1－26　装有测微表的游标卡尺和数显游标卡尺

五、外径百分尺

外径百分尺（简称百分尺）是机械加工与修理作业用得最广泛的量具之一，可用于测量精度较高的外径和厚度尺寸。

1. 外径百分尺的结构与读数原理 百分尺的结构如图 1-27 所示，主要由带测砧的尺架、测杆、螺纹轴套、固定套筒、活动套筒、测力装置、锁定轴等组成。

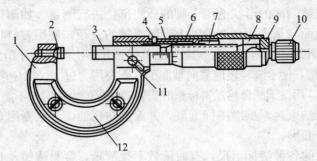

图 1-27　0～25 mm 外径百分尺

1. 尺架　2. 固定测砧　3. 测微螺杆　4. 螺纹轴套　5. 固定刻度套筒　6. 微分筒
7. 调节螺母　8. 接头　9. 垫片　10. 测力装置　11. 锁紧螺钉　12. 绝热板

百分尺是利用螺旋副传动原理，将测杆的直线位移，显示为微分角位移来进行测量的一种量具，活动套筒旋转 1 圈时，测杆沿轴向移动 0.5 mm。在活动套筒的圆锥面上刻有等分成 50 格的刻线，活动套筒转过 1 格，测杆的移动距离为 0.01 mm，即活动套筒的分度值为 0.01 mm。在固定套筒上刻有一纵向刻线，是活动套筒读数的基线。在基线两侧各有一排刻线，刻度间距都为 1 mm，但起始位置错开 0.5 mm，因此可把两排刻线看成一个刻度间距为 0.5 mm 的刻度尺。读数时应先根据活动套筒圆锥端面在规定套筒上露出的刻线，读取整数值；如果在套管上已外露 0.5 mm 的刻线，那么应在整数上加上 0.5 mm。然后再根据刻度套管纵刻线对准的微分筒上的刻线，读取不足 0.5 mm 的小数部分。将固定套筒和活动套筒上的读数值相加，即是测得的数值。如图 1-28b 中活动套筒上的第 18 刻线与中线对准，表示不足 0.5 mm 的部分为 0.18 mm。读数时，先读出固定套筒上的数值为 14.5 mm，再加上活动套筒上的数值 0.18 mm，测得的数值即为 14.68 mm。

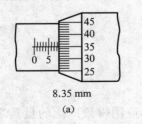

8.35 mm

(a)

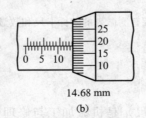

14.68 mm

(b)

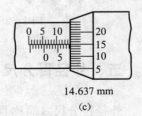

14.637 mm

(c)

图 1-28　外径百分尺读数示例

测量时，把零件置于测砧和测杆之间，然后顺时针方向转动测力装置，带动活动套筒和测杆做螺旋运动，测杆卡住零件后，测力装置发出"咔咔"的打滑声，表示测量压力达到规定值，此时可从固定套筒和活动套筒上读出零件的外径尺寸。

百分尺的测量范围有 0～25 mm、25～50 mm、……、150～175 mm 等，每间隔 25 mm 为一种规格。

2. 外径百分尺的使用注意事项

（1）使用百分尺前，首先应检查零位是否正确。对 0～25 mm 的百分尺，直接将两个测量面接确，检查活动套筒刻线是否与固定套筒上的纵向刻线重合。对其他测量范围规格的百分尺，需要用盒内的校对量杆与两个测量面接触，然后检查零位，如图 1-29 所示。若零位未对准，可利用锁紧装置锁住测杆，松开压帽，使活动套筒零线与固定套筒纵向刻线对准，然后拧紧压帽，松开锁紧装置，再一次检查零位。

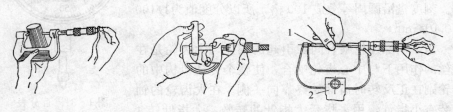

图 1-29 外径百分尺的使用
1. 校对棒 2. 支架

（2）当测量轴径时，两测砧测量面一定要在通过被测轴的直径位置上，同时勿使测砧歪斜。

（3）不得测量带有研磨剂或毛刺的表面。

（4）百分尺使用完毕后，要擦干净，并在两测量面上涂上防锈油，然后放在专用盒内。

为了提高测量的准确性，使用更为方便，现在市场上出现了数显外径百分尺，如图 1-30 所示。

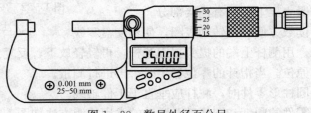

图 1-30 数显外径百分尺

六、百分表

1. 百分表的构造与读数原理 百分表常用于测量表面形状和位置误差，也可用比较法测量长度。它主要由表壳、测杆、大小刻度盘和大小指针等组成，如图 1-31 所示。

百分表是利用齿条—齿轮传动原理，将测杆的直线位移变成指针角位移的。当测杆作直线移动时，测杆上的齿条带动小齿轮与装在同一轴上的大齿轮一起转动，从而带动中心齿轮，使装在中心齿轮轴上的大指针回转。刻度盘可随表圈绕表体转动。

传动比设计成当测杆移动 1 mm 时，大指针回转 1 转。刻度盘沿圆周等分成 100 格，所以分度值为 1/100 =0.01（mm）。

为了消除齿轮啮合间隙引起的误差，大齿轮是在游丝的作用下与中心齿轮啮合，使整个传动机构中的齿轮副在正反转时齿面始终靠向一侧。在大齿轮的轴上装有小指针，用来指示大指针的转数：大指针转 1 圈，小指针转 1 格。示值范围有 0～3 mm、0～5 mm、0～10 mm 等规格。

图 1-31 百分表

2. 百分表的使用与注意事项

（1）使用前，应检查测杆是否灵活，指针与刻度盘有无摩擦。

（2）百分表使用时，通常装在专用表架上，如图 1-32 所示。

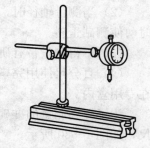

安装时，夹紧百分表套筒的力不能过大，以免套筒变形。调节表架时，应将百分表测杆垂直于被测表面，使测头与被测表面接触，并预置 1 mm 左右的压缩量，然后拧紧表架上的所有连接部分。

图 1-32 安装在专用表架上的百分表

（3）为了读数方便，可转动表圈，使刻度盘零线与大指针重合。用测杆上端的提头提起测杆，再轻轻放下，反复二三次，检查指针能否回到原位。当指针的零位稳定时，再进行测量。

（4）测量圆柱形零件时，测杆应垂直于工件轴线。

（5）轴类零件的圆度、圆柱度及跳动的常用检测方法如图 1-33 所示。

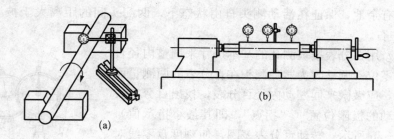

图 1-33　百分表的使用

（a）工件放在 V 形铁上　（b）工件放在专用检验架上

（6）百分表在使用与保管中，勿受到剧烈的震动和撞击。

（7）百分表使用完毕后，要擦拭干净，放回专用盒内。

七、内径百分表

内径百分表，是由百分表和带有杠杆传动的表架组成的，如图 1-34 所示。可用比较法测量精度较高的孔径，特别适合于测量深孔。如测量汽缸套的直径、圆柱度、圆度，检验主轴瓦、连杆轴瓦的圆度等。

1. 内径百分表的结构与读数原理　当表架下端的活动测头被压缩时，通过等臂杠杆（杠杆比为 1：1，无放大作用），经传动杆推动百分表测杆，在百分表上指示出的数值，就是活动测头的位移量。

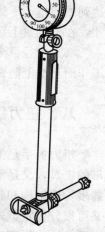

表架下端的活动测头与固定测头处在同一轴线上。为了扩大测量范围，固定测头备有若干可换测头，在测头上各自标有测量范围，可按所测尺寸选换或调整其伸出长度。在更换与调整固定测头后，要拧紧测头的锁紧螺母，以免在测量过程中再有变动。为使两测头的轴线通过被测孔的中心，在活动测头一侧装有定位板，定位板两端的中垂线与两测头的轴线重合。

图 1-34　内径百分表

2. 内径百分表的使用与注意事项

（1）将百分表插入表架弹力夹头中，使测头与传动杆接触，在大指针转过约 1 圈后，拧紧锁紧夹头的螺母。夹紧力不宜过大。

（2）根据被测尺寸，选取相应的固定测头装到表架上。固定测头调节的位置要留有余地，保证在活动测头自由状态下，两测头间的距离大于被测孔径1 mm左右。

（3）用百分表按被测孔的基本尺寸来调整内径百分表的零位。调整时为避免测头在百分表的两测量面间歪斜，应微微来回摆动内径百分表，找出百分表大指针摆动的极限位置（"拐点"，即其最小指示值），如图1-35所示。转动百分表表圈，使刻度盘零线对准指针摆动的极限位置。再摆动几次测头，检查零位是否稳定。

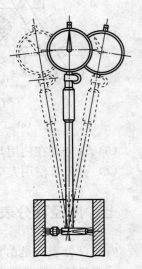

（4）使用内径百分表时，手应握在隔热手柄上。当把测头伸入被测孔径时，应将活动测头和定位板稍微压缩，然后使固定测头进入，以免损伤测头。

（5）为了得到被测孔的径向平面上的直径，需要将内径百分表微量摆动。在摆动过程中，读取大指针摆动在极限位置时的读数。如果大指针摆动的极限位置在刻度盘上正对零线，说明被测孔径与基本尺寸相同，实际偏差为零。若是大指针摆动的极限位置没有达到或超越了零线，说明被测孔径大于或小于基本尺寸，在刻度盘上可读出对基本尺寸的正偏差或负偏差。

图1-35　内径百分表零位的调整

（6）内径百分表使用完毕后，要擦拭干净，卸下固定测头，在用过的测量工作面上涂上防锈油，将表架和所有附件放回专用盒内。

八、扭力扳手

扭力扳手是拖拉机修理工作中不可或缺的专用工具，既是最终拧紧螺栓螺母的工具，又是测量拧紧力矩的测量工具，如图1-36所示。扭力扳手的种类繁多，按结构和施加的动力可分为手动式、气动式、电动式，按使用场合不同又可以分为定值式、可调式、表盘式及数显式等不同型式。下面主要根据扭力扳手的结构原理来阐述扭力扳手的主要分类及应用。

1. 手动扭力扳手

（1）弹簧杆式扭力扳手　弹簧杆式扭力扳手主要由带方榫的本体、弹簧杆、指针、手柄和读数面板等组成。此种扭力扳手的结构比较简单，强度高，经久耐用。主要用于各类维修的场合。缺点是精度低。

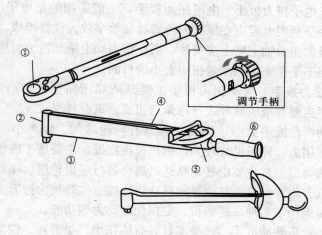

图 1 - 36　扭力扳手
1. 棘轮　2. 头部　3. 横梁　4. 指针　5. 刻度盘　6. 手柄

（2）定值式扭力扳手　定值式扭力扳手又称预置式扭力扳手。扭力扳手扭力的大小必须有专门的人员用仪器将扳手调到一定的扭矩，然后供使用者使用。可见此种扳手适合大批量生产的工厂企业。优点是体积小、精度高、使用方便，达到扭矩值时能自动鸣示。

（3）可调式扭力扳手　可调式扭力扳手的结构原理与定值式扭力扳手的原理基本相同，主要是增加了手动调节机构，可调式扭力扳手主要是扳手手柄上带有刻度，使用人员可以根据自己的需要调整扭矩的大小。主要用于维修及单件生产场合。优点是体积小，使用方便，和定值式扭力扳手一样，达到最大扭矩值时能鸣示。

（4）表盘指示式扭力扳手　表盘指示式扭力扳手主要由指示表盘、装配连接轴、手柄等部分组成。大部分表盘式扭力扳手是采用扭力轴、杠杆和齿轮副放大原理设计的。表盘式扭力扳手的设计关键是扭力轴。因此要求扭力轴有较高的强度、弹性及疲劳极限。

（5）弹簧杆表盘式扭力扳手　弹簧杆表盘式扭力扳手的结构原理是利用扳弹簧的变形，而在方形扭力杆安装一个固定的测试仪表总成，当在橡胶柄上施加一个力矩时，扳弹簧产生变形从而在测试仪表总成上读出数据。

此种扳手的优点是，制造工艺简单。可以轴向安装开口扳子头，特别适合一些装配间隙比较小的位置使用。缺点是指示表机芯容易损坏，当扭力扳手使用完毕后，释放的速度要略微慢一点。

（6）数显电子扭力扳手　电子扭力扳手，一般采用的是电子应变测量法。数显扭力扳手是利用电阻应变原理的传感器和数字放大仪器组成。现在一般使用的传感器是大扭力轴上贴上应变片，当在扭力轴上施加扭力时应变片内阻变化，造成桥路不平衡来达到测量扭矩大小的目的。

2. 气动扭力扳手　气动扭力扳手主要是依靠压缩空气为动力而工作的。气动扭力扳手主要有液压脉冲式、弯角定扭式、离合打滑式。

（1）气动弯角扳手类　该类型工具具有转速均匀、噪声小、精度高等优点，但其反作用力、外形尺寸较大，操作较难把握，主要用于底盘拧紧等重要装配工位。该类型工具主要由气动马达、离合器行星齿轮组、驱动弯头、伞齿以及壳体扳机等附件组成。其中气动马达将压缩空气转换为拧紧力输出，离合器与行星齿轮组用于实现减速增扭，定扭切断动力等功能。

（2）气动液压脉冲扳手　该类工具具有体积小、手感好、快速拧紧、反作用力小等优点，但其精度不高，主要用于要求快速拧紧后，再次校验的特殊工位。它主要由气动马达，液压缸（脉冲单元）及壳体、阀门、消声器等附件组成。

（3）气动螺丝刀类　该类工具有枪式、弯角式几种类型。具有体积小、手感好、快速拧紧、反作用力小等优点，但其精度相对较低，主要适用于对力矩要求不高的软连接场合。它主要由气动马达、行星齿轮组、摩擦片式离合器等部分组成。

3. 电动扭力扳手　电动扭力扳手主要由电机、行星齿轮组、集成电路、离合器、蓄电池、开关等部分组成。电动扭力扳手所使用的电池为蓄电池，固定于一个壳体内共计 12 V 输出电压。开关的作用是通断输出电流并且转换输出电流的方向，从而达到电机正反转的目的。电动扭力扳手具有携带方便、操作使用简单、精度高、定扭断电等优点。

4. 扭力扳手的使用与注意事项

（1）手动扭力扳手　手动扭力扳手使用前需对扳手进行检查，检查包括外观检查和性能检查。外观检查主要是对扳手的色标、外观进行检查。色标（或其他合格标志）完好清晰，使用日期应在有效期内。扳手各部件完好，没有缺损。性能检查主要是检查各部件的功能是否完好。板接头在驱动孔内应能平稳转动，无卡滞现象，锁紧装置应可靠。板接头上的钢球应活动自如，不得滑出。操作时，将手动扭力扳手调节到所需的扭矩，将板接头通过套筒与需要拧紧的紧固件相接。连接紧密后对紧固件旋紧，开始时速度可由操作者自己把握，加力旋紧时应注意：手动扭力扳手的加力应该是个平稳的过程，其速率保持在每秒 60°左右。听到"喀哒"的鸣示响声后及时把作用力卸掉，防止冲击力。

（2）气动、电动扭力扳手　使用者要按工艺规程及工具使用方法正确使用，在工作完成后必须将工具摆放在指定位置，禁止将精度要求较高的气动、电动扭力扳手，随意摆放或往地面抛扔、翻滚。工作中，严禁用其敲击工件。禁止二次冲击和无必要的无负荷空转。气动工具必须定点使用，不同的气动工具对气量、润滑的要求各不相同，故只能在特定的三联件下使用。电动工具使用时应检查蓄电池的电量，当电压过低警示灯亮时要及时充电或更换蓄电池，内部严禁进水，否则会引起集成电路短路。蓄电池不得摔、砸，否则会引起接触不良。工具不用时要将正反转开关扳到中间位置。

可调式扭力扳手在长时间不用的情况下应调节到最小刻度状态，防止弹簧长期压缩而加速老化，缩短扳手的使用年限。

九、万用电表

1. 万用电表的用途与构造　万用电表简称万用表，是一种多用途的测量仪表。普通的万用表能测量直流电流、交流电压、直流电压和电阻，较高级的万用表还能测量电感、电容、交流电流、声频电压等。

万用表主要是由一个高灵敏度的磁电式毫安表或微安表、几个转换开关和一些电阻等元件组成。电阻元件和电流表接成各种简单电路，测量时将待测量的电器接在相应的插口上，再用转换开关选择合适的量程。

万用表的性能主要以测量灵敏度来说明，灵敏度以测量电压时每伏若干欧来表示，一般为 1 000 Ω/V、2 000 Ω/V、5 000 Ω/V、10 000 Ω/V 等，数值越大，精度越高。

2. 万用表的使用方法

（1）万用表使用要仔细，放平稳，勿受震、受热、受潮。

（2）使用前先看一下指针是否指在零位。如果不指零，应先转动调零旋钮把指针调到零。如要测量电阻，应把两个表笔短接在一起，旋转 Ω 调零旋钮，使指针指 0。

（3）选择与量程开关的位置一定要和测量目的一致，如要测量电阻，应把开关尖头对准 Ω，其他同理。

选择正确位置后，还要认清对应的标度，方能获得正确的读数。万用表的表面刻度很多，电压、电流和电阻的读数分别以 V、A、mA 和 Ω、kΩ 表示，有时所得读数还需乘以简单系数才是真正数值。例如，当开关拨到 Ω 为 1 时，表示电阻等于刻度指示数，拨在 Ω 为 10 时，表示电阻值等于刻度值×10，依此类推。电阻标度的读数是同电流、电压的读数相反的，即指针最大偏转时，待测电阻为 0；指针不动时，待测电阻为无穷大。因此，测量前调整零点时，要调整到最大偏转。

（4）红表笔插在红色（或标有"＋"号）的插孔内，黑表笔插在黑色（或标有"－"号）的插孔内。测量直流时，红表笔接电路的正极，黑表笔接电路的负极。

（5）选择量程时，应事先估计一下被测的数值有多少，选一个足够大的量程。若事先估计不出，可先用大的量程试试，然后再逐级往小量程调整。

（6）测量直流时，应事先弄清被测电路的正、负极在哪里，以防接反。如果实在不知道正、负极时，可以把万用表的量程放在最大，在被测电路上很快试一下，看表针怎么偏转，以判断出正、负极。

（7）万用表内所装的电池是准备测量电阻用的，测量电阻以后，应赶快把选择与量程开关转到电压的位置。如果不这样做，常因两个表笔碰在一起造成短路，大大缩短电池的使用寿命。

（8）测量电阻时，必须把待测电路的电源切断。在万用表每次使用完后，必须拨到交流电压最大量程一挡，以防下次使用时不慎误接而烧坏。

十、汽缸压力表

测量汽缸压力是一种既简单又科学地诊断发动机故障的方法，正确地使用汽缸压力表来测量汽缸压力，便能准确迅速地诊断出发动机的某些常见故障。

1. 汽缸压力表的构造　汽缸压力表的构造比较简单，主要由压力表盘、压力测头、压力表接头、高压油管及放气阀等组成，如图 1－37 所示。

2. 汽缸压力表的使用方法

（1）应使发动机达到正常工作温度后熄火。

（2）拆除柴油机各缸的喷油器。

（3）将汽缸压力表的压力测头旋入喷油器的螺纹孔内，或者利用原有压板、双头螺栓及螺母，将压力测头压紧在喷油器孔座内。

（4）用启动机带动发动机运转 3～5 s，转

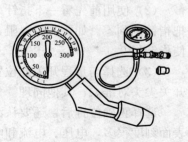

图 1－37　汽缸压力表

速在正常范围（150 r/min 左右）；记录下汽缸压力表的读数，重复 2～3 次，取其平均值。若不用启动机带动发动机，也可用手摇柄摇转发动机。

（5）若测得的各缸压力都很低，则应往汽缸内注入 20～30 mL 发动机润滑油。然后摇转发动机数转，再依上法测量各缸压力。

第三节　常用标准件

在拖拉机等机械设备中，轴承、螺栓、螺母、键、销及垫片等零部件的结构、尺寸，国家已将其标准化，称为标准件。

一、螺纹连接件

螺纹连接是利用有螺纹的零件构成的可拆式连接，在各类机械中得到普遍应用。

1. 螺纹连接件的种类

（1）螺纹连接件的基本类型　螺纹连接件有 4 种基本类型。

① 螺栓连接。连接时螺栓穿过被连接件的光孔，并用螺母锁紧。由于无需在被连接件上旋制螺纹，故使用时不受被连接件材料的限制，但需用螺母。这种连接结构简单，拆装方便，应用最广。

② 双头螺柱连接。双头螺柱一端拧紧在一被连接件的螺纹孔内，另一端穿过另一被连接件的通孔，再旋上螺母。拆卸时，不必拧下双头螺柱，只需拧下螺母就能将被连接件分开。这种连接一般用于被连接件之一的厚度很大，不便钻成通孔，且需经常拆装的场合。

③ 螺钉连接。这种连接不需要螺母，用途与双头螺柱连接相似，但不宜经常拆装，以免加速螺纹孔损坏。

④ 紧定螺钉连接。将紧定螺钉拧入一零件的螺纹孔内，并用末端顶住另一零件的表面，或顶入相应的坑中，以固定两零件的相对位置。它可用以传递不大的力或力矩。

（2）螺纹连接件的种类

① 螺栓和螺钉。螺栓一般和螺母配合使用，如螺钉直接旋入被连接件螺孔中，则不需要螺母。在生产中，一些受力不大的和一些小零件的连接，如机器上的电气设备等，普遍采用螺钉连接。螺栓和螺钉的形式如图 1－38 所示。

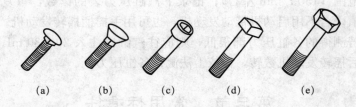

图 1-38 螺栓和螺钉的型式
(a) 半圆头螺钉 (b) 埋头螺钉 (c) 圆柱头螺钉
(d) 方螺钉 (e) 六角螺钉

如图 1-39 所示,开槽螺钉(亦称机用螺钉)只能用一字旋具和十字旋具拧紧,拧紧力小于用扳手拧紧的螺钉。其头部形状有各种形式。其中十字螺钉的头部没有贯穿的槽缝,因此强度较高。可承受较大扭紧力。

螺栓的规格用螺距、大径(名义直径)、小径及长度来表示(图 1-40)。螺栓标记为 M 10×1×100 的含义是:螺栓大径(名义直径)为 10 mm,螺距为 1 mm,螺栓长度为 100 mm。

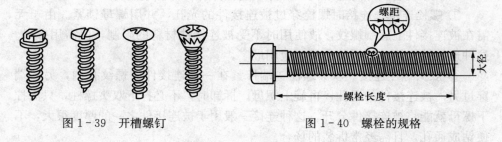

图 1-39 开槽螺钉   图 1-40 螺栓的规格

螺纹有米制和英制两种。米制螺纹以螺距表示;英制螺纹以每英寸螺纹的牙数表示。

螺栓和螺钉根据所用的钢材性质和加工方法的不同,具有不同的力学性能。国家标准规定了螺栓力学性能的分级标准。分级标准按照强度的大小,在头部顶面或凹穴底面上标有数字,级别数字愈大强度愈大。

② 螺母。螺母包含普通螺母、扁螺母、六角槽形螺母、圆形螺母、罩形螺母和蝶形螺母等多种形式,如图 1-41 所示。

普通螺母:有六角螺母和方螺母两种,分粗牙和细牙螺纹。

扁螺母:比普通螺母薄,它可将一个螺纹件锁定在某位置作锁紧用。

六角槽形螺母:螺母顶部有槽,用开口锁与螺栓穿在一起,防止螺母与螺

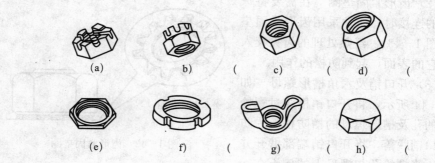

图 1 - 41　典型螺母

(a)、(b) 六角槽形螺母　(c) 普通螺母　(d) 加强螺母

(e) 扁螺母　(f) 圆螺母　(g) 蝶形螺母　(h) 罩形螺母

栓产生相对位移而松动。

　　圆形螺母：多用于轴承的轴向定位。如小四轮拖拉机半轴轴承的定位。拆装时用钩头扳手（又称月牙形扳手，俗称勾扳子，用于拧转厚度受限制的圆螺母、扁螺母等）。

　　罩形螺母：螺母的螺纹孔为盲孔，与之配合的螺栓不露头。

　　蝶形螺母：这种螺母不用工具而用手拧紧，一般用在锁紧力要求不大的场合，如机器罩盖的紧固。

　　螺母的标记以螺纹大径表示，细牙螺纹还必须标出螺距。如 M10×1，表示直径为 10 mm，螺距为 1 mm，螺纹为细牙的六角螺母。

　　2. 螺纹连接的防松标准件　螺纹连接件，在长期工作中会由于振动、冲击而松动，必须采取措施加以防止，特别是与人身或机器的安全有关的地方。下面介绍几种常用的螺纹连接防松标准件。

　　（1）弹簧垫圈　亦称开口垫圈，是最常用的螺纹连接锁紧标准件，如图 1 - 42 所示。垫圈用弹簧钢制成，开有切口，其端部相互错开。安装时垫圈置于螺母或螺栓的下面，当拧紧螺母或螺栓

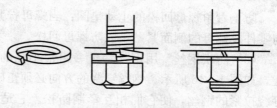

图 1 - 42　弹簧垫圈

时，翘起的两切口锐边，一边咬入螺母或螺栓与之接触的表面，另一边嵌入连接零件的表面，防止螺栓或螺母的松动。

（2）齿形紧固垫圈　在需要特殊牢固的连接时，通常采用齿形紧固垫圈（图1-43）。经热处理的齿尖咬入压紧它的表面，起到防松的作用。

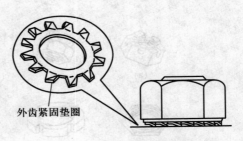

外齿紧固垫圈

图1-43　齿形紧固垫圈

（3）开口销及六角槽形螺母　如图1-44所示，将开口销横穿过螺栓端部的孔及槽形螺母的槽防松。为防止开口销脱落，将开口销端部劈开并弯曲。当螺栓孔与螺母上的槽不在一条直线上时，只允许再拧紧螺母，而不允许放松螺母使孔与槽对成直线。

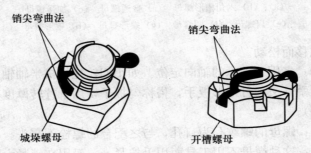

销尖弯曲法

销尖弯曲法

城垛螺母

开槽螺母

图1-44　槽型螺母

（4）止动垫圈及锁片　如图1-45所示，在装配时先将止动垫圈的内翅插入螺杆的槽中，拧紧螺母后，再把垫圈的外翅弯入圆形螺母的外缺口中，防止螺母和螺栓松动。

图1-45　止动垫圈及锁片

防止六角螺母回松的止动垫圈：当螺母拧紧后，将垫圈的耳边弯折，使它与零件及螺母的侧面紧贴，以防螺母回松。

（5）防松钢丝　用钢丝穿过一组带小孔的螺钉或螺栓头部，然后收紧钢丝，如图1-46所示。钢丝穿绕的方向必须正确，否则不能防松。原则是利用穿绕拉紧的钢丝，使它们相互牵制防松。它适用于位置相近的成组螺纹连接中。图中实线是正确的穿绕方向，虚线是错误的。

（6）双螺母　如图1-47所示，主螺母拧紧后，紧接着在主螺母上加上一防松螺母并拧紧，使产生对螺杆的两个相反拉力。增加锁紧力，防止松动。

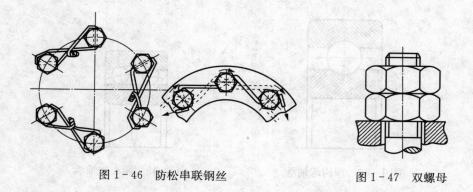

图 1 - 46　防松串联钢丝　　　　　　　图 1 - 47　双螺母

二、滚动轴承

滚动轴承是各种机械中普遍使用的标准部件。内圈装在轴颈上，外圈装在机座或零件的轴承座孔中。工作时滚动体在内、外圈间的滚道上滚动，形成滚动摩擦。保持架的作用是把滚动体相互隔开。滚动体分球形及柱形两种。

1. 滚动轴承的类型

（1）深沟球轴承　深沟球轴承以前称作单列向心球轴承，是最常用的一种轴承，如图 1 - 48 所示。它主要承受径向载荷，也可以承受不大的双向轴向载荷。适用于刚性较好，转速较高的轴。高速时可用来代替推力轴承，承受纯轴向载荷。工作时内、外圈轴线的偏角应小于 $8'\sim16'$。

（2）调心球轴承　调心球轴承原名双列向心球面球轴承，其外圈的内表面是球面，允许内、外圈轴线相对偏角较大，为 $2°\sim3°$，如图 1 - 49 所示。它主要承受径向载荷，也可以承受不大的、双向轴向载荷。适用于刚性较差、挠度大的轴，以及轴承孔的同轴度较差和多支点的支撑。它受一定的轴向载荷后，会形成单列滚动体工作，显著影响轴承寿命，所以应尽量避免承受轴向载荷。

（3）圆柱滚子轴承　圆柱滚子轴承原名向心短圆柱滚子轴承，如图 1 - 50 所示。这类轴承只能承受径向载荷，承载能力比相同尺寸的深沟球轴承大。它对轴的偏斜或弯曲变形很敏感，内、外圈轴线相对偏角不得超过 $2'\sim4'$。这类轴承的内、外圈可以分离，并分别安装。使用时要求轴有较好的刚性和轴承座孔有较高的同轴度。

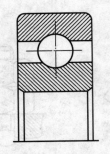

图1-48 深沟球轴承

图1-49 调心球轴承

(4) 调心滚子轴承 调心滚子轴承原名双列向心球面滚子轴承，这类轴承的外圈内表面是球面，主要用来承受径向载荷，承载能力较强，能承受不大的轴向载荷，能自动定心，允许内、外圈轴线相对偏角 $2°\sim3°$，如图 1-51 所示。一般用于刚性较差的轴以及轴承座孔同轴度较差和多支点的支撑。

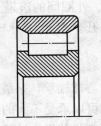

图1-50 圆柱滚子轴承

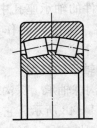

图1-51 调心滚子轴承

(5) 滚针轴承 如图 1-52 所示，滚针轴承轴承的最大特点是径向结构紧凑。在相同的内径下，和其他轴承相比，它的外径最小。因此，它适用于径向尺寸受限制的场合。这种轴承只能承受径向载荷，承载能力很高。结构上可分为有内、外圈的和有外圈而无内圈的两种，一般无保持架，因而，滚针间相互有摩擦，轴承极限转速低。

(6) 角接触球轴承 如图 1-53 所示，角接触球轴承可同时承受径向和单向的轴向载荷，也可用来承受纯轴向载荷。滚动体与外圈滚道接触点的法线与径向平面的夹角，称为轴承的接触角 α，有 $15°$、$26°$和 $36°$ 3 种。α 愈大，承受轴向载荷的能力愈强。由于有接触角，当承受径向载荷时，会引起附加轴向力，有使内、外圈分离的趋势，因此这类轴承在一般情况下都是成对使用，两轴承可安装在同一支座上或分别安装在两个支座上。

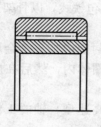

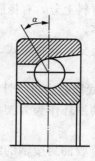

图1-52　滚针轴承　　　　　　　　　图1-53　角接触球轴承

（7）圆锥滚子轴承　如图1-54所示，圆锥滚子轴承轴承可以承受较大的径向和轴向联合载荷，其内、外圈可以分离，并分别安装，但要注意调整游隙。通常成对使用。两轴承可安装在同一支座上或分别安装在两个支座上。由于滚子端面与内圈挡边有滑动摩擦，故不宜在很高转速下工作。使用时要求轴有较高的刚性和轴承座孔有较高的同轴度。拖拉机上的后桥轴，载荷和轴向力都较大，普遍采用这种轴承。

（8）推力轴承　推力轴承可分为单列和双列，如图1-55所示。它们用来承受轴向载荷，不能承受径向载荷。轴承的紧圈与轴是过渡配合，并和轴一起转，活圈与轴之间留有间隙，固定在机座上。单列推力轴承只能承受单向轴向力。双列的则可以承受双向轴向力。高速时由于滚动体离心力大，会影响轴承使用寿命，故只宜用在中、低速场合。

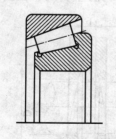

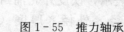

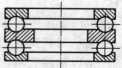

图1-54　圆锥滚子轴承　　　　　　　图1-55　推力轴承

三、油封

油封的功能是防止润滑油泄漏和阻止异物侵入机器内部。

油封从材料上分,有橡胶油封、皮革油封及塑料油封。在拖拉机上以橡胶油封用得最多。

从结构上分,有骨架式、无骨架式、包胶式及包铁式,以骨架式油封用得最多。

1. 骨架式橡胶油封 骨架式橡胶油封是在密封圈内加一个金属骨架。制作时一般用薄铁环作为骨架埋在耐油橡胶的密封圈体内,然后在压模中热压成型。

骨架式橡胶油封按轴的线速度分为低速型和高速型。轴的工作线速度在 6 m/s 以下的称为低速型,4～12 m/s 的称为高速型。

在唇口的结构上又分为普通型及双口型。普通型只有一个唇口,并在唇口后面装有弹簧圈,以增加唇口对轴表面的压力,使唇口对轴径具有较好的自动补偿作用,故也称自紧油封,可存贮低黏度的润滑油,如图 1-56a 所示。

双口型油封具有两个唇口和轴颈接触,但其中只有一道唇口有弹簧圈用以存贮润滑油。无弹簧圈的唇口则用以防止尘土侵入,如图 1-56b 所示。

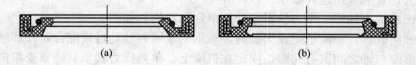

(a)　　　　　　　　　(b)

图 1-56 普通型和双口型骨架式橡胶油封

2. 毡封油圈 如图 1-57 所示,毡封油圈属于软填料防尘密封。主要用在环境比较清洁、以油脂为润滑剂的轴承中。适用于线速度低于 5 m/s 的工作条件。

拖拉机上常用的为带铁皮外壳的毡封。各类毡封在安装前要浸油。一般毡封的规格以轴径表示,铁皮外壳油封则以数字表示:内径×外径×厚度(单位:mm)。

3. 橡胶 O 形密封圈 它属于橡胶挤压型密封圈,装配时受到安装沟槽的预压缩,在密封面上产生初始接触压力,当受到所密封介质(如润滑油、液

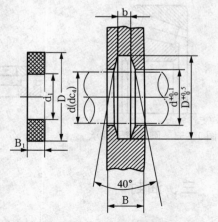

图 1-57 毡封油圈及槽

压油等）的压力作用后，引起 O 形圈进一步变形，产生自紧作用，加强了密封效果。其尺寸规格用外径和断面直径表示。例如 20×2.4 表示密封圈外径为 20 mm，断面直径为 2.4 mm。

四、键

键是机械中常用的连接件，它的功用是传递扭矩。很多机件，例如带轮、齿轮、链轮等与轴的连接是由键连接起来的。

1. 键的种类和用途 键的种类很多，用处各不相同，常用的有平键、半圆键、楔键和花键。前 3 种有标准件。

（1）平键 如图 1-58 所示，平键可分为圆头、方头和单圆头 3 种类型，其中圆头型使用最广。平键的断面形状有正方形和长方形两种。平键以侧面为工作面来传递扭矩。平键由于制造简单、工作可靠、装卸方便，因而应用很广。

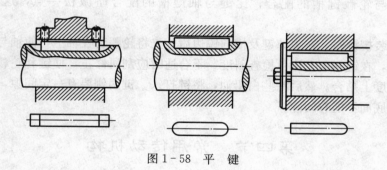

图 1-58 平 键

（2）半圆键 半圆键如图 1-59 所示，是靠键的两侧面与键槽的两侧面互相接触而传递扭矩。其特点是装配方便，能绕其本身的圆心摆动而自动适应轮毂上键槽底面的斜度。常用于锥形轴端的连接。但由于轴上键槽较深，对轴的强度削弱较大，所以只能传递较小的扭矩。

（3）楔键 如图 1-60 所示，楔键靠键的上下面传递扭矩，键本身有 1：100 的斜度。安装时需打入。它可以承受单方向的轴向力，但是对中性不好，故一般用在承受单方向轴向力而对中性要求不严的连接，或者用于结构简单、紧凑、有冲击载荷的连接处。

楔键有两种：普通楔键和钩头楔键。钩头楔键除有一个供拆卸用的钩头外，其余与普通楔键完全相同。

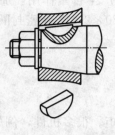

图 1-59 半圆键

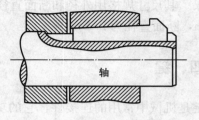

轴

图 1-60 楔 键

2. 键连接的装配 平键与半圆键连接的装配大致相同。装配时应首先清除键的锐边及轴和轮毂上键槽的锐边，清理好键槽底面，然后按要求的公差与配合研配。研配时应用细锉刀，先把键和轴的键槽研配好，再研配键与轮毂键槽。如果是普通平键，可用涂色法检查，使键底平面与键槽贴合，两侧用厚薄规检查，不应有间隙，应有一定的过盈量。

键与轮毂键槽的配合，比键与轴键槽的配合略微松一点，这样便于装卸。

安装楔键时，在去掉键及槽的锐边后，先将轮毂套在轴上，使轴与轮毂键槽对正，在键斜面上涂色检查斜度，不合适时应刮研修正，使键和轮毂槽在要求的长度上贴合。然后涂些白铅油，将键打入。键两侧要有一定间隙，但键的顶面和底面不能有间隙。

第四节　常用传动机构

拖拉机常用的传动方式可分为机械传动与液压传动两类，其传动机构却有很多种形式，简要介绍如下：

一、摩擦传动

如图 1-61 所示，圆柱摩擦轮传动是由两个相互压紧的圆柱摩擦轮组成。工作时，由于摩擦轮相互压紧，旋转的主动轮就可依靠两轮接触点（A 处）产生的摩擦力带动从动轮旋转，从而把运动和动力传递给从动轮。

1. 摩擦轮传动的传动比 传动比是指主动轮转速 n_1 与从动轮转速 n_2 的比值，或被动轮直径 D_2 与主动轮直径 D_1 之比，用符号 $i_{1,2}$ 表示，其计算公式：

$$i_{1,2}=\frac{n_1}{n_2}=\frac{D_2}{D_1}$$

当传动比大于 1，从动轮转速低于主动轮转速，称为降速传动；传动比小于 1，从动轮转速高于主动轮转速，称为升速传动。

2. 摩擦轮传动的特点

（1）结构简单，维修方便，适用于两轴相距较近的传动。

（2）工作中无噪声，并可较方便地实现变速、变向等运动的调整。

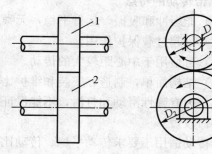

图 1-61 圆柱摩擦轮传动
1. 主动轮 2. 从动轮

（3）可起到过载保护作用，但传动效率低，传递运动不准确。

二、带传动

如图 1-62 所示，带传动是由主动轮、从动轮和紧套在两轮上的传动带所组成。工作时，传动带张紧在两带轮上，使带轮间产生压力，当主动轮转动时，依靠传动带与带轮接触面间产生的摩擦力来带动从动轮转动，以实现主从动轴间的运动和动力的传递。

1. 带传动的类型 根据传动带的截面形状不同，可分为平带、V 形带（又称三角胶带或三角皮带）和特殊截面带（如多楔带、圆带等）。此外还有同步带，它属于啮合型传动带。平带传动主要用于高速、远距离传动；V 形带的截面形状为梯形，两侧面为工作面，因此，在同样压紧力的作用下，V 形带的摩擦力比平

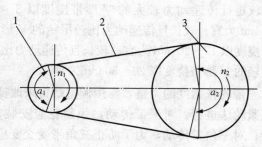

图 1-62 带传动
1. 主动轮 2. 传动带 3. 从动轮

带大，传递功率也大，广泛用于较近距离传动。V 形带按其截面尺寸有 Y、O、A、B、C、D、E 7 种截形。Y、O 形带传递功率较小，E 形带传递功率较大，常用 A、B 形两种。

2. 带传动的特点

(1) 能缓冲和吸振，运行平稳，无噪声。

(2) 可起过载保护作用。

(3) 可适用于中心距较大的传动。

(4) 结构简单，制造、安装和维护比较方便。

(5) 因有弹性滑动和打滑，不能保证准确的传动比，对轴压力较大，带的使用寿命较短。

带传动适用于要求传动平稳、传动比不要求准确的远距离传动。带的工作速度一般为 5～25 m/s，使用高速环形胶带时可达 60 m/s。胶帆布平带的传递功率小于 500 kW，普通 V 形带的传递功率小于 700 kW。

3. 带传动的传动比 带传动的传动比（$i_{1,2}$）与转速（n）成正比，与其带轮直径（D）成反比。其计算公式：

$$i_{1,2} = \frac{n_1}{n_2} = \frac{D_2}{D_1}$$

4. 带传动的调整方法 带传动张紧力不足时，带将在带轮上打滑，使传动带急剧磨损；张紧力过大会降低传动带的使用寿命。V形带的张紧度检查，一般是用大拇指施加 40 N左右的力到两皮带轮之间中点的胶带上，所产生的挠度如图 1-63 所示。一般原则是：中心距较短且传递动力较大的 V 形带挠度以 8～12 mm 为宜；较长且传递动力比较平稳的 V 形带挠度以 12～20 mm 为宜；较长且传递动力比较轻的 V 形带挠度以 20～30 mm 为宜。

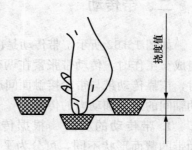

图 1-63 带张紧度检查

带的张紧度的调整，常用调整螺钉来改变两带轮间的中心距的大小或安装张紧轮法进行。对平带传动，张紧轮应安装在传动带的松边外侧并靠近小带轮；对三角带传动，为了防止三角带受交变应力作用而应把张紧轮放在松边内侧，并靠近大带轮处。

5. 带传动的失效形式

(1) 打滑 当传递的圆周力超过极限摩擦力时，出现带在带轮上打滑，使传动失效。

(2) 带的疲劳破坏 带在工作时的应力是交变应力。转速越高，带越短，单位时间内绕过带轮的次数越多，带的应力变化越频繁，带就越容易发生疲劳破坏，使传动失效。

三、链传动

链传动是由装在平行轴上的主动链轮 Z_1，从动链轮 Z_2 和跨绕在两链轮上的环形链条组成。链条作为中间挠性件，是靠链条的链节与链轮轮齿的啮合来传递运动和动力的。

1. 链传动的传动比　链传动的传动比（$i_{1,2}$）与转速（n）成正比，与其链轮齿数（z）成反比。其计算公式：

$$i_{1,2} = \frac{n_1}{n_2} = \frac{z_2}{z_1}$$

2. 链传动的特点

（1）平均传动比准确。

（2）传递功率大，张紧力小，作用在轴和轴承上的力也小。

（3）传动效率高，一般可达 95％～98％。

（4）两平行轴间中心距较大。

（5）结构较紧凑，能在低速、重载以及高温、油污等恶劣环境下工作。

（6）传动平稳性差，瞬时速度不均匀，工作时有噪声，且制造成本较高。

目前，链传动最大传递功率达到 5 000 kW，最高速度达到 40 m/s，最大传动比达到 15，最大中心距达到 8 m。一般链传动的传递功率 $P \leqslant 100$ kW；传动比 $i \leqslant 8$；中心距 $a \leqslant 6$ m，链速 $v \leqslant 15$ m/s。在农业机械中的传动链主要有套筒滚子链和齿形链。齿形链运转较平稳，噪声较小；滚子链转速较高，但价格较贵，重量较大并且对安装和维护的要求也较高。

3. 链传动的张紧方法　一种是用改变中心距来调整张紧度，防止链条垂度过大造成啮合不良和松边颤动。另一种是在中心距不可调节时，采用张紧轮。张紧轮一般置于松链的外侧或内侧，靠近小链轮处。

4. 链传动的润滑　良好的润滑可缓冲冲击，减小磨损，延长链条的使用寿命。常用的润滑方式有：人工定期润滑、滴油润滑、油浴润滑、飞溅润滑和压力供油润滑。

润滑油可采用 N32、N46、N68 机械油。为安全防尘，链传动应装防护罩。

5. 链传动的失效形式　链传动的失效形式主要有：磨损、胶合和拉断。

四、齿轮传动

齿轮传动是利用主动齿轮和从动齿轮轮齿的直接啮合来传递运动和动力的一种机械传动装置，如图 1-64 所示。工作时，主动轮的轮齿通过啮合点对从动轮的轮齿产生法向推力，从而推动从动齿轮转动，把主动轴的运动和动力传递给从动轴。

1. 齿轮传动的种类

（1）按两齿轮轴线的位置不同分为圆柱齿轮传动（两轴线平行）、圆锥齿轮传动（两轴线相交）、蜗杆蜗轮及螺旋齿轮传动（两轴线交叉而不相交）3 种类型。

（2）按齿轮传动在工作时圆周速度不同，可分为低速（$v < 3$ m/s）、中速（$v = 3 \sim 15$ m/s）、高速（$v > 15$ m/s）3 种。

（3）按工作条件分为闭式传动和开式传动。

（4）按齿与其轴线方向分为直齿、斜齿和曲齿。

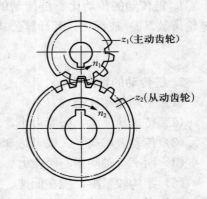

图 1-64　齿轮传动

（5）按轮齿的轮廓曲线分为渐开线齿轮、摆线齿轮和圆弧齿轮等几种。

（6）按啮合方式分为外啮合齿轮传动、内啮合齿轮传动和齿轮齿条传动。

2. 齿轮传动的传动比　齿轮传动的传动比（$i_{1,2}$）与转速（n）成正比，与其齿数（z）成反比。其计算公式：

$$i_{1,2} = \frac{n_1}{n_2} = \frac{z_2}{z_1}$$

齿轮传动的传动比不宜过大，一般直齿圆柱齿轮传动的传动比 $i_{1,2} = 5 \sim 8$；直齿圆锥齿轮传动的传动比 $i_{1,2} = 3 \sim 5$。

3. 齿轮传动的特点

（1）瞬时传动比恒定。

（2）结构紧凑，适宜近距离传动。

（3）传动效率高，一般情况下传动效率 $\eta = 0.95 \sim 0.995$。

（4）传递的功率和速度范围较大（传递的功率由几分之一瓦到几十千瓦。圆周速度由很低到 100 m/s 以上）。

（5）制造和安装精度较高，成本也较高。

4. 齿轮传动正确啮合的条件 一对标准直齿圆柱齿轮正确啮合必须具备以下两条：一是两齿轮的模数必须相等；二是两齿轮分度圆上的压力角必须相等。

5. 齿轮传动的失效形式 齿轮传动的失效形式主要表现为：轮齿折断、齿面点蚀、齿面磨损、齿面胶合和塑性流动（齿面较软的齿轮，在过载严重或启动频繁时可能产生局部的塑性变形）。

五、蜗轮蜗杆传动

如图 1-65 所示，蜗轮蜗杆传动由蜗杆、蜗轮和机架组成，用以传递空间两交错垂直轴间的运动和动力。其中蜗杆是主动件，蜗轮是从动件，又称蜗杆蜗轮传动。蜗杆实际上是一种特殊的梯形螺纹，其轴向截面的齿廓呈直线型，牙形角为 40°；蜗杆的齿数以头数表示，有单头和多头之分（一般不超过 4 头）。蜗轮形如一斜齿轮，齿数可以较多，但最多不超过 120 个，太多了会使尺寸过大。

1. 蜗轮蜗杆传动的传动比 设蜗杆头数为 z_1，转速为 n_1；蜗轮齿数为 z_2，转速为 n_2，则蜗杆传动的传动比与齿轮传动的传动比相同，即：

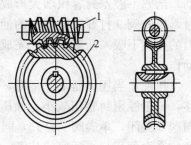

$$i_{1,2} = \frac{n_1}{n_2} = \frac{z_2}{z_1}$$

在传动中，单头蜗杆转 1 周，蜗轮转 1 个齿，双头蜗杆转 1 周，蜗轮转两个齿。因蜗杆的头数较少，所以蜗杆传动的传动比很大，多用于需降速较大的传动场合。

图 1-65 蜗轮蜗杆传动
1. 蜗杆 2. 蜗轮

2. 蜗轮蜗杆传动的特点

（1）结构紧凑，传动比大。一般动力机构中，$i_{1,2} = 8 \sim 60$；在分度机构中，$i_{1,2} = 600 \sim 1\,000$。

（2）工作平稳，噪声小。

（3）一般具有自锁性。即只能由蜗杆带动蜗轮，不能由蜗轮带动蜗杆，故可用在升降机构中起安全保护作用。

（4）承载能力大。

（5）因齿面滑动较大，故效率低，易发热（一般效率为0.7～0.9，有时只有0.5）。

（6）成本高。为减轻齿面的磨损和胶合，蜗轮一般采用青铜制造。

（7）不能任意互换啮合。

六、液压传动

液压传动是以液压油作为工作介质，利用液体压力能来传递动力和进行控制的一种传动方式。

1. 液压传动的工作原理 以液压千斤顶为例，简述液压传动的工作原理，如图1-66所示。它由手动柱塞液压泵、液压缸以及管路等构成一个密封的连通器。它的工作过程分为吸油、压油和放油三个步骤。

吸油：当抬起手柄，使小活塞向上移动，活塞下腔密封容积增大形成局部真空时，单向阀9打开，油箱中的油在大气压力的作用下吸入活塞下腔，完成一次吸油动作。

压油：当用力压下手柄时，小活塞下移，其下腔密封容积减小，油压升高，单

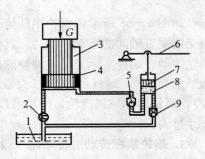

图1-66 液压千斤顶的工作原理
1. 油箱 2. 放油阀 3. 缸体 4. 大活塞
5、9. 单向阀 6. 杠杆手柄
7. 小活塞 8. 泵体

向阀9关闭，单向阀5打开，同样压力的液压油进入举升油缸下腔，由于大活塞的受力面积是小活塞的几倍、甚至几十倍，所以大活塞便可获得几倍、甚至几十倍于小活塞所受的力，从而驱动大活塞使重物G上升一段距离，完成一次压油动作。反复地抬、压手柄，就能使油液不断地被压入举升油缸，使重物不断升高，达到起重的目的。

放油：如将放油阀旋转90°，大活塞可以在自重和外力的作用下实现回油。

从以上的工作过程可以看出，液压传动是以密封容积的变化建立油路内部的压力来传递运动和动力的传动。它先将机械能转换为液体的压力能，再将液体的压力能转换为机械能。

2. 液压传动装置的组成 液压传动装置由动力元件、执行元件、控制调

节元件、辅助元件和工作介质 5 个部分组成。

（1）动力元件 动力元件即液压泵，常用齿轮泵和柱塞泵，它是液压系统的动力源。它是将原动机输入的机械能转换为液压能的装置，为液压系统提供压力油。

（2）执行元件 执行元件是指液压缸和液压马达，它是将液体的液压能转换为机械能的装置，是在压力油的推动下输出力和速度（或力矩和转速），以驱动工作部件。

（3）控制调节元件 控制调节元件是指各种阀类元件，如溢流阀、节流阀、换向阀等。其作用是控制液压系统中油液的压力、流量和方向，以保证执行元件完成预期的工作运动。

（4）辅助元件 辅助元件指油箱、油管、管接头、滤油器、压力表、流量表等。这些元件分别起散热、贮油、输油、连接、过滤、测量压力和测量流量等作用，以保证系统正常工作，是液压系统不可缺少的组成部分。

（5）工作介质 工作介质即传动液体，通常为液压油。其作用是实现运动和动力传递。

3. 液压传动的特点

（1）在相同功率的情况下，液压传动装置体积小、质量轻、输出力大。

（2）操作方便、省力，易实现远距离操纵及自动控制。

（3）可进行大范围的无级调速，调速比可达 2 000∶1。

（4）传动较平稳，能在低速时稳定运动；可频繁换向，能自动实现过载保护。

（5）液压元件易于实现标准化、系列化和通用化，使用寿命长。

（6）液压元件制造精度和密封性能要求高，加工、安装和维修都比较困难。

4. 液压传动的应用 随着液压传动和机电液一体化技术的发展，逐渐扩大了液压传动在拖拉机上的应用。如拖拉机上的农具升降、全液压转向器、液压行走无级变速等普遍应用液压传动技术。

第五节 拖拉机电气系统的基本知识

拖拉机上的电气系统担负着启动发动机、夜间照明、工作监视、故障报警及自动控制等职能。其线路比较复杂，然而只要抓住其内在的规律性是不难掌握的。

一、电路的有关概念

按一定方式将电气设备连接起来所构成的电流通路，称为电路。电路由电源、负载、导线和开关等组成。电源是将其他形式的能量转换成电能的装置，农业机械的电源是蓄电池和发电机。负载是拖拉机上的启动机、电喇叭、各种电灯等装置。导线、开关和接线柱是中间环节，用来连接电源和负载，起传输、控制和分配电能的作用。在拖拉机上，一般将同一走向的导线包扎在一起，叫做线束。

通路、断路和短路是电路的三种状态。通路是当开关闭合时，电路中有电流通过，负载可以正常工作。

断路又称开路，电路中任何一个地方断开，如开关未闭合，电线折断，用电设备断线，接头接触不良等，都使电流不能通过，用电设备不能工作。

短路是由于电路连接不当或线路漏电，造成电源输出电流不经过负载，只经过导线直接流回电源。

二、电路特点

1. 电源为低电压（12 V，少数为 24 V），直流。

2. 用电设备采用单线制，即用电设备的一端通过开关或电流表等与电源正极（火线）相接，另一端则通过机体，与电源负极相连，称为搭铁。按照国家标准规定，使用硅整流发电机的拖拉机的电气系统采用负极搭铁。

3. 有两个电源。蓄电池和硅整流发电机作为电源并联向用电设备供电。硅整流发电机输出的是直流电，除了给用电设备供电外，还可以给蓄电池充电。

4. 各用电设备与电源均为并联，即每一个用电设备都与电源构成一个独立的回路，都可以独立工作。

5. 开关、保险丝、接线板和电流表等采用串联连接，即一端或一个接线柱与火线相接，另一个接线柱与用电设备相接。当打开开关或某处保险丝熔断时，该电路断开，不通电流。

6. 启动机启动时由蓄电池直接供电，因启动电流较大，故不经过电流表；当发电机不发电及发电机电压低时，其他用电设备由蓄电池供电，电流均经过电流表，其指针向"一"方向摆动。

7. 发电机向蓄电池充电时，发电机电压高于蓄电池电压时，各用电设备均由发电机供电，其电流不经过电流表，只有充电电流经过电流表，此时指针向"＋"方向摆动。

三、总体电路的组成

并联的每一种用电设备与电源均可构成一个完整的回路。它们既可以同时接上开关共同工作，也可以单独或先后分别工作而不受其他用电设备接通或切断的影响。因此可根据用电设备的主要功用将复杂的电路系统分解为简单的几部分，便于分析、排除电路的故障，并能迅速准确地安装设备、连接线路。

虽然各型号拖拉机的电路繁简程度不同，但都是由电源电路、启动电路、照明及信号电路、工作监视、故障报警和自动控制电路等组成。

1. 电源电路　电源电路包括发电机、调节器、蓄电池、电流表及电源开关等。发电机和蓄电池都是负极搭铁，电流表串联在电源开关接线柱和蓄电池正极之间。因发电机开始运转及低速运转时是由蓄电池供电激磁的，所以，充电电路必须经过电源开关，发动机熄火时必须断开电源开关，最好将钥匙抽出。

2. 启动电路　启动电路包括蓄电池、启动机、预热器、启动继电器、启动预热开关及电源开关等。根据启动要求，线路压降不能超过 $0.2 \sim 0.3$ V，因此蓄电池连接启动机的导线和蓄电池搭铁线都用粗线，并应连接牢固和接触良好。启动开关控制启动继电器线圈的通断，再由启动继电器线圈控制启动继电器开关触点的开闭，最终控制启动主电路的通断。

3. 照明及信号电路　照明及信号电路是为拖拉机夜间作业及公路行驶而设置的，主要包括前大灯、后大灯、电流表、电源开关、灯开关和保险丝等。它们配置的原则是：同时使用的灯光接同一开关的同一挡，交替使用的灯光接在同一开关的不同挡位上。

4. 仪表及报警电路　仪表电路的作用是通过驾驶室里的仪表或报警装置，使驾驶员能随时观察拖拉机的工作情况。拖拉机上常用的仪表有水温表、机油压力表、机油温度表、发动机转速表及油位指示表等，各仪表与相应的传感器采用串联连接，其火线经电源开关接电源。

5. 自动控制电路　部分机型设有自动控制电路，其作用是通过传感器的信号，指使电机正、反转，或液压传动元件等自动控制的功能。它一般由传感器、继电器、电机或液压泵、控制阀、液压缸等组成。

四、总体电路图的识读

拖拉机的总体电路图一般是展成平面绘制的，一定要熟悉图上的符号、图形。查看电路时要从基本电路入手，一般应按电源→导线→开关→保险装置→用电设备的顺序进行。

读图时，首先应查看电源部分的充电电路，该电路是其他各电路的公用电源。其次查看开关部分与电源部分的连接方法。电源开关是电源通往其他各基本电路的总开关，电源开关均用一根导线接到电源的正接线柱上。电源开关与其他基本电路用电设备的连接方式有两种：一是通过分电路的"分开关"相连；二是通过保险装置与"分开关"相连。

在检查拖拉机的具体电气线路时，首先要熟悉各个电器的安装位置（机型不同，位置有差异）。其次要将各基本电路中各电器间的连接导线梳理清楚，一般导线都汇合成线束，只要根据导线的序号或颜色进行查线，分清线束的各抽头与什么电器相连即可。第三，各基本电路中的开关或仪表大多集中装在驾驶台附近的仪表盘上，组成了电气电路的控制枢纽，因此要熟悉仪表盘的接线。仪表盘上的接线和抽头很多，但与某一基本电路有关的只有 1～2 个。从各基本电路入手，分清仪表盘上各开关、各抽头的接线关系，就可以弄清电路了。

五、拖拉机电气系统故障的分析方法

电气系统出现故障时，要对照线路图、电线序号或颜色，从电源到负载或从负载到电源的顺序进行认真检查分析，确定故障部位。拖拉机电气系统故障检查方法通常用以下几种。

1. 观察法 这种方法比较直观，沿着线路寻找故障点，对明显的故障很易解决。如触点问题，接头连接问题，灯丝断，保险丝断等。

2. 短接法 将串联在电路中的某一控制元件两端用导线连接在一起，使其短路，可以检查被短接的元件是否断路。一般用于触点、开关、电流表和保险丝等。

3. 划火法 用一根导线，将与火线连接的导线在机体上划擦，观察有无火花及火花的大小。一般由负载端开始，沿线路每一接头触点划擦，划擦到有火，则说明故障在这以后（该接头触点后面）的元件或线路上。须注意的是，为了避免大电流将保险丝烧断，划擦动作要快，划火导线直径应小于 1 mm。另外，发动机工作时，不能用划火法划火，以免损坏发电机整流元件。

4. 试灯法　将一 12 V 灯泡焊出一根搭铁极和一根长度为 1 m 左右的导线，导线沿电源端按被查线路的接线顺序分别与各接点相触。灯亮说明通路，不亮说明断路。用试灯法检查电路有两种方法，一种是并联法，与划火法相同，只是将导线换成灯。另一种方法是串联法，将试灯串联在线路中。可以根据亮度，检查线路电阻和故障。用试灯法不会造成短路现象，所以对用电设备无损坏，比较安全。

5. 万用表法　用万用表测量设备和线路的电阻，以及各接点的电压值，判断故障比较准确。测量电阻一般用"$R \times 1$"挡或"$R \times 10$"挡即可，测量前要校正万用表。

第二章

拖拉机修理的基本技能

第一节　常用的钳工工具与基本操作方法

　　钳工是手持工具对金属进行切削加工的一种方法。它简单易行，且能完成机械加工所不能完成的工作，是拖拉机修理工必须掌握的基本操作技能。

一、手锯与锯割

　　锯割是用手锯割断金属材料或进行切槽的一种钳工操作。

　　1. 手锯的构造　手锯由锯弓和锯条构成。锯弓的功用是夹持并拉紧锯条，有固定式及可调式两种，如图 2-1 所示。常用的锯弓为可调式。

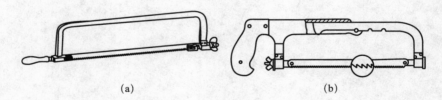

(a)　　　　　　　　　　　　　　(b)

图 2-1　手　锯
(a) 固定式　(b) 可调式

　　锯条一般由碳素工具钢制成。常用锯条的尺寸规格为长 300 mm，宽 12 mm，厚 0.8 mm。锯齿有粗细两种，一般在 25 mm 长度内有 14～18 个齿的为粗齿锯条，有 24～28 个齿的为细齿锯条；或将 24 个齿的称为中齿锯条，32 个齿的称细齿锯条。

　　锯齿的粗细，应根据被加工材料的硬度和厚度选择。锯割材质较软的工件（如铜、铝、低碳钢、中碳钢及铸铁等）及厚度较大的工件时，切下的锯屑较多，需要较大的容屑空间，避免堵塞，应选用粗齿锯条。为了保证锯齿不被工件挂住，造成崩齿现象，一般要求至少有两个以上的齿同时和工件接触，因此锯割厚度大的工件时，可选用粗齿，而锯割薄壁材料或硬度高的材料时，则应选用细齿锯条。为减少锯口两侧与锯条间的摩擦，锯齿的排列多为波浪形。

2. 锯割操作要点

（1）正确安装锯条　手锯在向前推动时进行切削，因此安装锯条时，锯齿尖应该向前，不能反装。锯条的拉紧度应该调整合适。

（2）起锯要点　起锯时用左手拇指靠稳锯条侧面作引导，起锯角度应小于 15°。锯的往复行程应短，压力要轻，锯条应与工件表面相垂直。起锯锯成锯口后再将锯弓改成水平方向。如图 2-2 所示。

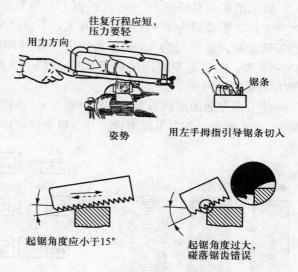

（3）锯割要点　锯割时，应使锯作直线往复运动，不应左右摆动。前推时要均匀加压，使锯齿切入工件；向后拉锯时，锯条不一定要抬起，但必须卸压使锯条在工件上轻轻滑过。锯割

图 2-2　起锯要点示意图

时要有一定压力，以防止锯条卡在工件中，锯齿崩落或锯条折断。要用锯条的全长工作，以免锯条的中间部分迅速磨钝。

锯割速度不宜过快，通常每分钟往复 20～40 次。锯割中等硬度材料，以每分钟往复 40～60 次为宜，锯割硬度较高的材料则应用较少的往复次数。

锯钢料时，应适当加机油润滑。工件接近锯断时，用力应轻，以免碰伤手臂。

二、锉刀与锉削

锉削是用锉刀对工件表面进行切削加工的一种钳工操作。多用于表面整形及尺寸修整。如在其他切削加工之后及零部件装配时，用以修整工件的尺寸及形状。

1. 锉刀的构造 锉刀的材料多为碳素工具钢并经淬硬处理。锉纹是在剁锉机上剁出来的。锉刀的尺寸是指工作部分的长度。

锉刀的锉纹有单齿纹、双齿纹及弧形齿纹 3 种，如图 2-3 所示。单齿纹锉用于修整，锉齿较多。双齿纹锉的齿刃是间断的，在齿刃全宽度上有许多分屑槽使锉屑碎断，锉刀不易被堵塞，锉削时也比较省力，所以它是最常用的锉刀。弧形齿纹的齿刃为单排且呈弧形，有助于锉屑的自行脱落。

锉刀的粗细是以每 10 mm 长锉面上的齿数区分的，分为粗锉、细锉和油光锉 3 种。粗锉刀为 4～12 齿，齿间大，不易堵塞，适用于粗加工或锉削铜和铝等软金属。细锉刀为 13～24 齿，适用于锉削钢和铸铁等材料。油光锉为 30～60 齿，只适用于表面的最后光整加工。锉刀愈细锉出的工件表面愈光，但生产率愈低。

锉刀根据截面形状分为：平锉（板锉）、方锉、三角锉、半圆锉及圆锉等，如图 2-4 所示，各有不同用途。其中以平锉用得最多。

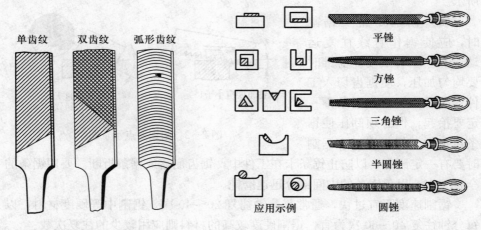

图 2-3 常用锉刀的齿纹   图 2-4 锉刀的种类与用途

2. 锉削操作要点 使用锉刀之前，应装上手柄。手柄要装紧，避免伤手。

（1）锉刀的握法 锉刀的握法随锉刀的大小及用途而不同。使用大平锉时，用右手握锉柄，锉柄顶端应在拇指根部的手掌上，大拇指压在锉柄上，其余手指由下而上地握住锉柄。用大锉刀进行重锉时，应把左手压在锉的前端上，使锉刀保持水平，并有利于施加压力。如图 2-5a 所示。用中型平锉轻锉时，用力要小，因此应用左手的大拇指和食指捏住锉的前端，引导锉刀水平移动，如图 2-5b 所示。

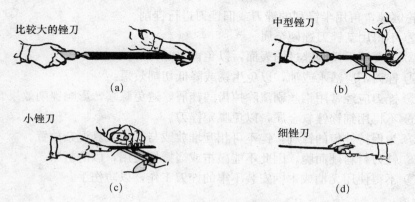

比较大的锉刀 (a)

中型锉刀 (b)

小锉刀 (c)

细锉刀 (d)

图 2-5 锉刀的握法

（2）锉削施力要点 锉刀向前推时，两手应保持锉刀的平衡，两手压在锉刀上的力要随着锉刀向前推进而变化。

开始推进时，左手压力应大而右手压力小；锉刀推到中间位置时，两手压力相同；再继续推进时，左手压力逐渐减小，而右手压力逐渐增大。锉刀回程时，不施加压力，或将锉刀抬起。

（3）平面的锉削方法 平面的锉削是锉削中最常遇到的，粗锉时可用交叉法，这样不仅锉得快，而且可以利用锉痕判断加工部分是否锉到所需尺寸。对于一些密封垫的平面，还需精修平面，一般可用细锉或油光锉，采用推（拉）锉法进行修光。用两手横握锉刀。推拉锉刀时压力要轻，锉刀应握稳握平，使推拉两个方向上都进行锉削，如图 2-6 所示。

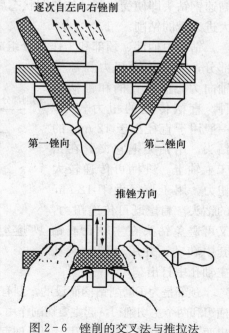

逐次自左向右锉削

第一锉向　第二锉向

推锉方向

图 2-6 锉削的交叉法与推拉法

锉削后工件的尺寸可用钢尺和卡尺检查。工件的平直性及直角性可用直角尺通过透光进行检查。

（4）锉削的注意事项 为了正确使用和保养锉刀，延长其使用寿命，应注意以下事项。

① 铸件、锻件的硬皮或沙砾应事先

用砂轮磨掉，再用半锋利的锉刀或旧锉刀进行锉削。

②不得用新锉刀锉硬金属。

③不要用手摸刚锉过的表面，以免再锉时打滑。

④锉刀不应沾水或油，以免生锈或降低切削效果。

⑤锉刀应经常用钢丝刷清除掉齿间锉屑，避免腻塞，影响锉削效果。

⑥不得用细锉锉软金属，以免腻塞锉刀。

⑦为保持锉齿的锋利，锉不可相互堆放或与其他工具混杂放置。

⑧锉刀材料硬而脆，因此不能敲击或当撬棍使用，以防折断。

⑨不得使用无柄或木柄安装不牢的锉刀工作，以防伤手。

三、钻头与钻削

钻削是用钻头对金属材料钻孔的一种钳工操作。根据钻削的动力可分为手动钻、手电钻或台钻、立式钻床。

1. 钻头 钻头一般用碳素工具钢或高速钢制成。碳素钢钻头在工作时如受热温度过高后自然冷却，就会产生退火，因此一般用于低速小进刀量钻削。高速钢钻头即使受热到"红热"状态后冷却，也不会发生退火，故可用于高速大进刀量的钻削。

钻头由柄部、颈部和工作部分组成，如图2-7所示。柄部是钻头的夹持部分，靠它传递扭力和承受轴向力。柄有直柄和锥柄两种。直柄传递的扭力较小，一般用于直径小于12 mm的钻头，用钻夹把它夹紧在钻床主轴上。锥柄可传递较大扭力，用于直径大于12 mm的钻头。扁尾既可传递扭力，又可避免钻头在主轴孔或钻套中转动，并用来把钻头从主轴孔中打出。

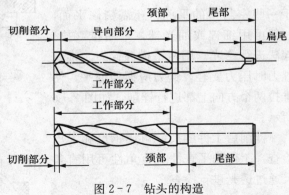

图2-7 钻头的构造

颈部是为了磨削钻柄而设的，刻有钻头尺寸规格和商标。工作切削部分包括横刃和两个主切削刃，起主要切削作用，为了减少摩擦面积又保持钻孔方向，还做出两条窄棱刃带（副切削刃），钻孔时起导向和修光孔壁作用，如图2-8所示。

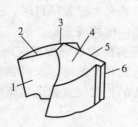

图 2-8 钻头的切削部分

1. 前刀面 2、5. 主切削刃 3. 横刃 4. 后刀面 6. 棱刃（副切削刃）

导向部分有两条对称的螺旋槽，起排屑和输送冷却液的作用，并且使切削刃口有正确的前角。它使钻屑卷绕成螺旋形，不致占据过大空间。

2. 钻孔的操作要点

（1）钻头的装夹 直柄钻头可用钻夹头夹持。装夹时先轻轻夹紧钻头，开车检查其是否摆动。若有摆动，应停车重新装夹校正，直至符合要求才用力夹紧。锥柄钻头可直接装夹在钻床主轴的锥孔中，如图 2-9a 所示。锥柄尺寸较小时，可用过渡套筒安装。一个套筒不能满足时，可用多个套筒过渡连接。套筒上端的长方形通孔，是卸钻头时打入楔铁用的。

直径在 13 mm 以下的直柄钻头可用钻夹头夹持。在夹头的 3 个斜孔内，装有带螺纹的夹爪。夹爪螺纹和装在夹头套筒的对合螺纹圈螺纹相啮合，因此通过锥齿轮手柄旋转套筒时，便可使 3 个爪同时张开或合拢，以放松或夹紧钻头，如图 2-9b 所示。

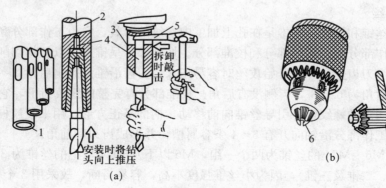

图 2-9 钻头的夹持方法

1. 锥孔 2. 钻床 3. 主轴 4. 变锥套 5. 楔铁 6. 自动定心卡爪 7. 紧固扳手

（2）工件的装夹　小型工件多在机用台虎钳上夹持。夹持时，应用垫铁使工件端面与钻头垂直。大型工件可用压板螺钉装夹。拧紧螺钉时，应先将每个螺钉轻拧一遍，然后再用力拧紧，以免工件产生位移或变形。

（3）钻削　为保证钻孔准确，避免钻头偏斜摆动，一般都应用60°锥角中心冲，在所要钻的孔的中心冲出定位中心孔。钻孔开始时，先将钻头对冲痕轻钻一下，检查是否同心，否则应对工件及钻头的相对位置做适当调整。当偏移量过大时，可用样冲或油槽凿从浅坑的中心向钻头必须偏移的方向凿几条槽，以减少此处阻力，再试钻时，钻头就能偏向开槽部位，使钻坑的位置居中，如图2-10所示。

当试钻达到同心要求后，即可固定工件进行钻削。钻削时加压应均匀。在加工较硬的材料或较深的孔时，应间断地将钻头抽出孔外，排除钻屑，防止钻头过热。并可根据不同情况加润滑剂冷却钻头。通孔接近钻透时，应减轻压力，降低送进速度。

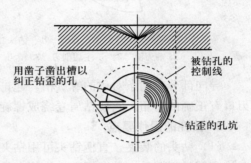

用凿子凿出槽以纠正钻歪的孔　被钻孔的控制线　钻歪的孔坑

图2-10　钻孔位置的纠正

四、攻丝与套丝

攻丝是用丝锥加工内螺纹孔的钳工操作，套丝是用板牙在圆柱形表面上加工外螺纹的钳工操作。

1. 攻丝

（1）丝锥和铰杠　丝锥是在孔上加工内螺纹的刀具，它由工作部分和柄部组成。工作部分包括切削部分和校准部分。切削部分呈锥形，以便将切削负荷分配在几个刀齿上，并使开始攻丝时容易切入。刀齿沿锥面磨出后角，一般手用丝锥的后角为6°～8°，齿侧没有后角。校准部分有完整的螺纹齿形，它的作用是校准切出的螺纹，并引导丝锥向前移动。柄部呈正方形，用来装铰杠以传递力矩。工作部分沿轴向开有3～4条容屑槽，并形成齿刃和前角。

通常M6～M24的丝锥为两个一组，M6以下及M24以上的丝锥为3个一组（头锥、二锥及三锥），因为小丝锥强度不高，容易折断，故采用3个一组。而大丝锥切削量大，要分几次逐步完成，所以也做成3个一组，如图2-11所示。丝锥除尺寸规格外还分粗牙，细牙两种。细牙丝锥不论大小，常为两个一组。一般头锥可用以攻通孔，二锥、三锥用以攻盲孔。

铰杠（亦称板杠）是手工攻丝的施力工具。常用的铰杠是可调式，转动右边手柄，即可调节方孔的大小，以适应各种尺寸丝锥的夹持，如图 2 - 12 所示。被加工螺纹的螺距可用螺纹规进行测量。

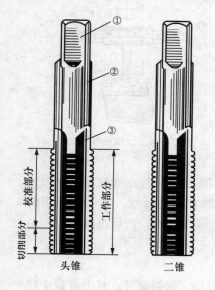

图 2-11　丝锥及其组合
1. 方头　2. 柄　3. 槽

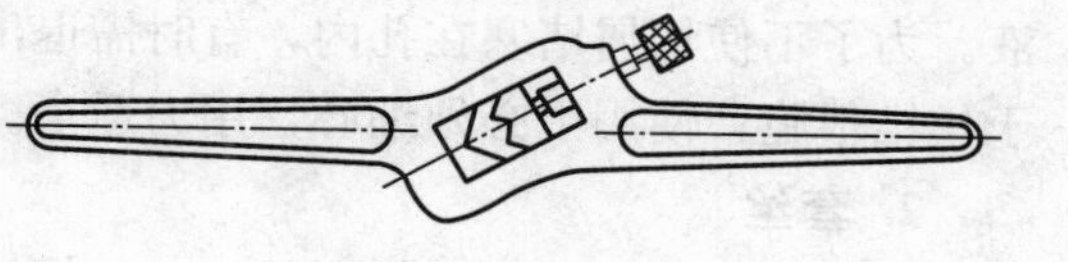

图 2-12　铰　杠

（2）攻丝的工艺操作要点

① 底孔的制备。攻丝之前首先应按螺纹的尺寸规格，确定钻底孔所用的钻头直径，并根据所需的螺纹长度，确定孔的深度。

攻丝时丝锥对工件金属具有推挤作用，被推挤出的金属将填充在孔的螺纹尖顶处，如图 2-13 所示。若钻孔直径与螺纹内径相同时，被丝锥挤出的金属会塞满丝锥与孔的螺纹顶部之间，将丝锥挤死不能转动，因而容易使丝锥折断。这种现象尤以加工韧性材料时更为明显。因此底孔的直径应比螺纹内径大些。

在对盲孔攻丝时，由于丝锥切削部分不能切制出完整的螺纹，因此孔的深度至少要等于所需螺纹长度加上丝锥切削部分的长度（该长度一般约等于螺纹外径的 0.7 倍）。

② 攻丝。首先应用头锥起攻，将丝锥放入加工好的底孔内，保持丝锥与工件平面相垂直。然后，用铰杠轻压旋入。当丝锥的切削部分已经进入工件时，便可只转动而不加压。每转 0.5～1 周，应反转 0.25～0.5 周，以折断切

屑，一直到丝锥进到底为止，将头锥退出。顺次换用二锥、三锥工作。先把丝锥旋入后，再用铰杠转动，不需加压。如图2-14所示。

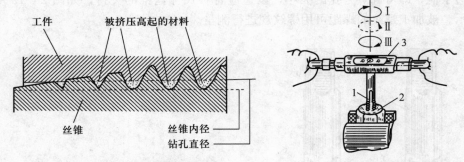

图2-13 攻丝时的金属推挤现象

图2-14 攻丝的操作方法
1. 丝锥 2. 工件 3. 铰杠

攻丝中可使用润滑油减少摩擦，铝合金可用煤油，以提高螺纹光洁度和延长丝锥使用寿命。但攻铸铁时，由于它所含石墨有自润滑性，一般不用润滑液。为了不使切屑堵塞在孔内，有时需退出丝锥清除碎屑，然后再继续攻。由于丝锥很脆，使用中必须细心，用力适当。

2. 套丝

（1）板牙和板牙架 板牙是加工外螺纹的刀具，形似螺母，其上有数个排屑孔，并靠它构成切削刃，如图2-15所示。板牙的两面都有呈锥形的切削部分，可任选一面套丝。一般切削部分的锥形倒角为30°～60°。中间圆柱的定径部分起导向和修光作用。

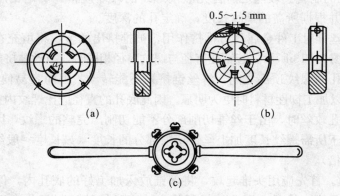

图2-15 板牙和板牙架
(a) 普通圆板牙 (b) 可调式圆板牙 (c) 板牙架

　　板牙在使用过程中，其校准（定径）部分会磨损。磨损达一定程度后螺纹尺寸会超出公差范围。为了补偿磨损，通常采用开缝式板牙。它的外圆上有 4 个顶丝尖坑和 1 个 V 形槽。上面的两个尖坑用于拧紧顶丝缩小板牙尺寸，其调节范围为 0.1～0.25 mm。下面的两个尖坑用于将板牙固定在板牙架上，传递扭矩，带动板牙旋转。

　　（2）套丝工艺操作要点

　　① 套丝圆杆的制备。套丝与攻丝的过程一样，工件材料也会受推挤凸出，被板牙挤出的金属会塞满板牙与圆杆的螺纹顶部之间，将板牙挤死不能转动，所以圆杆直径应比螺纹外径小。材料韧性愈大，圆杆直径愈要小，圆杆直径可查有关手册或用下面经验式计算：

$$d = d_0 - 0.13t$$

　　式中　　d——套丝圆杆直径；

　　　　　　d_0——螺纹外径；

　　　　　　t——螺距。

　　一般情况下，套丝圆杆直径比螺纹外径小 0.2～0.4 mm 即可。

　　另外，要套丝的圆杆端部应倒角，使板牙容易对准工件中心，同时也容易切入。

　　② 套丝。套丝时板牙端面应与圆杆相垂直。开始转动板牙时，要稍加压力；待进入 3、4 扣后，即可只转动而不加压，如图 2-16 所示。套丝过程中与攻丝相同，每转 0.5～1 周就应反转以断屑，并经常清除切屑，以免排屑孔堵塞。在加工钢制工件时，需要加机油润滑。被加工螺纹的螺距可用图 2-17 所示方法进行测量。

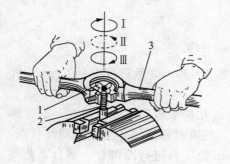

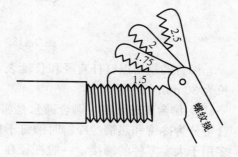

图 2-16　套丝的操作方法　　　　　　图 2-17　螺距的测量方法
1. 板牙　2. 工件　3. 板牙架

③ 工具的维护。丝锥和板牙在使用后，均应及时清洁，然后涂抹一薄层润滑油，存放在专门工具盒中。

五、铆钉与铆合

铆合亦称铆接，是常用的连接方式之一，一般用在不需要拆卸的连接场合，其连接件用铆钉。

1. 铆钉的种类 铆钉一般都用塑性金属材料制成，常用的材料有碳素钢、铝、铜等。根据用途及结构要求不同，有不同形式的铆钉。

铆钉由铆钉头和铆钉杆组成，有实心铆钉和空心铆钉两种。根据铆钉头的形状，又可分为圆头、菌形头、平头、平埋头及大圆头等。此外，还有特殊形状的盲铆钉，它用于只能从一边进行铆接作业的轻载连接件。如图 2-18 所示。

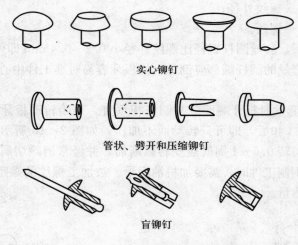

实心铆钉

管状、劈开和压缩铆钉

盲铆钉

图 2-18　常用铆钉种类

铆钉的规格以钉杆直径和长度表示。如 6×30，表示钉杆直径 6 mm，杆长为 30 mm 的平铆钉。

2. 铆合工艺要点 铆合通常是将两块或几块平板形零件连接在一起。铆合可分为冷铆和热铆。冷铆时铆钉不加热。热铆时铆钉加热至红热塑性状态，多用于大型零件的铆接，一般杆径在 10 mm 以下可进行冷铆合。铆合工艺要点如下。

（1）正确选择铆钉 要根据被铆工件的工作要求选择铆钉。例如，离合器摩擦片的铆合属冷铆，由于摩擦片不许铆钉头外露，因此它一般都用紫铜或铝合金制的平头埋头空心铆钉。铆钉的直径和长度应与被铆零件的厚度相匹配。再如大型拖拉机车架的铆合属热铆，应选择抗剪和抗拉性能较高，且抗挤压能力强的铆钉，铆钉直径按热铆要求应比孔小 1 mm。

为使铆接后铆钉杆部金属能充分填满铆钉孔，且形成的铆钉头丰满又无过多"毛边"，铆钉的长度应合适。一般只要掌握铆钉杆高出铆接件表面的长度（亦称铆钉墩头余量）即可，如图 2 - 19 所示。铆钉的长度（l）等于零件总厚度（s）与铆钉墩头余量（z）之和。

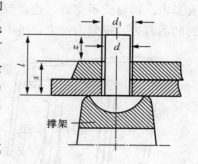

图 2 - 19　铆钉尺寸的确定

铆钉墩头余量（z）可按以下经验公式计算：

圆头铆钉直径 d 在 20 mm 以下者，$z=1.5d$；圆头铆钉直径 d 超过 20 mm 者，$z=1.7d$。热铆时要加大 $0.3d$，埋头铆钉的余量 $z=d$。

（2）正确进行铆合件的准备　铆合件的准备主要指铆钉孔的制备。铆合件贴合面必须平整，并按所需要的重叠位置一起钻孔，以保证铆钉孔的重合。

在铆合已有铆钉孔的旧零件时，应检查原铆钉孔的磨损失圆情况，孔的圆度不符合规定时，应进行铰修，并换用加大直径的铆钉。

在铆合离合器摩擦片时，为保证孔的重合，应将摩擦片与钢片夹持在一起，选用与钢片上孔相适应的钻头，按钢片上各孔位置，在摩擦片上钻孔。此外，为了不使铆钉头在铆后露出摩擦片表面，应使用和铆钉头直径相应的平头锪钻锪好埋头孔。埋头孔深度应为摩擦片厚度的 3/5～2/3。

（3）正确进行铆接　为了使铆接件有正确位置，必须保证每个铆钉孔很好地重合。例如车架铆接时，必须用"定心冲销"对铆接件的铆钉孔进行定心冲孔，使铆钉孔重合，并提高孔的光洁度和强度。托架与大梁连接时，先用"定心冲销"装入对角两铆钉钉孔 1 和 6 中，然后用"定心冲销"冲挤其余 4 个铆钉孔，使两铆接件孔同心。再用两个导向连接螺栓，装在另两个对角铆钉孔 3 和 4 上，拧紧螺母，紧固两铆接件，如图 2 - 20 所示。最后将铆钉孔上的"定心冲销"打出，即可进行铆接。铆接时，无论采取人工捶打还是气力或液力铆枪，都要注意铆钉的支承可靠。铆钉加热时，铆钉杆应加热至白热，而铆钉头则加热至红热即可，然后用手锤先将铆钉杆镦粗，再用镦头器镦出铆钉头。

铆离合器摩擦片时，为了保证摩擦片与钢片的正确位置，铆接时应先将四角铆好，然后再对称铆其余铆钉。

铆接中的典型缺陷如图 2-21 所示。这些缺陷会引起铆接强度及铆合附着力降低。铆钉孔错开及铆钉打斜，会改变铆钉内纤维组织的均匀性，从而降低夹紧力。铆钉头不完整，也会产生同样情况。钻孔过大或铆钉过细，会降低铆钉的附着力。铆紧力过大、过小，都会引起贴合不严，降低附着力及密封性。

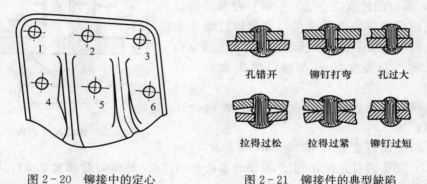

| 图 2-20 铆接中的定心 | 图 2-21 铆接件的典型缺陷 |

六、铰刀与铰削

铰刀是专门用来铰削孔类零件的，是多刃切削工具，一般有 4～12 个刃。铰削是应用广泛的零件孔的精加工方法之一，其目的是提高孔的加工精度。

1. 铰刀的种类

（1）整体圆柱铰刀　整体铰刀有手用铰刀和机用铰刀两种。修理中大都使用手用铰刀。手用铰刀尾部为直柄，工作部分较长；机用铰刀多为锥柄，装在钻床上或车床上进行铰孔。铰刀由工作部分、颈部、尾部组成，如图 2-22 所示。工作部分又分为切削部分与修光部分。切削部分呈锥形，担任主要切削工作。锥角的大小影响被加工孔的表面粗糙度、精度与铰削时轴向力的大小。锥角过大时，切削部分长度过短，铰削时定位精度低，且轴向力大。反之锥角过小时，切削宽度很大，切削厚度很薄，在铰削韧性材料时会使切屑产生很大变形，并给排屑带来困难。所以手铰时为了省力，一般手用铰刀的锥角为 $0.5°$～$1.5°$；机用铰刀的锥角较大，加工钢件的锥角为 $15°$，加工铸铁的锥角为 $3°$～$5°$。铰削的加工余量比较小，前角对切屑变形的影响不大，故铰刀的前角一般采用 $0°$，而后角为 $5°$～$8°$，以保证刀刃的强度。修光部分刀刃上留有棱边，其前角、后角都为 0°。起修光及导向作用。为了减少与孔壁的摩擦，棱边的宽度一般为 0.05～0.3 mm。

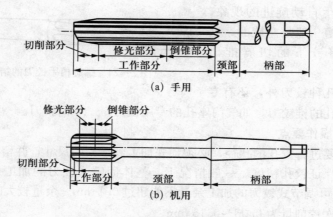

(a) 手用

(b) 机用

图 2-22　整体圆柱铰刀的种类及其结构

　　铰刀工作部分的后半部呈倒锥形，其作用是减少棱边与孔壁摩擦和避免孔径扩大。铰刀的直径尺寸是指圆柱修光部分的刀齿直径，它对加工孔的尺寸精度有重要影响。

　　（2）可调节手铰刀　可调节手铰刀也称活络铰刀，它广泛应用于拖拉机维修。标准可调节铰刀的直径范围为 6～54 mm，适用于修配、单件生产及特殊尺寸等情况下铰削通孔。铰刀体上开有 6 条斜底直槽，斜度相同的刀片嵌在槽里，如图 2-23 所示。调节两端螺母可使刀片沿斜槽移动，从而改变铰刀的直径。

　　为了使测量能够准确，铰刀的刀刃都是偶数，且距离是不等的。在铰削中，切屑断裂后，断裂处孔壁可能出

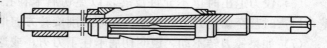

图 2-23　可调节铰刀的结构

现轻微的凹痕，如果刀刃均匀分布时，当铰刀每次转动一定角度而停下时，每个刀刃总是撞在前一次切屑折断的凹痕处，使孔壁出现振痕，在硬度不均的表面上更加明显。当刀刃分布不均匀时，铰刀在第二次转动时，各刀刃不会同时遇到第一次切屑折断的地方，因此切削平稳。这样可以避免刀刃受阻于凹痕出现振痕，这一点对铰有槽的孔很重要。

　　（3）螺旋槽手铰刀　螺旋槽手铰刀的切削刃沿螺旋线分布（图 2-24），

所以铰孔时切削平稳，铰出的孔壁光滑。用直齿铰刀铰削带有键槽的孔时，其刀刃易被键槽边卡住，而用螺旋铰刀则不会卡住。为了避免铰削时因铰刀顺时针转动而产生自动旋进的现象，铰刀的螺旋槽一般是左旋的，这也有利于将铰下的切屑推出孔外。

图 2-24　螺旋槽手铰刀的结构

除以上几种铰刀外，还有专门铰削锥形孔的锥铰刀，如气门座孔的专用铰刀——气门铰刀。

2. 铰削操作要点

（1）需要进行铰孔的孔径，必须预先加工到适当的尺寸，并留有适当的加工余量，以保证铰孔精度。一般情况下，整体固定式铰刀的加工余量最多为 0.3 mm，而可调节式铰刀的加工余量不能超过 0.1 mm。余量较大时可分 2～3 次铰削，每次铰削量为 0.05～0.15 mm。

（2）工件要夹正，以便于保持铰刀与加工件垂直。薄壁零件的夹持力不能过大，以防变形影响加工精度。也可将铰刀夹在台虎钳上，用手转动零件进行铰削，如活塞销孔的铰削。

（3）铰刀中心线要与孔的中心线尽量保持重合，不能歪斜。两手用力要均衡，速度要均匀，不得左右摇摆，以免在孔的进口处形成喇叭口。

（4）铰削进刀时不能猛力压铰杠，要随铰刀的旋转轻轻加压，以保证较低的表面粗糙度。

（5）铰削过程中要注意变换铰刀每次停歇的位置，以消除铰刀常在同一位置停留造成凹痕所引起的振痕。任何时候都不能将铰刀反转。

（6）铰刀退出时也不允许反转，以免切屑卡在孔壁与刀刃之间，划伤孔壁，严重时甚至引起刀刃的折断。应顺铰削旋转方向退出铰刀。

（7）如果铰刀转不动，说明切屑卡住了刀刃，或遇到硬点，这时应把铰刀小心抽出，不能硬性继续旋转铰刀，否则会使铰刀刃口崩裂，甚至扭断铰刀。

（8）铰孔时应不断加机油进行润滑，但铰削铸铁、铜等零件不宜加润滑油。有时为了提高孔的表面质量，可加入煤油进行润滑，但会使铰出的孔略有减小。

七、研磨材料与研磨

研磨是利用松散磨料对零件表面进行超精加工的工艺。研磨的切削量小，加工精度很高，因此，研磨工艺多用于要求气密性或液密性很高的精密配合的修复。如柴油机燃油系统精密偶件及液压系统控制阀等的修理。

1. 研磨原理　研磨是在被加工零件之间，或在研磨工具与零件之间涂以磨料，在研磨压力下，使磨料嵌入磨具金属表面，在被加工表面相互运动时，形成无数刀刃，对被加工面进行微量的切削。由于磨料的颗粒极细，以及零件相对运动所造成的复杂轨迹，加上某些添加剂的氧化作用，使被加工零件获得很高的精度和光洁度。如在油酸、硬脂酸的作用下，被加工表面与空气接触后，很快形成一层氧化膜。而这一氧化膜由于本身的特性，又很易被磨粒去除，形成既有化学作用又有机械作用的研磨过程。

2. 研磨材料和黏合剂

（1）研磨材料的种类及性能　磨料是研磨时的切削工具，因此它是研磨中最主要的材料。常用的磨料有以下几种：

① 三氧化二铬，亦称氧化铬，呈绿色或深绿色，硬度高，适用于加工高硬度材料表面的最后抛光。

② 三氧化二铝，亦称白刚玉，呈灰白色，硬度高，适用于淬火后的钢材研磨。

③ 三氧化二铁，呈红色或深红色，硬度比氧化铬稍低，是一种很好的抛光剂。

④ 碳化硼，呈灰黑色，是一种硬度最高的人造磨料。

其中最常用的是三氧化二铬和三氧化二铝。

研磨材料的粒度直接影响加工零件的几何精度，研磨时要根据零件表面粗糙度的要求选择，并同时考虑研磨的效率，适当照顾生产率。

根据规定，研磨微粉用 W_{xx} 表示，W 下角的数字为微粉的颗粒尺寸。如粒度号为 W_5 的微粉，其粉粒的实际尺寸为 $5\sim3.5~\mu m$。一般粗研多用 W_{20}、W_{14} 微粉；细研多采用 W_5、W_7 微粉；精研多用 $W_{3.5}$、$W_{1.5}$；互研（配合件的研合）多采用 $W_{3.5}$ 或 $W_{1.0}$ 的微粉。

（2）黏合剂的选用　黏合剂可按不同的加工对象选择，一般有硬脂酸、柏子油、凡士林、石蜡、油酸等。它们的功用如下：

① 硬脂酸。为白色蜡状晶块，溶于酒精、氯仿，不溶于水。其作用是增加研磨颗粒的悬浮性和凝固性。

② 柏子油。奶白色，膏状，起润滑和抛光作用。

③ 凡士林。黏结性强，在研磨操作时，使磨料不分离。

④ 石蜡。奶白色，块状，起润滑作用。

⑤ 油酸。黄色液体，溶于酒精、乙醚，不溶于水。有很好的化学活性，能在金属表面形成脆性氧化膜，这种膜很容易被磨去，从而提高研磨效率。

（3）稀释剂　根据研磨的不同要求用以稀释研磨膏。一般可根据使用的黏度要求，选用机油或煤油。

（4）磨具　磨具的材料要求具有较高的耐磨性，并能为磨粒所嵌入，组织要均匀，这样才能保证研磨的精度和效率。一般都采用细品粒结构的珠光体灰铸铁。

3. 研磨工艺要点

（1）保证正确的研磨轨迹　内孔及外圆的研磨都在横研机上进行。横研机只使工件回转，而磨具则靠人工进行往复运动。为了使工件表面能得到高的精度和低的粗糙度，要求磨粒在工件上有正确的研磨轨迹。理论上要求磨粒的运动轨迹尽量不重复。研磨内孔及外圆时，磨粒在工件表面上切削，形成交叉的、具有一定角度的螺旋网纹，以改善精度和粗糙度。在研磨零件的端平面时，一般都在研磨平台上进行。为了使平台磨损及端平面磨削均匀，工件移动的轨迹应是封闭式"8"字形，如图 2-25 所示，或正、反两个方向作圆周运动，而且尽量利用整个平台的表面进行研磨。工件在平台上既有自转又有绕平台表面的公转，以使平台各部磨损均匀，并在工作表面形成均匀的交叉网纹。

（2）保证适当的压力　研磨时压力要均匀适当，才能保证工件的精度和粗糙度。内圆、外圆的研磨压力决定于磨具和工件之间的紧度，一旦发现变松，就要随即调整。过紧会增大粗糙度，过松保证不了几何形状精度，粗糙度也高。

（3）适当的研磨速度　一般来说，研磨速度愈高，效率也愈高。但速度过高时，工件会发热，引起变形，尺寸精度也难以控制。一般研磨速度控制在 30 m/min 以内为宜。

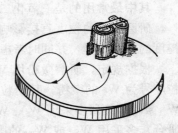

图 2-25　平面的研磨轨迹

（4）正确使用研磨膏　根据工件表面磨损情况选用不同粒度的研磨膏，并根据粗糙度要求由粗到细逐级更换。研磨膏要涂敷得薄而均匀。涂得过多，会使磨料在工件前边拖堆，造成工件出现喇叭口或塌边等缺陷。

为避免粗、细研磨膏相混，粗、细研的工具最好分开。工件在更换不同粒度研磨膏时必须用柴油彻底清洗干净。

第二节　常用的钳工设备及其使用

常用的钳工设备主要有台虎钳、手电钻、手砂轮、台钻及砂轮机等。

一、台虎钳

台虎钳通常安装在钳工工作台上，主要是用来夹持工件的，其结构如图 2-26 所示。台虎钳的大小用钳口的宽度表示，常用的尺寸为 100～150 mm。

使用台虎钳时，应注意以下事项：

（1）工件应尽量夹在台虎钳中部，以使钳口受力均匀。

（2）只能用手转动手柄夹紧工件，决不允许用套管等增加手柄长度，或用手锤敲打手柄加力。以免损坏丝杠或螺母的螺纹。

（3）只允许在砧面上锤击工件，台虎钳的其他各部均不得用手锤直接锤击。

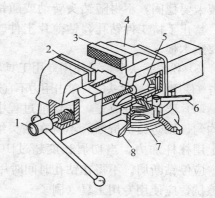

图 2-26　台虎钳

1. 丝杠　2. 活动钳口　3. 固定钳口　4. 砧面
5. 螺母　6. 夹紧手柄　7. 夹紧盘　8. 转盘座

二、台钻

台式钻床简称台钻，是放在台上使用的小型钻床，是钳工进行装配和修理工作的常用设备。台钻一般用于钻直径为 13 mm 以下的孔。

1. 台钻的构造　台钻的基本结构如图 2-27 所示，其型号很多，一般由下列部分组成：

（1）底座　又称工作台，用来支持台钻其他部分，同时也是装夹工件的工作台。

（2）立柱　用以支持主轴架，同时也是调节主轴架高度的导柱。

（3）主轴架　其前端是主轴，后端是电动机，主轴与电动机之间用 V 带传动。

（4）主轴　其下端有锥孔，用以安装钻夹。主轴转速可通过改变 V 带在带轮上的位置来调节。主轴的进给是手动的。

2. 台钻的操作方法

（1）使用台钻时，禁止戴手套。调整台钻摇臂的高度或角度后，应及时将摇臂锁紧后方可开车。

（2）钻头卡箍及装卡工具要完整，工件的装卡要稳固，不得随钻头转动或随钻头带起。禁止手持工件钻孔，钻薄片工件时，下面要垫木板。

（3）松紧钻头卡箍要使用专用工具，禁止敲击（使用楔铁卸钻头时，敲击用力不宜过大）。

（4）要把工件放正，在切削过程中用力要均匀，以防钻头折断。不得在钻头给进手柄上用杠杆加力。当切屑长度超过 100 mm

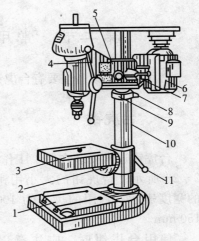

图 2-27　台式钻床

1. 底座　2、8. 锁紧螺钉　3. 工作台
4. 钻头进给手柄　5. 主轴架　6. 电动机
7、11. 锁紧手柄　9. 定位环　10. 立柱

时，应停钻断屑。不得在钻孔时间时用纱布清除铁屑，亦不允许用嘴吹或者用手擦拭，应使用专用工具（刷子）。

（5）在台钻上钻透孔，工件下面应加垫。在钻孔开始或工件要钻穿时，要轻轻用力，以防工件转动或甩出。钻杆未停稳时，不得用手捏钻卡箍。

三、手电钻和手砂轮

手电钻和手砂轮都是拖拉机修理中常用的手工电动工具，由于可移动，携带方便机动灵活，因此一般用于临时性的局部加工，以及不便拆卸和移动的大型工件，或特殊位置的维修钻孔作业。

1. 手电钻　手电钻的结构如图 2-28 所示。

手电钻使用时应注意以下事项：

（1）工作前，应检查地线是否正确接地，电线是否完好无破损。

（2）操作时应戴绝缘手套，穿绝缘鞋或站在绝缘垫板上。

（3）钻孔时不要按压过猛，并

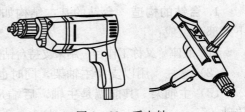

图 2-28　手电钻

保持钻头与加工面相垂直。

（4）发现电钻速度降低时，应立即减轻压力。遇到电钻突然停转时，要切断电源进行检查。

（5）转移工作位置时，应握持电钻手柄，严禁手持电钻软线拖拉电钻，以免因软线破裂发生触电事故。

2. 手砂轮　机架及机体焊补后平面的修正，死角处及笨重机件局部高起的多余部分，需要用手砂轮磨平。手砂轮有电动和风动两种，以电动为多。从结构上还可分为软轴砂轮和电钻式手砂轮，如图 2 - 29 所示。

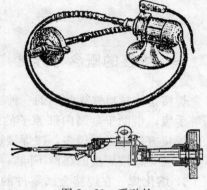

软轴砂轮比电钻式砂轮在使用上更为方便，它通过软轴传递动力，操作者只要握持砂轮柄，便可对加工面进行磨削，操作较轻便。而后者砂轮是用电动机硬联接带动，加工时操作者必须握持整台带电动机的手砂轮，操作比较笨重。

操作注意事项同手电钻，特别是磨削压力不能过大，以免砂轮碎裂伤及人身。

图 2 - 29　手砂轮

四、砂轮机

砂轮机也是钳工维修作业中不可缺少的设备。它的功用是进行工具的刃磨，以及小型工件的磨修，如焊补处的局部修整。砂轮机轴的两端各装一砂轮，一般都是一个粗砂轮和一个细砂轮，以供不同磨削对象选用。

砂轮机使用时应注意以下事项：

（1）在砂轮机上操作时，应带防护镜。

（2）不允许在没有防护罩的砂轮机上操作。

（3）砂轮机启动后，要空转 2～3 min，待砂轮运转正常后，才能进行磨削。

（4）搁架（托刀架）与砂轮工作面的距离不得大于 3 mm，否则磨削件容易被轧入砂轮机，造成事故。

（5）磨削时，施力不能过猛，压力不能过大，不允许撞击砂轮。

（6）操作者应站在砂轮侧面或斜侧位置操作，以防砂轮崩裂时飞出伤人。

（7）禁止两人同时使用同一砂轮机，更不允许在砂轮机的侧面上磨削工件。

（8）砂轮要保持干燥，不得沾水，以免湿水后失去平衡，发生事故。

（9）砂轮机用完后，应立即关闭电源开关，不要让砂轮机连续空转。

此外，砂轮机应有专人负责，经常检查和加油，以保证正常运转。砂轮磨损后应及时更换。

第三节　焊接的基本技能

一、焊接的概念与分类

焊接是拖拉机修理常用的一种工艺。焊接是在金属之间，用局部加热或加压等手段，借助于金属内部原子的结合力，使金属连接成整体的一种加工方法。焊接方法的种类很多，按焊接过程的特点，可以归纳为熔化焊、压力焊和钎焊三大类；按焊接的热源不同，可分为电弧焊和气焊两种。

1. 熔化焊　在焊接金属零件的结合处加热到熔化状态，并加入熔化状态的填充金属，凝固后，彼此焊合在一起，这种焊接方式称为熔化焊。常见的电弧焊、气焊等均属于这一类。

2. 压力焊　施加一定压力，使两个结合面紧密接触在一起，并产生一定的塑性变形，从而使两个焊件结合起来，这种焊接方式称为压力焊。接触焊、摩擦焊等都属压力焊。

3. 钎焊　对焊件和填充金属用的钎料进行适当地加热，焊件金属不熔化，而熔点比焊件金属低的钎料熔化并填充到焊件间的连接处，使焊件结合起来，这种焊接方式称为钎焊。通常采用气焊来完成钎焊作业。

二、手工电弧焊

电弧焊利用电弧的热量加热并熔化金属，进行焊接。它分为手工电弧焊、埋弧焊和气体保护焊等。手工电弧焊由于操作方便，设备简单，可以随时完成各种金属材料在不同位置和不同接头形式的焊接工作，在焊接生产中应用最广泛。

1. 手工电弧焊设备的基本要求　手工电弧焊设备有交流电焊机和直流电焊机两种。为了方便引焊，保证电弧的稳定燃烧以及维持正常的焊接，电弧焊设备必须满足下列要求：

（1）容易引弧，一般直流电焊机的空载电压为 50～90 V，交流电焊机的空载电压为 60～90 V。

（2）电焊机的短路电流不应过大。

（3）焊接电流能够调节。

（4）电焊机的结构应简单、牢固、轻巧和维修方便。

2. 交流电焊机　交流电焊机是满足焊接要求的专用降压器，又称焊接变压器。交流电焊机主要由固定铁芯、活动铁芯、一次线圈和二次线圈等组成。电源外特性靠改变二次线圈数进行粗调节。在接线板上有两种接线方法：一种接法包括全部的二次线圈，焊接电流小，空载电压较高；另一种接法包括部分的二次线圈 W_2' 和全部 W_2，焊接电流大，空载电压较低。细调节是靠摇动手柄移动活动铁芯来进行的。如图 2-30 所示。

3. 直流电焊机　直流电焊机又分为焊接发电机和焊接整流器两种。焊接发电机是由交流电动机和直流电焊发电机组成。它的空载电压为 50～80 V，工作电压为 30 V，电流的调节范围为 45～320 A。

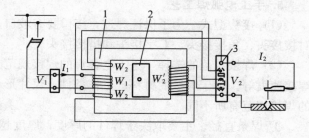

图 2-30　交流电焊机的结构及工作原理
1. 固定铁芯　2. 活动铁芯　3. 接线板

焊接整流器将交流电转变为直流电。它没有旋转部分，通常由交流降压变压器、磁饱和电抗器和硅整流 3 部分组成。硅整流部分的作用是使交流电变为直流电。

用直流电焊机焊接时，工件接正极（＋），焊条接负极（一）时叫做正接法，如图 2-31 所示；反之叫反接法。正接法焊件温度较高，熔化速度较快。反接法焊件温度较低，熔化速度较慢。一般根据焊件的材料、厚度与焊条一同选择。

4. 电焊条　电焊条由焊丝和药皮组成。

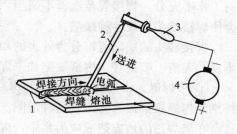

图 2-31　直流电焊机的工作原理
1. 工件　2. 焊条　3. 焊钳　4. 电焊机

（1）焊丝　主要起填充焊缝金属和传导电流的作用，它的化学成分直接影响焊缝的质量。不同的焊接材料需要选择不同的焊丝。

（2）药皮　主要作用是保证焊缝金属有合乎要求的化学成分和机械性能等，并使焊条有良好的焊接工艺性能。

电焊条的牌号以汉语拼音的大写字母加上三位数字表示。字母表示电焊条的大类，三位数字中前二位数字表示各大类中的若干小类，第三位数字表示药皮类型及电源种类。例如 J422，"J"表示结构钢用焊条，前二位数字"42"表示焊缝金属的抗拉强度大于 420 MPa，第三位数字"2"表示药皮类型是钛钙型，电源种类是交直流两用。又如 Z308，"Z"表示焊铸铁用焊条，"3"表示焊缝金属成分是纯镍，"0"是牌号编号，"8"表示药皮类型为石墨型。

焊条的牌号很多，每类焊条的牌号都有具体规定，可查阅有关手册进一步了解。

5. 手工电弧焊工艺

（1）接头型式　为了保证焊透，接口要有坡口。最常用的焊接接头形式有对接接头、角接接头、T 字接头和搭接接头。

（2）焊接规范的选择　手工电弧焊的焊接规范是指焊条直径、焊接电流和焊接速度等。由于焊接的材料、工作条件、尺寸形状及焊接位置不同，所选择的焊接规范有所不同。

① 焊条直径。主要取决于焊件的厚度，厚度越大所选用的焊条直径越粗。但焊厚板时，对接接头坡口内的第一焊层要用较细的焊条。

② 焊接电流。增大焊接电流能提高生产率。但电流过大易造成焊缝咬边、烧穿等缺陷。电流过小易造成夹渣、未焊透等缺陷，且降低生产率。故应适当地选择电流。

（3）常见焊接缺陷　在焊接中，由于设计不合理，原材料不符合要求，准备工作不充分，焊接规范选择不适当，以及焊接方法和工艺措施不合适等，都会使焊接接头出现各种缺陷。

焊接接头的缺陷可以分为外表的和内部的。外表的焊接缺陷包括焊缝成型不良、夹渣、咬边等。内部缺陷如未焊透、裂缝、气孔等。

① 未焊透。未焊透是指焊缝与母材或上下层之间有局部地方没有熔合好，特别是焊缝根部最容易出现这种缺陷。未焊透不仅会减小接头的受力截面，而且会在未焊透的地方造成应力集中，成为整个接头破坏的发源地。产生未焊透的原因主要有：焊接规范选择不当（常常是焊接电流小，或焊条直径过大）；焊接坡口开得不合适（常常是坡口角度过小或钝边过大）；坡口中或前一层焊

缝上有夹杂物，或焊缝没有清理干净。

② 裂缝。裂缝是焊接结构中最危险的一种焊接缺陷。即使本来是很小的裂缝，但在结构的使用过程中，甚至在使用之前，会很快发展扩大，引起结构的突然破坏。裂缝可能显露在金属的外表，也可以隐蔽在金属内部。裂缝根据产生的时间，可分为热裂缝和冷裂缝两种。

③ 气孔。气孔是焊接接头中经常出现的一种缺陷。它的危害性虽不像裂缝那样严重，但是较多、较大的气孔，特别是密集的气孔，对接头的致密性和强度有很大影响。气孔是由于金属在液态时所含的气体，在凝固以前未排出，留在金属里面而形成。因此，在所用焊条（或焊剂）合格的情况下，为了防止产生气孔，必须注意焊条（或焊剂）的烘干。焊前要清除接头处的铁锈和油污。

6. 安全要求　电焊工应掌握电的基本知识，熟悉所使用的设备、器具的性能，遵守操作规程，预防设备事故或人身事故的发生。工作前，应使焊接场所的工件、用具、工具等放置合理，并检查设备，注意电气连线及保护接地线正确可靠，电线接线点应接触良好，以免发热或产生火花。

如果必须在潮湿地带工作，焊工站立的地方应铺有绝缘物，避免电流通过人体。如焊接有色金属器件及在有毒有害气体场所作业，应加强通风，戴供氧面罩或戴防毒面具。在狭小的场所作业，应配备抽风机更换空气，以减少焊接烟尘对焊工的危害。

当确认工作场所无危险因素后，便可合闸（或按下接触器的启动按钮）送电开始焊接。焊接过程中，要注意避免被灼热的焊条头及工件烫伤。更换焊条时，身体不可直接触及焊钳与工件，以免遭到电击。

工作结束停机时，应先按动接触器的停止按钮，切断电焊机电源，再拉断电源刀闸开关。切不可在有人焊接时带负荷拉闸，烧伤拉闸者。离开场地前，必须扑灭残留的火星。

三、气焊

气焊是利用可燃气体燃烧产生的热量进行焊接的方法。最典型的气体是乙炔和氧气，在目前的农机维修点中使用最多的气体是石油液化气和氧气。与电焊相比，气焊火焰温度较低、加热慢、生产率低，因此焊接过程中热量散失较大，工件受热范围大，热影响区较宽，工件焊后易变形，焊接时火焰对熔池保护性差，焊接质量不高。但气焊火焰易于控制和调整，灵活性强，气焊设备不需要电源。

气焊主要用于焊接薄钢板和黄铜、补焊铸铁、焊接有色金属及其合金、钎焊刀具、热处理加热等，也可以对焊件进行焊前预热和焊后缓冷。

1. 气焊设备与工具　气焊设备与工具主要包括乙炔发生器、氧气瓶及焊炬等，如图 2－32 所示。

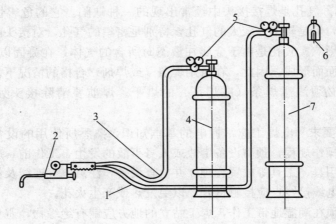

图 2-32　气焊设备
1. 氧气胶管（黑色）　2. 焊炬　3. 乙炔胶管（红色）
4. 乙炔瓶　5. 减压器　6. 瓶帽　7. 氧气瓶

（1）乙炔发生器　是将电石和水接触产生乙炔的装置，目前有的已经被石油液化气瓶取代。

（2）回火防止器　是防止火焰倒流进入乙炔发生器而发生爆炸的安全装置。

（3）氧气瓶　是贮存氧气的高压容器。其容积为 40 L，贮氧的最高压力为 15 MPa，气瓶通常漆成天蓝色。

（4）减压阀　用来将氧气瓶中的高压氧降低到工作压力，并保持焊接过程中压力稳定。

（5）焊炬　是使乙炔和氧气按一定比例混合，并获得气焊火焰的工具，如图 2－33 所示。

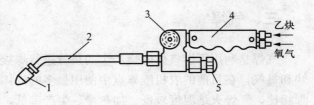

图 2-33　气焊焊炬
1. 焊嘴　2. 混合管　3. 乙炔阀门　4. 手把　5. 氧气阀门

2. 气焊火焰　根据氧和乙炔或者石油液化气的比例不同，气焊火焰可分为中性焰、氧化焰和碳化焰3种，如图2-34所示。

（1）中性焰　氧与乙炔的容积比值为1～1.2。如图2-34b所示。由于刚从喷嘴高速流出的气体来不及燃烧，随着温度升高后，炽热的碳分子放出光和热，所以焰芯特别明亮。内焰颜色较焰芯暗，呈淡白色，其温度最高达3 150 ℃。焊接碳钢时将工件放在距焰芯尖端2～4 mm处的内焰进行。在外焰，从空气中进入的氧完全燃烧。外焰温度较低，呈淡蓝色。

中性焰应用最广泛，一般常用来焊接碳钢、紫铜和低合金钢等。

（2）氧化焰　氧与乙炔的容积比值>1.2。因所供氧较多，氧化反应剧烈。焰芯、内焰、外焰都缩短。焰芯与内焰已分不清，温度高达3 400 ℃左右，如图2-34c所示。氧化焰会氧化金属，使焊缝金属氧化物和气孔增多，因此一般材料绝不可用氧化焰施焊。但是，焊接黄铜时却正要利用这一特点，使熔池表面生成一层氧化物薄膜，防止锌的进一步蒸发。

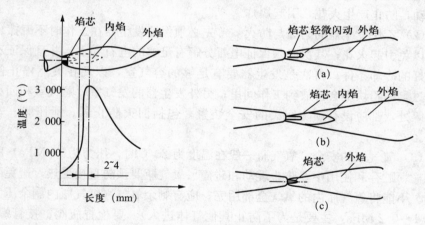

图2-34　气焊火焰示意图
（a）碳化焰　（b）中性焰　（c）氧化焰

（3）碳化焰　氧与乙炔的容积比值小于1.0。因为乙炔有过剩量，燃烧不完全，焰芯较长，呈蓝白色，内焰呈淡蓝色，外焰带橘红色。三层火焰之间无明显轮廓，最高温度达3 000 ℃如图2-34a所示。由于火焰中有过剩的乙炔，它可分解为氢和碳，焊接碳钢时，焊缝中含碳量增加，使焊缝金属强度提高和塑性降低，因此它适用于焊接高碳钢、铸铁及硬质合金等材料。

3. 焊丝与气焊粉　焊丝的化学成分直接影响到焊缝金属的机械性能，应根据工件成分选择，或从被焊板材上切下一条作焊丝。气焊低碳钢时常用的焊丝为 H08 和 H08A。

气焊粉的作用是去除焊接过程中的氧化物，保护焊接熔池，增加熔池的流动性，改善焊缝成型等。一般低碳钢焊接时，在中性焰的内焰处有一氧化碳和氢的还原作用，不必用气焊粉。

气焊粉的种类很多，如粉 101，用于不锈钢和耐热钢的焊接；粉 201，用于铸铁的焊接；粉 301，用于铜及铜合金的焊接；粉 401，用于铝及铝合金的焊接。

4. 安全要求 气焊的安全，关键是电石、乙炔发生器、石油液化气及氧气瓶的安全，主要是防火与防爆。

(1) 电石的防爆与防火 电石的防爆，首先是防潮。在装运、贮存和使用的各环节中，都必须防止电石受潮。因电石遇水分解，产生乙炔气和氢氧化钙，放出热量，燃烧爆炸。其次是要防火，不能用可引起火星的工具开启电石桶。电石贮存处应距离明火 10 m 以上，并严禁吸烟。搬动时要轻，不能在地面滚动，防止产生火花，引起爆炸。

(2) 乙炔发生器的防爆与防火 首先必须保证发生器在工作时不摩擦、冲击，以免引起火花；其次必须保证电石分解有足够的电石和水，并且保证乙炔有良好的冷却条件；再次是发生器要有足够的容气室，以便在突然停止使用时，过剩的乙炔不会排放到工作间里；另外发生器的发气室、贮气室和回火防止器等处，都应设有预防回火的安全装置，包括回火防止器、泄压膜、安全阀等。

(3) 氧气瓶的安全 氧气瓶一般在温度为 20 ℃时，压力为 15 MPa，所以在运输、贮存和使用中要防止震动和碰撞。氧气瓶要预防直接受热，避免阳光曝晒。不能将氧气瓶内的氧气全部用完，应有剩余氧气（氧气瓶内剩余压力应为 0.1～0.2 MPa，主要是为了防止其他气体进入）。要检查瓶阀、接管螺丝、减压器等。不能使氧气瓶与油脂接触。

第四节 铸铁零件的焊修技术

一、铸铁零件焊修的难点

拖拉机上的许多壳体零件，如发动机的汽缸盖、汽缸体、定时齿轮室，底盘的变速箱体、后桥壳体等，大都用灰铸铁铸造，它们的主要缺陷之一是受力部位容易断裂。由于壳体件的制造金属消耗量大，结构复杂，加工精度较高，因而制造成本较高，对其修复的经济效益也较高。受力部位的断裂多用焊接工艺修复。

铸铁零件的可焊性较差，通常有三大难点：焊缝中产生硬而脆的白口组织，难于机械加工；焊接接头中产生裂纹和气孔，使焊接强度等质量难以保证。其主要原因分析如下：

1. 出现白口组织的原因　灰铸铁的主要化学成分是铁、碳、硅、锰、硫、磷，其中碳以自由状态（石墨）存在，在焊接过程中，随温度升高，铁发生同素异晶转变，碳的溶解度提高。在焊后冷却过程中，碳是否能从奥氏体中析出，再还原成自由状态的石墨，取决于两个因素，一是金属中石墨化元素（铸铁成分中硅是石墨化元素）的多少；二是焊接部位的冷却速度。石墨化元素虽可以促进碳析出成石墨，但需要一定时间，只有缓慢冷却，碳才能转化为石墨，否则，碳与铁就形成化合物碳化铁，即白口组织。

2. 产生裂纹的原因　产生裂纹的主要原因，一是焊件受热不均匀，焊缝中熔化的金属和母材半熔化区的收缩差率较大，受到周围较冷金属的刚性限制，而灰铸铁是脆性材料，抗拉强度低，以致冷却时在邻近半熔化区的母材中产生裂纹，开裂时常伴随发出金属断裂响声；二是母材中碳、硫、磷等成分过多地渗入高温的熔池中，焊缝冷却收缩时，易在垂直焊道方向产生裂纹。

3. 产生气孔的原因　铸铁中的碳在焊接过程中燃烧，形成大量的一氧化碳，由于铸铁由液态转变为固态的过程很快，使一氧化碳来不及从熔池中逸出，而在焊缝中形成气孔。

铸铁零件在焊修时，为避免产生上述缺陷，需要采取各种工艺措施，如焊条或焊丝应含有较高的碳和石墨化元素硅；焊后缓慢冷却以利石墨的形成和熔池中的气体排出；根据零件的结构采用不同方式加热以减小焊缝中应力等。

二、铸铁零件常用的焊修方法

1. 氧炔焰热焊法　用氧炔焰热焊时，将焊件整体缓慢地加热到 600～650 ℃，在焊接过程中始终保持这一温度，焊后要缓慢冷却。热焊法的加热与冷却过程完全符合铸铁结晶规律的要求，也就是使碳化铁有充分的时间分解出游离或自由状态的石墨，熔池中的气体和夹渣易于排出，焊件各部分热胀冷缩比较均衡，从而消除裂纹的产生。但热焊的劳动生产率很低，焊修工人在炽热的工件旁施焊，劳动强度大，因而只有汽缸盖等结构复杂的铸铁件才用氧炔焰热焊法修复。

(1) 预热 焊件的预热温度一般为 600~650 ℃，超过这一温度范围，会引起焊件材料的力学性能降低或焊件变形等缺陷。预热可以用电炉、固体燃料的反射炉，地炉等。

(2) 焊接材料 氧炔焰热焊所用焊接材料为焊条和焊粉。焊条的成分对焊接质量有重大影响。通常使用的焊条成分含量为：碳 3.3%~3.9%，硅 3.0%~4.5%，锰 0.5%~0.8%，硫 0.08%，磷 0.15%~0.4%。焊条中的碳、硅含量高于铸铁中的含量，这样可以补偿在焊接过程中烧失的碳和硅，保持铸铁有足够的石墨化能力。

气焊粉的熔点较低（约 650 ℃），呈碱性，用以增加溶池中熔化金属的流动性，使其中夹渣易于排出。

(3) 焊炬和火焰 热焊是在焊件加热到高温后进行的。为避免焊炬过热而影响操作安全，焊炬应加装水套进行冷却。焊炬功率应选择大些，否则不易消除气孔、夹渣。当铸件壁厚为 20~50 mm 时，选用的焊嘴孔径为 3 mm，氧气压力为 0.6 MPa；铸件壁厚小于 20 mm 时，应选用的焊嘴孔径为 2 mm，氧气压力为 0.4 MPa。焊接时应采用中性焰或弱碳化焰。

2. 电弧冷焊法 在焊前和施焊过程中，焊件不预热或预热温度低于200 ℃时的焊接称为冷焊。冷焊可改善焊工的劳动条件，提高劳动生产率，省去加热设备而降低成本，但因焊件受热不均匀，冷却快，易产生白口组织和裂纹。为此在冷焊时需要从两方面采取预防措施：一是采用合适的焊接材料，以调整焊缝的化学成分和力学性能；二是在焊接过程中采取适当的工艺措施。

(1) 铸铁冷焊电焊条的种类 用普通低碳钢焊条冷焊铸铁时，母材中的碳硅元素向焊缝中过渡，在快速冷却时，焊缝中的高、中碳钢组织淬火而成马氏体，使焊缝硬脆而无法加工；母材的半熔化区中碳硅元素向焊缝转移后使石墨化条件恶化，极易产生白口组织和裂纹。为此铸铁冷焊有专门的电焊条。铸铁冷焊常用的电焊条有很多种类，简要介绍如下：

① 氧化型钢芯铸铁焊条。氧化型钢芯焊条的焊芯为低碳钢，涂料（药皮）中有大量的氧化铁和大理石，它们是氧化剂，可以将熔池中的碳硅元素部分烧失而使焊缝中含碳量降低，从而提高焊缝的塑性，减少产生裂纹的可能，同时在快速冷却时也不易产生白口。

② 钒钢铸铁焊条。钒钢焊条的焊芯也是低碳钢，在涂料（药皮）中有大量的钒铁。钒与碳形成碳化钒的能力比碳与铁形成碳化铁的能力强，它在熔池和半溶化区中夺取碳，形成稳定的碳化物相，使焊缝金属成为铁素体基体，在冷却过程中不会析出渗碳体，能避免出现白口组织或高碳的淬火组织。

③ 镍铜铸铁焊条。用纯镍、镍铁或镍铜合金作焊芯，强还原性石墨作涂料（药皮）的焊条得到的焊缝是镍基合金，这类焊条称为镍基焊条。镍不与碳形成化合物，它能很好地熔解到铸铁中，形成铁镍合金。同时镍又是促进石墨化元素，因而焊缝有良好的塑性而使焊接应力松弛，避免了热应力裂纹，能减弱半熔化区白口组织的形成。

④ 铜铁铸铁焊条。铜铁焊条中铜占 75%～85%，因此焊缝金属主要成分是铜，它有很好的塑性以松弛应力，减小裂纹倾向。铜的熔点（1 083 ℃）比铸铁熔点低，在焊接过程中焊条的熔化速度高于母材，减少母材的熔化，使母材中碳、硅元素向焊缝金属中过渡的量减小，有利于防止白口及裂纹。此外，铜既不溶解碳，又不与碳化合生成硬脆组织，绝大部分的碳与铜以机械混合物状态存在，它是一种弱石墨化元素，对减少半熔化区白口组织有一定作用。

（2）铸铁冷焊工艺　铸铁用电弧冷焊时，除了选择恰当的焊条，控制焊缝金属成分，以减小白口组织与裂纹产生的倾向外，还必须采取相应的工艺措施。其基本原则是尽量减小熔深，不使更多的母材的金属成分和杂质向熔池扩散。熔深随焊接电流增大而增大，因此冷焊时，应根据焊件的厚度，采用较细的焊条和能保持电弧稳定燃烧的小电流。通常焊件厚度在 4～8 mm 时，选择焊条直径为 2～3 mm，选择焊接电流为 80～110 A；焊件厚度在 8～20 mm 时，选择焊条直径为 4～5 mm，选择焊接电流为 100～200 A。

用直流电焊时，应采用反极性连接，即焊条接阳极，焊件接阴极。以降低焊件受热温度。为减小焊缝中的应力，在施焊中应采取短段、断续、分散焊，锤击焊缝和多层堆焊操作。

在施焊过程中，焊缝热影响区的温度分布总是不均匀的，因此焊接应力也是不均匀的。在连续施焊时，起焊处温度较低，但随焊缝延伸，施焊处温度不断提高，热影响区逐渐扩大，应力也逐渐增大。如将焊缝分成数段施焊，每焊好一段后，待焊缝冷却至用手摸不烫手后（50～60 ℃），再焊下一段，就可避免焊缝中应力越来越大的缺点。

在用镍基或铜基焊条施焊时，焊缝金属的塑性较好，焊后趁热（800 ℃左右）用圆头小锤轻快敲击，焊缝将在宽度方向延伸，与其冷却时的收缩相抵消，从而减小应力，并可消除气孔。

用小直径焊条，以较小电流多层堆焊时，可以减小熔深，避免母材中碳硅向焊缝扩散，同时上层焊层可以使下层焊层退火，改善其机械加工性能。

3. 加热减应焊　通常铸铁焊接时产生裂纹的原因之一是焊缝冷却收缩。加热减应焊就是针对这一问题而采取的办法。加热减应焊是在焊件上选定加热部位，在焊前或焊后加热，以减小或消除焊缝收缩引起的应力，所选的加热部位称为加热减应区。焊前加热减应区一般选在裂纹延长线上，减应区受热膨胀，将使裂纹张开加宽，在焊接后减应区收缩方向与焊缝收缩方向一致，将减小焊缝收缩引起的应力。

当裂纹靠近零件或壳体的边端时，可以在裂纹焊接后，在靠裂纹一侧的边端加热，塑性增强，使焊缝能够自由收缩而减小应力，加热部位应逐渐由裂纹一侧移往壳体的边端，将应力释放。

加热减应焊用氧炔焰，加热减应区的加热温度应为 650～700 ℃。焊前加热减应区在焊后也应继续加热，直到焊缝温度下降到 300～400 ℃，低于减应区温度时才可停止减应加热。

第五节　矫正技术

拖拉机的轴类零件和基础零件，由于本身的形状和受力状态，在工作中容易变形，常常需要恢复。矫正是恢复变形零件正确形状的一种工艺，它在拖拉机修理中的应用极为广泛。矫正方法可以根据其恢复变形的工艺原理不同，分为压力矫正、冷作矫正和火焰矫正 3 种。

一、压力矫正

压力矫正是利用施加反变形的外界压力，使工件向与原变形相反的方向变形，并取得塑性的稳定，从而消除原变形，其实质即以反变形消除变形。

根据矫正时加热或不加热，可分为冷矫正与热矫正。压力冷矫正一般适用于变形量小及刚性较小的零件。压力热矫正适用于变形量过大及刚性大的零件，由于金属的弹性，在外力卸除后，零件的变形仍会恢复，因此，在矫正之前或矫正的同时，对零件加热，可以使变形矫正更容易一些。一般的轴类大多用压力冷矫正矫直变形。弯曲变形的变速箱轴、连杆等零件都用压力冷矫正矫直。

压力矫正的工艺要点如下：

1. 正确选择加力点和支承点，使得变形量与原变形量正好抵消，并且不给其他部位造成内应力。如图 2 - 35 所示，支承点不应放在虚线部位，而置于实线位置，以免引起台阶处的应力集中。

2. 正确掌握加压时的反变形量。矫弯必须过正，这是压力矫正中必须遵守的一条规律。但同时又必须正确掌握"过正"的适宜量。它与零件材料及变形弯曲量有关。弯曲量较大时，矫直必须分多次进行，以免一次加压变形量过大而使其折断。

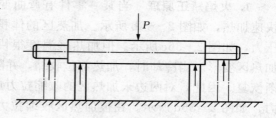

图 2-35 压力矫正作用点的选择

3. 为防止零件的弹性回缩，矫直后应适当进行时效处理。将矫直的零件进行自然时效或人工时效处理。自然时效时，将冷压后的零件搁置3～10天，再重新检查和矫直，方法简单，但时间太长，影响生产效率。人工时效是将冷压后的零件加热至 300 ℃左右，保温半个多小时即可。

4. 变形量过大时，应分数次进行矫直。或采用热矫正。

5. 用热矫正时，应尽量减少加热地带，需要矫正处一般用乙炔中性焰加热至暗红色（600～650 ℃）。为避免过热，可用干松木棒接触烧红部分，松木变红发焦但不燃烧时为合适。

6. 热矫正后零件应在不流通的空气中缓冷，不能受风或加冷水冷却。

二、冷作矫正

冷作矫正是用球形手锤或专用气动锤敲击零件表面，表面由于冷作硬化作用产生塑性变形与残余应力，使零件产生与原变形相反的变形而达到矫正目的。冷作矫正应注意如下事项：

1. 冷作矫正时，第一次敲击的效果最大。所以在同一处的敲击次数不应超过 3～4 次。

2. 敲击力大时，冷作深度增加，变形量大，矫正效果也大。

3. 冷作矫正只适用于弯曲量不大于 0.3～0.5 mm 的轴类零件。

三、火焰矫正

火焰矫正是用氧炔焰对变形的零件进行局部加热，不加任何外力，仅依靠材料在加热和冷却过程中产生的热应力来消除变形的一种矫正方法。在拖拉机修理中，火焰矫正的应用也很广泛，如曲轴、连杆、汽缸盖等都可用火焰矫正来消除弯曲。

1. 火焰矫正原理 当某一零件有弯曲变形时，用火焰对它的凸出一侧快速加热，如图 2-36b 所示。加热区的体积膨胀，给两边未加热部位施加压力，如图 2-36c 所示。但加热区温度很快升高，呈塑性状态，不再使未加热区变形。当冷却时，加热部位收缩，并随温度降低，塑性减少而强度逐渐恢复。因此，对两边未加热区的收缩拉力愈来愈大，而本身则受不大的拉力，如图 2-36d 所示。在被加热区收缩拉力的牵引下，零件产生一个与原弯曲方向相反的变形，两种变形互相抵消，起到了矫正的作用。

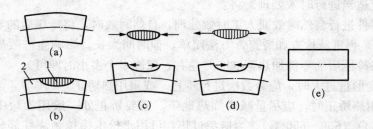

图 2-36 火焰矫正原理
(a) 有弯曲的零件 (b) 火焰加热情况 (c) 加热时引起的应力
(d) 冷却时引起的应力 (e) 矫正后的零件
1. 加热区 2. 非加热区

2. 操作要点 为使零件的变形正确消除，操作要注意以下几点：

1. 加热区必须是变形的凸起部位最高点及其附近。

2. 加热时，应使热量集中，快速加热。

3. 加热区的温度，钢铁件应小于 600～650 ℃（呈微红色），可根据材料塑性在较大范围内变动。有良好塑性的低碳钢可加热至 900 ℃。高强度合金钢的加热温度宜低些，且可用多点加热来达到矫正目的。

4. 加热区的宽度应根据变形程度而定，变形大时，要求加热宽度也大。

第六节 胶粘堵漏技术

一、概述

胶粘堵漏技术最突出的特点是堵漏效果显著，而其胶接性能比传统的铆、焊、螺、键、缝等连接方式也别具一格，具有灵活、快速、简便、可靠、经济、节能等特点，能够解决关键、急需的问题。已成为许多行业不可缺少的专门技术之一。在拖拉机修理中，常常应用胶粘堵漏技术来密封易泄漏的部位、粘接断裂的零件、粘补壳体裂纹，修复磨损的零件等。

胶粘堵漏技术所使用的胶粘剂，按照其基本粘料的属性，可分为有机胶粘剂和无机胶粘剂；根据用途不同，可分为结构胶粘剂、通用胶粘剂、特种胶粘剂等多类。结构黏结剂是指能在一定的温度范围内显示出高黏结力的黏结剂，通常能在较高的负荷下使用，用于粘接受力的结构件。其主要类型有酚醛—缩醛胶，酚醛—丁腈胶，环氧—丁腈胶，环氧—聚酰胺胶等。这些黏结剂除少数可在常温固化外，都需经中温或高温固化。通用黏结剂是指那些黏结强度一般，使用工艺简便（通常是在室温即可固化的）、综合性能较好、价格较低的黏结剂，它适合于粘接多种金属材料和非金属材料，如粘接竹木器、玻璃、塑料、橡胶、皮革的黏结剂，粘接金属零件的受力不大的部位，或修补壳体裂纹的黏结剂。大多数热熔性黏结剂等均属此类。特种黏结剂是指能满足某些特殊要求，具有某些特殊性能的黏结剂，如导电胶、耐高温胶、耐低温胶、应变片用胶、医用胶、光学用胶、水中粘接用胶等。

不同品种的黏结剂有不同的性能，但就粘接工艺的一般性质而言，与铆接、焊接，螺栓联接相比有一系列的特点：一是工艺过程不需加热或只需低温加热，不引起工件金属组织改变，不会导致工件变形；二是可省去铆钉、螺栓等联接件，因而联接的工件重量轻，同时不需钻联接孔，不削弱工件强度，不会引起应力集中；三是胶缝的绝缘性好，耐酸碱腐蚀，可用于修复电器零件或易受腐蚀的零件；四是操作简单，工艺简单，成本低廉；五是一般不耐高温、有机黏结剂最高使用温度一般在 100～150 ℃左右，个别胶种可达 300 ℃，无机黏结剂可达 800 ℃；六是在长期与空气、光、热接触下易老化，粘接强度会下降；七是胶结接头的抗冲击、抗弯曲能力较差。特别是抵抗不均匀扯离能力较低，所以对受力较大的部位仍需辅以机械加固。

二、有机粘结剂的胶粘堵漏技术工艺

拖拉机修理常常使用以环氧树脂为基本成分的两组份黏结剂，主要用于油箱、水箱、机体、后桥壳等的修补堵漏。环氧树脂黏结的工艺过程如下：

1. 零件的清洗和检查 除去工件表面的油泥、污物、检查破坏部位和范围，制定黏结工艺方案。

2. 机械处理 可用钢丝刷、粗砂纸或钢锉、手砂轮等除去表面油漆、锈迹，使露出基体金属光泽。对于裂纹，可先在裂纹两端钻直径 3～5 mm

的止裂纹孔，防止裂纹延伸发展。然后沿裂纹开出 V 形槽，槽深为壁厚的 1/2～2/3，并在槽的两侧打磨出一定宽度的黏结面。如金属孔洞，也须在孔洞边缘打磨出金属光泽。如采用镶、铆、焊等辅助加强工艺方案，在准备工作中要统筹考虑。

3. 除油处理 黏结表面必须保证无油、无锈、无水、无污物，否则会使黏结强度下降，甚至失败。除油的方法可以是用碱性溶液清洗，也可用有机溶剂擦拭（如丙酮，无水乙醇等）。铸铁件的组织疏松，常在工作中渗入油液，如果工件允许加热，最好加温到 200～250 ℃以排出油液。加温方法可采用喷灯、电炉，也可采用烘干箱。经除油以后的工件不应有油迹，用水冲洗时，水应能在工件表面均匀湿润。除油后不要再用手触摸黏结面。

4. 化学处理 化学处理的目的是为了使被黏结表面生成有微观粗糙度、与胶有更强吸附能力的表面，同时化学处理也是再一次净化过程，所以凡是对粘接强度要求较高的零件都应该进行化学处理。化学处理配方很多，要根据黏结零件的材质来选择。例如：钢件可采用三氯化铁（42%）18 g、硫酸 30 g、水 100 g，在 50 ℃温度下处理 1 h 至表面呈灰白色。也可用硅酸钠、盐酸各 10 g 在 60 ℃下处理 10 min。铸铁件可用浓硫酸 28 g、重铬酸钠 8 g、水 70 g 在 50 ℃下处理 10 min 至表面呈灰黑色。也可用磷酸、乙醇各 50 g 在 40～60 ℃下处理 30 min。铝及铝合金件可用浓硫酸 50 g、重铬酸钠 20 g、水 170 g，在 70 ℃下处理 5～10 min，至处理表面呈灰白色。铜及铜合金件可用三氯化铁 18 g、浓硫酸 30 g、水 200 g，在 50 ℃下处理 30 min，至处理表面呈浅灰色。在进行化学处理时，小工件可以直接浸入加温的溶液中浸泡，大工件可将工件加热到所需温度，用浸透溶液的脱脂棉盖在需处理的表面上。凡经过酸处理的工件，均应用热水冲洗中和，然后用清水反复冲洗干净再烘干。

在配制化学处理液时要注意安全，禁止将水向浓硫酸中倾倒，浓硫酸向水中加入时也要缓慢，随加随搅动，若被酸灼伤应迅速用清水冲洗伤处并用小苏打溶液中和。

5. 调胶 调胶工具可用各种金属盘或瓷盘，也可用玻璃板，使用前要保持清洁。当室温低于 20 ℃时，环氧树脂黏度较大，调胶时不易调匀，且易裹入气泡。可用水浴法将环氧树脂加热，不允许用明火或电炉直接加热。调胶时为了按比例加入甲、乙两组分，最好一次用完一个小包装。自己配制胶液时，则应用天平称量各种材料，准确掌握用量。称量好之后首先将甲组分各成分配在一起搅拌均匀，然后再加入固化剂（乙组分各成分），调胶搅拌时要缓慢均匀，按一定方向运动，避免产生过多的气泡。加入固化剂时，环氧树脂的温度不宜高于 40 ℃，否则可能在搅拌过程中发生固化。调胶后立即进行粘接，最好在半小时之内使用完，否则粘结强度会降低。

6. 粘接　经化学处理好的待粘结零件，在粘接前最好加温到 40~50 ℃，这样可以使胶液更易于渗入微观粗糙的粘接面中，增加结合强度。涂胶前粘结面要用脱脂棉蘸丙酮等溶液再一次擦洗表面，直至脱脂棉上不见污迹为止。涂胶要均匀，并使胶液与粘接面充分浸润。如果对接和套接，胶层厚度以 0.1~0.2 mm 为最好。胶层过厚，易在胶层内产生气孔。一般说胶层越厚，粘接强度越低。粘补裂纹时，最好先涂一层不加填料（如生石灰）的胶液，并边涂边用手锤敲打工件，使胶液渗入裂缝中去。如部位允许，最好在破损处覆盖 1~2 层脱碱去脂的玻璃丝布，玻璃丝布要用胶液充分浸润，并注意不要裹入气泡。

粘接以后的零件已处于固化过程中，不允许再错动粘合面。用手指蘸丙酮轻轻擦抹黏结表面，以使黏结表面平整光亮。

7. 固化处理　固化规范对黏结强度有很重要的影响，不同品种的胶都要按照规定的规范进行固化处理。比较老的品牌农机 1 号、2 号胶，要求在室温下固化 6 h 或在 60 ℃下固化 2 h。加温固化有利于提高黏结强度，凡需加温固化的黏结件，一般均要在室温下（20 ℃左右）先固化 1 h，再加温固化，加温不可过急，否则会因反应太快使内部挥发物来不及逸出，从而使胶层内出现大量气孔或脆裂现象。

零件粘接前加温或固化加温时，最好用恒温箱或红外线灯、电吹风，也可用电炉或喷灯烘烤。但烘烤部位最好在非粘接面，通过导热使粘接面逐渐升温。不可用明火直接加热黏结层。检查黏结表面是否已完全固化，可采用脱脂棉蘸丙酮擦拭黏结层来观察。若发现有溶解现象，即说明未完全固化。加温固化后的零件，要缓慢降温，不可从高温下立即取出，否则会削弱黏结强度。

8. 固化后处理　用环氧树脂粘接的零件，允许对黏结层进行机械加工，如车、铣、磨、钻、锉等整形加工，但要注意吃刀量不可过大，速度不可过高，刀具应较锋利，不可冲击或敲打。

9. 粘后检验　对粘修的检验，目前主要还是采用外观检验。若黏结层无气孔、脱胶和裂纹，即认为合格。严禁用锤击、剥皮、刮削等破坏性试验办法来检验黏结强度。

三、无机粘结剂的胶粘工艺

无机胶粘剂是以硅酸盐、硼酸盐、磷酸盐等类材料为粘料的水泥状物质。

在拖拉机修理中采用的通常是以磷酸盐为粘料的无机黏结剂，常用于恢复受热较高的零件，如汽缸盖裂纹的修复，刀具的粘接等。其使用范围为－80～1 300 ℃。由于其套接强度高，平面粘接强度低，因此一般只用于套接或槽接。

成品磷酸盐无机黏结剂由特制氧化铜粉和磷酸铝溶液两组分组成，瓶装。氧化铜粉要求粒度在 200 目以上，由于其吸附水分性能特别强，最好用磨口瓶保存。一旦吸湿后应在 150～200 ℃下保温 2 h 进行干燥处理。磷酸铝溶液也可以自行配制，其方法是取 5 g 氢氧化铝倒入烧杯，倒入 100 mL 磷酸（相对密度 1.7），搅拌成白色溶液，在酒精灯上加热至 120 ℃，保持 3～5 min，使溶液变成透明甘油状，然后再在恒温箱中在 120 ℃下保持 2 h，随箱冷却取出即可，此时磷酸铝相对密度为 1.8～1.85。

无机胶粘剂的胶粘工艺与有机胶粘剂基本相同，但要求不很严格，不要求化学处理。

1. 表面除油、除绣及粘前检查。

2. 机械处理　由于无机黏结剂要求槽接或套接，所以机械处理常常是必要的而且要经过仔细的考虑。以汽缸套气门过梁处裂纹修复为例：首先在垂直于裂纹方向两侧开出一条 6 mm×6 mm、长 26 mm 的槽坑，并在槽坑两端各钻一 M6 的螺孔，向孔内拧入 M6 螺钉。用气焊将二螺钉头加温到红热，用手锤打弯螺钉，接着用气焊将两端螺钉搭接处焊合到一起，并锤打使其埋入槽坑内。这一操作的目的是使其形成码钉，从而起到辅助加固的作用。其次，沿裂纹方向钻出一个 $\phi2.5$ mm 的横向斜孔，在裂纹两端各钻出一个 $\phi2.5$ mm 的垂直孔，孔的深度比裂纹深 2～4 mm。钻此孔的目的是填入无机黏结剂，并在孔中插入销钉，使销钉与孔形成套接结构。与此相应，应制备一个与孔长度相应的 $\phi2.2$ mm 左右的销钉备用。

一般而言，机械加工时应考虑平面套接（或槽接）间隙 0.2～0.4 mm，使胶膜厚度为 0.1～0.2 mm，这样可得到最高的粘结强度。粘接表面越粗糙越好。

3. 调胶　氧化铜和磷酸铝溶液要按一定比例混合。氧化铜（g）与磷酸铝溶液（mL）之比为 3.5～4.5。配比值越大机械强度越高，但凝固速度也越快，容许的粘接时间就越短。当配比在 3.5～4.5，室温 20 ℃时可容许操作时间为 16～18 min。室温 30 ℃时，可容许操作时间为 9～13 min。调制工具应尽可能选用散热好的铜板，以利于使调胶时产生的反应热散出，延长胶的可操作时间。调制时，将氧化铜粉按配比放在铜板上，堆成小堆，中间拨一个凹坑，把量好的磷酸铝溶液倒入坑内，由内向外均匀搅拌，直至胶液能拉出 10 mm

左右的黏丝状即为合适。

4. 涂胶与粘接　将调好的胶分别迅速地涂在被粘接表面上，在表面接合后，施加适当的压力，挤出多余的胶液，套接件应缓慢旋入。如是盲孔套接，则须事先做出排气小孔或小槽，便于空气排出和胶液灌注。

5. 固化　可以在常温下固化（室温下放置 24 h），但最好采用混合加温固化。使用红外线灯或其他热源加热工件，在 40 ℃以下固化 1.5 h，然后在 100 ℃下加热 2 h。40 ℃以下固化有助于氧化铜充分反应，用较高温度固化，目的是使反应副产物——水分排出，提高粘结强度。

6. 固化后处理与检查　主要是进行固化后机械修整和修复质量检查。以汽缸盖裂纹为例，固化后应清除流胶，锉平或用手砂轮磨平码钉和露出的销钉，使其与汽缸平面齐平。检查码钉焊接质量。用水压试验检查胶缝是否渗漏。

拖拉机技术状态的变化及保养修理过程

出厂时技术状况良好的拖拉机，随着使用时间的增加和作业量的积累，由于各种腐蚀和摩擦的存在，其技术状态必然逐渐由好变坏，直至出现故障。而要延长良好技术状态的时间，降低故障频率，提高使用可靠性，必须认真执行拖拉机技术保养规程。要排除故障，恢复良好的技术状态和拖拉机固有的可靠性，必须按照拖拉机修理工艺进行修理。

第一节 拖拉机技术状态的变化过程

拖拉机的技术状态逐渐向坏的方面发展变化，主要体现在动力性下降、经济性变差、使用可靠性变坏及污染物排放增加等方面。其主要原因是零件的逐渐失效，即零件的尺寸、形状及表面质量等发生变化，破坏了零件之间原有的配合性质和相对位置。零件的失效形式主要有磨损、变形、断裂、腐蚀等几种。

一、零件的磨损

相互以间隙配合的两个零件，相互运动时，在配合表面上便产生相对运动的作用，这种现象称为摩擦（严格地讲，这应该称作滑动摩擦，因为还有静摩擦和滚动摩擦两种形式，只是这里我们仅介绍滑动摩擦）。阻止相对运动的力，称为摩擦力。由于摩擦力的存在，配合表面分子逐渐脱落，其尺寸和形状便发生了变化，零件的磨损也就产生了。摩擦通常分为干摩擦、半干摩擦、液体摩擦和边界摩擦 4 种形式。

1. 干摩擦引起的磨损 干摩擦是指零件的配合表面上没有润滑油或其他润滑介质时的摩擦。由于加工后的零件表面存在着微观凸峰，两个配合表面接触时，其实际接触面积极小，从而使其接触压力极大，微观凸峰产生塑形变形被挤平，并产生大量的热，消耗大量的摩擦功，剧烈的磨损就此发生。在拖拉机上，离合器摩擦片和离合器压盘与飞轮之间的摩擦、制动蹄片与制动鼓之间的摩擦是属于利用干摩擦来工作的零部件，由于干摩擦而产生的磨损量很大，因而零部件失效的速度是很快的，修理中通常采取定期更换的方法解决。不需要利用干摩擦来工作的零部件，在配合表面上是不允许发生干摩擦现象的。

2. 液体摩擦引起的磨损 液体摩擦是指零件的配合表面间完全被润滑油隔开，也就是说两个配合表面微观凸峰高度之和小于润滑油层的厚度，两个配合表面不发生直接接触的摩擦。两个配合表面的摩擦力是润滑油分子间的摩擦力，这个摩擦力极小，因此液体摩擦引起的磨损量是很小的。如发动机曲轴轴颈和轴瓦之间的摩擦，在发动机稳定运转时，润滑油进入轴颈与轴瓦之间，产生一定高压力油层，将曲轴完全顶起，使轴颈与轴瓦的配合表面完全分开，这样的摩擦即属液体摩擦。

3. 边界摩擦 边界摩擦是指两个零件的配合表面间只有一层很薄的润滑油膜隔开时的润滑状态，此时的摩擦力是 2～3 层润滑油分子间的摩擦。由于润滑油分子与金属表面分子的结合力，在金属表面形成强度很大的润滑油膜，能承受很大压力，尽管油膜很薄，但能防止配合表面直接接触。拖拉机上的齿轮轮齿表面之间的摩擦即属边界摩擦。

4. 半干摩擦 半干摩擦是指液体摩擦与干摩擦、液体摩擦与边界摩擦同时存在的混合摩擦。

上述 4 种摩擦依一定的条件互相转换，如发动机的曲轴轴颈和轴瓦的摩擦，在启动时是边界摩擦，在正常工作情况下是液体摩擦，在急剧降速或急剧加速时是半干摩擦。拖拉机零件的摩擦形式大多是边界摩擦和半干摩擦。

另外，除了各种摩擦引起磨损外，还有疲劳磨损和磨料磨损。疲劳磨损是指配合表面由于交变接触应力的作用而产生表面接触疲劳，配合表面出现麻点和脱落。如滚动轴承、齿轮及凸轮的磨损大多是疲劳磨损。磨料磨损是指硬颗粒在配合表面造成的损伤。如发动机的气门及气门座、汽缸、活塞与活塞环的磨损的主要形式是磨料磨损，其磨料来自空气滤清器。

二、零件的变形

零件的变形是指零件工作面的相对位置发生改变，其改变量超过许可范围的失效形式。零件变形主要有弯曲、扭曲、翘曲和歪扭等形式。

弯曲和扭曲通常是长轴和杆件的变形形式，如四缸发动机的曲轴和连杆的变形，大多是弯曲或扭曲变形，或者弯曲和扭曲变形同时存在，这是汽缸异常磨损的主要原因。

翘曲是零件的平面发生变形的主要形式。如发动机汽缸盖经常发生翘曲，这往往就是漏气漏水、压缩力不足的主要原因。

歪扭是机构比较复杂的基础件变形的形式。如车架、发动机体、变速箱体等基础件经常会发生歪扭，这些基础件的歪扭变形对整台拖拉机来说，影响是极大的。

三、零件的断裂

零件的断裂是指零件在工作中，由于材料中的应力超过其抗拉强度极限后突然断裂的失效形式。断裂又分为脆性断裂、韧性断裂和疲劳断裂。发动机的曲轴、连杆、连杆螺栓等零件是最容易产生疲劳断裂的。

四、零件的腐蚀

零件的腐蚀是指由于外界介质的化学作用或电化学作用而造成零件金属的破坏，这种破坏也可以称为锈蚀。在发动机中，遭受这种破坏最严重的零件是汽缸套。

第二节　拖拉机的保养规程

拖拉机在使用过程中，由于多种因素的作用和影响，零部件的工作能力会逐渐降低或丧失，使整机的技术状态失常。燃料、润滑油、冷却水、液压油等工作物质的逐渐消耗，使拖拉机的正常工作条件遭到破坏，加剧整机技术状态的恶化。针对拖拉机零部件技术状态恶化的表现形式及工作物质消耗的程度，应适时采取相应的技术措施，以保持零部件的正常工作能力和整机的正常工作条件。这些工作措施和技术活动称之为技术保养。技术保养是保证拖拉机在作业时能始终保持正常的技术状态，不在作业季节发生可预见性的故障，更不能在作业时出现需要进行大修的故障的主要技术环节。

一、拖拉机技术保养的基本操作

技术保养的基本操作，可用10个字概括：清洗、添加、紧固、调整、更换。

1. 清洗　对拖拉机外部清洗，一般采用清扫、擦拭和刷洗的方法。所用的清洗剂有清水、洗涤剂、柴油和汽油等。对于复杂表面、狭窄空间采用压力水冲洗或压缩空气吹洗效果较好。当用水清洗时，应对加油口、电气设备等部位加以保护，防止水侵入机械内部。同时应当注意，如果机体过热，须降温后冲洗；冲洗后如果水分不易蒸发掉，须用布擦干，以防锈蚀。

对拖拉机内部清洗，有拆卸清洗和不拆卸清洗两种方法。拆卸清洗是将有关零部件从整机上拆下，置于容器中清洗。由于清洗对象的结构和污染情况不同，具体采用的清洗方法也有所不同，有刷洗、擦洗、压力油冲洗、压缩空气吹洗等。所用的清洗剂，以往大多采用柴油和汽油，近年来为了节能，金属清洗剂正在被广泛采用。不拆卸清洗主要用于清洗机械内部腔室和管道，将内部腔室和管道内的原有工作液体放出来，加入合适的清洗剂，利用摇转曲轴或使发动机运转的方式，使清洗剂不断循环搅动，达到彻底清洗内部的目的。如后桥室、润滑油道、冷却水道等的清洗。

2. 添加　拖拉机的添加物质有水、燃油、润滑剂等。

冷却水的添加，要坚持添加软水，以避免产生大量水垢，影响散热性能。

燃油的添加，要注意密封和过滤，以避免杂质混入，增加精密偶件的磨损。

润滑油的添加，要严格保证净化和防止漏洒损失。由于润滑油黏度较大，过滤添加时速度太慢，最好将润滑油先行加热后再往机械内加注。

润滑脂的添加，应当利用新注入的和内部未受污染的润滑脂将表面上脏污失效的润滑脂排挤出去，使摩擦面间完全充满洁净的润滑脂。因此润滑脂注入器必须保证能以一定的压力注入足够数量的润滑脂。但是，注入数量不能过多，应按规定注油。否则，不仅造成浪费和污染机械，而且在有些部位还会胀坏密封元件，或者影响其他零部件的工作效能，如使离合器摩擦片由于油多而打滑。

3. 紧固　拖拉机连接件的松动会引起配合件相互位置改变，使机构运动和受力状况恶化。在技术保养中十分重视连接件的正确紧固。

拖拉机上的连接件主要是螺钉、螺栓。对于受动载荷较大的固定螺栓，如连杆轴承、汽缸盖、车轮等的固定螺栓，其紧固力都有严格要求，应按规定扭矩拧紧。当螺栓变形生锈时，由于紧固阻力较大，会给人以已经拧紧的假象，对此必须予以识别。新机械或大修后机械上的某些螺栓，如缸盖螺栓，在试运转后会产生初始伸长现象，应及时予以再次拧紧。

对固定螺栓螺母的防松装置，必须加以重视，切勿漏装。防松装置必须按规定选用，不合规定的应予更换。当用弹簧垫圈防松时，垫圈应当完整，弹力足够，拧紧螺母后垫圈的两端面应贴合在零件与螺母上。当用锁紧螺母防松时，如果两个螺母厚度不同，锁紧螺母应当采用较厚的，以增加锁紧力。当用开口销子防松时，销子直径应与销孔紧密配合，销子头部应沉入到螺母切槽中，销尾沿螺栓的轴向分开，一端贴在螺栓上，另一端倒向螺母平面。当用钢丝串联拉住几个螺栓防松时，钢丝绕向应当这样选择：当有一个螺栓发生松动时，钢丝将会张紧，并拉着串联的其他螺栓向拧紧方向转动，使串联的螺栓彼此间相互制约，从而防止任何一个螺栓松动。

4. 调整 拖拉机上需要调整的部位较多，调整参量有间隙、压力、转速、角度、张力、位移等。在使用过程中，由于多种因素的作用，这些参量会不同程度地偏离正常数值，从而导致系统或整机工作性能下降或丧失。因此，在技术保养中必须及时调整补偿，使机械性能得以保持或恢复。

为了保证调整操作的正确性，各种参量的具体调整方法和数据都有明确的规定。目前，农机操作人员和修理工在进行各种技术调整时，要采用生产厂在使用说明书中列出的调整数据。

5. 更换 技术保养中的更换包括两种情况。

（1）新件更换 拖拉机在使用过程中，一些易损、易老化、起保洁作用的零件，必须及时定期更换新件。换件时最好采用与原件同一型号和规格的产品，如果采用代用品，则应当保证其结构和性能与原件相同。

（2）零件换位 一般有两类换位方法：一是原地转换一下安装方位，例如汽缸套转动 90°；二是与其对称的零件互换安装位置，例如左右车轮的调换。零件换位必须注意换位时间，要适时进行，不要等到零件严重磨损时才换位。

二、技术保养规程

各种拖拉机，由于具体结构不同，其技术保养内容也有所差别。但是，其技术保养规程是基本相同的。拖拉机技术保养规程包括班次保养、定期保养和入库保管。班次保养是指完成一个班次工作以后进行的保养。定期保养又有低号保养和高号保养之分，是在完成一定的工作小时、耗油量或工作量以后进行的保养。目前拖拉机生产企业将定期保养直接采用工作小时数，而没有低号保养和高号保养之分，通常规定 50 h、100 h、500 h、1 000 h 和 1 500 h 的保养内容。各种拖拉机的保养要求在其使用说明书中有部分规定。

拖拉机的技术保养，通常要按照"防重于治、养重于修"的原则进行。拖拉机的保养，要做到三不漏（不漏油、不漏水、不漏气）、四净（油、水、气、机车净）、一完好（技术状态完好）。通常技术保养的大部分工作是由驾驶员来完成的，但是，随着拖拉机的不断大型化和性能多元化，其技术保养的相当一部分是由修理工来完成的。

1. 班次保养　班次保养是指每班工作前后进行的技术保养。其保养项目有：

① 清除尘土和油污，如果工作环境尘土较多，还要清洗空气滤清器。

② 检查水箱水面、燃油箱油面、曲轴箱油面、变速箱油面及液压油箱油面，不足时应添加。

③ 根据使用说明书的要求，向各润滑点加注黄油。

④ 检查螺栓、螺母有无松动，必要时紧固。

⑤ 检查和排除"三漏"（漏油、漏水、漏气）。

⑥ 检查轮胎气压，不足时应充气至规定值。

⑦ 观察机油压力表工作是否正常，禁止在润滑系统有故障的情况下工作。

⑧ 检查发电机、开关及前后灯工作是否正常。

⑨ 检查各操作机构工作情况，各部位有无不正常响声。

2. 定期保养

（1）低号保养　低号保养包括一号保养和二号保养，是指每经过100～500 h工作后进行的技术保养。其保养项目有：

① 清理空气滤清器，清洗机油滤清器和柴油滤清器，清洗液压系统的滤油器。

② 检查并调整气门间隙和离合器分离间隙。

③ 清洗燃油箱、水箱、液压油箱及液压系统管路；清洗喷油嘴，清除积炭并检查喷油情况，校准喷油压力；清洗曲轴箱，更换新机油；清洗正时齿轮室及凸轮轴总成；清洗变速箱并更换润滑油。

④ 检查并调整前轮前束值；检查调整转向盘空转角度。

⑤ 用汽油或肥皂水清洗制动蹄的摩擦片。

⑥ 给发动机轴承补加润滑油。

（2）高号保养　高号保养包括三号保养和四号保养，是指每经过1 000～1 500 h工作后进行的技术保养。其保养项目除了包含低号保养的所有项目外，还有：

① 逐个拆卸、清洗各主要零部件。

② 检查各部件的技术状态及磨损情况，确定进行修理或更换。

③ 对各部件进行装配和重新调整。

④ 清洗发动机轴承，更换润滑脂。

⑤ 按规范进行试运转。

拖拉机的技术保养要严格按照使用说明书规定的内容进行。拖拉机的高号保养应在机务管理人员或维修技术人员的指导下在室内进行。

3. 入库保管　入库保管是指在拖拉机长期不使用的期间内，将其存放于适当的场所（有库房的进库房，没有库房的也要有挡雨棚），采取必要的技术措施，保证下次工作的正常使用。拖拉机入库保管必须做到以下几点：

① 入库、棚保管前必须进行技术保养，并有健全的保管制度。

② 防火、防潮。

③ 防锈蚀。在入库停歇期间，空气中的灰尘和水气容易从一些缝隙、开口、孔洞等处侵入机器内部，使一些零部件受到污染和锈蚀；相对运动的零件表面、各种流通管道和控制阀门，由于长期在某一位置静止不动，在长时间闲置期间失去了流动的且具有一定压力的油膜的保护，也会产生蚀损、锈斑、胶结阻塞或卡滞，以致报废。

④ 防老化。橡胶、塑料、织物等在阳光照射下，由于紫外线等的作用，会老化变质、变脆，失去弹性或腐烂。

⑤ 防变形。杆类零件、细长零件、薄壁零件、传动胶带等由于长时间受力作用，易产生塑性变形。

⑥ 定期进行维护。

a. 定期检查机库内拖拉机放置的稳定性，检查润滑油有无渗漏，轮胎气压等，发现问题，立即排除。

b. 定期检查拆下的总成、部件和零件，其中橡胶件每 2~3 个月拿出室外晾一晾后重新放置，必要时擦干并涂敷上一些滑石粉。

c. 定期用干布擦拭蓄电池顶面灰尘，并检查蓄电池电解液的液面和比重，蓄电池即使不用也会自然放电，每月应对蓄电池补充充电 1 次。

d. 每月启动发动机或摇转发动机曲轴 1~2 次。

第三节　拖拉机修理前的检查

拖拉机的修理，按照通常的工作顺序要求，首先是外部清洗，除去尘土和油污，而后依次是整体技术状态的检查、拆卸、零件的清洗、零件的检验、修理调整、总装及试运转。拖拉机的技术状态可以根据发动机、底盘和电气设备等项指标来判断。下面简要介绍拖拉机技术状态的检查内容。

一、燃油消耗率和牵引功率的检查

燃油消耗率和牵引功率是拖拉机的两项重要综合性指标，通常用检测仪器测得比较准确的数据，在不具备检测仪器的条件下，只能靠拖拉机驾驶人员平时细心掌握的相关数据，通过前后对比的方法来确定。这两项指标是确定对拖拉机是否进行修理的主要依据。

二、机油消耗率的检查

机油消耗率是反映汽缸活塞组件磨损的主要指标，常常以机油相对燃油消耗的百分比来表示。据大量的统计资料介绍，当机油消耗量达到燃油消耗量的3.5%左右时，发动机的汽缸活塞组件就需要修理了。

三、汽缸压力的检查

汽缸压力是指发动机压缩行程终了时的压力。汽缸压力反映的是压缩系统技术状态的综合性指标，在燃油供给系统技术状态良好的情况下，汽缸压力的大小是影响发动机功率的主要因素。汽缸压力可用汽缸压力表来测定。测定时，拆下喷油器，装上压力表，以启动机带动发动机旋转，此时便可读出压力数值。若没有汽缸压力表，可以用摇把摇转曲轴凭感觉和经验进行判断。测定的汽缸压力值低于标准要求时，就应该对气门及气门座、汽缸活塞组件以及汽缸垫等进行相关的密封性检查，并最终确定修理更换的零件。

四、机油压力的检查

机油压力的检查是非常容易的，只需在发动机正常运转时查看发动机上的机油压力表即可。当润滑系统工作正常时，若机油压力明显降低，表明曲轴轴颈和轴瓦磨损严重，其配合间隙增大，机油泄漏速度加快，则应对曲轴连杆机构进行修理。

五、烟度的检查

这里的烟度检查不是用仪器的检查，而是指目测检查。观察发动机的排烟情况，是判断发动机技术状态的简易方法。技术状态良好的发动机排烟是无色的，若由于负荷或油门突然变化而出现短暂的排烟异常现象，也是正常的，但是连续长时间排烟异常，则说明发动机存在故障。通常排烟异常的颜色有如下3 种。

1. 蓝烟 发动机排蓝烟表示机油进入汽缸内被燃烧。这主要是由于汽缸活塞组件磨损严重，间隙大增而使大量机油窜入燃烧室造成的。

2. 白烟 发动机排白烟表示燃烧不完全。原因可能是燃油供给系统存在故障，如喷油时间过晚、燃油雾化不良、燃油中有水或空气等。

3. 黑烟 发动机排黑烟是供油量过大，或空气供给不足，造成燃油燃烧不完全的表现。造成排黑烟的原因较多，燃油供给系统、配气机构以及汽缸活塞组件都可能存在着问题。

六、拖拉机底盘技术状态的检查

拖拉机底盘技术状态的检查主要有 6 项内容。

1. 离合器 离合器常见的故障有打滑、分离不彻底、工作时抖动等，这些故障在调整无效的情况下，必须进行修理、更换。

2. 变速箱 变速箱常见的故障有挂挡困难、自动脱挡和乱挡、工作时噪声过大和发热等，这些都需要修理。

3. 后桥 后桥常见的故障有噪声过大和发热等，其原因主要是轴承和齿轮磨损严重，或者齿轮间隙调整不当，出现这种现象应当修理、更换。

4. 行走转向机构和制动装置 行走转向机构常见的故障有轮胎早期磨损、轴承发热、转向困难、前轮摆头和跑偏；制动装置常见的故障有制动失灵和偏刹等。行走转向机构和制动装置的故障直接影响到生产安全，应当特别引起重视。

5. 液压悬挂系统 液压悬挂系统常见的故障是农机具提升缓慢或不能提升、农机具自动下落等。这些故障将严重影响拖拉机的作业效率，出现此类故障应当马上修理。

6. 电器设备 电器设备常见的故障有蓄电池容量降低、启动困难、发动机过热、照明灯不亮以及喇叭不响等，这些故障都需要修理。

第四节　拖拉机的拆装及其设备

拖拉机的拆卸、安装是修理工作重要工序，其工作量也占有很大比重。不正确的拆卸、安装，不仅会损坏零部件，降低装配质量，给修理工作带来困难，而且会导致修理时间延迟，修理费用增加。所以，在进行拆装作业时，必须按照技术检查确定的修理部位，选用合适的工具，正确地进行拆装。

一、拆卸原则

拖拉机拆卸的目的是为了检查、修理或更换损坏的零件。拆卸时必须遵守以下原则：

1. 拆卸前首先应弄清楚所拆部位的结构、原理、特点，防止拆坏零件。

2. 应按合理的拆卸顺序进行，一般是由表及里、由附件到主机、由整机拆卸成总成、再将总成拆成部件或零件。

3. 掌握合适的拆卸程度。不必要的拆卸不仅浪费工时，且会缩短零件的使用寿命。过盈配合件每拆装一次都会使其过盈量减少，导致过早松动。间隙配合件拆后再装则破坏了原已磨合好的工作表面，又要重新磨合，缩短零件的使用寿命。决定拆卸程度的基本原则是：凡通过仪器可以检查断定零件符合技术要求的，则不应拆卸。对于不经拆卸难以判定其技术状态的，特别是一些重要零、部件必须拆卸检查。

4. 应使用合适的拆卸工具。拆卸螺栓、螺母时，应选择合适的开口扳手、梅花扳手或套筒扳手，尽量不用活动扳手或手钳，以免损坏六方棱角。并且不得任意加长扳手的力臂。在拆卸轴承、衬套、齿轮等过盈配合件时，应使用压力机或合适的拉力器。在拆卸带有锥度的过盈配合件使用拉出器时，在有一定预紧力后，应对拉出器的中心顶杆给予敲击振动，不可过猛施力于拉出器，否则由于锥度贴合力较大，会造成工具、零件的损坏。在拆卸难度大的零件时，应尽量使用专用拆卸工具，避免猛敲狠击而使零件变形或损坏。严禁用扳手、手钳等代替手锤敲击。

5. 拆卸时应为装配做好准备。为了提高装配效率和装配质量，拆卸时应注意：

（1）核对记号和做好记号　有不少配合件是不允许互换的，还有些零件要求配对使用或按一定的相互位置装配。例如气门、轴瓦、曲轴配重、连杆和瓦盖、主轴瓦盖、中央传动大小锥齿轮、定时齿轮等，通常制造厂均打有记号，拆卸时，应记下原记号。对于没有记号的，要做好记号，以免装错。

（2）分类存放零件　拆卸下的零件应按系统、大小、精度分类存放。不能互换的零件应放在一起。易变形损坏的零件和贵重零件应分别单独存放，精心保管。易丢失的小零件，如垫片、销子、钢球等应存放在专门的容器中。

二、装配注意事项

1. 保证零件的清洁，避免配合件的磨料磨损。装配前对零件必须进行彻底清洗。经钻孔、铰孔或镗孔的零件，应用高压油或压缩空气冲刷表面和油道。

2. 做好装配前和装配过程中的检查，避免不必要的返工。凡不符合要求的零件不得装配，装配时应边装边检查。如配合间隙和紧度、转动的均匀性和灵活性、接触或啮合印痕等，发现问题应及时解决。

3. 按合理顺序装配。一般是按着拆卸相反的顺序进行（零件→部件→总成→整机），并注意做到不漏装、错装和多装零件。机器内部不允许落入异物。

4. 采用合适的工具，注意装配方法，切忌猛敲狠打。

5. 注意零件标记和装配记号的检查核对。凡有装配位置要求的零件（如定时齿轮等）、配对加工的零件（如曲轴与瓦片、活塞销与铜套等）以及分组选配的零件等均应进行检查核对。

6. 在封盖装配之前，要切实仔细检查一遍内部所有装配的零部件、装配的技术状态、记号位置内部紧固件的锁紧等并做好一切清理工作，再进行封盖装配。

7. 所有密封部位，其结合平面必须平整、清洁，各种纸垫两面应涂以密封胶。装配密封盖螺栓时，应对称均匀紧固，保证不漏油、不漏气、不漏水。

8. 各种间隙配合件的表面应涂以机油，保证初始运转时的润滑。

三、通用零件的拆装

1. 螺纹连接件的拆装　在修理工作中遇到最多的是螺纹联接件的拆装工作。拆装螺纹连接件时，应注意螺纹的旋向，使用合适的扳手和适当的扭矩；有困难时应分析其原因，切勿盲目蛮干。

（1）双头螺栓的拆装 双头螺栓的拆装一般有 3 种方法，如图 3-1 所示。一是用两个螺母拧紧的方法：在一螺母拧入螺栓一段距离后，再加一螺母，将此螺母靠紧先拧入的螺母后，即可拧动螺母，带动螺栓进入螺孔。二是用长螺母拧紧的方法：在长螺母的外端拧入一螺钉，用螺钉阻止长螺母和双头螺栓之间的相对运动。拧动长螺母即可带转螺栓。三是用螺栓拆装工具（图 3-2）：这种螺栓拆装工具带有偏心盘的拧紧套筒。当扳动手柄时，偏心盘将螺栓紧紧卡住，再继续转动手柄，即可拆装，操作比较简便。

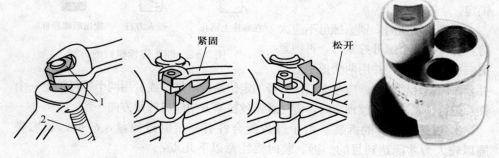

图 3-1 双头螺栓的拆装　　　　　图 3-2 螺栓拆装工具
1. 螺母　2. 双头螺栓

（2）螺钉组的拆装

① 螺钉组的拆卸。为防止被紧固件的变形和损坏，其拆装基本方法是按对称交叉顺序分数次拧松。一般是由外向里、由两头向中间，先稍松动相互对称的螺钉，待全部松动过一次后，再分数次拧松。拆卸悬臂部件的连接螺钉组时，应从下向上，按对称位置逐个松动，最后卸下最上部的螺钉。经仔细检查后，确信所有螺钉均已拆除，再用撬棒分开连接件。

② 螺钉组的装配。一般是由内向外，由中间向四周，先稍拧紧相互对称位置的螺钉，待全部拧紧一遍后，再分数次拧紧，使各螺钉均达到规定扭矩。

（3）锈死螺钉、螺母的拆卸 常见方法有：先紧（1/4 圈）后松，反复松紧拧出；用手锤敲击螺钉螺母四周，震碎锈层拧出；在螺钉螺母间加注煤油，浸润 20～30 min 后拧出；用喷灯快速加热螺母，使螺母受热膨胀，并趁螺栓尚未受热时迅速拧出。

（4）断头螺钉的拆卸 如果断头螺钉露在外面，可以锉扁后用扳手拧出，或在断头上锯槽用螺钉旋具拧出；也可以在断头上钻一小于螺钉的孔，打入一个多角形钢棒拧出，如图 3-3 所示；或在孔内攻出相反的螺纹，用反螺纹杆

拧出；还可以在断螺钉上焊一个螺
母，拧动螺母取出。

2. 螺纹连接件的安装与锁紧

重要部位的螺栓与螺母，譬如主轴
瓦盖和连杆螺栓等，应尽量不互
换，并按规定的扭矩，用扭力扳手
拧紧。为防止松动，应正确使用防
松装置。一般用螺母、锁片和钢丝
锁定。

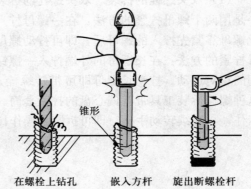

图 3-3 断头螺栓螺钉的拆卸

用螺母锁紧时，锁紧螺母不应太
薄，要将第一个螺母拧紧后，再锁紧
第二个锁紧螺母，并用两个扳手进行
并紧。用锁片锁紧时，应考虑锁片本身的定位是否可靠，或者用两个螺母加上一个
锁片进行锁紧。用钢丝锁定时，应注意钢丝拉紧方向应与拧紧方向一致。

3. 过盈配合件的拆装　由于过盈配合件有一定的过盈量，故拆、装均要
施以较大力才能达到目的。拆、装时要注意以下几点：

（1）选用适当的拆装工具　应选用拉力器、压力机（有时可用钻床或台虎
钳代替）或专用工具拆装，如图 3-4 所示。不得已时，可选用适当的冲头或
铜手锤；用普通手锤时，应加垫铜、铅、铝、木等衬垫进行敲击，不得直接敲
击零件的工作表面。

（2）拆装时受力部位要正确

从轴上拆装滚动轴承时，应施
力于轴承的内座圈；从孔内拆装
滚动轴承时，应施力于轴承的外
座圈，如图 3-5 所示。用拉力器
拆卸轴承时，其拉爪的着力点应
符合上述要求。用压力机拆装时，
要使用尺寸合适的垫套，做到受
力点正确，只有在不得已的情况
下，拆装力才能通过滚动体系传
递。在拆装过程中，加力方向不
要歪斜，必要时加以润滑和震动
以减轻阻力。

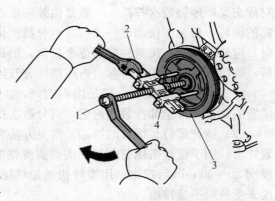

图 3-4　过盈配合件的拆装
1. 梅花扳手　2. 活动扳手
3. 曲轴皮带盘　4. 拉力器

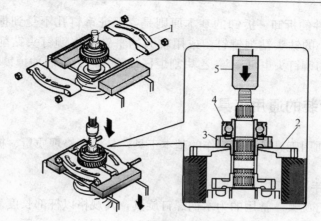

图 3-5 滚动轴承的拆卸
1、2. 轴承拆卸工具 3. 齿轮 4. 轴承 5. 压床

（3）注意拆装顺序和方向 先检查连接件上有无销钉、螺钉等补充固定装置，安装静配合件的部位有无锥度和台肩等，然后再动手拆装。

（4）拆装过盈配合零件时的加热 安装过盈配合的齿轮、轴承等，应在油中加热至 100～150 ℃（切不可用火直接烤烧），然后套入轴上即可。当外部包围零件为铝质时，由于铝金属膨胀系数大，采用加热法拆装较容易。

（5）圆锥连接件的拆装 一般情况下，圆锥连接件应使其配合表面的贴合量不小于 70%，可用配合表面互研涂红丹来检查。带锥度的轴小端必须不伸出锥孔，以保证可靠地紧固；拆卸时当拉力器承受一定力时应配合加以敲击震动，使其贴合面分离方可拆卸。

（6）零件压入时应注意方向 安装时，一般应先压入有倒角的一端。滚动轴承应将标有规格型号的端面装在可见的部位，便于日后查对更换。

4. 油封的拆装 油封的拆装主要是橡胶油封的拆装。由于橡胶油封有一定的弹性，与轴承盖孔的配合一般不太紧，在拆卸橡胶油封时，应采用尺寸相应的工具冲下。安装自紧油封时，首先应检查油封的唇部孔径，其内径要较轴颈直径小 1/10 左右，并装有弹簧，安装时应将有弹簧一边装在内侧封油的方向。往轴上安装时应注意不要碰掉弹簧。无论是向轴上或孔中安装油封胶圈，凡有油封槽的，均要将油封胶圈平整地放入油封槽中，不应有扭曲现象，特别是油封往孔中套装时尤要注意，必要时应涂以润滑油，以方便安装。

5. 铆接件的拆卸 拆卸的基本原则是：保证铆钉孔不受到损伤。一般用较铆钉直径小的钻头钻削铆钉，或用较大的平钻头将铆钉头钻削掉，冲出铆钉。对较大的铆钉头也可用氧-乙炔割炬仔细割去铆钉头后冲掉铆钉。

四、拆装的通用工具

拆装的通用工具是修理工作的基本工具，是保证修理质量、提高效率的必要条件。

1. 常用手工工具

（1）螺钉旋具 常用的为木柄螺钉旋具，其规格以杆部长度（不计木柄部分）分为 50 mm、65 mm、75 mm、100 mm、125 mm、150 mm、200 mm、250 mm、300 mm、350 mm 等多种。

（2）开口扳手 开口扳手的结构及其使用方法，如图 3-6 所示。其两头开口的宽度不同，每一把扳手都可以扳两种尺寸的螺栓或螺母，为拆装修理中常用的工具。

图 3-6 开口扳手及其使用

（3）梅花扳手 梅花扳手的结构如图 3-7 所示。当螺母和螺栓头的周围空间狭小，不能容纳普通扳手时，就须使用梅花扳手。

（4）套筒扳手 当螺母或螺栓头处于特殊位置，普通扳手接触不到或转动不开时，可以使用套筒扳手（图 3-8）。

（5）活扳手 开口宽度可以调节，能扳一定尺寸范围的螺母或螺栓，如图 3-9 所示。使用活扳手时，应注意用力方向。

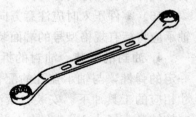

图 3-7 梅花扳手

（6）各种手钳

① 钢丝钳。钢丝钳用于夹持或折断金属薄板和切断铁丝。铁柄供一般使

大转小
小转大
大转小接头
套筒
小转大接头
套筒
六角
八角
十二角

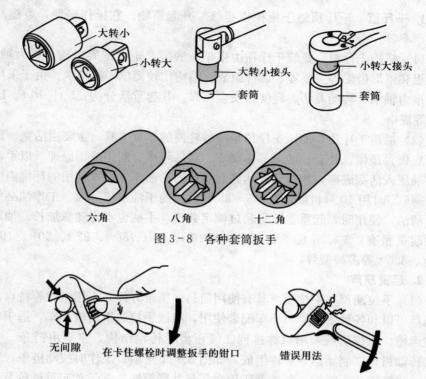

图 3－8　各种套筒扳手

无间隙
在卡住螺栓时调整扳手的钳口
错误用法

图 3－9　活扳手及其使用方法

用；绝缘柄供有电场合使用，耐工作电压为 500 V。

② 鲤鱼钳。鲤鱼钳供夹持扁的或圆柱形零件用，规格按长度分为 165 mm 和 200 mm 两种。

③ 尖嘴钳、弯嘴钳、扁嘴钳。各种嘴形的钳适于夹持细小零件及电工接线用。

2. 拉力器　为了拆装过盈配合件，常使用如图 3－10所示的两爪和三爪拉力器，以达到零件受力均匀、拆装省力的目的。

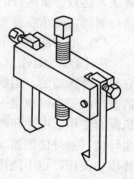

图 3－10　拉力器

五、拆装的起重移动设备

修理拆装工作中常用的起重设备有千斤顶、手拉或电动葫芦。移动式起重设备有简易门式起重机和单梁起重机等。

1. 千斤顶　千斤顶适于拖拉机检修、升起重物。它操作轻便，可提高劳动生产率。

(1) 螺旋千斤顶　螺旋千斤顶由主架、底座、矩形螺旋机构、推力轴承、棘轮组和锥形齿轮等主要零、部件组成。结构比较简单，故障少。由于采用特制的推力轴承，转动灵活、轻便，安全可靠。其起重量分为：5 t、10 t、15 t、30 t 等规格。

(2) 油压千斤顶　油压千斤顶是一种轻便的起重工具，主要由活塞、活塞缸、底板、顶帽、外套、油泵等主要零、部件组成。利用液压原理，以手动油泵将油压入活塞底部，抬起活塞达到起重目的。油压千斤顶使用的环境温度在 －5～45 ℃时用 10 号机油，在 －5～35 ℃时用锭子油或仪器油。工作油必须充足、清洁，使用时，起重量不得超过额定数值，手柄也不得随意加长。油压千斤顶起重量有：3 t、5 t、8 t、12.5 t、16 t、20 t、30 t、32 t、50 t、100 t、200 t、320 t 等多种型号。

2. 起重葫芦

(1) 手拉葫芦　手拉葫芦具有使用简易、携带方便、不用电源等特点。手拉葫芦可以和各种手动单轨小车配套使用，组成手拉起重运输小车，适于单轨架空运输。手拉葫芦采用对称排列二级正齿轮传动结构，主要由链条、手链轮、传动齿轮、制动器等零件组成，如图 3-11 所示。工作时拉动链条，转动链轮，将摩擦片、棘轮、制动器座压在一起共同旋转，并带动起重链轮及起重链条，达到起重的目的。手拉葫芦采用棘轮摩擦片式单向制动器，在载荷下能自行制动，棘爪在弹簧作用下与棘轮啮合，保证制动器安全可靠。

(2) 电动葫芦　下面简介两种类型：

① CD、MD 型电动葫芦。CD、MD 型电动葫芦是一般用途的电动葫芦，它是一种新型的，用钢丝绳起重的电动葫芦，如图 3-12 所示。可以安装在直的或弯的工字梁轨道上，作起重和移动重物用。常与单梁、悬臂、门式等起重机配套使用。电动葫芦使用的环境温度为 －20～40 ℃，适用于室内、外多灰尘环境（室外使用需加防雨罩），但不能在有爆炸危险或充满酸、碱类蒸气的环境中使用，也不能用来运输熔化金属及其他易燃易爆品。

CD、MD 型电动葫芦采用先进的锥形转子电动机或旁磁路电动机，借助于轴向磁拉力和弹簧力，利用电动机带轮制动，省掉了单独的电磁制动器，具有结构紧凑、重量轻、制动可靠、工作平稳等特点。

CD 型电动葫芦只有一种起升速度；MD 型则有常、慢两种起升速度，适于精密安装，沙箱合模等要求精细调整的场合使用。

② TV 型电动葫芦。TV 型电动葫芦为一种普通型钢丝绳式电动葫芦。这种电动葫芦由电动机、减速齿轮箱、制动器、小车等组成，各部件都可以单独拆开，维修调整方便。

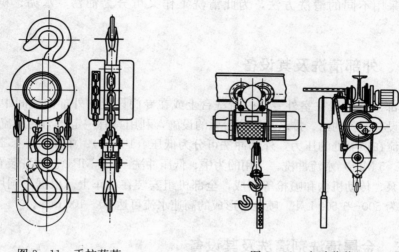

图 3-11　手拉葫芦　　　　　　　　　图 3-12　电动葫芦

3. 电动单梁起重机　单梁起重机适于在一般修理、制造等车间作固定跨距起重移动使用。它可与 CD、MD 型电动葫芦配套，组成完整的起重运输机械。其起重量有 1 t、2 t、3 t、5 t 和 10 t 5 种。跨距为 7.5～22.5 m，中间有 22 种不同规格跨度供选择。操作方式有地面操纵和操作室操纵两种，适用范围较广。

第五节　零件的清洗及清洗设备

拖拉机拆卸后，必须把零件上的尘土、油污、水垢、积炭等彻底清除，确保零件的检验工序和安装工序顺利进行。零件的清洗，根据零件的材料和精度的不同，并综合考虑节约能源等因素，可分为外部清洗、零件鉴定前清洗和装配前清洗 3 种方式。

外部清洗：机器在拆卸前，要清除外部泥土、油污等脏物，以便于从外部观察机器的技术状态，为机器拆卸工作创造良好条件，确保厂房内的清洁。

零件鉴定前清洗：便于鉴定零件的技术状态，提高测量准确程度。

装配前清洗：除去尘灰、磨料及加工中的切屑，防止磨料磨损，提高装配质量。

拖拉机在工作中常沾有油污、泥沙、氧化膜、水垢、积炭等，对不同的污垢要求采用不同的清洗方法，为此清洗工作又可分为油污、水垢、积碳清洗等。

一、外部清洗及其设备

外部清洗一般在室外专用的清洗台上或在专门设置的外部清洗间中进行，它们应设有完备的给、排水及清除污垢的设施，利用具有一定压力的水流冲洗。根据水流在喷嘴处的压力，外部冲洗可分为低压（1 MPa）、中压（1～5 MPa）、高压（＞5 MPa）水流冲洗。常用的为中、低压冲洗（＜2 MPa）。冲洗装置由电机、水泵、传动机构和喷枪等组成，全部机组安装在小车上。根据不同用途其出水率为 500～1 500 L/h。喷枪口形成的高速水流可达 50～100 m/s。

二、金属清洗剂清洗及其设备

1. 金属清洗剂清洗机理及特点　金属清洗剂与洗衣粉相似，因此金属清洗剂清洗又称为水基清洗。我们都知道，衣服上的动、植物油渍，用洗衣粉很容易洗净，这是因为植物油与碱性洗涤剂结合发生了皂化作用的结果。拖拉机零件上的油污绝大多数为矿物油，即石油的各种产品，它不易与碱起皂化作用，不溶于水，清洗比较困难。金属清洗剂中含有表面活性剂，它可使矿物油的油污变成利于清洗的悬浮状、乳液状，从而把零件上的油污清洗干净，其作用原理是：清洗剂依靠表面活性剂的润湿、乳化、分散作用，降低溶液表面的张力，很好地润湿金属表面，使矿物油的油膜凝成油滴，并在油滴质点外面形成乳化活性剂的吸附层，使油滴悬浮水中，这样油和水两种互不相溶的液体混合在一起，形成乳化液，防止油污再沉淀到金属表面，达到清洗油污的目的。

金属清洗剂的特点是：有良好的去污能力和一定的防腐防锈能力；无毒，不燃烧，不易挥发，可以反复使用，不排放有害气体；化学稳定性强，能在酸性、碱性、中性介质中保持稳定的表面活性。用金属清洗剂代替轻质油清洗油污零件时，不仅降低成本，而且节约能源和更有利于安全生产，是国家大力推广的节能环保新技术。据试验统计，使用 1 kg 金属清洗剂，可以代替 20 kg 易燃危险的石油溶剂，所需费用仅为有机溶剂的 10%～20%。

金属清洗剂的品种很多，适用维修工作的金属清洗剂应该是：对皮肤无害，即手放入洗涤剂中应无刺激感和紧绷感。

2. 金属清洗剂的使用方法　金属清洗剂的使用方法比较简单：首先注意配制合适的清洗浓度，目前国内生产的各种牌号的金属清洗剂其配制浓度均在 2%～5%范围内，视其清洗零件的油污程度和清洗剂质量而定，使用时应参照其说明书配制。其次选择适当的清洗温度，目前国产各种牌号的清洗剂的最佳使用温度为 40～50 ℃，也可以在常温下进行清洗，但不应低于 20 ℃，否则，清洗效果不佳。另外还要注意清洗方法，通常将油污零件浸泡于清洗剂中15～20 min，使表面活性剂与油膜得以相互作用，其后进行刷洗、漂洗、喷洗、超声波等方式清洗。小批量零件的清洗可以手工进行。

金属清洗剂可反复使用，但在使用过程中应不断清除漂浮的油污和沉淀的油泥，必要时可补充加入适当的新金属清洗剂。

3. 金属清洗剂的清洗设备　一般可用清洗专用槽盆，下部设有支撑零件的栅架，有足够的深度便于浸泡零件，并有一定的加热装置等，便于手工清洗，并可反复使用。如在专用零件清洗机中进行清洗，将零件放在固定的栅架上，零件的出入口应能严密封水。利用水泵将水注入清洗室浸泡零件，以提高清洗效果。浸泡后将下部的放水口打开，将清洗剂放回沉淀水槽后，再进行喷淋清洗。清洗机的清洗室可在地面上部，而清洗剂处理部分可设计在地下室内，以节省占地面积。这种清洗机的优点是：被清洗下来的污物不断被水流带走；清洗机结构简单；清洗效果好，效率高。

三、有机溶剂清洗

有机溶剂清洗是指使用柴油、汽油等常用的有机溶剂来清洗零件。这种方法清除零件表面上的各种油污的能力较强，对金属表面也没有任何腐蚀类损伤，清洗效果很好。但是，在生产过程中极不安全，易燃易爆；另外由于柴油和汽油都是重要的能源，大量地用来清洗拖拉机零部件不但会使修理成本提高，而且还会造成能源浪费。目前在一些小型和零星修理时还普遍使用柴油和汽油，这是很不合理的。对某些精密部位零件在装配前的油洗还是必须的，但一定要注意安全。通常只限于清洗遇到强碱容易腐蚀的零件和精密偶件，例如，燃油供给系精密偶件、铝合金活塞、滚动轴承及轴瓦等的清洗。电气系统的零件只能用挥发性强的汽油擦拭。

四、清除水垢

发动机的冷却系统所用的冷却水中含有许多矿物盐，它们在发动机工作过程中逐渐沉积在冷却系统的孔道及套壁上，形成水垢。水垢的导热系数仅为钢铁的 $0.2\%\sim5\%$，致使发动机散热不良，工作过热。常见水垢的主要成分是碳酸钙、碳酸镁、硫酸盐和硅酸盐等，是不溶于水的沉淀物。水质不同，其水垢成分也不同，以碳酸盐为主的较多。由于冷却系统形状复杂，只能以化学方法将水垢变为溶于水的盐类加以清除，但所需时间较长。在拖拉机送修前的几个工作班次运行中清洗效果会较好。清洗方法是按 $0.05\%\sim0.1\%$ 的浓度配制磷酸三钠（Na_3PO_4）溶液，注入冷却系统中，工作 $10\sim12$ h 后放出。若水垢厚度大可再进行一次，最后用清水冲洗，防止腐蚀。如果拖拉机送修前未清除水垢，进厂后可用盐酸溶液清洗水垢。在常温时，其浓度为 14%，一般要浸泡 $30\sim40$ min。铝合金零件的水垢一般采用 5% 的硝酸溶液或 $10\%\sim15\%$ 的醋酸溶液来清除。

五、清除积炭

积炭是燃料不完全燃烧和机油窜入汽缸燃烧的剩余产物，主要成分是沥青质、润滑油、焦炭等，多积聚在汽缸盖、活塞、气门和喷油器的针阀偶件上，粗糙坚硬且与零件表面结合力很强，影响燃油的喷射雾化质量、气门的严密性、燃烧室零件的散热效率，积炭脱落后还会成为磨料加剧零件磨损。清除积炭的最好方法是化学清除方法，利用化学溶剂与积炭层发生化学和物理作用，使积炭层结构逐渐松软，逐步分散于清洗液中或配合机械方法将其清除。

清除钢质和铸铁件上积炭时，采用烧碱（NaOH）2.5%，水玻璃（Na_2SiO_3）0.15%，纯碱（Na_2CO_3）3.3%，肥皂 0.85%，配制成水溶液，如采用超声波清洗效果更好。清洗铝合金零件上积炭时，采用纯碱（Na_2CO_3）1.8%，水玻璃（Na_2SiO_3）0.8%，肥皂 1%，重铬酸钾（K_2CrO_3）0.5% 配制成水溶液进行浸泡。

以上两种除炭剂溶液均要加热到 $60\sim70$ ℃，将零件浸泡 $30\sim40$ min，待积炭松软后再用热水冲洗擦干。

第六节　零件的检验及零件配合关系的恢复方法

对清洗干净的零件进行技术状况检验，以便根据检测的结果确定零件是否能继续使用、是否需要修理更换。下面简要介绍检验标准与检验方法。

一、零件的检验标准

在拖拉机修理过程中，零件的检验标准包括原厂标准、允许不修值和使用极限值 3 项。

1. 原厂标准　原厂标准是指制造企业在制造装配时遵循的技术标准，通常也称为标准值。在修理过程中，更换的新件和修复的旧件，都必须达到原厂标准。

2. 使用极限值　使用极限值是指零件的最大使用限度的尺寸。当零件磨损到使用极限值时，会造成拖拉机工作能力、工作质量大幅度下降，甚至出现事故性损坏，所以应该在达到使用极限值前及时修理更换。

3. 允许不修值　允许不修值是指零件的磨损量稍微超过原厂标准，但还未达到使用极限值，还可以继续使用一段时间的零件尺寸。在修理过程中，对于达到允许不修值的零件，如果单从技术数据要求的角度考虑，应修理更换，但是，从经济性角度考虑，在不影响拖拉机的工作能力和安全性能的情况下，则可以继续使用。对于那些容易拆卸的非关键性零件，即使继续使用时间不长，也应该继续使用。

二、零件的检验方法

零件的检验方法有 3 种，一是感觉判断法，二是量具测量法，三是专用设备仪器检测法。

1. 感觉判断法　感觉判断法就是凭人的眼、耳、手来判断某些零件的明显缺陷，这要求检验者必须具备比较丰富的实践经验。对于汽缸体裂纹、汽缸盖裂纹、排气门烧蚀、摩擦片磨损及精密偶件的划痕等，可通过目测来查出缺陷；对于轴类零件的裂纹、铆钉和螺钉联接件的紧固程度等，可以用小锤轻击要检测的部位，从其发出的声音判断出缺陷；对于各类配合间隙，可以用手晃动来进行粗略检查。感觉判断法虽然不够准确，但能为以后用量具检测提供线索，并验证量具检测结果的准确性。

2. 量具测量法　量具测量法是指用测量工具测量零件的几何尺寸、配合间隙、形状以及相对位置的变化程度。量具测量法确定的磨损和变形数据，是零件修理更换的主要依据。

3. 专用设备仪器检测法　在零件表面或浅层的微小裂纹及孔洞等缺陷，通常用感觉判断法难以检查出来，可采用专用设备仪器进行检查。例如采用水压实验法，检查汽缸体、汽缸盖散热器等有无裂纹和渗漏。钢铁零件表层的微小裂纹及孔洞等缺陷，在肉眼难以发现时，可采用磁力探伤仪进行检查。钢铁零件表层以下的内部裂纹及孔洞等缺陷，通常可采用超声波探伤仪或 X 光探伤仪进行检查。

三、零件配合关系的恢复方法

拖拉机技术状况变差的主要原因是零件配合关系失常，恢复零件的配合关系是拖拉机修理的重要工作。恢复零件的配合关系通常采用如下 3 种方法：

1. 调整换位法　调整换位法是指仅仅通过调整某个零件或调换某个位置，就可以恢复原有的配合关系。调整换位法是使用最多的方法，如气门间隙、轴承间隙、后桥大小锥形齿轮间隙等都可以通过调整垫片、螺钉等，恢复原有的配合关系；汽缸套偏磨、飞轮齿圈单边磨损等缺陷，可通过转动一个位置，或变换安装位置来改善配合关系。

2. 修理尺寸法　修理尺寸法是对配合件中的一个零件进行机械加工，消除不均匀磨损，恢复正确的几何形状，再把另一个零件换用相应尺寸的新件，以恢复原有的配合关系。如曲轴与轴瓦的配合间隙过大后，可用曲轴磨床磨削曲轴轴颈，恢复正确形状，而后更换相应加大尺寸的轴瓦。用修理尺寸法修理后得到的新尺寸，称为修理尺寸。一般配合零件都有几个修理尺寸，95 系列发动机曲轴的主轴颈有 6 个修理尺寸，也就是说可以磨削 6 次。这种方法修复后的配合件，虽然尺寸与原来的基本尺寸不同，但几何形状和配合精度能够达到原来的技术要求，从而恢复了正常的工作能力。目前，这种修理方法只限于某些大型拖拉机或者配件紧缺的拖拉机上使用，通常的拖拉机修理中很少采用。

3. 附加零件法　附加零件法是指在零件的磨损部位镶配一个特制的零件，补偿零件的磨损，以恢复正常的配合关系。附加零件法能够修复磨损量很大的零件，修理质量也比较容易保证。如，气门座磨损后，可从汽缸盖上取出，镶压一个新的座圈即可；螺纹孔丝扣损坏后，也可以用镶套法修复。

第四章

柴油发动机的工作原理及其主要性能指标

国产拖拉机均采用四行程柴油发动机。柴油发动机是拖拉机最重要的总成，是拖拉机的动力源泉。柴油在这里与空气形成可燃混合气，通过燃烧产生热能，把热能转变为机械能，通过传动系统，带动拖拉机运转。

第一节　柴油发动机的基本工作原理

柴油发动机是由曲柄连杆机构、换气系统、柴油供给系统、润滑系统和冷却系统等组成。

四行程柴油机的基本构造如图4-1所示。汽缸内装有活塞，活塞通过活塞销、连杆与曲轴相连。曲轴通过轴承支承在机体上，末端固定有飞轮。活塞在汽缸内作往复运动，曲轴在曲轴箱上的主轴承中作旋转运动。

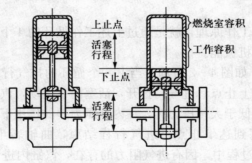

图4-1　柴油机的基本构造

一、柴油发动机的主要术语

1. 上止点与下止点　活塞在汽缸内上下往复运动一次，可通过连杆使曲轴转一圈。活塞顶部在汽缸内的两个极端位置叫做止点，在距曲轴中心最远时的位置叫上止点，在距曲轴中心最近时的位置叫下止点。

2. 活塞行程　活塞上、下止点之间的距离叫做活塞行程。活塞在汽缸内移动一个行程时，曲轴转动 180°。对于汽缸中心线通过曲轴中心线的发动机，活塞行程等于曲轴曲柄回转半径的两倍。

3. 汽缸工作容积、燃烧室容积、汽缸总容积和发动机排量

（1）汽缸工作容积　上止点和下止点之间的汽缸容积叫做汽缸工作容积。

（2）燃烧室容积　当活塞位于上止点时，活塞顶以上的空间叫做燃烧室容积。

（3）汽缸总容积　当活塞位于下止点时，活塞顶以上的空间叫做汽缸总容积。

（4）发动机排量　多缸柴油机各缸工作容积之和叫做发动机排量。

4. 压缩比　汽缸总容积与燃烧室容积的比值，叫做压缩比。压缩比越大，压缩终了时气体的温度和压力越高。目前，柴油机的压缩比为 16～22。

5. 工作循环　往复活塞式发动机不能使燃料在同一汽缸内不间断地燃烧，汽缸内的能量转换只能一次又一次地历经进气、压缩、做功和排气 4 个顺序一定的连续过程来实现。这 4 个过程总称为一个工作循环。完成一个工作循环曲轴转两圈，活塞移动 4 个行程。

二、柴油发动机的工作原理

柴油发动机的工作原理，就是通过上述工作循环的 4 个过程，将柴油燃烧产生的热能转换成机械能。

1. 进气行程　如图 4-2 所示，当上一个循环的排气行程结束，这一行程开始时，活塞位于上止点，进气门打开，活塞向下运动，汽缸容积增大，废气压力下降。当压力低于大气压力时，在内外压力差的作用下，新鲜空气便开始被吸入汽缸。活塞到达下止点，进气行程结束，曲轴转半圈，即由 0°转到 180°。在整个进气过程中，因有进气阻力的存在，汽缸内进气终了时压力一般为 0.08～0.09 MPa。由于吸入的气体还要受到与其相混的废气、进气道及汽缸壁等的加热，所以进气终了时温度一般为 40～70 ℃。

2. 压缩行程　如图 4-3 所示，在压缩行程中，进、排气门都关闭，活塞由下止点向上移动，汽缸容积减小，汽缸内气体开始被压缩，压力和温度随之增高。活塞到达上止点时，压缩行程结束，曲轴又转半圈，即由 180°转到 360°。此时气体压力为 0.3～0.5 MPa，温度为 500～650 ℃，为柴油燃烧做好了准备。

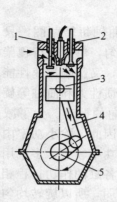

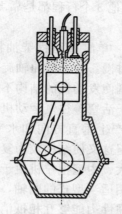

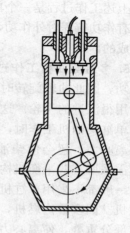

图 4-2　进气行程　　　　图 4-3　压缩行程　　　　图 4-4　作功行程

1. 进气门　2. 排气门

3. 活塞　4. 连杆　5. 曲轴

3. 作功行程　如图 4-4 所示，压缩行程接近上止点时，柴油通过喷油器呈雾状喷入燃烧室，与高温的空气迅速混合受热、蒸发形成混合气而开始着火燃烧，汽缸内气体压力和温度急速上升，最高压力可达 6～9 MPa，最高温度可达 1 500～2 000 ℃。高压气体作用到活塞顶上，活塞便向下运动作功。随后气体继续膨胀作功推动活塞下行，气体的压力和温度便很快下降，直至下止点作功完成。曲轴又转了半圈，即由 360°转到 540°。作功终了时气体压力一般为 0.3～0.4 MPa，温度一般为 800～1 100 ℃。

4. 排气行程　如图 4-5 所示，这一行程开始时，活塞位于下止点，作功行程已结束，排气门打开，进气门仍关闭。活塞自下止点向上运动，废气从排气门排出。由于排气存在阻力，所以整个排气过程中汽缸内气体压力总是稍大于大气压力。活塞到达上止点时，排气门关闭，排气结束。至此，曲轴又转了半圈，即由 540°转至 720°。此时气体压力一般为 0.1～0.12 MPa，温度一般为 400～600 ℃。

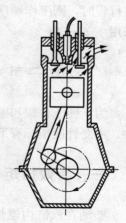

图 4-5　排气行程

排气完了以后，活塞又向下运动，接着进行下一个工作循环的进气行程。

上述工作过程是一个单缸柴油机的工作过程，从中可以看出，四行程发动机只有作功行程对外作功，其他 3 个行程都是靠飞轮在作功行程中储存的能量来完成的。

5. 多缸柴油机工作过程　单缸四行程柴油机，曲轴每转两圈，只有半圈作功，因此曲轴旋转时快时慢。为了使曲轴旋转均匀，单缸四行程柴油机要采用很沉重的飞轮。这样既使发动机的结构不紧凑，又影响加速性能。此外，单缸柴油机工作时，由于活塞等往复运动机件的惯性力和曲轴等旋转机件的离心力，还会使柴油机产生垂直方向和水平方向的振动。为了减少振动，需采取一些平衡机构，但这又使结构较为复杂。因此，除小功率内燃机外，一般都不采用单缸机。大、中型拖拉机由于所需功率较大，多采用多缸内燃机。因多缸内燃机，采用适当型式的曲轴，可使各缸的作功行程相互交替或部分重叠，使离心力和惯性力能够互相抵消或减弱，所以旋转均匀性和平衡性较好。

为满足旋转均匀性的要求，四缸四行程柴油机各缸作功行程的间隔应为 $180°$。同时又要满足平衡性的要求，这种柴油机的曲轴应把一、四缸曲柄安排在同一侧，二、三缸曲柄在另一侧，互差 $180°$。如一缸安排为作功行程，则四缸只能安排为进气行程；二、三缸只能分别安排为排气行程和压缩行程或压缩行程和排气行程。如果把三缸安排为压缩行程，则该内燃机的工作顺序，即曲轴每转两圈同一行程在各缸的工作顺序为 1—3—4—2。若把二缸安排为压缩行程时，则工作顺序为 1—2—4—3。国产四缸四行程内燃机的工作顺序多采用 1—3—4—2。

第二节　柴油发动机的主要性能指标

为了便于比较和鉴别，规定了一些指标来衡量柴油发动机的动力性和经济性。主要性能指标有下面几项。

一、有效扭矩

柴油在汽缸内燃烧所产生的爆发力，推动活塞作直线运动，并通过连杆带动曲轴作旋转运动，在克服自身各种摩擦力后，对外输出作功的扭矩的平均值称为有效扭矩，单位符号为 N·m。拖拉机的行驶阻力和工作阻力，通过传动系统传到曲轴上，阻止曲轴转动，这个阻止曲轴转动的反力矩称为发动机负荷。通常有效扭矩与发动机负荷总是相等的。有效扭矩可以在测功机上测得。

二、有效功率

单凭有效扭矩的大小，不能表明柴油机作功的能力。为了比较不同柴油机的工作能力，必须用单位时间内所作功的大小来说明，这就是功率。有效功率是指发动机克服自身各种摩擦力后，在单位时间内对外输出的功，单位符号为 kW。有效功率的数值越大，说明作功能力越强。通常发动机功率在 14.71 kW及以下的拖拉机称为小型拖拉机，发动机功率在 14.71～36.76 kW 的拖拉机称为中型拖拉机，发动机功率在 36.76 kW 以上的拖拉称为大型拖拉机。发动机生产企业在说明书上标明的有效功率通常又称为标定功率。

三、有效耗油率

有效耗油率是指单位有效功率在单位时间内的耗油量，单位符号为 g/kW·h。有效耗油率表示发动机的经济性。

四、转速

转速是发动机在每分钟内曲轴所转的圈数，单位符号为 r/min。发动机满载最大功率时的转速称为额定转速；空转时的最低稳定转速叫做怠速，一般不超过 700 r/min；另外还有最高空转转速。

扭矩、功率和转速三者之间存在着一定的关系。即：功率与扭矩和转速的乘积成正比，也就是说，当发动机功率一定时，发动机的负荷即有效扭矩增加，发动机转速就要降低；发动机负荷减小，发动机转速就会提高。

第五章

机体及曲柄连杆机构的修理

第一节　机体组件的修理

机体组件主要由机体、汽缸盖、汽缸套和油底壳等组成。

一、机体的构造及修理

1. 构造　机体是柴油机的骨架。大部分零件都安装在机体上，柴油机工作时许多力都是由机体来承受的，所以要求具有足够的刚度和强度，一般是由高强度灰铸铁制成。机体是一个形状复杂的部件，在机体内有冷却水腔和润滑油道，分别为冷却水和润滑油的循环提供通道。

机体分为上、下两部分：机体上部安装有汽缸套，称为汽缸体；机体下部支承曲轴，称为曲轴箱。如图 5-1 所示。机体上平面安装汽缸垫和汽缸盖，下平面安装油底壳。机体前端安装机油泵、传动齿轮、齿轮罩、水泵风扇组件，后端安装飞轮壳。机体左侧安装喷油泵、柴油滤清器、机油滤清器。机体的右侧安装启动电机、发电机和放水开关。

2. 修理　机体是柴油机的主体基础件，它对各零件安装的相互位置关系影响很大。机体常见的缺陷主要有裂纹、螺纹孔损坏和上平面、主轴瓦座孔等安装基准面损伤、磨损和变形。在拖拉机修理过程中，应对机体做全面技术检查，以保证总体修理质量。通常清洗与检查是必须认真做的工序，应首先除去机体上的油污，拆下封闭润滑油道的螺塞，清洗所有的油道，再用压缩空气吹干，机体清洗完毕后应仔细地检查有无裂纹，检查机体与缸盖结合面的平面度及其他机械加工面有无毛边、刮边等缺陷。

（1）机体裂纹的修理　机体裂纹常常发生在气门座过梁处、缸套安装孔过梁处、气门座与涡流室之间、水套壁及螺栓孔等处。主要是由于柴油机在缺水情况下长时间工作，在过热时突然加冷水，或从过热的柴油机中立即放出冷却

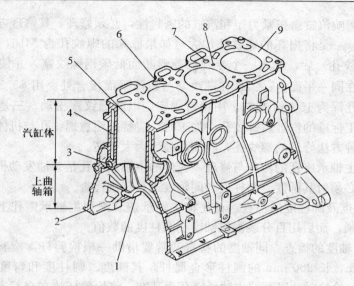

图 5-1　机体构造简图

1. 主轴承座　2. 机体下平面　3. 主油道　4. 冷却水套　5. 汽缸孔
6. 润滑油回油孔　7. 冷却水孔　8. 螺钉孔　9. 机体上平面

水而产生；或者在寒冷季节使用柴油机，停车后没有放出冷却系统中的水而冻裂。机体发生裂纹会使冷却水窜入燃烧室、油底壳，或者燃气窜入冷却系。

机体裂纹的修理通常采用铸 308 镍基焊条电弧冷焊修复，由于铸铁的可焊接性较差，必须仔细地以小电流电弧冷焊修复。也可采用胶接工艺修复（详见第二章第四节、第六节）。

（2）机体上平面损坏和变形的修理　机体上平面损坏是汽缸附近的水道孔腐蚀后容易引起烧汽缸垫，使柴油机密封性下降，造成动力性降低。其修理方法通常采用铸 308 镍基焊条电弧冷焊修复，焊后修平，并与上平面一起磨平。

机体上平面的平面度超过 0.15 mm 时，一般需要进行修理。其修理方法是用 300 mm 手动砂轮机，进行手工推磨。磨削时，可在砂轮上增加重物，并在磨削平面上涂抹柴油，以加快磨削进程。修后的平面度应在 0.05～0.10 mm。变形量较大时，可在专用平面磨床上磨削修复，目前这种修理方法很少采用。

（3）机体螺纹孔损坏的修理　机体上平面螺纹孔受力很大，因此机体螺纹孔损坏是常见缺陷，主要有螺纹孔的丝扣损坏和螺纹孔周围裂纹。螺纹孔的损坏，直接影响汽缸盖扭紧力矩和汽缸的密封性，必须修理。其修理方法可分为三个步骤：一是将损坏的螺纹孔加大（如果原来的螺纹孔为 M16，可以攻出 M24 的螺纹孔）后，拧入一个专制的菱形断面低碳钢螺纹塞，并使其与机体平面保持在同一平面内；二是在螺纹塞与机体平面接合处，用 φ5.5 mm 的钻头钻孔，孔深为 15 mm 左右，用销钉固定，以防螺纹塞松动；三是在螺纹塞上重新加工标准的汽缸盖螺纹孔，加工时，应特别注意螺纹孔与机体平面的垂直度。这种方法修理的螺纹孔，能使其强度大大提高。

（4）主轴承座孔的检查与修理　机体的主轴承座孔是柴油发动机的主要装配基准，必须对其圆度、圆柱度和同轴度进行仔细检查。

① 圆度及圆柱度的检查。首先将主轴承盖装配到主轴承座孔上，并按规定扭矩拧紧，而后用百分表测出圆度和圆柱度的数值。

② 同轴度的检查。同轴度的检查通常要借助一根检验杆，检验杆为直径 60～70 mm，长 900 mm 的圆柱形金属杆，其圆度、圆柱度和弯度值均小于 0.02 mm。检验时，以两端主轴承座孔为基准，将检验杆放在全部主轴承座孔内，而后用厚薄规测量中间各个孔与杆的间隙，要注意测量水平和垂直两个方位的数值，如图 5-2 所示。

③ 主轴承座孔的修理。若主轴承座孔的圆度、圆柱度和同轴度均不超过允许不修值，则可以继续使用；若超过允许不修值而不超过极限值，可以更换加大一个尺寸的轴瓦，并在镗削轴瓦时校正同轴度，从而达到规定的配合要求；若超过极限值，

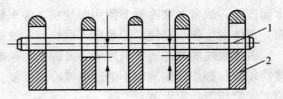

图 5-2　用检验杆和厚薄规检查主轴承座孔的同轴度
1. 检验杆　2. 机体

目前大多是直接更换机体，个别的送到具有专用设备的修理厂进行镗削修理。

二、汽缸盖及汽缸垫的构造及修理

1. 构造　汽缸盖的构造是很复杂的，通常由优质灰铸铁铸造而成。在汽缸盖上大都镶有涡流室镶块；在汽缸盖内部铸有进、排气道和冷却水套；有喷油器、气门座圈、气门导管、推杆与摇臂总成、进排气歧管以及气门罩盖等的安装孔和平面。汽缸盖的作用是从机体上部密封汽缸，并与汽缸、活塞顶部共

同组成燃烧室。

　　由于汽缸承受燃烧气体的压力，故缸盖与机体之间必须用螺栓紧固连接。为了保证两者之间能紧密贴合，使之不漏水、不漏油、不漏气，在机体与汽缸盖之间，装有汽缸垫。汽缸垫一般采用铜皮、镀锌铁皮夹石棉板或膨胀石墨制成，其厚度为 $1.2 \sim 2.0$ mm。

　　2. 修理　汽缸盖常常会出现变形、裂纹、水道腐蚀等故障；汽缸垫也常常出现烧蚀等缺陷。这主要是由于汽缸盖处于高温高压条件下，长期工作后水套的水垢过厚散热不良、缸盖螺栓拧紧顺序、拧紧力矩不符合规定要求，以及有关部位的温差过大等原因造成。

　　（1）汽缸盖变形的检查与修理　汽缸盖变形后，与机体接合平面的平面度就会发生较大的变化，造成密封不严，引起汽缸间窜气，烧毁汽缸垫；还会引起冷却水向汽缸中渗漏，造成启动困难、润滑油变质等。因此，汽缸盖接合面的平面度要求很严，平面度数值超过 $0.1 \sim 0.15$ mm 时就必须修理。汽缸盖平面度的检查方法如图 5-3 所示。其检查方法比较简单：将检验尺或者钢板直尺侧立在被检查平面上，再用厚薄规测量检验尺与平面间的间隙，测量多个位置找出的最大间隙值，即为所要测量的平面度。

　　汽缸盖变形的修理最好在磨床上磨平，但是若没有这个条件的，可以采取刮削法和研磨法进行修理。

　　① 刮削法。刮削法是利用刮刀刮削零件平面的微小凸出部分，消除表面不平的缺陷。在刮削前，先将汽缸盖平面和检验平板擦净，在检验平板上涂一层薄薄的红丹油；接着将检验平板轻轻

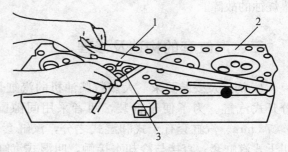

图 5-3　汽缸盖平面度的检查
1. 平尺　2. 汽缸垫　3. 厚薄规

放在汽缸盖平面上，来回拉动检验平板，研磨 $3 \sim 5$ 圈后，拿下检验平板，汽缸盖平面的微小凸出部分显示油痕；之后用刮刀刮削油痕，为了保证刮削质量，刮刀的行程应在 15 mm 左右；全部油痕刮净后，再将两个平面擦净，再在检验平板上涂红丹油，再次检验，再次刮削，这里需要注意，再次刮削时，刮刀的行程应在 5 mm 左右。如此反复进行，直到刮平为止。

　　② 研磨法。研磨法是在机体和汽缸盖两个接合面上涂一层薄薄的研磨

膏，进行相对研磨，以消除表面不平的缺陷。研磨前，先将水道口和螺栓孔用黄油堵住，避免磨料落进；研磨时要求前后左右拉动汽缸盖，每研磨 15 s 要清除旧磨料，涂上新磨料，继续研磨，直到两个接合面没有明显的黑色痕迹为止。

（2）汽缸盖裂纹及水道口腐蚀的修理方法　汽缸盖裂纹的修理方法与前面所述机体裂纹的修理方法基本相同。对水道口腐蚀的修理方法，通常是进行堆焊，焊后进行修平加工。

（3）汽缸垫的修理更换　汽缸垫是柴油机中相当重要的一个密封零件，技术要求较高。汽缸垫烧蚀，将引起严重漏气，使燃气进入水套或冷却水进入燃烧室，导致水箱冒气泡，排气管冒白烟、排水，甚至使发动机不能正常工作。其原因主要是：未按规定顺序和扭矩拧紧缸盖螺栓，缸体与缸盖接合面不平，汽缸垫使用过久失去弹性，各缸汽缸套凸出，缸体上平面的高度不一致等。对于有烧蚀缺陷的汽缸垫和采用膨胀石墨的汽缸垫，每次拆下汽缸盖后，应立即更换，不能重复使用。对于失去弹性的石棉类汽缸垫，可用炭火均匀烘烤，使石棉膨胀，恢复失去的弹性。在修理更换汽缸垫之前，必须查出造成烧蚀的真正原因，以便采取相应的修理措施，排除故障隐患，避免短期内再次发生汽缸垫烧蚀的故障。

三、汽缸套的构造及修理

1. 构造及安装要求　大多数柴油机的汽缸是将汽缸套镶在机体中，称为分开式汽缸。为了便于拆装，两者采用间隙配合，通常其间隙为 0.015～0.073 mm。汽缸套有干式和湿式之分，汽缸套的外壁不直接与冷却水接触，叫干式汽缸套；直接与冷却水接触，叫湿式汽缸套；如图 5-4 所示。汽缸套呈圆筒形，安装时必须将汽缸套外表面和汽缸体内壁擦拭干净，且不能涂油，以免影响两者之间的接触和散热。安装时用两手轻轻推入，严禁单边敲打，以免引起变形。汽缸套安装后，其上平面应高出汽缸体平面 0.05～0.15 mm，保证汽缸的密封和避免汽缸盖变形，如图 5-4b 所示。

2. 修理　汽缸套的主要缺陷有工作表面磨损、拉缸（较深的轴向划痕）；湿式汽缸套还会产生气蚀现象，严重时，内壁尚未达到磨损极限就被外部气蚀穿透。

汽缸套的工作表面较易磨损，在活塞环运动的区域内磨损较大又不均匀，汽缸套上口和活塞环不接触部位，基本上无磨损，因此会有明显的台阶产生。

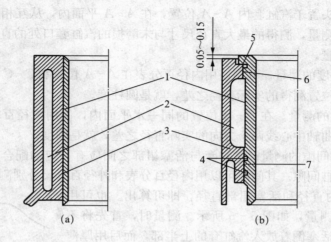

图 5-4　汽缸套的种类

（a）干式汽缸套　（b）湿式汽缸套

1. 汽缸套　2. 水套　3. 汽缸体　4. 橡胶密封圈
5. 缸套凸缘平面　6. 上支承定位带　7. 下支承密封带

汽缸套的磨损量，圆锥度及圆柱度超过一定限度后，柴油机工作时会产生明显的漏气、窜机油，造成启动困难，动力性能和经济性能下降，可靠性被破坏。

（1）汽缸套缺陷的检查　由于汽缸套工作表面在活塞运动区域内的各个部位所承受的温度和气体压力不同，润滑的条件也不一样，其磨损量也就不一致。汽缸套最明显的磨损特征，一是沿汽缸套上下方向的磨损呈现上大下小的锥形，二是沿汽缸套圆周方向的磨损呈现不规则的椭圆形，圆度的最大值一般也在汽缸套上部最大磨损处。要鉴别汽缸套是否可以继续使用，首先必须检查汽缸套有无裂纹、气蚀、拉缸等明显缺陷，而后再用内径百分表、厚薄规等检测缸壁磨损量和几何形状的变化。为了更准确地反映汽缸套的磨损状态，通常在沿汽缸套高度方向上取 3 个截面位置进行测量，如图 5-5 所示。A-A 截面是活塞在上止点时第一道压缩环所对应的位置，B-B 截面是活塞在上止点时活塞裙部下

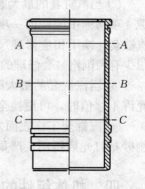

图 5-5　汽缸套的测量部位

端所对应的位置，C-C 截面是活塞在下止点时第一道压缩环所对应的位置。

① 最大磨损量的测量。通常使用内径百分表进行测量，测量时，将内径

百分表的量头置于汽缸套内 A-A 位置，在 A-A 平面内，从互相垂直的两个方向上进行测量，测得的最大直径尺寸与未磨损的汽缸套口处的直径之差，就是最大磨损量。

② 圆柱度的测量。分别使用内径百分表在 A-A 位置和 C-C 位置进行测量，这两个位置测得的实际直径之差，就是圆柱度。

③ 圆度的测量。在 B-B 位置的同一水平面内，使用内径百分表在平行于和垂直于曲轴中心线两个方向的实际直径之差，就是圆度。

④ 汽缸间隙的测量。汽缸套与活塞裙部之间应有一定的配合间隙，这个间隙称为汽缸间隙。其间隙可以用内径百分表和外径百分尺分别测量出汽缸套 B-B 位置的直径和活塞裙部直径，即可算出。也可用厚薄规直接测量，如图 5-6 所示。测量时，首先将不装活塞环的活塞倒着放入汽缸套的上半部，而后用厚薄规插入检查，即可得到间隙值。通常新汽缸套和新活塞的汽缸间隙为 0.14～0.25 mm，当它的值超过 0.5 mm 时，应进行修理或更换。

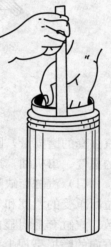

图 5-6　汽缸间隙的测量

(2) 汽缸套的修理　根据汽缸套缺陷的情况和和测量计算结果，参照汽缸套的技术要求，确定不同的修理方法。

① 当汽缸套有裂纹、严重气蚀、严重拉缸及最大磨损量超标时，应修理更换。更换时，最好成组换用标准尺寸的新汽缸套和新活塞。

② 当汽缸套的最大磨损量、圆柱度、圆度和汽缸间隙 4 项指标中的任何一项达到或超过极限值时，应镗削汽缸套，换用相应修理尺寸的活塞和活塞环。但是目前很少有镗削汽缸套修理的，大都采取成组换件修理法。

③ 当汽缸套的最大磨损量、圆柱度、圆度和汽缸间隙 4 项指标均未达到允许不修值时，可更换全套活塞环继续使用。

④ 汽缸套工作表面发生轻微拉缸（内壁有一道道不深的刮痕）可用细金刚砂布打光后再用，严重时一定要更换活塞、活塞环和汽缸套。

四、机体组件的拆装要求

1. 汽缸盖的拆卸和安装

(1) 汽缸盖的拆卸

① 汽缸盖必须在冷却状态下拆卸，以防变形。拧松固定螺母时，应按拧紧时相反的顺序分 3 次拧松。

② 经过长期使用的汽缸盖，由于挤压变形和汽缸垫的粘连作用，拆卸比较困难，可用手锤轻轻敲击缸盖周围，摇动曲轴，靠压缩气体的冲力顶松汽缸盖，然后取下。不允许用螺丝刀硬撬汽缸盖和汽缸垫结合处，以免损伤汽缸垫。

（2）汽缸盖的安装

① 首先彻底清除汽缸盖、汽缸体和汽缸垫结合平面上的机械杂质和油污，保证结合面光洁。

② 将汽缸垫两面清理干净后，再向机体平面上安放。汽缸垫装到汽缸体平面上时，应使卷边的一面朝上。水孔、油孔应与汽缸体上相应的孔对准，不得偏斜，以免影响冷却和润滑效果。

③ 按照先中间后两边交替的顺序，分 3 次逐步拧紧汽缸盖固定螺栓，最后一次用扭力扳手，使扭矩达到规定值。切勿一次拧紧和用力过猛，以免接合平面变形。

2. 汽缸套的拆卸和安装

（1）汽缸套的拆卸

① 汽缸套的拆卸应尽量使用拉缸器（与第三章第四节中的拉力器相似）。用拉缸器拉汽缸套时，应使拉缸器对准汽缸套，避免偏斜拉坏机体。准备修复的汽缸套，拆卸时，应注意保护好汽缸壁，避免其受到损伤。

② 如果无拉缸器，可把汽缸体倒置，用硬木板垫在汽缸套上，再用圆木或铁棒放在硬木板上，用锤敲击圆木或铁棒，将汽缸套打出。

③ 拆下缸套后，应刮去汽缸体内部的铁锈、泥沙、水垢等杂质，并用细砂布轻擦汽缸体与汽缸套的配合表面，使其露出金属光泽，以便检查有无裂纹和拉伤。

（2）汽缸套的安装

① 安装前的检查。汽缸套在安装前，必须进行以下各项检查，符合技术要求后，方可安装。

a. 汽缸套的径向跳动检查。按图 5 - 7 所示的方法，把汽缸套套在固定的芯轴上，芯轴上部削成一个小平面，以便汽缸套定位，使百分表的测量头垂直触在上下定位凸缘上，转动表盘，使指针对准"0"位，指针应保持一定的压缩量，然后转动汽缸套 1 圈，观察指针的摆动量，即为径向跳动。径向跳动不得超过 0.05 mm。

b. 汽缸套定位凸缘与汽缸套安装座孔的间隙检查。此间隙通常应为 0.05～0.3 mm，机型不同，其间隙值有所不同。可通过测量凸缘外径和座孔内径计算求得。也可凭经验检查，把不装阻水圈的汽缸套放入座孔，必须能转动但不晃动。如果间隙过小，在工作中汽缸套受热膨胀，会胀裂汽缸体，间隙过大，则容易造成汽

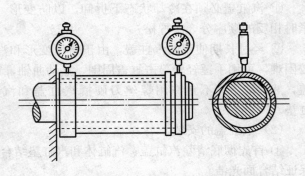

图 5-7　检查汽缸套的径向跳动

缸套台肩下缘断裂。

c. 汽缸套上端面高出汽缸体平面的距离检查。检查时不装阻水圈，把汽缸套放入座孔内，用深度游标卡尺测量汽缸套上端面高出汽缸体平面的距离，应为 0.05～0.15 mm，机型不同，其距离有所不同，如图 5-8 所示。如果汽缸套高出汽缸体平面过多，可用刮刀刮削汽缸体座孔或汽缸套台肩，直到高度合适为止。如果高度不够，可在台肩下加一平整的紫铜垫或铝垫（铜垫应进行退火处理）。相邻两汽缸的高度相差不得超过 0.05 mm。相差过多，容易压断汽缸套和造成漏气、漏水，冲坏汽缸垫。

d. 汽缸套台肩下缘与座孔的接触情况检查。在检查汽缸套高出汽缸体平面距离的同时，在汽缸套台肩下缘涂上一层薄薄的红丹油，装入座孔后，双手用力下压，同时转动 1/4 圈，然后取出汽缸套，检查接触情况。在正常情况下，接触面积不应小于 85%。如果接触面积过小，应刮削突出点，并进行研磨，直到合格为止。

② 安装方法。

a. 首先擦净汽缸套，装上尺寸合适、粗细一致、弹性良好、表面光滑、无裂纹的橡胶阻水圈，并在表面途上肥皂水，以利于安装。注意不要涂黄油或机油，这样会影响散热效果。

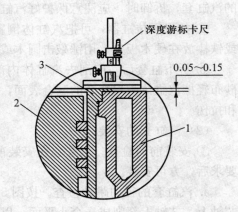

图 5-8　汽缸套高出汽缸体平面的检查
1. 汽缸体　2. 活塞　3. 汽缸套

b. 在装好阻水圈的汽缸套上垫上木板，用手锤轻轻打入汽缸体座孔中。如果装不进去，应取出汽缸套，检查阻水圈的粗细和安装槽的深浅、汽缸套和汽缸体座孔的同轴度等，不要硬打，以免汽缸套变形和汽缸体裂纹。如果稍微用力，汽缸套就滑入座孔，说明过松，应更换较粗的阻水圈，或在槽底贴一层胶布，增大安装槽的直径，以防漏水。

c. 汽缸套装入后，应测量装阻水圈部位的圆柱度和圆度。圆柱度和圆度均不应超过 0.03 mm。如果变形过大，说明阻水圈过粗，应拉出汽缸套，更换阻水圈。

d. 进行水压试验。在 0.3～0.5 MPa 的压力下，从汽缸套下部观察阻水圈的密封性，允许有轻微的渗水现象。

第二节　曲柄连杆机构的修理

曲柄连杆机构由活塞组件、连杆组件、曲轴和飞轮等组成。它是发动机完成能量转换的重要传动机构。

一、活塞组件的构造及修理

1. 构造　活塞组件由活塞、活塞环、活塞销、卡环等组成，如图 5-9 所示。

（1）活塞的构造　为了适应高温、高压、高速和润滑困难的工作环境，活塞多采用铝合金制成，其结构如图 5-10 所示。活塞可分为顶部、密封部、销座和裙部等部位。

① 顶部。顶部是承受高温气体压力的部分。活塞顶部形状与燃烧室有关，通常有平顶、凸顶和顶部凹坑等不同形式，是根据柴油机燃烧室的特点、混合气的形成方式、喷油器和气门安装位置等要素确定的。

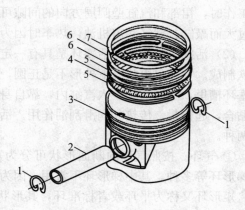

图 5-9　活塞组件

1. 活塞销卡环　2. 活塞销　3. 活塞　4. 油环衬簧
5. 油环刮片　6、7. 活塞环

② 密封部。密封部是指活塞销孔以上的活塞环槽部分。密封部有数道环槽，用以安装活塞环，通过活塞环起到密封作用，防止燃烧气体泄漏和润滑油窜入燃烧室，并将热量传导给汽缸套。一般柴油机活塞有 2～4 道气环槽和 1～2 道油环槽。油环环槽中钻有径向小孔，以利油环所刮下的润滑油流回油底壳。有些柴油机的活塞顶和第一道环槽间加工了多道浅槽，用以隔热和储油润滑。

③ 销座。销座也就是活塞销座孔，位于活塞中部，用以安装活塞销。为了防止工作时活塞销窜出划伤汽缸套，在销座的两边设有卡环槽，用以安装弹性卡环。销座部位通常都是加厚的，以增加强度，便于传递动力。

④ 裙部。裙部是指最后一道油环槽下端面到活塞底边的部分。活塞在汽缸内往复运动时裙部起导向作用，并承受连杆摆动产生的侧压力。由于柴油机燃烧时产生的压力较大，所以裙部较长，以减少单位面积压力。有的柴油机与高速汽油机类似，为减少活塞重量，降低活塞运动的惯性力，把裙部不承受侧面压力的两边切去一部分。另外，活塞因受热膨胀易变形，因此，在制造活塞时将裙部做成以销座孔方向为短轴，垂直销座孔方向为长轴的椭圆形，这样一来，柴油机正常工作时，裙部和汽缸壁圆周方向的间隙可趋向一致，避免冷车启动时因为间隙过大而敲缸、漏气和窜机油，热车时因为间隙过小而刮伤汽缸套。

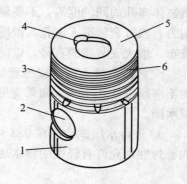

图 5-10 活　塞
1. 裙部　2. 活塞销座孔　3. 环槽部
4. 球形导向口　5. 顶部　6. 隔热槽

（2）活塞环的构造　活塞环是具有一定弹性的金属开口圆环，由耐磨合金铸铁制成。它在自由状态下外形不是正圆，而是比汽缸直径大的开口环。装在活塞环槽里，随同活塞装入汽缸内，靠自身弹性保持着外圆工作面与汽缸壁紧密贴合，起密封、传热和润滑刮油作用。活塞环按功用不同，可分为气环和油环两种。

① 气环。按照气环的断面形状可分为矩形环、锥面环、扭曲环、桶形环和梯形环等多种，其中梯形环不常用，因为制造加工比较困难。

矩形环又称为平环或者标准环，其形状简单，加工比较容易，应用广泛。当作为第一道环时，常常将其表面镀铬，以增强耐磨性。

锥面环的断面是锥形，锥角只有 1° 左右，其特点是与汽缸套接触面积小（接近于线接触）、接触压力增大，有利于磨合和密封，在活塞下行时有刮油作用，在活塞上行时有布油作用。

扭曲环的断面是阶梯形，环的内圆上边缘切去一部分，将其装入汽缸后，由于断面不对称，自行产生扭曲变形。这样不仅具有锥形环的优点，而且还与活塞环槽紧贴，减少了环在环槽内窜动所造成的磨损，也减少了活塞环的泵油作用。由于比锥面环容易加工，故应用广泛。但是，与锥面环一样，通常不作第一道气环。

桶面环的断面是圆弧形，其外圆表面经过研磨加工，与汽缸套工作表面呈线接触，磨合性好，密封作用强，活塞上下运动均可有布油作用，并形成油楔使环浮起，因此大大减少磨损。很多中小型柴油机的第一道气环采用这种环。

② 油环。油环分整体式和组合式两种，如图 5-11 所示。整体式油环结构特点是在其外圆柱面中间加工有凹槽，槽中钻有小孔或切槽。当活塞向上或向下运动时，油环将汽缸套上多余的机油刮下，经小孔或切槽流回曲轴箱。

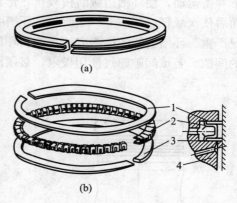

图 5-11　油　环
(a) 整体式油环　(b) 组合式油环
1. 上刮片　2. 衬簧　3. 下刮片　4. 活塞

组合式油环分为三片双簧式、两片一簧式和螺旋撑簧式 3 种。三片双簧式由上二片下一片薄平钢片的刮油环和一片轴向衬环、一片径向衬环组成；两片一簧式由上下各一片薄平钢片的刮油环和双向张力环组成；螺旋撑簧式由整体油环和螺旋撑簧组成。组合式油环具有对汽缸套接触压力大而均匀、刮油能力强、密封性良好等优点，目前应用日益增多。

（3）活塞销的构造　活塞销用来连接连杆与活塞，并将活塞承受的力传给连杆。要求其必须有足够的强度和刚度，并且还要质量轻、耐磨性好。活塞销是一个空心圆柱销，在冷态下销与连杆小头铜套的配合为间隙配合，其间隙通常为 0.005～0.015 mm；活塞销与座孔为过渡配合，其范围为 -0.01～0.005 mm。为了防止浮动式活塞销工作时产生轴向窜动，刮伤汽缸壁，在活塞销两端装有弹性卡环，如图 5-9 所示。

2. 修理　活塞组件的缺陷，通常会使汽缸密封不严，产生严重漏气，造成发动机启动困难，功率下降，耗油增多。

（1）活塞缺陷的检测与修理　活塞主要的缺陷有裙部磨损、环槽磨损及销座孔磨损。

① 活塞裙部磨损的检测与修理。活塞以垂直于活塞销孔方向的裙部磨损较大，并常常产生划痕。首先用目测法检查划痕情况，小的划痕可采取研磨法进行修理，大的划伤通常采取更换的方法。对于裙部磨损情况一般是用外径百分尺进行测量，如图5-12所示。在活塞裙部选取$A-A$、$B-B$两个位置，分别测量垂直于活塞销孔方向的尺寸，便可以算出圆度、圆柱度和汽缸间隙。这三项指标中任何一项超过使用极限时，都应修理更换。

② 环槽磨损的检测与修理。柴油机工作时，活塞环在环槽中频繁地作上下冲击运动，使环槽边缘磨损较重，形成梯形，其中第一道环槽磨损最严重，而后依次减轻，如图5-13所示。环槽磨损后，活塞环边间隙增大，烧机油情况严重。环槽磨损的检测方法是把新环放入环槽内，而后用厚薄规测量与环槽的间隙。若该间隙超过使用极限，必须修理更换。

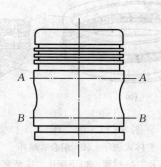

图5-12　活塞的测量位置

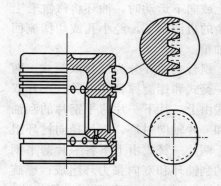

图5-13　活塞的磨损特征

③ 销座孔磨损的检测与修理。柴油机正常工作时，活塞销在销孔中处于浮动状态，产生上下冲击和摩擦，使销孔的上下磨损较大，形成椭圆，破坏了正常的配合关系。图5-13所示。销座孔磨损的检测方法是在销孔的两边选取两个位置，用内径百分表测量每个位置垂直和水平两个方向的尺寸，然后计算出圆度和圆柱度。当圆度和圆柱度超过使用极限时，可通过铰削扩孔，配加大的活塞销来恢复正常配合。但是，目前这种方法已很少采用，大多采用更换新件的方法解决。

（2）活塞环缺陷的检测与修理　活塞环经常处于高温、高压和润滑不良的条件下工作，除了使其弹力减弱，还使其外圆柱面和上下两个平面磨损较快，从而造成活塞环的开口间隙和边间隙增大。

① 开口间隙的检测与修理。开口间隙的检测方法比较简单，将被检测的活塞环放入汽缸套内，再用活塞顶把它平推到汽缸套的中部，之后用厚薄规测量开口间隙，如图 5－14 所示。若间隙过大，超过使用极限，应更换新环；若间隙过小，可用细平锉刀对活塞环的两端进行修理，既能保证有标准的间隙，又能使活塞环两端面平齐。

② 活塞环弹力的检测与修理。活塞环弹力的检测，可在弹簧检测仪上检测，若没有弹簧检测仪，也可用比较法检测，如图 5－15 所示。将标准活塞环放在旧活塞环上边，活塞环的开口应处于水平位置，而后从上向下施加压力。当标准活塞环的开口间隙压缩到标准值时，检测旧活塞环的开口间隙，如果间隙相差过多或者消失，就必须更换新活塞环。

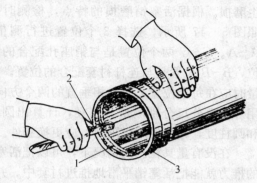

图 5－14　活塞环开口间隙的测量
1. 活塞环　2. 厚薄规　3. 汽缸套

③ 边间隙的检测与修理。检测活塞环边间隙时，将活塞环放入活塞的环槽内，沿圆周方向取 3 个点，而后用厚薄规分别测量环与环槽的间隙，如图 5－16所示。3 个点的平均值就是边间隙值。边间隙过大，必须更换；边间隙过小，可用研磨法进行修理。研磨时，可在玻璃板上铺细砂纸进行，手指的用力要均匀，并经常变换施压的位置，避免研磨不均匀，只允许磨一边端面，且将研磨过的端面朝下安装到活塞上。

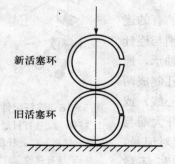

图 5－15　比较法检测活塞环的弹力

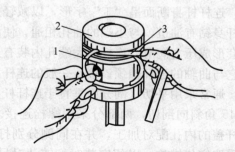

图 5－16　活塞环边间隙的检测
1. 活塞环　2. 活塞　3. 厚薄规

（3）活塞销缺陷的检测与修理　柴油机工作时，活塞销承受着极大的周期性冲击载荷，其与销座孔、连杆衬套的配合处常常发生磨损。根据活塞销磨损的特点，检测时按照图 5-17 所示，选择 3 个位置进行测量。$A-A$、$C-C$ 两个位置是与销座孔配合的部位，$B-B$ 位置是与连杆衬套配合的位置。测量时应在每个位置上取互相垂直的两个方向，用外径百分尺分别测量其直径，计算出圆度和圆柱度，超过使用极限时，应更换新件。

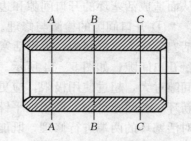

图 5-17　活塞销的测量位置

在没有量具检测的情况下，可以把活塞销表面涂上机油，用大拇指以不大的推力就能把活塞销平滑地推进衬套中，并且没有明显卡滞和晃动现象，即为配合间隙合适。否则，就不正常，需要修理更换。

二、连杆组件的构造及修理

1. 构造　连杆组件主要包括连杆、连杆螺栓、连杆轴瓦、连杆衬套等零件，如图 5-18 所示。

（1）连杆的构造　连杆的作用是连接活塞和曲轴，传递动力，形成旋转扭矩。连杆所承受的力和力矩，其大小、方向是周期性变化的，要求其有足够的强度、刚度以及较轻的重量。连杆可分为小端、杆身和大端三部分。连杆的小端孔内压装有连杆衬套，活塞销穿过连杆衬套，使连杆与活塞铰接。

连杆杆身断面呈"工"字形，以减轻重量。有的连杆杆身钻有油道，与小端的油孔相通，使活塞销与连杆衬套形成压力润滑。连杆的大端孔内装有连杆轴承，通过它与曲轴的连杆轴颈铰接，一般的连杆大端孔制成两半，通常采用平切（剖分面垂直于连杆杆身中心线）或者 45°角斜向剖切，两部分采用螺栓连接。连杆大端与连杆盖的内孔配对加工，并在同侧分别打上配对记号，并采取定位措施，以便安装时能够"对号入座"，不致搞错。

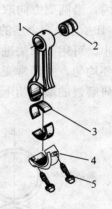

图 5-18　连杆组件
1. 杆身　2. 连杆衬套
3. 连杆轴瓦　4. 连杆盖
5. 连杆螺栓

（2）连杆衬套的构造 连杆衬套紧压在连杆小端孔内，起减磨轴承作用。衬套上钻有油孔或开有油槽，以便进出、储存机油，增强润滑效果。

2. 修理 连杆组件在工作中承受高温、高压燃烧气体的冲击以及自身运动的惯性力的作用，常常会产生冲击响声；连杆变形，使活塞产生偏缸，加速有关零件的磨损。

（1）连杆变形的检查与修理 连杆的变形有歪曲、扭曲、双弯曲等多种形式。连杆的变形可在连杆矫正器上检查。由于目前应用专门设备进行检查和矫正的极少，这里不做详细介绍。通常对于变形的检查大多靠目测和经验，变形严重的，采取的修理方法就是更换新件。

（2）连杆大小端孔磨损的检测与修理 连杆大小端孔磨损的主要原因是轴瓦、衬套配合间隙增大，使轴瓦和衬套分别在大小孔中窜动和转动所造成的。检测时，首先观察工作表面是否有拉伤痕迹，再用内径百分表检测大小端孔的圆度和圆柱度，超过使用极限时，必须更换新件。

（3）连杆大端螺栓孔螺纹和螺栓螺纹损坏的修理 连杆大端螺栓孔和连杆螺栓螺纹的损坏，主要是由于拧紧力矩过大造成的。修理的方法，有的通过堆焊将孔填平，重新钻孔、攻丝进行修复。为了安全起见，对于螺栓螺纹损坏超过两扣或有裂纹的，大都采取更换新件的方法进行修理。

（4）连杆衬套的磨损检测与修理 连杆衬套在工作中承受上下冲击力很大，磨损较快，还常常形成环状条沟。检测时，首先检查工作表面是否有较深的沟痕，然后选取两个位置，如图 5-19 所示，再用百分表分别在每个位置上测量互相垂直的两个方向的内径，根据测得的数据算出圆度、圆柱度及与活塞销的配合间隙。当这三项技术指标中的任何一项达到使用极限时，必须更换新衬套。

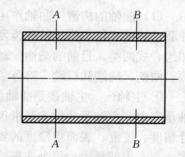

图 5-19 连杆衬套的测量位置

对于衬套工作表面有较深的沟痕的，通常采取更换新件的方法进行修理；对于衬套工作表面沟痕较浅的，可以采取研磨的方法进行修理。

三、曲轴飞轮组件的构造及修理

1. 构造 曲轴飞轮组件主要由曲轴、主轴承、连杆轴承、飞轮、正时齿轮等组成，如图 5 - 20 所示。

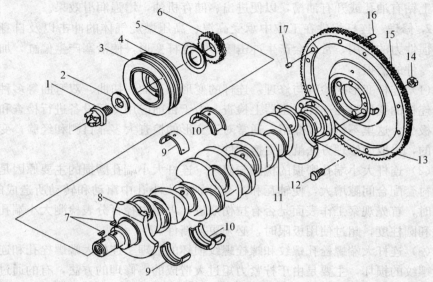

图 5 - 20 曲轴飞轮组件
1. 启动爪 2. 启动爪锁片 3. 曲轴带轮 4. 前挡油盘 5. 机油泵主动齿轮
6. 正时齿轮 7. 曲轴前端 8. 平衡块 9. 连杆轴瓦 10. 轴向定位轴瓦
11. 主轴颈 12. 飞轮螺栓 13. 飞轮 14. 飞轮保险片 15. 飞轮齿圈
16. 离合器盖定位销 17.1、6 缸活塞压缩上止点标记

（1）曲轴的构造 曲轴作用是把活塞的往复运动变为旋转运动，输出功率并驱动辅助系统工作，被称为发动机的主心骨。曲轴的构造形式可分为整体式和组合式两类，目前的柴油发动机大多采用整体式。曲轴包括主轴颈、连杆轴颈、曲柄、前端和后端 5 部分。

①主轴颈。主轴颈是曲轴的支承部分，通过主轴瓦安装在曲轴箱上的主轴承座中。主轴颈的技术要求很严格，如工作表面经过精细加工和热处理，尺寸精度、硬度、表面粗糙度的要求都很高。通常柴油机的主轴径个数比汽缸数多一个，也就是说，每个连杆轴颈的两边都有一个主轴颈，这种曲轴又称为全支承式曲轴。全支承式曲轴由于支点多，因而其刚度和强度较好。

②连杆轴颈。连杆轴颈通过连杆轴瓦与连杆大端相铰接，连杆轴颈与主轴颈一样，技术要求很高。连杆轴颈与主轴颈的润滑，都是压力油润滑，因此，机体上润滑油主油道与主轴颈油道相通，各缸连杆轴颈与相邻的主轴颈油道相通。有的连杆轴颈制成空心，以减小惯性力，并构成净化油腔，使机油借离心力的作用得到过滤。

③ 曲柄。将主轴颈和连杆轴颈构成一体的部分，称为曲柄。为了平衡曲轴的旋转惯性力，在曲柄上与连杆轴颈相反的方向处制有平衡块。

④ 曲轴前端。曲轴前端装有正时齿轮、驱动皮带轮、启动爪以及挡油盘等。有的发动机曲轴在前端还装有扭转减震器，以防共振造成破坏。

⑤ 后端。曲轴后端装有安装飞轮的接盘或锥颈，为防止漏油，后端还装有挡油盘、回油螺纹及其他油封装置。

（2）主轴承　主轴承包括主轴瓦、主轴承座和主轴承盖3部分。主轴瓦有上下两片轴瓦，有环形油槽和通孔的轴瓦为上瓦，应装在主轴承座孔内；无油道的轴瓦为下瓦，应装在轴承盖孔内。主轴瓦的定位与连杆轴瓦相同，都是用凹槽与凸键来定位，防止轴向移动或转动。每片瓦背都有凸键，安装时，应分别嵌入轴承座及盖的定位凹槽内。为了保证尺寸精度，各个主轴承座与盖是成对加工并用定位套定位，都有配对记号，不得调换。拧紧主轴承螺栓时，应按先中间，后两边的顺序，分2～3次拧紧到规定力矩。

为了限制曲轴的轴向移动和保证曲轴轴向定位，曲轴上装有轴向定位装置，如图5-21所示。通常最后一道主轴瓦采用两端翻边的止推轴瓦，也有的在后一道主轴瓦座孔的两侧装有止推片。止推片上两条油槽，安装时必须朝向曲轴轴肩。曲轴安装到柴油机上应有0.11～0.26 mm的轴向间隙，以便曲轴受热后能自由伸长。轴向间隙过小时，曲轴转动不灵活、发热；轴向间隙过大时，将产生冲击，加速机件的磨损，甚至影响正常工作。轴向间隙是靠安装在主轴承两侧的曲轴止推环来保证的。曲轴止推片的安装如图5-21b所示，上下两片曲轴止推环不能调换，下片的下部有凸出部分（凸舌），应嵌在主轴承

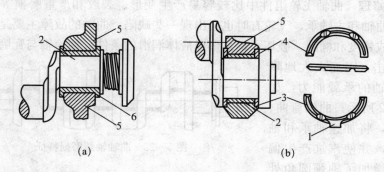

（a）　　　　　　　　　　　　　（b）

图5-21　曲轴轴向定位
（a）翻边轴瓦转向定位　（b）止推片转向定位
1. 凸舌　2. 主轴颈　3. 下止推片　4. 上止推片　5. 主轴承座孔　6. 翻边轴瓦

盖的凹坑内，防止曲轴止推片转动；同时必须注意曲轴止推环的方向。止推环有耐磨合金的一面有两条凹槽，用以储油润滑，这一面应朝向曲轴台肩，千万不可装反。

（3）连杆轴瓦　连杆轴瓦大多采用开式薄壁轴瓦，是在钢带上浇敷或碾压一层减磨合金而制成。连杆轴瓦上制有定位凸键，供安装时嵌入连杆大端和连杆盖的定位槽中，以防轴瓦移动和转动。有的轴瓦上制有油孔，安装时需要注意与连杆上的油孔对齐。

（4）飞轮　飞轮的功用是在作功行程中储存能量，克服进气、压缩、排气行程的阻力；帮助克服发动机短暂时间超负荷，使发动机保持工作平稳；通常也是离合器的主动部分，传递扭矩。飞轮是一个具有一定重量、轮缘又宽又厚的铸铁圆盘，圆盘的尺寸和重量取决于发动机汽缸数和行程数的多少。汽缸数越多，其尺寸越小，重量越轻；二行程发动机飞轮比四行程发动机的尺寸小，重量轻。飞轮是经过平衡校准的，避免不平衡的惯性力引起主轴颈和主轴承的磨损。

飞轮大多是由定位销、螺栓固定在曲轴后端面上，并在轮缘上刻有记号。如有的四缸柴油机在飞轮圆周表面或端面上刻有 4 条刻线，其中有"1/4"记号的刻线，是 1、4 缸上止点位置刻线；相对应的"2/3"刻线表示 2、3 缸上止点记号。与"1/4"刻线相邻的一条是检查配气相位的刻线，与配气相位刻线相邻的一条是供油提前角刻线，供检查、调整之用。

飞轮螺栓一般采用中碳铬钢制成，紧固时应垫好锁片，用扭力扳手分 2～3 次对称拧紧到规定力矩，然后用锁片锁好。

2. 修理　曲轴飞轮组件中比较容易产生变形、裂纹和严重磨损等缺陷的零件是曲轴和主轴承，飞轮有时也会出现一些缺陷。曲轴的故障主要是轴颈磨损，形成锥度和椭圆，破坏了轴瓦形成液体润滑的条件，加速轴与瓦磨损，并产生冲击，因而大大地降低了曲轴的承载能力，如图 5-22 所示；曲轴弯曲、扭曲后，将加速轴承和轴颈磨损，并使汽缸产生偏磨，也增加了轴颈圆角处的弯曲应力而引起曲轴疲劳断裂。

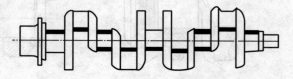

图 5-22　曲轴轴颈磨损特征

（1）曲轴缺陷的检测与修理　在柴油机工作中，曲轴承受着活塞往复运动的惯性力和连杆大端的离心力，其受力具有冲击性，力的大小和方向是周期性变化的，受力情况复杂且负荷重。曲轴常常产生断裂、裂纹、扭曲变形及磨损失效等缺陷。

① 曲轴变形的检测与修理。曲轴变形后，会使各主轴颈的同轴度超限。同轴度的检测方法可以在磨床或者车床上检查，若不具备这两种设备，也可以把曲轴放在 V 形支架上检查。检查时，将百分表的测杆顶在中间主轴颈的最上面，而后转动曲轴 1 周，百分表指针摆动量的一半，即为主轴颈的同轴度值。这里需要注意一点，为了减少主轴颈不均匀磨损对测量精度的影响，可将百分表的测量杆顶在轴颈靠近肩部圆角处磨损轻微的地方测量。

主轴颈的同轴度值较小时，亦即曲轴变形较小时，可通过磨修轴颈进行矫直。当同轴度超过使用极限时，大都是采取更换新件的方法进行修理。

② 曲轴断裂的检查与修理。曲轴的变形会促使曲轴疲劳断裂，其断裂部位有 3 个，一是在连杆轴颈上通过油孔沿 45°角方向断裂，裂纹的一端延伸到曲柄内侧的过渡圆角处；二是在连杆轴颈沿过渡圆角处发生圆周断裂；三是通过相邻两轴颈的过渡圆角处，如图 5 - 23 所示。第一个部位的断裂是由于轴颈扭曲疲劳造成的，第二个和第三个部位的断裂是属于弯曲疲劳造成的。总之，断裂位置大多经过过渡圆角处，此处的应力集中最大，疲劳源多数在这里形成。因此，在平时的检查中，应多多注意过渡圆角处的变化。曲轴断裂后，只能更换新件。

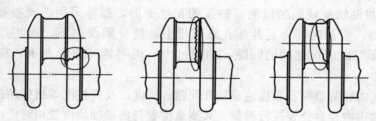

图 5 - 23 曲轴的常见断裂部位

③ 曲轴轴颈磨损的检测与修理。曲轴轴颈包括主轴颈和连杆轴颈，由于连杆轴颈在工作中受离心力的影响比主轴颈大很多，所以连杆轴颈的磨损比主轴颈严重得多。曲轴轴颈磨损后，不仅是轴颈的尺寸减少，还会使轴颈的圆度和圆柱度发生变化，直接影响轴与轴瓦的正常配合精度，使润滑条件变坏，最终导致事故性损坏。因此，必须高度重视轴颈磨损的检测与修理。

曲轴轴颈磨损的检测方法是用外径百分尺测量，如图 5 - 24 所示，并通过计算算出磨损量、圆度及圆柱度。通常要求在每个轴颈上沿轴向方向选取两个位置 $A-A$ 和 $B-B$，而后在每个位置上测量垂直和水平两个方向的数值。在

同一方向测得的 A - A 和 B - B 两个位置直径之差，即为圆柱度；在同一位置测得的垂直和水平两个方向的直径之差，即为圆度；测得的最小直径与标准直径的差值，即为曲轴的磨损量。

当曲轴轴颈的圆柱度、圆度超过使用极限或者轴颈表面有划痕、烧伤等缺陷时，应在曲轴磨床上磨修，以消除轴颈的锥度、椭圆度和其他缺陷，恢复曲轴的技术要求和配合要求。这种修理方法，由于修理成本较高，目前很少采用。

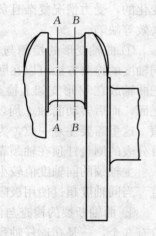

图 5 - 24　曲轴磨损的
测量位置

（2）曲轴轴瓦的检测与修理　曲轴轴瓦包括主轴瓦和连杆轴瓦，两者的构造、所用的减磨材料及轴承间隙几乎是一样的。柴油机工作时，轴瓦常常承受冲击负荷和交变应力的作用，因而产生变形、偏磨、裂纹、剥落及烧瓦的缺陷。轴瓦出现这些缺陷的主要原因是发动机在启动时，转速、负荷突然改变，润滑油膜破坏，使金属表面直接接触摩擦；润滑油过脏、变质，机械杂质多和酸性腐蚀作用强；烧瓦的原因主要是缺油、轴承间隙过小。

① 曲轴轴瓦缺陷的检测。轴瓦的瓦片变形，通常采用玻璃板和厚薄规进行检测。检测时，将瓦片放在玻璃板上，使分解面向下，再用厚薄规测量分解面与玻璃板之间的间隙，间隙过大，说明轴瓦变形严重，应更换新轴瓦。

轴瓦内径的磨损，直接造成轴瓦间隙、圆度以及圆柱度等指标超过使用极限，通常用内径百分表进行测量。其测量位置与曲轴轴颈位置相对应，并注意避开轴瓦的分解线和油槽、油孔等部位。沿轴向选择两个位置进行测量，测量时，首先应把上下瓦片安装到原轴承座孔内，并按照规定的扭矩拧紧固定螺栓，而后用内径百分表测量。

在两个位置上分别测得直径尺寸的平均值与相对应轴颈直径之差，即为轴瓦间隙；在其中的一个位置上，测得相互垂直的两个方向直径的尺寸差，即为这个部位的圆度值；在沿轴瓦长度方向上测得的两个位置直径的尺寸差，即为轴瓦的圆柱度。轴瓦间隙、圆度及圆柱度超过使用极限时，必须更换新轴瓦。

轴瓦的划痕、剥落和裂纹等缺陷可以直接观察出来，对于细小的裂纹可用十几倍的放大镜进行检查。对于裂纹和剥落明显、划痕深度超过 0.3 mm 的轴瓦，应更换新轴瓦。

②曲轴轴瓦的修理。在更换新轴瓦时，为了确保轴瓦与轴承座孔、轴颈的正常配合关系，必须注意做好选配工作。如果曲轴轴颈经过曲轴磨床按照修理尺寸等级磨削的，应根据其修理尺寸，选配同级修理尺寸的轴瓦，这种修理方式目前应用的很少。没有按照修理尺寸等级磨削的，可根据轴颈的实际尺寸，选配相近尺寸的轴瓦。

轴瓦与轴承座孔的配合必须有一定的紧度，以防止松动。判断配合紧度的方法有 3 点，一是将轴瓦压入座孔时，可感觉到很大的弹力，如果感觉不到弹力或弹力很小，则说明轴瓦的弹力不足或者高度不够。二是将轴瓦压入座孔内，按规定扭矩拧紧固定螺栓后，接着再松开，轴瓦片的接合面应高出轴承座平面 0.05～0.10 mm，如图
5-25 所示。如果轴瓦片高度过小，不能保证紧度，必须重新选配；如果高度过大，可以采用锉刀或砂纸进行打磨修整，避免轴瓦压入座孔内发生变形。三是用涂色法检查瓦背与座孔的接触

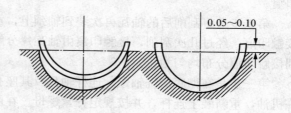

图 5-25　轴瓦装入瓦座的要求

面积，通常要求接触面积不得少于 85%。

当选配的轴瓦与轴颈的配合间隙小于规定要求时，必须以轴颈尺寸为基准，对轴瓦进行修理。修理方法有镗削和刮配两种，镗削法效率高，质量好，但是需要专用镗瓦设备，投资较大，目前应用得较少。刮配法不需要设备，靠人工用三角刮刀进行刮削，目前应用比较普遍。与镗削法相比较，缺点是不易保证各主轴瓦的同轴度。下面简要介绍刮配法。

a. 主轴瓦的刮配。主轴瓦的刮配大体可分为三个步骤。

第一步是在曲轴主轴颈上涂薄薄一层红丹油，把曲轴装到机体的主轴瓦上（通常将机体倒置），不装轴承盖，转动曲轴数周，而后抬下曲轴，查看各道主轴瓦主轴颈的接触情况。用刮刀刮去上瓦片接触印痕，若发现没有接触印痕的上瓦片，必须将其更换。更换新瓦后，再把曲轴装到机体的主轴瓦上，再次转动曲轴数周，而后再抬下曲轴，继续用刮刀刮去上瓦片接触印痕，直到曲轴各主轴颈都与轴瓦底部接触为止。

第二步是按照配对记号装上轴承盖，然后每拧紧一道轴承盖后转动曲轴数

周，再拧紧另一道轴承盖。各道都进行完毕后，取下轴承盖，用刮刀刮去下瓦片接触印痕。经过几次的刮削，在主轴颈将要接触下瓦片底部时，开始将上下瓦片一起刮配，直到按规定扭矩拧紧螺母后，配合间隙正常为止。

第三步是再次抬下曲轴，彻底清洗曲轴、轴瓦及其座孔。之后在轴颈和轴瓦上涂少许机油，重新装上曲轴，并按规定拧紧螺母。此时用手转动曲轴，刚开始有阻力感，转起来以后，应灵活无阻滞现象，这表明配合间隙符合要求。

b. 连杆轴瓦的刮配。连杆轴瓦的刮配与主轴瓦的刮配基本相同。也可分为三个步骤。

第一步是在曲轴连杆轴颈上涂薄薄一层红丹油，将轴瓦和连杆按规定方向装在相应的轴颈上，适当拧紧轴承螺母，同时转动连杆，感到有阻力为止。然后转动连杆数周，拆下连杆，查看轴瓦片的接触印痕，并用刮刀刮削印痕。

第二步是将刮削后的轴瓦再次装到轴颈上，重复第一步的动作，继续刮削接触印痕。经过几次刮削，接触印痕由轴瓦片分解线附近逐渐向中间发展，直到接触印痕分布均匀为止。

第三步是在彻底清洗轴颈、连杆轴瓦及其座孔之后，在轴颈和轴瓦上涂少许机油，重新装上连杆，并按规定拧紧螺母。在曲轴水平放置的情况下，用手提起连杆小端并高于曲轴轴颈的水平位置，用力甩开，连杆应能转动 2～3 圈，即表明配合间隙合适。

（3）飞轮的检测与修理　飞轮经过长期使用后，主要缺陷有齿圈磨损和打齿、与离合器从动盘接触的平面磨损变形、固定螺栓孔和定位销孔磨损等。

① 齿圈磨损和打齿的检查与修理。飞轮齿圈磨损和打齿，可用目测方法检查。通常磨损严重和齿圈牙齿打坏较多时，应更换新件。而对于牙齿齿厚磨损不超过极限值（齿厚磨损极限值一般为 1 mm）时，可将齿圈反转 180°继续使用。拆卸飞轮齿圈时，可将飞轮周围齿圈均匀加热至 200 ℃左右，然后用小锤轻轻将其击下。安装时，同样需要加热至 200 ℃左右，趁热将齿圈套装到飞轮上。

飞轮齿圈轮齿端面沿长度方向磨损不大于 5 mm 时，可用锉刀或砂轮修整，去掉尖角、毛刺等，使轮齿端面呈半圆形，这样就可以继续使用。

② 飞轮平面翘曲的检测与修理。飞轮平面翘曲变形主要是由于离合器各个弹簧的弹力不一致、离合器压盘变形和调整操作不当造成的。飞轮平面翘曲

变形的检测方法是用百分表检测，主要检测两个指标，一是检测飞轮圆柱面对中心线的径向跳动，其数值不得超过 0.15 mm；二是检测飞轮平面对中心线的端面跳动，其数值不得超过 0.1 mm。当飞轮平面翘曲变形超过 0.3 mm 时，应更换新件，有条件的可用车床车平后再研磨的方法进行修理。当飞轮平面翘曲变形不超过 0.3 mm 时，可采用油石打磨的方法进行修理。

③ 固定螺栓孔和定位销孔磨损的修理。飞轮固定螺栓孔和定位销孔磨损后，可采用前面所述机体螺纹孔修理的方法进行修理。修理时，将飞轮和曲轴的对应孔一起铰削，然后配加大尺寸的固定螺栓和定位销。

④ 静平衡试验。修理后的飞轮必须做静平衡试验，不平衡力矩不得大于 1 N·cm。不平衡力矩不符合要求时，可在飞轮端面外缘钻孔来校正，通常钻孔直径不大于 10 mm，深度不大于 15 mm，孔间距不小于 5 mm。

四、曲柄连杆机构的拆装要求

1. 活塞连杆组的拆卸

（1）活塞连杆组的拆卸　首先应交替均匀地松开两个连杆螺栓，拆去连杆瓦盖，然后用木棒轻轻从汽缸套上端推出活塞连杆，切不可用铁器敲打，以免损伤连杆结合面或轴瓦表面。如果汽缸套上端有积炭或磨出台阶难以推出活塞，可先用刮刀刮去积炭、凸台，然后推出，切勿硬打，以免折断活塞环和刮伤汽缸壁。

（2）活塞环的拆卸　可用活塞环钳直接拆卸；没有活塞环钳时，也可用铅丝圈进行拆卸，如图 5-26 所示。

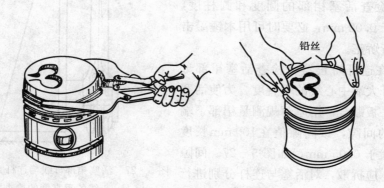

图 5-26　活塞环的拆卸

（3）活塞销的拆卸　　先用尖嘴钳将两端挡圈取出，然后把活塞放在 80～90 ℃的热水中均匀加热 20～30 min 后，推出活塞销，切勿硬打。

拆散后的汽缸套、活塞、活塞环、活塞销、连杆、连杆盖等零件应将同一汽缸的放在一起，以免混淆，影响装配质量。

2. 活塞连杆组的装配与安装

（1）装配活塞连杆组前，需要根据汽缸套的尺寸选择相应尺寸的活塞和活塞环，根据销孔的尺寸选择相应尺寸的活塞销，并对各配合尺寸进行检查，以保证配合间隙符合要求。

（2）更换活塞或连杆时应检查其质量差，同一台发动机的各个活塞连杆组的质量差，不得大于规定值，以保证发动机运转平稳。当质量差超过规定时，可锉削连杆大端或活塞下端内缘，适当减重。

（3）活塞与连杆用活塞销连接时，应先将活塞放入水或机油中加热至 80～100 ℃，把连杆放入活塞销孔座之间，注意连杆与活塞的相对位置。然后将活塞销迅速推入活塞销孔和衬套中，再将挡圈装入销孔的环槽内。为了便于安装，可用一个旧活塞销车去 0.2 mm，作为引销。把活塞和连杆按规定的相对位置装配在一起，再将活塞放到水或机油中加热至规定温度，从一端推入新活塞销，将引销从另一端顶出，最后装上挡圈。

（4）活塞连杆装配后的检查内容有如下 3 项：

① 检查连杆小端在活塞销上转动是否灵活；连杆小端沿活塞销的轴向移动量不应小于 2.5 mm。

② 检查活塞裙部的圆度和圆柱度，不应大于 0.02 mm，必要时可用木锤敲击裙部进行矫正。

③ 在连杆矫正器上检查活塞裙部母线与连杆大端中心线的垂直度。为使活塞上部与平板贴合，用厚薄规测量裙部下端与平板的间隙，该间隙值在 100 mm 长度内应不大于 0.05 mm，如图 5-27。间隙过大时，应拆散，对活塞与连杆分别进行检查矫正。若没有连杆矫正器，也可将活

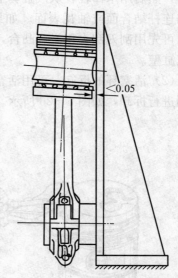

图 5-27　活塞裙部母线与连杆大端中心线的垂直度的检查

塞连杆装到汽缸内（不装活塞环），按规定力矩上紧连杆盖，摇转曲轴，检查活塞四周与汽缸的间隙，如果活塞倾斜靠向一边，则应卸下，对连杆和活塞分别进行检查矫正。

（5）活塞环的安装：

① 镀铬环通常应装在第一道环槽内。扭曲环的内切口、油环的倒角都应朝向活塞顶。

② 安装活塞环应使用专用工具。安装活塞环时，若不使用专用工具，往往会使活塞环的开口张得过大，造成折断和受内伤。活塞环受内伤和塑性变形，是活塞环在工作中折断的重要原因，所以最好采用活塞环钳安装，或者采用如图 5-28a 所示的方法，用铁皮夹圈夹紧活塞环，用锤柄将活塞连杆组轻轻推入汽缸中；或者用 3 条金属片进行安装，如图 5-28b 所示。

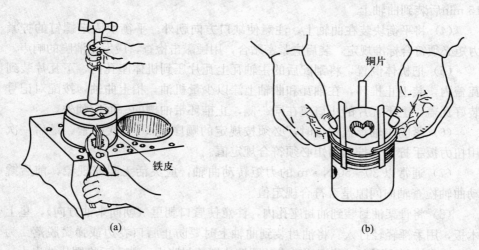

图 5-28 活塞环的安装

（6）活塞连杆组装入汽缸时，应注意使活塞顶上的燃烧室缺口靠在喷油器一边；活塞环开口应互相错开 120°，且不在活塞销孔上方和燃烧室缺口下方。

（7）装连杆瓦盖时，必须使连杆瓦盖与连杆大端的配对记号位于同一侧，即上下连杆轴瓦的止口应在同一侧，然后用扭力扳手交替均匀地上紧连杆螺栓，最后上紧的力矩必须符合标准规定。

3. 曲轴飞轮组的拆卸

（1）卸下飞轮时，先用垫木将飞轮支承住，再按对角线交叉均匀地松开固定螺栓。拧下固定螺栓时，先卸下边，后卸上边，以免飞轮落下拉坏丝扣和伤人。有些发动机的飞轮需要用专用工具拆卸。

（2）卸下主轴瓦盖时，先察看瓦盖的顺序记号，如果无记号应打上记号，然后按规定顺序分 2～3 次松开固定螺母。卸下的瓦片应按顺序分别存放，卸下的螺母应拧到原来的螺栓上。

（3）拆下曲轴正时齿轮时，可用两爪拉出器拉出，不要用扁铲和手锤硬打，以免打坏齿牙。

4. 曲轴飞轮组的安装

（1）首先应彻底清洗曲轴、轴瓦和瓦座，清除油道，螺栓孔和键槽中的金属屑及油污。

（2）检查各主要零件的配合尺寸，应符合规定值。

（3）将曲轴正时齿轮放在恒温箱或机油中加热到 150～200 ℃，保温 15 min 后装到曲轴上。

（4）将平衡块装在曲轴上，注意使缺口方向朝外，平衡块固定螺钉的拧紧力矩必须符合标准规定，装后应紧密贴合，用锤敲击检查，应发出清脆的响声。

（5）把机体倒置，将刮配后的主轴瓦上瓦片压到机体座孔内，下瓦片装到瓦盖内，装上止推环，在轴瓦和曲轴上涂以少量机油，抬上曲轴，按配对记号装好瓦盖，上下瓦片的止口应在同一侧，止推环带油槽的一面应朝外。

（6）紧固主轴承盖螺母时，必须按规定的顺序分 2～3 次拧紧，最后一次用扭力扳手拧紧，拧紧力矩必须符合规定值。

（7）通常以 30～50 N·m 的力矩转动曲轴，应灵活无阻滞现象，前后撬动曲轴检查轴向间隙是否符合规定值。

（8）将骨架油封装到油封座孔内，注意使唇口朝里（朝向来油方向），垫上木板，用手锤轻轻打入。将油封装到曲轴上时要防止唇口卷边或弹簧脱落。为此，可在油封内圈套以薄铜片卷成的圆筒，把油封胀大，装入后将铜片抽出。

（9）安装飞轮应先使定位销对准定位销孔，然后将飞轮平推装到曲轴接盘上。上紧固定螺钉，应按对角线分 2～3 次均匀拧紧。拧紧力矩应符合规定值，然后将锁片折边锁住或用软铁丝锁牢。

第三节　机体及曲柄连杆机构的修理技术规范

一、汽缸盖与汽缸体的修理技术规范

1. 汽缸盖与汽缸体在 0.3～0.4 MPa 压力下进行水压试验，在 3～5 min

内不得漏水、渗水和降低压力。

2. 修复后的汽缸盖和汽缸体，表面粗糙度 Ra 不应超过 6.3，允许有不大于 1 cm² 的未磨修处，但应距边缘 10 mm 以上。

3. 汽缸盖与汽缸体的接触面应平整、光洁，平面度不应大于表 5-1 的规定值。

表 5-1　汽缸盖、汽缸体接触平面的平面度（mm）

机型	标准值	允许不修值	极限值
铁牛-55	0.10	0.15	0.25
上海-50	0.05	0.10	0.15
东方红-LX1000	0.06	0.10	0.15
雷沃 TH404	0.05	0.10	0.15
雷沃 TB604	0.05	宽度方向 0.06 长度和对角线方向 0.10	宽度方向 0.08 长度和对角线方向 0.15
雷沃 TD804	0.05	宽度方向 0.06 长度和对角线方向 0.10	宽度方向 0.08 长度和对角线方向 0.15
雷沃 TD804（天力）	0.10	0.15	0.25
雷沃 TG1654	0.05	宽度方向 0.10 长度和对角线方向 0.15	宽度方向 0.13 长度和对角线方向 0.25
TS250	0.05	0.10	0.15
TS550	0.10	0.15	0.25

4. 主轴承座孔表面粗糙度 Ra 不应超过 1.60，座孔的直径、圆柱度、圆度和同轴度不应超过表 5-2 的规定值。

表 5-2　主轴承座孔的技术要求（mm）

机型	标准尺寸	圆柱度			圆度			同轴度		
		标准值	允许不修值	极限值	标准值	允许不修值	极限值	标准值	允许不修值	极限值
铁牛-55	$95^{+0.021}_{0}$	0.020	0.030	0.08	0.020	0.04	0.10	0.020	0.07	0.15
东方红-LX1000	$90^{+0.03}_{0}$	0.015	0.030	0.08	0.015	0.04	0.10	0.030	0.06	0.15
雷沃 TH404	$75^{+0.019}_{0}$	0.015	0.030	0.06	0.020	0.04	0.08	0.020	0.06	0.08

（续）

机型	标准尺寸	圆柱度			圆度			同轴度		
		标准值	允许不修值	极限值	标准值	允许不修值	极限值	标准值	允许不修值	极限值
雷沃 TB604	$86^{+0.022}_{0}$	0.020	0.030	0.08	0.020	0.04	0.10	0.020	0.06	0.10
雷沃 TD804（天力）	$90^{+0.022}_{0}$	0.006	0.008	0.01	0.010	0.03	0.08	0.020	0.07	0.15
TS250	$76^{+0.019}_{0}$	0.008	—	—	0.008	—	—	0.015	—	—
TS550	$85^{+0.022}_{0}$	0.010								

二、汽缸与活塞组的修理技术规范

1. 汽缸套内表面应光洁，无擦伤和划痕，表面粗糙度 Ra 不应超过 0.20。
2. 汽缸套的标准尺寸及其与活塞裙部的配合间隙应符合表 5 - 3 的规定值。

表 5 - 3　汽缸套及其与活塞裙部的配合间隙（mm）

机型	标准尺寸	汽缸套与活塞裙部的配合间隙		
		标准值	允许不修值	极限值
铁牛 - 55	$115^{+0.12}_{+0.06}$	0.22～0.26	0.35	0.50
上海 - 50	95	0.140～0.205	0.30	0.45
东方红 - LX1000	$115^{+0.03}_{0}$	0.05	0.08	0.15
雷沃 TH404	$90^{+0.035}_{0}$	0.14～0.20	0.30	0.40
雷沃 TB604	$105^{+0.03}_{0}$	0.20～0.25	0.35	0.50
雷沃 TD804（天力）	$108^{+0.025}_{0}$	0.15	0.25	0.35

3. 汽缸套与缸体的配合应符合表 5 - 4 的规定值。

表 5 - 4　汽缸套端面凸出汽缸体上平面高度（mm）

机型	高度
铁牛 - 55	0.05～0.15
上海 - 50	0.02～0.10
东方红 - LX1000	0.05～0.12
雷沃 TH404	0.04～0.12
雷沃 TB604	0.04～0.12

（续）

机型	高度
雷沃 TD804	0.922~1.100
雷沃 TD804（天力）	0.05~0.12
雷沃 TG1654	0.922~1.100
TS250	0.04~0.14
TS550	0.04~0.16

4. 活塞的工作表面应光洁，无擦伤和划痕，表面粗糙度 Ra 不应超过 0.80。

5. 活塞销孔的表面粗糙度 Ra 不应超过 0.80。

6. 同一台发动机的活塞质量差不应超过表 5-5 的规定值。

表 5-5　同一台发动机的活塞、连杆、活塞连杆组质量差（g）

机型	活塞质量差（不大于）	连杆质量差（不大于）	活塞连杆质量差（不大于）
铁牛-55	7	20	35
上海-50	8	15	—
东方红-LX1000	15	15	30
雷沃 TH404	8	15	25
雷沃 TB604	8	10	20
雷沃 TD804	8	20	50
雷沃 TD804（天力）	10	20	30
雷沃 TG1654	8	20	50
TS250	10	20	30
TS550	8	15	—

7. 活塞环的工作表面不得有擦伤和划痕，外圆柱的表面粗糙度 Ra 不应超过 6.3，上下两端面的表面粗糙度 Ra 不应超过 0.40。

8. 活塞环的开口间隙、边间隙和弹力应符合表 5-6 的规定值。

三、曲柄连杆机构的修理技术规范

1. 同一台发动机的连杆、活塞连杆组质量差不应超过表 5-5 的规定值。

2. 连杆大小端孔的尺寸、圆柱度、圆度及小端孔与衬套的配合紧度应符合表 5-7 的规定值。

表 5-6 活塞环的技术要求

机型	活塞环名称	开口间隙 (mm)		边间隙 (mm)			弹力 (N)(不小于)
		标准值	极限值	标准值	允许不修值	极限值	
东方红-LX1000	第一环	0.40~0.65	—	0.09~0.13	—	0.50	切向:20~32
	第二环	0.50~0.75		0.060~0.092	—	0.40	切向:20~31
	油环	0.30~0.50		0.060~0.095		0.30	40~60
雷沃 TH404	第一环	0.40~0.55		0.070~0.102	0.15	0.20	32~48
	第二环	0.30~0.45	2	0.050~0.082	0.12	0.15	30~45
	油环	0.35~0.5		0.030~0.062	0.12	0.15	43~68
雷沃 TB604	第一环	0.30~0.45		0.080~0.115	0.15	0.20	56~71
	第二环	0.40~0.55	2.5	0.050~0.085	0.12	0.17	40~60
	油环	0.30~0.45		0.040~0.075	0.12	0.17	58~78
雷沃 TD804	第一环、第二环	0.35~0.80	0.80	0.041~0.105	0.07~0.11	0.11	20.2~30.3
	第三环	0.30~0.76	0.76	0.070~0.105	0.05~0.08	0.08	17.3~25.9
	油环	0.38~0.84	0.84	0~0.07	0.35~0.80	0.80	80~112
雷沃 TD804(天力)	第一环、第二环	0.50~0.70		0.090~0.130	0.20	0.50	22~34
	第三环	0.40~0.55	2	0.070~0.105	0.15	0.40	16~26
	油环	0.25~0.40		0.040~0.075	0.15	0.30	60~75
雷沃 TG1654	第一环、第二环	0.35~0.80	0.80	0.041~0.105	0.07~0.11	0.11	20.2~30.3
	第三环	0.30~0.76	0.76	0.070~0.105	0.05~0.08	0.08	17.3~25.9
	油环	0.38~0.84	0.84	0~0.07	0.35~0.80	0.80	80~112
TS250	第一环、第二环	0.20~0.40	1.5	0.050~0.082	—	0.30	11.2~18.6
	第三环	0.15~0.35	1.2	0.030~0.062		0.25	11.2~18.6
	油环	0.15~0.35	1.2	0.030~0.062		0.20	44.1~67.3
TS550	第一环	0.30~0.45	1.5	0.06~0.10	—	0.30	16.9~25.3
	第二环	0.25~0.40	1.2	0.04~0.08		0.25	15.8~23.8
	油环	0.25~0.45	1.2	0.03~0.07		0.20	46~74

表5-7 连杆大小端孔的尺寸 (mm)

机型	大头孔 标准尺寸	大头孔 圆柱度、圆度 标准值	大头孔 允许值	小头孔 标准尺寸	小头孔 圆柱度、圆度 标准值	小头孔 允许值	与衬套的配合紧度 标准值	与衬套的配合紧度 允许值	两孔中心距（不小于）标准值	两孔中心距（不小于）允许值
铁牛-55	$81^{+0.021}_{0}$	0.01	柱0.03 圆0.06	$46^{+0.027}_{0}$	0.015	柱0.04 圆0.06	0.125~0.048	0.048	$230^{0}_{-0.10}$	229.70
上海-50	$65^{+0.098}_{+0.050}$	—	—	$39^{+0.027}_{0}$	—	—	0.023~0.077	0.077	—	—
东方红-LX1000	$76^{+0.019}_{0}$	0.006	—	$40^{+0.042}_{+0.027}$	0.005	—	0.106~0.056	0.056	210 ± 0.03	—
雷沃TH404	$61^{+0.019}_{0}$	0.01	柱0.03 圆0.05	$29^{+0.041}_{+0.02}$	0.01	柱0.02 圆0.04	0.035~0.085	0.085	$170^{+0.02}_{-0.02}$	169.8
雷沃TB604	$70^{+0.019}_{0}$	0.01	柱0.03 圆0.05	$36^{+0.025}_{+0.011}$	0.01	柱0.02 圆0.04	0.035~0.085	0.085	$192^{+0.025}_{-0.025}$	191.8
雷沃TD804	$67.208^{+0.013}_{0}$	0.021 / 0.008	0.025	$39.723^{+0.015}_{0}$	—	—	0.072~0.139	0.072~0.139	$219^{+0.1}_{-0.05}$	—
雷沃TD804（天力）	$76^{+0.019}_{0}$	0.01	柱0.03 圆0.06	$40^{+0.025}_{0}$	0.01	柱0.04 圆0.06	0.093~0.043	0.043	$210^{+0.05}_{-0.05}$	209.7
雷沃TG1654	$67.208^{+0.013}_{0}$	0.021 / 0.008	0.025	$39.723^{+0.015}_{0}$	—	—	0.072~0.139	0.072~0.139	219 ± 0.1	—
TS250	$70^{+0.019}_{0}$	0.005	—	$39^{+0.025}_{0}$	0.007	—	0.065~0.13	—	$210^{+0.03}_{-0.03}$	—
TS550	$66^{+0.019}_{0}$	0.006	—	$39^{+0.025}_{0}$	0.006	—	—	—	$192^{+0.03}_{-0.03}$	—

3. 连杆大小端孔应光洁，大端孔的表面粗糙度 Ra 不应超过 0.80，小端孔的表面粗糙度 Ra 不应超过 1.60。

4. 曲轴的轴颈表面不得有烧伤和划痕，各轴颈的轴肩圆角处粗糙度 Ra 不应超 0.40，安装滚动轴承的主轴颈，其表面粗糙度 Ra 不应超过 0.80。

5. 曲轴的轴向间隙应符合表 5-8 的规定值。

表 5-8　曲轴的轴向间隙 （mm）

机型	曲轴的轴向间隙	
	标准值	极限值
铁牛-55	0.095～0.358（铝合金） 0.100～0.395	0.50 0.80
上海-50	0.11～0.26	0.45
东方红-LX1000	0.05～0.26	—
雷沃 TH404	0.14～0.30	0.45
雷沃 TB604	0.12～0.30	0.45
雷沃 TD804	0.05～0.38	0.50
雷沃 TD804（天力）	0.15～0.29	0.05
雷沃 TG1654	0.05～0.38	0.50
TS250	0.070～0.189	0.50
TS550	0.060～0.169	0.40

6. 主轴承和连杆轴承的合金层不得有孔眼和剥落等缺陷，粗糙度 Ra 不应超 0.40。

7. 主轴承和连杆轴承内径的圆柱度、圆度应不大于 0.02 mm，允许不修值为 0.05 mm。

8. 主轴承、连杆轴承与曲轴的配合间隙应不大于表 5-9 规定的允许不修值。

表 5-9　主轴承、连杆轴承与曲轴的配合间隙 （mm）

机型	曲轴主轴颈与主轴瓦		曲轴连杆轴颈与连杆轴	
	标准值	允许不修值	标准值	允许不修值
上海-50	0.070～0.138	0.25	0.060～0.118	0.25

（续）

机型	曲轴主轴颈与主轴瓦		曲轴连杆轴颈与连杆轴	
	标准值	允许不修值	标准值	允许不修值
东方红-LX1000	0.074～0.100	—	0.10～0.40	—
雷沃 TH404	0.030～0.088	0.20	0.050～0.118	0.20
雷沃 TB604	0.040～0.104	0.25	0.036～0.076	0.20
雷沃 TD804	0.057～0.117	0.25	0.057～0.117	0.25
雷沃 TG1654	0.035～0.110	0.25	0.047～0.117	0.25
TS250	0.070～0.138	—	0.050～0.114	—
TS550	0.045～0.106	—	0.040～0.198	—

第六章 ⋯⋯⋯⋯⋯⋯⋯⋯⋯

换气系统的修理

换气系统主要由配气机构、空气供给装置、废气排出装置等组成。

配气机构主要有两种型式：即四行程发动机广泛使用的气门式配气机构和二行程发动机采用的气孔式配气机构。气门式配气机构根据气门安装位置不同可分为顶置式和侧置式两种。顶置式配气机构虽然结构比较复杂，但因它的燃烧室紧凑，有利于提高压缩比，并可减少进排气阻力，所以柴油机上均采用顶置式配气机构。顶置式配气机构主要由气门组件、传动组件和驱动组件构成。

第一节 气门组件的构造与修理

一、构造及功用

气门组件包括气门、气门座、气门导管、气门弹簧、弹簧座和锁片或锁销等零件，如图 6-1 所示。

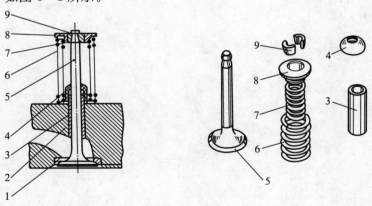

图 6-1 气门组件

1.气门座 2.汽缸盖 3.气门导管 4.导油套 5.气门
6.外弹簧 7.内弹簧 8.弹簧座 9.气门锁片

1. 气门　气门是保证发动机动力性、经济性和可靠性的重要零件之一。气门分为进气门和排气门，其作用是控制进气、排气通道的开闭。气门处在高温、高压下工作，润滑条件差，再加之频繁的开闭撞击，因此，气门是采用强度高、耐磨性好、抗氧化和抗腐蚀的材料制造的。由于进、排气门的工作环境有较大差别，通常进气门用普通合金钢，排气门用耐热合金钢制成。

（1）气门可分为头部、杆身和尾部 3 部分。气门头部的形状有平顶、凸顶和凹顶几种形式，其工作锥面为 45°角，个别的也有 30°角，经精加工后，与气门座配对研磨。研磨好的气门锥面上有一道宽为 1.5～2.5 mm 无光泽的接触环带。这个接触环带过宽不易密封，过窄不利于散热。配对研磨好的气门不准互换。

（2）气门杆身呈圆柱形，装在气门导管内，起导向作用。为了增加气门强度，改善气门头部的散热条件，减少进、排气流阻力，杆身与头部连接处采用圆滑过渡。

（3）为了防止气门弹簧折断使气门掉入汽缸，气门尾部制成椎体或环槽，个别的钻有销孔，用以安装锁片或锁销。

2. 气门座　气门座与气门头部配合对汽缸起密封作用，并对气门头部起导热作用。气门座有两种形式，一种是与汽缸盖或机体制成一体，也就是气门座直接加工在进、排气道口上，这种形式具有良好的散热性；另一种是采用合金铸铁、合金结构钢制成座圈，镶入汽缸盖或机体的座孔内，这种形式可以节省优质材料，提高使用寿命，并便于修理维护。气门座工作锥面的锥角与气门头部工作锥面的锥角相同，为了使两个工作锥面很快磨合，通常气门头部工作锥面的角度比气门座的小 0.5°～1.0°。

3. 气门导管　气门导管的作用是对气门进行导向，保证气门作直线运动，防止气门头部在气门座上歪斜，并将气门上的大部分热量传给汽缸盖或机体。气门导管通常用含石墨较多的灰铸铁或铁基粉末合金制成，用专用工具压装在汽缸盖或机体上。

4. 气门弹簧　气门弹簧的作用是使开启的气门及时自动关闭，靠自身的弹力保证气门与气门座的紧密贴合。气门弹簧通常采用螺旋弹簧，其弹力应能保证克服气门、推杆、摇臂等零件运动时产生的惯性力。目前，柴油机气门弹簧大多采用与螺旋方向相反的内外两根弹簧，以避免工作时产生共振，确保高速运转时的可靠性；另外还可以避免由于其中一根折断而使气门落入汽缸，造成重大事故。

5. 气门锁片或气门锁销 气门锁片或气门锁销的作用是通过弹簧预压力把弹簧座和气门杆锁住，使弹簧的弹力作用在气门杆上。气门锁片通常制成两个半椎体，外锥面与气门弹簧座内锥面配合，内锥面与气门尾部锥面槽配合，装配后，受弹簧的张力而自行锁紧。

二、主要零件的检查与修理

柴油机经长期使用以后，由于磨损、腐蚀等原因，气门组的技术状态被破坏，造成汽缸漏气、压缩压力降低，使发动机功率下降，耗油增多，启动困难。

1. 气门与气门座的检测与修理 气门与气门座是承受高温、高压和冲击载荷的零件，其工作斜面工作条件恶劣，长期承受高温、高速流动气体的冲刷、氧化和腐蚀作用，磨损较快，常见的缺陷有工作斜面和气门杆、气门杆端面磨损、工作斜面烧蚀、气门杆变形等。

（1）气门和气门座工作斜面磨蚀的检查与修理 气门和气门座工作斜面磨蚀主要有凹陷、烧蚀和偏磨，可以直接观察出来。其修理方法有以下几种。

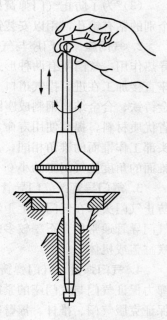

① 研磨气门与气门座。当气门与气门座的工作斜面只有积炭或磨损不大时，可用气门捻子吸住气门，使气门与气门座互相研磨，如图 6-2 所示，以恢复密封性。具体操作方法分 4 个步骤：

第一步是清洗。先用柴油将气门和气门座的污垢清洗干净，特别是将积炭清除干净。

第二步是粗研。在气门的工作斜面上涂一层薄薄的粗研磨膏进行粗研，磨去工作斜面上的麻点。研磨时，用手搓动捻子木柄，使气门转动，同时经常提起气门轻轻拍打气门座，并不断调换位置，使工作斜面研磨均匀。不要用力撞击气门座和频繁地更换气门砂，因为用力过大和大粒的气门砂会使气门和气门座的接触环带过宽，从而增加新的凹坑，给研磨带来困难。

图 6-2 研磨气门与气门座

第三步是精研。粗研后，换用细研磨膏进行精研，研磨方法与粗研相同，直到出现一条宽度为 1.2～1.5 mm 整齐的灰色连续环带为止。然后将细研磨膏洗净，换用机油进行数分钟的研磨，以获得更好的密封性。

第四步是密封性的检查。经过研磨的气门和气门座，必须进行密封性检查，以确定研磨质量。检查前，先将气门、气门座和有关零件清洗干净，然后按配对记号将气门装入相应的座孔内。检查方法有 3 种：一是在气门工作斜面的圆周上，用铅笔沿径向画若干条线，将如图 6-3a 所示；之后将气门装到气门座上，轻轻敲击数次，取出气门观察，如果所有线条都在接触环带部位中断，表示密封良好，如图 6-3b 所示。二是将汽缸盖倒置，把气门放入气门座内，在气门头下沉处倒入煤油，经 2～3 min 后油面不降低即为合格。三是把气门

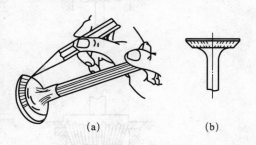

(a)　　　　　　　(b)

图 6-3　用铅笔检查气门密封性

装上气门弹簧，将汽缸盖侧置，从进排气支管注入煤油，5 min 以内油不从气门和气门座接触处渗漏即为合格。

② 铰削气门座。当气门和气门座磨损和烧蚀严重，工作斜面过宽或有沟槽、凹坑和较深的麻点时，用互相研磨的方法难以恢复密封性时，需要用专用气门座铰刀对气门座进行铰削。

铰削前，根据气门头部大小和斜面锥角，选择合适的气门铰刀。以 95系列柴油机为例来说明。95 系列气门斜面的锥角为 45°，铰削气门座斜面的铰刀有 45°、75°和 15° 3 种，45°铰刀又分为平直的精铰刀和齿状的粗铰刀两种。齿状铰刀用来加工较硬的表面层。由于铰削气门座是以气门导管为加工基准的，所以在铰削前还应检查气门导管的磨损情况，铰刀杆与气门导管的间隙不应大于 0.05 mm。必要时加以修理更换，以保证铰削后的气门座与导管同心。

气门座铰削的主要目的是在工作斜面的中部重制接触环带，接触环带的宽度不能过窄，也不能过宽。过窄虽然密封性好，但磨损太快，且影响气门散热；过宽则密封不严，容易漏气。铰削时，用力要均匀，转动要平稳，以防气门座铰偏。

铰削气门座口的铰刀角度分为 30°、45°、75°和 15° 4 种，30°和 45°铰刀用以铰削气门座的相应角度的工作锥面，分为粗刃和细刃两种；75°和 15°铰刀是调整接触环带宽度和位置用的。气门座的铰削分为 5 个步骤，

如图 6 - 4 所示。

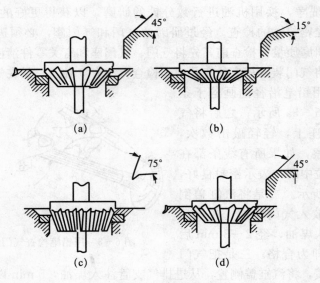

图 6 - 4　铰削气门座

第一步是粗铰 45°或 30°角。用 45°或 30°粗刃铰刀铰削斜面，直到消除磨损的凹坑、麻点为止。

第二步是铰 15°角。用 15°铰刀铰削气门座上口，从上方缩小气门座斜面宽度。

第三步是铰 75°角。用 75°铰刀铰削气门座下口，从下方缩小气门座斜面宽度。

第四步是精铰 45°角。用 45°细刃铰刀铰削斜面，并与气门互相研磨，直到接触良好为止。

第五步是用 15°和 75°铰刀配合铰削。铰削时，使接触环带具有正确的位置和宽度，也就是使接触环带位于气门工作斜面的中部，或中部稍偏气门杆一边，宽度为 1.2～1.5 mm。如图 6 - 5 所示。可用标准的气门进行检查，检查时在气门工作斜面上等距离画几道铅笔线条，与气门座拍打几次，如果接触环带偏向气门头部，需要加大 15°斜面的铰削量进行修整。

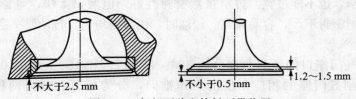

图 6 - 5　气门下陷和接触环带位置

③ 更换气门座。气门座损坏严重时，如凹坑麻点过深、产生裂纹等，则必须更换气门座；或者气门座经过几次磨削后，即使更换新的气门，下陷度仍超过规定值（一般为 2.5 mm）时，也应更换新的气门座。气门座的更换可分为 3 个步骤：

第一步，用专用拉出器将旧气门座拉出，其方法如图 6-6 所示。注意不能用扁铲凿剔，以免损伤座孔。若没有专用工具时，可用凿子先在座圈里端打一个缺口，作为着力点，以汽缸盖气门座孔倒角边缘为支点，用力撬出。

第二步，压入新的气门座。首先检查座孔中有无拆卸时碰出的毛刺，如有则应清除修整，而后用手锤通过冲头直接打入。操作时，要注意放正放平，用力均匀。当发出清脆的响声时，停止敲击，此时气门座应与缸盖座孔贴合严密。为保证新压入的气门座在气门座孔内有足够的紧度，通常选择与汽缸盖材料近似的气门座，且其配合表面有较高的加工精度。

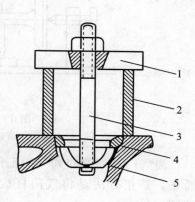

图 6-6　拆卸气门座
1. 压板　2. 圆管　3. 螺杆
4. 气门座　5. 拉出盘

第三步，铰削气门座。铰削到符合要求的尺寸后，用前面所讲的方法，与气门进行配对研磨。

（2）气门杆缺陷的检查与修理　柴油机工作时，气门杆承受反复的冲击载荷，使气门杆的外径和尾部端面磨损。有时由于气门间隙调整不当会发生顶弯气门杆的现象。气门杆外径磨损和弯曲后，与导管的配合间隙增大，使气门与气门座工作斜面偏磨，气门关闭不严；气门杆尾部端面磨损后，使气门间隙增大。

① 气门杆变形的检查和矫正。气门杆变形的检查，包括气门杆弯曲的检查和气门工作斜面对气门杆的径向跳动量的检查，如图 6-7 所示。将气门杆支承在两个支承角铁上，两端用顶针顶住，并保持水平，将百分表的测量杆触在气门杆中部，转动气门杆一圈，观察表针的最大读数与最小读数之差，即气门杆的弯曲程度，通常其径向摆差不超过 0.03 mm。而后将百分表移到气门工作斜面上，继续转动气门杆，观察表针的最大读数与最小读数之差，就是气门锥面对气门杆的径向跳动量，通常其径向摆差应

小于 0.05 mm。

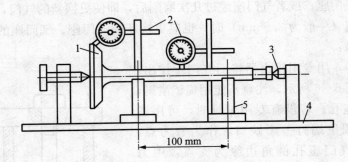

图 6-7　气门杆变形的检查

1. 气门　2. 百分表　3. 顶尖　4. 平板　5. V 形块

当气门杆的弯曲和气门工作斜面的径向摆差超过使用极限时，应进行矫正。矫正方法是将气门杆放在平台上，上下垫铜垫，用手锤轻轻敲击矫正。

② 气门杆磨损的检查与修理。气门杆的磨损量和圆柱度、圆度可用外径百分尺测量，其测量位置如图 6-8 所示。当超过使用极限后，可在磨床上磨光，再换用加大尺寸的气门导管，这种方法目前采用得很少，大都进行换件修理。

③ 气门和气门座修理后的检查。对气门而言主要应检查气门工作斜面是否有裂痕、麻点、结疤和碰伤等缺陷，检查气门杆是否有裂纹、划痕、碰伤等缺陷，检查气门杆圆度、圆柱度、气门头圆柱厚度是否符合规定值。对气门座而言主要应检查是否有气孔、砂眼、缩松、夹灰等缺陷。

2. 气门导管检测与修理　柴油机工作时，由于气门杆高速往复运动，使气门导管磨损较快，特别是气门导管下部因温度较高，润滑条件差，磨损更快，磨损后形成下大上小的喇叭状，使气门杆在导管中晃动，造成气门工作斜面偏磨，密封性下降。

（1）气门导管磨损的检查　气门导管与气门杆配合间隙的检查：将气门头提出一定高度，用百分表的测量杆触在气门头圆柱面上，左右推动气门头，表针的摆差即为气门杆与导管的配合间隙，如图 6-9 所示。

（2）气门导管的修理　气门导管内径磨损超过使用极限或与缸盖配合松动后，应采取更换新件的方法进行修理。气门导管的更换修理分为 3 个步骤：

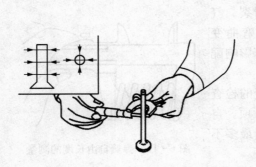

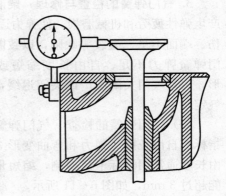

图 6-8　测量气门杆磨损程度　　　　图 6-9　检查气门导管与气门杆的间隙

　　第一步是正确拆卸。如图 6-10 所示，可用长螺栓拉出器拉出气门导管；也可把带台阶的冲头放入导管上，然后用锤击冲头，将导管打出。冲头杆的直径应比导管内孔直径小 1 mm，冲头直径应比导管外径小 1 mm 左右，以免损坏汽缸盖。

　　第二步是压入新气门导管。检查新气门导管的外圆直径、圆度和圆柱度是否符合规定值。而后，在导管外圆柱面上涂一层机油，然后用上述长螺栓压入，或用手锤和带台阶的冲头将气门导管打入。

　　第三步是铰削气门导管。气门导管压入汽缸盖以后，如果配合间隙过小，应按气门杆的尺寸铰削导管内孔。铰削时，将气门导管铰刀置于导管内，用专用扳手夹持刀杆，双手以均等的力量转动扳手进行铰削，每次吃刀量以 0.02～0.03 mm 为宜，边铰削边检查，直到将气门杆插入导管后，能靠自身重量下降，用手晃动无明

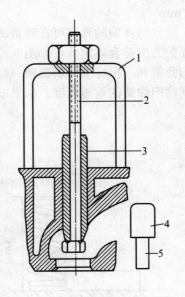

图 6-10　用长螺栓拉出器拉出气门导管及带台阶的冲头
1. 支架　2. 螺栓　3. 气门导管
4. 冲头　5. 冲头杆

显的间隙为止。最后用百分表测量气门导管与气门杆的配合间隙，应在 0.05～0.10 mm。

3. 气门弹簧的检查与修理 柴油机工作时，气门弹簧高速度地反复伸缩，产生弹性疲劳和机械磨损，使弹力逐渐减小，自由长度改变，并发生弯曲、擦伤、端面不平、裂纹等缺陷，以致断裂。气门弹簧弹力不足、自由长度缩短或弯曲变形，将使气门关闭不严或关闭迟缓，影响配气定时。

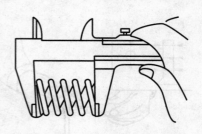

图 6-11 弹簧自由长度的测量

（1）气门弹簧的检查 气门弹簧的检查指标有自由长度、弹力和弯曲变形 3 项。自由长度通常用游标卡尺检测，缩短量最多不能超过 3 mm，如图 6-11 所示。

弹簧的弯曲变形可用直角尺进行检查，如图 6-12 所示。一般情况下，弹簧的倾斜度在 100 mm 长度上，不应超过 2 mm。

气门弹簧的弹力可在弹簧试验仪上检验。把弹簧压缩到规定长度时，所需要的力应符合规定值，如图 6-13 所示。如果无弹簧试验仪，也可将被检查的旧弹簧和一根标准的新弹簧一起夹在台虎钳上，当新弹簧压缩到规定长度时，观察旧弹簧的缩短程度。如果旧弹簧比新弹簧短，表示旧弹簧的弹力不足。

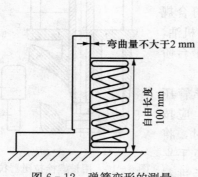

图 6-12 弹簧变形的测量

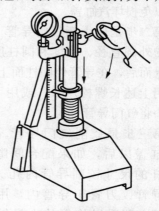

图 6-13 弹簧弹力的测量

（2）气门弹簧的修理 通过上述检查，对那些簧圈上产生麻点、凹痕、裂纹和弯曲过大的弹簧，应更换新品。对自由长度缩短和弹力不足的弹簧，应更换新弹簧。如果暂时没有配件，可采取加垫片的临时措施，来修理自由长度缩短和弹力不足的弹簧。具体方法是：在弹簧下端面加一厚度不超过 2 mm 的垫片，以增加弹力。

三、气门组件的拆装要求

1. 气门组零件的拆卸 拆卸时，将减压手柄拨到减压位置，卸下缸盖罩、摇臂座固定螺母，取下摇臂轴减压轴组件。然后，按规定顺序拆下汽缸盖螺母，取下汽缸盖，从缸盖孔中抽出挺杆，按缸号放好并将汽缸盖放置在平整的木板上。拆卸气门组时，除使用专用工具外，还可用两根铁棒进行。用两根铁棒将弹簧上座和气门内外弹簧一起压下，取出气门锁夹，然后成套地取出弹簧座、内外弹簧、导油套、气门等。按汽缸顺序放置，防止搞乱。所有零件应使用金属清洗剂或柴油清洗干净。

2. 气门组零件的安装 气门组零件在汽缸盖上的安装顺序为：

（1）将气门、气门座、气门导管、气门弹簧、锁夹等零件用金属清洗剂或者柴油清洗干净。

（2）将选配好的气门座和气门导管压入汽缸盖内，并进行铰削，直到符合要求。

（3）将气门杆涂上机油，按配对记号插入气门导管内。

（4）将汽缸盖侧放，用一块干净的木板压住气门头部，然后将汽缸盖连木板一起平放在工作台上，装上内外气门弹簧和弹簧座。

（5）通常用专用工具安装气门锁夹。安装后的锁夹，应与气门杆尾部锥面紧密贴合，两边对口间隙应均匀，凹入弹簧座不小于 2 mm，两个锁夹的凹入量相差应不大于 0.3 mm。将汽缸盖侧立，用木锤轻轻敲击气门杆尾端数次，使锁夹压平咬紧。

（6）气门组零件在汽缸盖上安装完毕后，用手晃动弹簧座进行检查。弹簧座与气门杆应紧密结合，没有相对运动，否则应更换锁夹或弹簧座。

第二节 传动组件的构造与修理

一、构造及功用

传动组件主要由挺柱、推杆、摇臂、摇臂轴、摇臂轴座等零件组成，如图6-14 所示。

1. 挺柱 挺柱的作用是将凸轮轴的推动力传递给推杆。挺柱主要有菌形、筒形和柱形 3 种形式，如图 6-15 所示。为了使挺柱在工作中能够旋转，从而使磨损均匀，有的柴油机将挺柱的轴线与凸轮工作面中心线偏置一个距离，这种挺柱不但随凸轮上下运动，而且能作少量旋转运动。通常挺柱直接安装在导孔中，也有一些是在导孔中压装挺柱导管的。

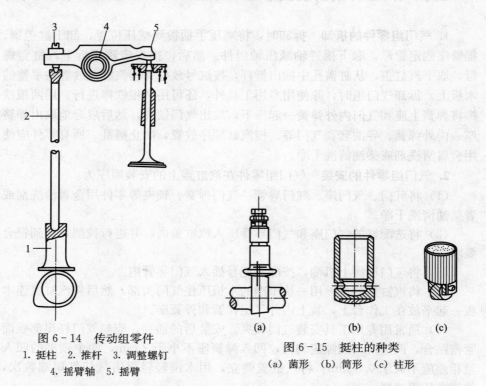

图 6-14　传动组零件
1. 挺柱　2. 推杆　3. 调整螺钉
4. 摇臂轴　5. 摇臂

图 6-15　挺柱的种类
（a）菌形　（b）筒形　（c）柱形

2. 推杆　推杆大多为钢制空心细长杆，其下端为球面头与挺柱接触，上端球面坑与固定在摇臂一端的气门间隙调整螺钉接触，其作用是将挺柱的推力传递给摇臂，如图 6-14 所示。为了使磨损均匀，推杆的运动形式与挺柱的相同，既有上下运动，又有少量旋转运动。

3. 摇臂　摇臂有长短不同的两个臂，长臂与气门杆尾端接触，短臂端装有球头调整螺钉，通过球头调整螺钉与推杆接触，其作用是将推杆的推力方向改变，使气门打开，如图 6-14 所示。摇臂中心孔内压有衬套，装在摇臂轴上，工作时绕摇臂轴摆动。为了适应摇臂摆动的要求，与推杆接触的摇臂头部做成圆弧面。通常摇臂内部钻有油孔，以润滑推杆与调整螺钉的接触面。

4. 摇臂轴　摇臂轴是钢制空心轴，通过摇臂轴座固定在汽缸盖上，其作用，一是支承摇臂，二是提供润滑油，也就是兼作油道用。为防止摇臂轴向移动，相邻两摇臂间装有弹簧。

二、主要零件的检查与修理

柴油机工作时，传动机构经常处在高速冲击载荷作用下，且润滑条件较差，轴、轴套、摇臂头和气门间隙调整螺钉都会产生磨损，甚至会造成摇臂、摇臂支座、调整螺钉断裂。传动组的主要故障有：摇臂撞头与气门杆端面、调整螺钉与推杆球窝磨损，摇臂衬套与摇臂轴配合部分磨损，挺杆与推杆下端面磨损等。

1. 摇臂的检测与修理 摇臂常见的缺陷是摇臂头磨损和螺纹孔损坏，这些缺陷通常可以直接观察出来。对于摇臂头圆弧面磨损出现凹坑的缺陷，可用油石或砂轮进行磨修，消除缺陷并磨出圆弧面。

摇臂螺纹孔损坏后，可采用扩孔攻丝，配加大的气门间隙调整螺钉的方法进行修复。

2. 摇臂轴和衬套磨损的检测与修理 摇臂轴和衬套磨损，使气门间隙失准，改变气门开闭时间，影响配气定时。当磨损超过使用极限时，可磨修摇臂轴，消除椭圆后，更换新衬套。

3. 挺柱和推杆的检测与修理 柴油机工作时，挺柱和推杆在机体导向管内上下往复运动，同时绕自身轴线作旋转运动。由于承受反复的冲击载荷，使接触表面产生磨损、擦伤和疲劳剥落。安装调整不当时，还会使推杆产生弯曲变形。

挺柱和推杆磨损或变形，使气门间隙发生变化，影响气门的开启和关闭时间，造成发动机工作不稳。

（1）挺柱磨损的检测与修理 挺柱与凸轮接触面常常磨成凹面，可直接观察出来。当磨损凹面较浅时，可用砂纸在平板上研磨或用油石磨修。磨损严重或有剥落时，可用弹簧钢丝进行焊条堆焊，焊后按技术要求磨削端面。

挺柱圆柱导向面的磨损可用外径百分尺测量，若此导向面与机体导向管的配合间隙超过使用极限值，一般是更换新件。

挺柱上端球窝磨损出现局部凹坑，可直接观察出来。当球窝磨损较轻或有划痕时，可用砂纸或气门砂研磨，消除划痕。如果磨损严重，直径增大超过使用极限值，应更换新件。

（2）推杆磨损和弯曲的检修 上端球窝和下端球面磨损，可直接观察出来。当推杆的球窝和球面磨损较轻时，可用研磨的方法磨去痕迹。如果磨损严重超过使用极限值，应更换新件。

推杆弯曲变形，可在平板上转动推杆，用厚薄规测量它与平板的间隙进行检查，当直线度超过使用极限时，可采用冷作矫正法进行矫直，即用球形手锤轻轻敲击推杆弯曲变形的表面来矫直（详见第二章第五节）。

三、传动组件的拆装要求

1. 传动组件的拆卸

（1）依次卸下机体前端齿轮罩、凸轮轴齿轮及止推板，即可取出凸轮轴。

（2）将配气机构零件拆下清洗后，应对气门、气门座磨损和烧蚀情况进行检查。

2. 传动组件的安装　传动组零件的安装应遵循下列顺序：

（1）将摇臂、摇臂轴、摇臂轴支座、挺柱和推杆等零件清洗干净，清除摇臂机构润滑油道中的油污。

（2）将摇臂衬套压入摇臂，精铰内孔达到规定要求。

（3）将摇臂轴支座、摇臂、摇臂轴弹簧装到摇臂轴上，装上挡圈。挡圈应有足够的弹力，不得变形，摇臂应转动灵活没有卡滞现象。

（4）将推杆装入机体导向孔内，下端应落入挺柱球窝内。挺柱应在安装凸轮轴前装入导向孔，与导向孔的配合间隙应符合规定要求。

（5）摇臂机构装到汽缸盖上后，气门间隙调整螺钉应落入推杆球窝内，摇臂头中心线与气门杆尾端中心线应重合，偏移量不得超过 1 mm。拧紧固定螺母时，注意先松开气门间隙调整螺钉，退回几扣，以免拧紧固定螺母后，气门顶活塞。

第三节　驱动组件的构造与修理

一、构造及功用

驱动组件主要由凸轮轴、凸轮轴正时齿轮等组成，如图 6 - 16 所示。驱动组件的作用是控制进、排气门的定时开、闭。

1. 凸轮轴　凸轮轴的材料通常用优质中碳钢锻造或用球墨铸铁铸造。凸轮轴上制有轴颈及进、排气凸轮，有的还制有喷油泵、输油泵、机油泵的驱动凸轮或齿轮等，凸轮轴有两个或多个支承轴颈，各汽缸进、排气凸轮的位置决定于发动机的配气相，凸轮的形状是为保证气门在规定的开启时间内和规定的升程下，处于全开的时间长，且加速度不过大而设计制造的。凸轮轴的轴承一般用青铜、铁基粉末合金制成，压装在机体的凸轮轴轴承座孔内，采用压力润滑方式进行润滑。

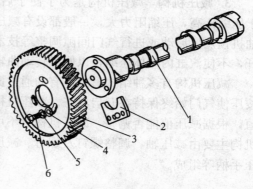

图 6-16 驱动组件
1. 凸轮轴 2. 凸轮轴止推扳 3. 凸轮轴齿轮
4. 平垫圈 5. 垫圈 6. 螺栓

配气的齿轮传动装置多采用斜齿轮，因而产生凸轮轴的轴向窜动，影响配气定时，所以凸轮轴都设有轴向定位装置。凸轮轴的轴向定位通常采用止推片或止推板定位、凸轮轴前衬套定位和止推调整螺钉定位 3 种方法。

（1）止推片或止推板定位　止推片或止推板用螺钉固定在机体前端面上，同时又卡在凸轮轴第一轴颈与定时齿轮端面之间。凸轮轴的轴向间隙可通过更换不同厚度的止推片来调整。

（2）凸轮轴前衬套定位　凸轮轴第一轴颈衬套装在第一轴颈凸台与正时齿轮轮毂之间，而第一轴颈衬套又固定在机体前端面上。凸轮轴的轴向间隙可通过更换第一轴颈衬套来调整。

（3）止推调整螺钉定位　止推调整螺钉拧在正时齿轮室盖对正凸轮轴上的止推销处。凸轮轴的轴向间隙可通过调整螺钉来调整。

2. 正时齿轮　柴油机正时齿轮的作用除了将曲轴的旋转运动传到各辅助系统，如凸轮轴、喷油泵、机油泵、水泵、发电机等，带动它们旋转以外，更重要的是为保证柴油机配气和供油机构定时、定量协调工作。正时齿轮大都使用斜齿轮，以减少传动噪声，增强齿轮啮合的平稳性。

柴油机正时齿轮包括曲轴齿轮、配气正时齿轮、喷油泵驱动齿轮和惰齿轮，都安装在机体前端的正时齿轮室内。由于凸轮轴、喷油泵驱动轴的旋转角度与曲轴相对位置必须保持准确的关系，所以各个正时齿轮通常利用定位销或定位键与各自的轴定位，各个正时齿轮之间的位置关系是依靠正时齿轮端面上的配对记号来保证的，装配时各记号应相互对准。

3. 减压机构　减压机构是为了便于启动和维护保养而设置的。柴油机由于压缩比高，压缩阻力大，一般都设有减压机构。减压机构的主要作用是在柴油机预热、启动或进行气门间隙调整等技术保养时，使部分或全部气门强制打开，不使汽缸内气体压缩，以便于转动曲轴。

减压机构有多种结构形式，有的通过挺柱的提升、有的通过摇臂头的直接按压使气门始终保持在开启状态。减压机构迫使气门保持开启的高度称为减压值，根据减压值能否调整，减压机构分不可调式和可调式两大类。常用的减压机构主要由减压轴、调整螺钉及螺母、减压限位板、减压拨叉、减压弹簧和减压手柄等组成。

二、主要零件的检查与修理

凸轮轴和衬套除正常磨损外，当发生气门撞击活塞、气门咬死在导管内等事故时，还会使凸轮轴弯曲和扭曲变形。凸轮轴凸轮磨损，以及推杆、凸轮轴弯曲等原因，使气门间隙增大，引起冲击响声，气门开启高度减小，配气相位略有改变。

1. 凸轮轴及衬套的检测与修理　凸轮轴及衬套通常出现的缺陷主要有轴颈磨损、衬套配合表面磨损、凸轮工作表面磨损以及凸轮轴变形等。

（1）凸轮轴及衬套磨损的检测与修理　凸轮工作表面和轴颈与衬套配合表面磨损后，使气门升起高度减小，气门开启时间和进、排气门开放重叠时间缩短，减少了新鲜空气的进入量和废气的排出量，使发动机功率下降，燃油消耗率增加。

凸轮的磨损，可用外径百分尺或游标卡尺测凸轮高度进行检查，如图6-17所示。磨损超过使用极限值，可用堆焊修复。焊后，在凸轮磨床磨削到标准尺寸，这种方法目前应用很少，大多采用换件修理法。

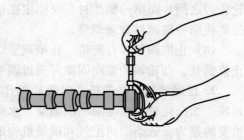

图6-17　凸轮轴磨损的检测

凸轮轴轴颈和衬套的磨损，可用外径百分尺测量轴颈，用内径百分表测量衬套。根据测量的数据计算出配合间隙、圆度和圆柱度，当圆度、圆柱度和配合间隙超过使用极限值后，可采用换件修理法进行修理，也可以磨修轴颈，消除锥形和椭圆形后，按轴颈的实际尺寸配制相应尺寸的衬套，以恢复正常配合间隙。

（2）凸轮轴变形的检查与矫正　凸轮轴弯曲和扭曲变形后，将改变气门的升起高度，影响配气正时，并使各支承轴颈的不同轴度增加，从而加剧轴颈和衬套的磨损。因此，必须对凸轮轴的变形进行检查和矫正。

测量检查凸轮轴弯曲的方法如图 6-18 所示。将凸轮轴两端轴颈支承在 V 形支架上，使百分表的量杆触在中间轴颈上，回转凸轮轴一圈，百分表指针的摆动范围即为径向跳动量。当径向跳动量超过使用极限值后，对 45 号钢凸轮轴可采用冷压矫直，球墨铸铁凸轮轴可采用火焰矫直（详见第二章第五节）。

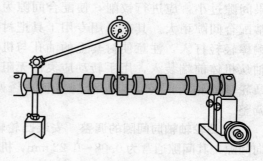

图 6-18　凸轮轴变形的检测

凸轮轴扭曲变形的检查和矫正比较困难，一般可在装好的发动机上，通过检查配气相位的准确性来判断凸轮轴的扭曲程度。凸轮轴扭曲变形轻微时，可通过磨削进行修复。若扭曲变形严重，应更换新件。

2. 配气正时齿轮和惰齿轮的检测与修理　曲轴齿轮通过惰齿轮带动配气正时齿轮和凸轮轴旋转，齿轮的齿面、惰齿轮轴和衬套等都会产生磨损；配气正时齿轮固定螺栓松动后，还会产生滚键现象，使凸轮轴和配气正时齿轮的键槽损坏。

（1）齿轮齿面、惰齿轮轴和衬套磨损的检测与修理　齿轮齿面磨损、惰齿轮轴和衬套磨损，都会使齿轮啮合间隙增大，产生异常响声，当负荷和速度变化时，响声更加明显，进一步加速齿面的磨损，影响配气正时。

齿面的磨损，可用厚薄规测量齿轮的啮合间隙（或压铅丝）进行检查，正常啮合间隙为 0.15～0.20 mm。当超过 0.4 mm 时，应更换新件。

惰齿轮轴和衬套的磨损，可分别用外径百分尺和内径百分表测量。当配合间隙超过使用极限值时，可采用磨修轴颈的方法消除锥形和椭圆形，而后按轴颈实际尺寸配制相应尺寸的衬套。

（2）键和键槽损坏的修理　配气正时齿轮与凸轮轴的连接键或键槽损坏后，将破坏配气正时，使发动机启动困难，甚至无法启动，因此，键损坏后应及时换键；键槽损坏后，可把凸轮轴和齿轮一起在离开原键槽位置 180°处重新开槽，配标准键。目前大都采用换件修理。

三、驱动组件的安装要求

1. 凸轮轴及衬套的安装 首先检查凸轮轴衬套和轴颈的配合间隙，如果间隙过小，应进行铰削，使配合间隙为 0.10～0.12 mm，比装机后的正常配合间隙稍大。其次，用专用工具把衬套压装到机体上，或用手锤垫上铜棒轻轻打入，注意使衬套上的油孔与机体上的油孔对准。之后，将凸轮轴从机体前端装入，用手转动应灵活无阻滞现象。然后装上止推板，检查凸轮轴的轴向间隙，应符合规定值。否则，应研磨止推板或加垫片进行调整。

2. 凸轮轴轴向间隙的调整 安装凸轮轴及止推板后，必须检查凸轮轴轴向间隙，其间隙通常为 0.08～0.22 mm，机型不同，其间隙值有所差别。当超过极限值时可用更换止推板或者拧动调整螺钉来调整。安装凸轮轴齿轮时，应将齿轮与凸轮轴法兰端面上的刻线对准，然后拧紧螺栓。

3. 正时齿轮的安装 安装正时齿轮传动机构时，标志与记号必须对准，不得有丝毫差错。安装前，先检查各个正时齿轮的装配记号，如果模糊不清应重新打记号。配气正时齿轮装到凸轮轴上后，与轴颈和连接键的配合应紧密，再装上挡圈，拧紧固定螺母。再将惰齿轮轴压装到机体上，配合紧度应符合规定值。转动凸轮轴和曲轴，使惰齿轮的配对记号分别与曲轴齿轮和配气正时齿轮的配对记号对准后，将惰齿轮套到惰齿轮轴上，惰齿轮在轴上应转动灵活，轴向窜动量应在 0.10～0.25 mm。对已经装上汽缸盖的发动机，当取下惰齿轮后，一般不要转动曲轴，以免活塞撞气门。安装配气机构时，需将各零件进一步清洗干净，并在工作表面涂上清洁机油。

第四节 配气机构的检查与调整

配气机构中需要定期检查调整的项目有：气门间隙、配气相位和减压机构。

一、气门间隙的检查与调整

气门间隙是指当气门完全关闭时，也就是凸轮的凸起尚未与挺柱接触时，气门杆尾端面与摇臂头之间的间隙。气门间隙是柴油机的重要间隙，在发动机使用过程中，随着配气机构各零件的磨损和气门调整螺钉的松动，气门间隙会发生变化，直接影响发动机的正常工作。若气门间隙过小或无间隙，工作中将造成气门关闭不严，产生漏气，气门斜面严重积炭甚至烧蚀；若气门间隙过大，则气门开得晚，关得早，气门的开度小，造成进气不足排气不净，使功率下降，因此需要定期检查调整。

　　各种机型的气门间隙，都是经试验确定的。由于排气门的工作温度高于进气门，所以大部分发动机排气门的气门间隙比进气门大 0.05 mm；冷机车比热机车的气门间隙大 0.05 mm。

　　在检查调整气门间隙之前，必须先检查摇臂轴支座和汽缸盖螺栓的紧固情况，如有松动必须拧紧。其次用手捻动推杆，如推杆不能转动或转动费力，说明推杆弯曲，必须校正或更换新件后才能检查调整气门间隙。气门间隙的调整方法有两种，下面以四缸柴油机为例作一简要介绍。

1. 逐缸调整法

　　（1）把减压手柄放在 4 个缸全减压位置。

　　（2）摇转曲轴，当看到第一缸排气门和进气门相继由开到闭时为止。

　　（3）拧下飞轮外壳上的定位销，将它反插在孔中，用手将定位销压在飞轮外缘上，摇转曲轴至定位销落入飞轮外缘孔中时，即为第一缸压缩上止点。

　　（4）将减压手柄扳回非减压位置，此时可检查调整第一缸的进、排气门的气门间隙。

　　（5）检查时，按规定的气门间隙值选好厚薄规厚度，将其塞入摇臂头和气门杆尾端之间，用手抽动厚薄规，稍感有阻力即为合适，否则需进行调整。

　　（6）调整时，拧松调整螺钉的锁紧螺母，拧进或拧出调整螺钉，调整到上述要求后，上紧锁紧螺母。上紧时，需用螺丝刀抵住调整螺钉，以防气门间隙发生变化，如图 6-19 所示。

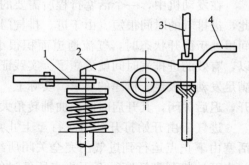

图 6-19　气门间隙调整示意图
1. 厚薄规　2. 摇臂　3. 旋具　4. 扳手

　　（7）按发动机工作顺序 1—3—4—2，每转动曲轴半周可先后调整三、四、二缸的进、排气门间隙。

2. 两次调整法 两次调整法是指根据汽缸工作顺序、气门排列顺序和配气相位，通过转动两次曲轴就可以完成四缸发动机气门间隙的调整。以四缸发动机 1—3—4—2 工作顺序和气门排、进、进、排、排、进、进、排的次序为例介绍两次调整法。为了叙述方便，从第一缸的气门开始进行 1～8 编号。在第一缸处于压缩上止点时，第 1、第 2、第 3、第 5 四个气门处于完全关闭状态，用厚薄规检查和调整第一缸的进气门和排气门、第二缸的进气门及第三缸排气门的气门间隙。当曲轴再转 1 周，在第四缸处于压缩上止点时，第 4、第 6、第 7、第 8 四个气门也处于完全关闭状态，可用厚薄规检查调整第四缸进气门和排气门、第三缸进气门及第二缸排气门的气门间隙。二次调整需首先弄清该发动机各缸的工作次序和进排气门的排列顺序，这些数据可从该机使用说明书等资料上查询或事先通过摇转曲轴确定。

二、配气相位的检测与调整

1. 基本概念 配气相位是指用曲轴转角来表示进、排气门实际开闭的时刻和延续的时间。

对四行程发动机来讲，理论上进气门是在活塞到达排气上止点时打开，到达吸气下止点时关闭，排气门是活塞处于作功下止点时打开，在排气上止点时关闭。即进、排气门的开闭时刻都在止点位置，打开闭合的延续时间均相当于曲轴转角 $180°$。

在发动机中，一个活塞行程所需要的时间极短，通常在 $0.01～0.02\ s$。因此，进排气的时间很短。由于进、排气门在开始打开和接近完全关闭的那段时间里处于微开状态时，气流通道面积很小，进排气产生很大的节流作用，所以，有效的进排气时间就更短了。实践证明，理论上的配气时间并不能很好地满足发动机吸足、排净的要求。实际上，高速发动机的进、排气门都是提前打开，迟后关闭，其开启时间内曲轴转角大于 $180°$。

进气门由开始打开到活塞行至上止点所经过的曲轴转角叫进气提前角；活塞由下止点运行到进气门完全关闭所经过的曲轴转角叫进气迟后角。排气门由开始打开到活塞行至下止点所经过的曲轴转角叫排气提前角；活塞由上止点运行到排气门完全关闭所经过的曲袖转角叫排气迟后角。进、排气门同时打开所经过的曲轴转角叫气门重叠角。配气相位用配气相位图（图 6 - 20）来表示。

（1）进气门的早开和迟闭 进气门由关闭状态到全部开启需要一段时间，

进气门早开便增大了活塞下行进气开始时气门
的升起高度，减小了进气阻力，改善了进气。
在进气行程中，当活塞到达下止点时，汽缸的
气体压力仍低于外界大气压力，加之进气气流
有一定的惯性，进气门迟闭可以使进气量更充
足。通常进气提前角为 $10°\sim40°$ 曲轴转角，进
气延迟角为 $20°\sim60°$。

　　(2) 排气门的早开和迟闭　作功行程仍在
进行时排气门便提前打开，这势必造成功率损
失，但因此时汽缸内压力已明显减小，所以功
率损失并不大。而排气门早开，废气可以利用
自身压力自动排出，这样活塞到下止点时，汽
缸内剩余废气压已大大下降，同时排气门有较
大的开度，从而减小了排气阻力。所以排气门
的适时早开，既有利于废气的排出，又有利于

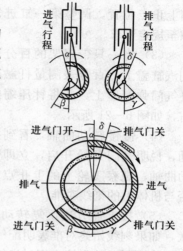

图 6-20　配气相位图

功率的提高。排气行程活塞到达上止点时，由于汽缸内的废气压力仍高于外界
大气压力，加之排气气流的惯性，排气门的迟闭可以使废气排得更净些。通常
排气提前角为 $30°\sim60°$ 曲轴转角，排气延迟角为 $10°\sim35°$。

　　(3) 气门开启的重叠时间　由于进、排气气流各有自己的流动方向和很高
的流动速度，而这段重叠时间又很短促，加之进气门刚刚打开，排气门趋于关
闭，开度都不大，所以两个气流不致窜混。综上所述，进、排气门的早开，迟
闭改善了进气和排气。但早开迟闭的时刻必须适当，绝非早开迟闭的曲轴转角
越大越好，那将会造成进、排气的混乱。各种机型都有各自最好的气门开闭时
刻，即最好的配气相位，这是由设计、制造企业用试验的方法来确定的。配气
相位是由凸轮的形状、相对位置，以及配气机构各个零件的正确装配关系保证
的。当配气机构零件磨损，气门间隙调整不当、配气正时齿轮安装错误时，都
会引起配气相位变化，使发动机功率下降，耗油率增加，还可能造成气门顶活
塞、顶弯推杆、顶断摇臂等事故。因此，在配气机构安装完毕后，应对配气相
位进行检查与调整。

　　2. 检查与调整　由于在制造凸轮轴时，已经保证了各个凸轮的相对位置
准确无误，所以在检查与调整配气相位时，只需要检查与调整第一缸的配气相
位。检查与调整方法如下：

　　(1) 根据齿轮上的配对记号，装好配气正时齿轮。

（2）转动曲轴，使第一缸处于压缩上止点位置，调整第一缸进气门间隙至规定要求。

（3）将一只带表架的百分表固定到汽缸盖上，百分表测量杆触在第一缸气门弹簧座上，并将针压缩两圈左右，如图 6-21 所示。

（4）慢慢转动曲轴，看到指针刚动，说明气门开始开启，立即停止转动曲轴，观察飞轮上的上止点刻线是否与机体上的刻线对准。

（5）按上述方法反复转动曲轴数

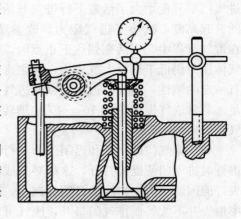

图 6-21　配气相位检查

次，如果刻线始终对准表明配气相位正确。如果提前或滞后，且误差较大时，应查找原因。首先检查正时齿轮配对记号是否对准，其次检查气门间隙是否正确，如果没有错误，再检查正时齿轮的啮合间隙和凸轮的磨损，找出相位改变的原因。

（6）如果正时齿轮安装不正确，应卸下惰齿轮，将凸轮轴相对曲轴转动适当的角度，然后装上惰齿轮，再进行检查，直到符合要求为止，最后重新打好配对记号。

（7）检查调整各缸气门间隙和减压间隙至规定值。

三、减压机构的检查与调整

减压机构的检查与调整应在配气定时正确、排气门处于完全关闭的状态下进行。当各缸分别处于压缩行程时，转动减压轴并通过减压螺钉的调整，使排气门大约开启 0.5 mm 左右，以达到减压目的。以 485 型柴油机减压机构调整为例来介绍：首先转动飞轮，使第一缸处于压缩上止点位置。此时，第一缸、第三缸排气门关闭，可以分别调整第一缸、第三缸减压螺钉。将减压机构手柄置于减压位置，松开减压螺母，拧动调整螺钉使摇臂头与气门杆末端刚刚接触，再将螺钉拧入 0.6 圈，之后再拧紧调整螺母。

第一缸、第三缸调整完毕后，再转动飞轮 1 圈，使第四缸处于压缩止点。此时，第二缸、第四缸排气门关闭，按上述方法调节第二缸、第四缸减压螺钉，以达到减压目的。

第五节　空气供给与废气排出
装置的构造与修理

空气供给与废气排出装置主要由空气滤清器、进排气管道、废气涡轮增压器和消声器等组成。

一、构造及工作过程

1. 空气滤清器　空气滤清器的功用是清除空气中的尘粒和杂质，向汽缸供给充足的清洁空气。以减少尘粒对气门、气门座、活塞、活塞环、汽缸套等零件的磨损。空气滤清器可分为惯性式和过滤式两种。在这两种型式中，兼用机油等液体改善滤清效果的叫湿式滤清，反之叫干式滤清。

（1）惯性式　利用尘粒质量比空气大的特点，使气流高速旋转或突然改变运动方向，利用惯性使尘粒分离出来。惯性式的优点是阻力较小，但对微小尘粒的清除作用不强。

（2）过滤式　使空气在经过金属丝、滤纸或其他纤维做成的滤芯时，把尘粒隔离或黏在滤芯上。此法的滤清效果好，但阻力较大且滤芯容易堵塞。

常用的空气滤清器均为综合式，它往往是惯性式、过滤式、干式和湿式的有机结合。一般先用干惯性式除去粗大尘粒，再通过湿惯性式、湿过滤式或干过滤式除去微、小尘粒，如图 6 - 22 所示。它具有滤清效果好、气流阻力小的优点。拖拉机常在尘粒较多的环境中工作，空气滤清器均采用此种综合式。

很多柴油机采用干惯性、湿惯性和湿过滤式组成的综合式空气滤清器。它由离心除尘器、中央吸气管、油碗、油盘、下滤网盘、上滤网盘及壳体等组成。由于汽缸的真空吸力，空气以很高的速度沿导流片产生由

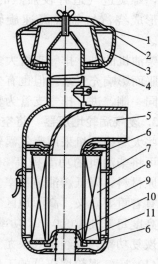

图 6 - 22　干惯性过滤式空气滤清器
1. 粗滤器盖　2、6、7. 密封圈　3. 积尘盘
4. 导向片　5. 出气口　8. 纸质滤芯
9. 壳体　10. 支承座　11. 弹簧

下向上的高速螺旋运动，空气中较大的尘粒在离心力作用下，被甩进积尘杯，经过干惯性滤清的空气，沿中央吸气管向下冲击油碗中的机油，并急剧改变方向向上运动，一部分尘粒因来不及改变方向，被黏附在机油中，沉积在油盘底面。经过湿惯性滤清的空气，向上通过溅有机油的金属滤网，使细小的灰尘颗粒黏附在滤网上，经过湿滤的空气进入汽缸。

2. 进气管道　进气管道的功用是将经过滤清的空气引入汽缸。对于多缸柴油机，还应保证各缸所获空气的数量与质量均匀一致。

进气管道一般由进气总管、进气支管和汽缸盖上的进气道等组成。要求进气管道中对气流所造成的阻力尽可能小，以保证汽缸内有较大的充气量。在不同型式的多缸机中，其进气支管的形状、断面尺寸和安装位置等均各有特殊要求。一般用铸铁或铝合金铸成一体，安装在汽缸盖的侧面，其接合面间装有衬垫，以防漏气。由于相邻两缸不同时进气，有些多缸机将相邻两缸的进气道和进气支管并为一个，以使结构简化。

进气道的形状还应有利于混合气的形成和燃烧。对于直接喷射式燃烧的柴油机要求更为严格。如495A型柴油机采用的螺旋进气道与球形燃烧室相配合，螺旋进气道有较强烈的进气涡流，空气通过螺旋进气道被吸入汽缸时，形成绕汽缸轴线高速旋转的涡流运动，改善了混合气的形成和燃烧过程。

柴油机的进、排气支管大多数分置在汽缸盖的两侧，防止进气管受热使气体膨胀而影响充气量。但也有少数柴油机，考虑结构的需要，进、排气支管安装在同一侧，进、排气支管为整体式。

3. 废气涡轮增压器　将空气强行压入发动机汽缸内的过程称为增压。目前一些大型拖拉机采用废气涡轮增压器来对柴油机进行增压。采用废气涡轮增压器可将柴油机的功率提高30%以上，减小单位功率重量，缩小外形尺寸，节约原材料，降低燃油消耗率。采用增压技术对于在高原地区条件下使用的发动机有着重要意义。高原地区气压低、空气稀薄，导致发动机功率下降（一般海拔高度每升高1 000 m，功率下降8%～10%），而装用涡轮增压器后，可以明显恢复功率，其经济效果尤为显著。

（1）废气涡轮增压器的工作过程　柴油机在一定转速下，发出功率的大小与进入汽缸的空气比重成正比。如图6-23所示，利用排出的废气能量，推动增压器中的涡轮，并带动同轴上的压气机叶轮旋转，将压缩了的空气充入汽缸，增加汽缸里的空气质量，同时再增加喷油泵的供油量，使更多的柴油和空气更好地混合燃烧，以提高发动机的功率。

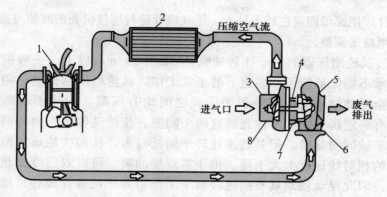

图 6 - 23　废气涡轮增压器的工作过程示意图

1. 发动机汽缸　2. 进气冷却器　3. 压缩机　4. 涡轮增压器进油口
5. 涡轮　6. 废气泄放阀　7. 出油口　8. 压缩机轮

柴油机排气管排出的具有 500～650 ℃高温和一定压力的废气经涡轮壳进入喷嘴环，由于喷嘴环的通道面积是由大到小，因而废气的压力和温度下降，而速度却迅速提高。这个高速的废气气流，按着一定的方向冲击着涡轮，使涡轮高速旋转。废气的压力、温度和速度越高，涡轮转的越快。通过涡轮的废气最后排入大气。涡轮与压气机叶轮固装在同一根转子轴上，所以压气机叶轮也与涡轮以相同的速度旋转，将经过空气滤清器滤清过的空气吸入压气机壳。高速旋转的压气机叶轮把空气甩向叶轮的外缘，使其速度和压力增加，并进入扩压器。扩压器的形状是进口小出口大，因此气流的速度下降压力升高。再通过断面由小到大的环形压气机壳使空气气流的压力继续提高。这个高压气体经柴油机进气管进入汽缸与柴油混合燃烧，从而保证发动机发出更大的功率。有的增压柴油机还在进入汽缸之前的进气管中，安装了冷却器，以冷却由于压缩而升温的空气，从而增加空气密度。

（2）废气涡轮增压器的构造　按进入涡轮的气流方向，废气涡轮增压器可分为轴流式和径流式两种；按是否利用发动机排气管内废气的脉冲能量，废气涡轮增压器可分为恒压式和脉冲式。

常用的径流脉冲式废气涡轮增压器，主要由涡轮壳、中间壳、压气机壳、转子体及浮动轴承等主要零件组成。涡轮壳与发动机排气歧管连接，压气机壳的进口通过软管与空气滤清器相连，而其出口通往发动机汽缸。压气机的扩压器为无叶式，由压气机壳与中间壳之间的间隙构成，其尺寸通过两壳的选配调整。转子体由转子轴、压气机叶轮和涡轮组成，支承在两个浮动轴承上作高速旋转。涡轮用含镍的耐热钢精密铸造而成，焊接在转子轴上。压气机叶轮为铝合金铸件，用螺母固定在转子轴上。压气机叶轮与压气机壳的间隙可通过调整垫片的增减来调整。

废气涡轮增压器的转子体转速高达 10 000 r/min 以上。一般机械中的常用轴承不能保证转子体高速下的正常工作。涡轮增压器普遍采用全浮动轴承。全浮动轴承与转子轴和中间壳之间均有间隙，当转子轴高速旋转时，具有一定压力的润滑油充满这两个间隙，使浮动轴承在内外两层油膜中随转子轴同向旋转，但其转速比转子轴低得多，从而使轴承对轴承孔和转子轴的相对线速度大大下降。由于有双层油膜，可以双层冷却和产生双层阻尼。因此浮动轴承具有高速轻载下工作可靠，抗震性较好，加工拆装方便等特点。

废气涡轮增压器所需要的润滑油来自发动机的主油道，通过精滤器再次滤清后，进入增压器的中间壳，经其下部出油口流回曲轴箱，形成一条不断循环的润滑油路。

4. 排气管道　排气管道的作用是将汽缸中燃烧后的废气通过排气管道排出。排气管道由两部分组成，一部分是用螺栓固定在汽缸盖上的排气支管和排气管，另一部分是设在汽缸盖上的排气道。当废气以很高的速度从排气管排出时，不仅产生很大的噪声，而且还常带有火花，因此排气管道应有消声和熄灭火花的作用，有的柴油机排气管造得较长，直径较大，废气进入排气管后有一定的膨胀，减小了压力，降低了流速，以此起到了一定的消声作用。同时，还应尽量减小排气阻力。

5. 消声器　消声器的作用是将柴油机的废气改变流动方向，降低废气排入大气的速度，以达到减轻噪声并消灭火花的目的。消声器内管具有很多孔眼，中间用隔板分开，如图 6-24 所示。废气先进入后，通过孔眼进入外壳中，改变了气流方向，并在外壳中膨胀，降低了气流的速度，再从出口排出，减少了对空气的振动，可以减轻噪声并消灭火花。

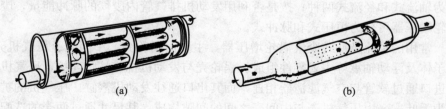

(a)　　　　　　　　　　　　　(b)

图 6-24　消声器结构图
(a) 阻流式　(b) 吸收式

二、维护保养与检查修理

1. 空气滤清器的维护保养 加强对空气滤清器的保养，是提高柴油机的使用寿命和防止动力性和经济性下降的重要手段之一。各机型出厂说明书对空气滤清器的保养方法都有明确规定，应遵照执行。其主要工作有以下几点：

（1）当集尘盘中的集尘量达 1/3～1/2 时应立即清除，排尘窗口要保持畅通。

（2）按要求检查、更换油盘里的机油。向油盘中加油时，切勿超过油位，以免吸入汽缸产生积炭或引起"飞车"。可向油盘加新的或经滤清的废机油，在冬季需加 1/3 的柴油稀释。

（3）定期检查空气滤清器的滤网或泡沫滤芯，必要时用柴油清洗，纸质滤芯禁止用油清洗，保养时可用软毛刷刷掉外面的尘土，或者用压缩空气从里向外吹净。一般纸质滤芯使用寿命为 500 h，如纸质滤芯破裂应及时更换。安装时，上、下泡沫滤芯不要装反。

（4）在安装空气滤清器时，应保证空气在滤清器内按规定路线滤清。各密封圈、密封垫、接头应保持完好，装后密封可靠，对纸质滤芯用力要适当。如果密封可靠，在柴油机低速运转时，堵住进气口后，应立即熄火。但纸质滤芯不宜采用此法检验。

2. 废气涡轮增压器的维护保养与检查修理 废气涡轮增压器的构造复杂、工作温度高且转速极高，必须特别重视维护保养和主要零部件的检查与修理。

（1）决不要在发动机正在运转时，对涡轮增压器进行维护保养。停机后马上进行维护保养时，要注意其零部件很热，避免烫伤。

（2）在对废气涡轮增压器系统维护保养时，有很多重要的技术数据，如涡轮增压器主轴径向和轴向间隙、涡轮增压器轴承间隙、涡轮增压器转速等，要通过使用说明书或者维修手册搞清楚，不同型号的柴油机其技术要求亦不同。

（3）经常转动压气机叶轮，检查有无黏滞、拖拽及其他不良状况；检查壳体内部有无油污和灰尘，并进行相应的清洁；检查压气机油封有无损坏或泄漏，视情更换。

（4）按使用说明书或者维修手册的技术要求检查涡轮增压器主轴的径向及轴向间隙。

（5）检查轴颈轴承间隙。利用百分表检查轴颈轴承，如图 6-25 所示。百分表固定到能够接触两个轴承之间涡轮增压器主轴的位置上，然后从压气机或涡轮端上下移动轴。随着轴的移动，百分表读取轴颈轴承的间隙或磨损量。将读数与厂家推荐的间隙值进行比较。如果间隙值超出规定值，则更换轴颈轴承。

（6）检查止推轴承的间隙。利用百分表检查止推轴承的间隙，如图 6-26所示。百分表固定在涡轮增压器主轴的末端，将轴沿其轴线前后移动，确定止推轴承的间隙。将读数与厂家推荐的技术数据值进行比较。如果间隙值超出规定值，则更换止推轴承。

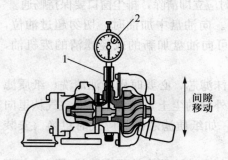 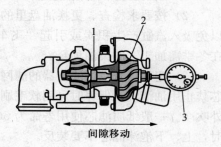

图 6-25　轴颈轴承间隙的检查　　　　图 6-26　止推轴承间隙的检查
　　1. 安装适配器　2. 百分表　　　　　　1. 止推轴承　2. 涡轮叶片　3. 百分表

（7）检查压气机和涡轮叶片的外在状况。检查有无裂纹、断裂或叶片弯曲。视情更换涡轮或压气机叶片。

（8）噪声大是废气涡轮增压器常见的故障。通常涡轮增压器工作时不同的噪声级是空气被阻塞或压气机壳体内堆积污垢多的信号。引起涡轮增压器噪声大的常见原因主要包括：涡轮增压器的进气道阻塞，压气机到进气歧管间的管道漏气，排气系统阻塞，进气歧管与发动机的接触面漏气，压气机叶轮及扩压器导向叶片上有污垢，涡轮增压器中间壳体阻塞等。

第六节　配气机构的修理技术规范

一、凸轮轴的修理技术规范

1. 凸轮轴轴颈与凸轮的工作表面应光滑，粗糙度 Ra 不应超过 0.40。

2. 凸轮轴轴颈的圆柱度和圆度不应超过 0.02 mm，允许不修值为0.06 mm。

3. 凸轮轴的轴向间隙应符合表 6-1 的规定值。

表 6-1　凸轮轴的轴向间隙（mm）

机型	轴向间隙	备注
铁牛-55	0.25	调整凸轮轴向间隙螺钉，拧到底后，再退回 1/6～1/4 圈，锁紧即可
上海-50	0.08～0.22	调整凸轮轴向间隙螺钉，拧到底后，再退回 1/6～1/4 圈，锁紧即可
东方红-LX1000	0.10～0.25	调整凸轮轴向间隙螺钉，拧到底后，再退回 1/6～1/4 圈，锁紧即可
雷沃 TH404	0.08～0.25	—
雷沃 TB604	0.07～0.215	—
雷沃 TD804	0.10～0.41	—
雷沃 TD804（天力）	0.05—0.15	不可调
雷沃 TG1654	0.10～0.41	—
TS250	0.10～0.28	—
TS550	0.060～0.138	—

4. 正时凸轮必须按照记号装配，使气门开闭时间符合表 6-2 的规定值。

表 6-2　气门开闭角度

机型	进气门		排气门	
	开（上止点前）	闭（下止点后）	开（下止点前）	闭（上止点后）
铁牛-55	10°	46°	56°	10°
上海-50	8°±2°	48°±2°	48°±2°	8°±2°
东方红-LX1000	12°	38°	55°	12°
雷沃 TH404	12°	44°	44°	12°
雷沃 TB604	18°	54°	62°	18°
雷沃 TD804	19°	33°	52°	16°
TS250	12°±3°	36°±3°	56°±3°	12°±3°
TS550	12°	38°	55°	12°

二、气门的修理技术规范

1. 气门杆不得有裂纹，表面粗糙度 Ra 不应超过 0.80。

2. 气门杆的圆柱度和圆度应不大于 0.02 mm，允许不修值为 0.05 mm，其弯度在全长不大于 0.02 mm。

3. 气门头斜面不得有痕迹、麻点，表面粗糙度 Ra 不应超过 0.40。

4. 磨好的气门头与气门座的斜面，应有平滑无光泽的、不间断的研磨带，环带的宽度应符合表 6-3 的规定值。

表 6-3　气门密封环带和气门间隙（mm）

机型	气门密封环带宽度	气门间隙			
		冷状态		热状态	
		进气门	排气门	进气门	排气门
铁牛-55	1.5～2.0	0.30	0.35	0.25	0.30
上海-50	1.7～2.1	0.25～0.30	0.30～0.35	0.20～0.25	0.25～0.30
东方红-LX1000	进气门：1.75～2.25　排气门：1.50～2.00	0.3～0.4	0.4～0.5	0.25～0.35	0.35～0.45
雷沃 TH404	1.30～1.85	0.30～0.35	0.35～0.40	0.25～0.30	0.30～0.35
雷沃 TB604	1.45	0.35～0.40	0.40～0.45	0.30～0.35	0.35～0.40
雷沃 TD804	2.18～2.64	0.20	0.45	0.20	0.45
雷沃 TD804（天力）	1.5～2.0	0.30	0.40	0.25	0.35
雷沃 TG1654	2.18～2.64	0.20	0.45	0.20	0.45
TS250	1.2～1.5	0.25～0.35	0.30～0.40	0.20～0.30	0.25～0.35
TS550	1.5～1.7	0.25～0.35	0.30～0.40	0.20～0.30	0.25～0.35

5. 修理后的气门间隙应符合表 6-3 的规定值。

6. 气门杆、气门导管与汽缸盖的配合应符合表 6-4 的规定值。

表 6-4 气门导管与气门杆、汽缸盖的配合（mm）

| 机型 | 气门导管与气门杆配合间隙 | | 导管高出缸盖距离 |
	标 准 值	极限值	
铁牛-55	进气门 0.03～0.09 排气门 0.06～0.12	0.40	16±0.25
上海-50	进气门 0.05～0.10 排气门 0.05～0.10	0.20 0.20	7
东方红-LX1000	进气门 0.025～0.067 排气门 0.038～0.080	0.20 0.20	7
雷沃 TH404	进气门 0.025～0.062 排气门 0.040～0.077	0.15	3
雷沃 TB604	进气门 0.025～0.069 排气门 0.050～0.092	0.15	0
雷沃 TD804	进气门 0.025～0.078 排气门 0.059～0.140	0.13 0.15	15.10
雷沃 TD804 （天力）	进气门 0.025～0.064 排气门 0.038～0.077	0.20	10±0.3
雷沃 TG1654	进气门 0.025～0.062 排气门 0.059～0.140	0.13 0.15	15.10
TS250	进气门 0.030～0.072 排气门 0.040～0.082	0.30	$20_0^{+0.5}$
TS550	进、排气门 0.04～0.08	0.30	$14.5_0^{+0.5}$

7. 气门弹簧的自由长度与弹力应符合表 6-5 的规定值。

表 6-5 气门弹簧的自由长度与弹力

| 机型 | 自由长度（mm） | | 负荷长度
（mm） | 弹力 | |
| | 标准值 | 允许值 | | 弹力（N） | |
				标准值	极限值
铁牛-55	外 77±1	75	43.0	$255_0^{+58.8}$	225
	内 77±1	70	40.5	$88_0^{+14.7}$	76
东方红-LX1000	55.3	—	45.6	—	—

（续）

机型	自由长度（mm）		弹力		
	标准值	允许值	负荷长度（mm）	弹力（N）	
				标准值	极限值
雷沃 TH404	内 42.5	43.5	32.5	112^{+15}_{0}	100
	外 44.5	45.5	34.5	289^{+10}_{0}	255
雷沃 TB604	内 48	49	36.0	222^{+20}_{-20}	200
	外 50.5	52	38.5	530^{+20}_{-20}	500
雷沃 TD804	外 46	44	25.40	$469.73^{+25.8}_{-25.8}$	412
	内 43.5	40	23.62	$244.66^{+12.2}_{-12.2}$	204
雷沃 TD804（天力）	55.26	53	45.6	$295^{+17.7}_{-17.7}$	270
雷沃 TG1654	外 46	44	25.40	$469.73^{+25.8}_{-25.8}$	412
	内 43.5	40	23.62	$244.66^{+12.2}_{-12.2}$	204
TS250	外 50	—	31.3	$286.2^{+17.2}_{-17.2}$	—
	内 46	—	27.3	$128.4^{+7.7}_{-7.7}$	—
TS550	外 50	—	31.3	$286.2^{+17.2}_{-17.2}$	—
	内 46	—	27.3	$128.4^{+7.7}_{-7.7}$	—

第七章

柴油供给系统的修理

柴油供给系统的功用是根据柴油机的工作顺序，将具有较高压力且雾化良好的柴油定时、适量地送入各汽缸。柴油供给系统可分为低压油路和高压油路两部分。

如图 7-1 所示，低压油路是指从油箱到喷油泵入口的这段油路，其油压是由输油泵提供的，以保证柴油能够顺利通过柴油滤清器，一般为 0.15～0.3 MPa。柴油供给低压油路主要由油箱、柴油滤清器、输油泵及低压油管等组成。使用中必须定期进行维护保养，否则会影响油路的畅通和柴油的清洁。

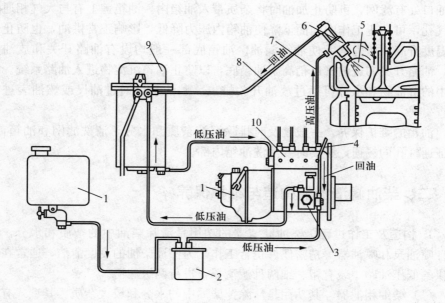

图 7-1　柴油供给系统示意图

1. 柴油箱　2. 柴油粗滤器　3. 输油泵　4、8. 回油管　5. 燃烧室
6. 喷油器　7. 高压油管　9. 柴油细滤器　10. 喷油泵　11. 调整器

高压油路是指从喷油泵到喷油器这段油路，其油压是由喷油泵提供的，一般在 10 MPa 以上。其作用是增大燃油压力，使燃油通过喷油器呈雾状喷入燃烧室，与空气混合形成可燃混合气。高压油路主要由喷油泵、调速器、喷油器及高压油管等组成。高压油路技术状态的好坏对发动机的动力性、经济性、使用可靠性以及环境保护都有着重要的影响。因此必须定期对喷油泵、调速器、喷油器等进行检查和修理。

第一节　柴油供给低压油路的维护修理

一、油箱的构造与维护保养

油箱是用来贮存柴油的，其容量通常能供给拖拉机满负荷连续工作 10 h 以上。油箱的形状和位置取决于机车的总体布置以及便于加油和给油的需要。油箱多用薄钢板冲压成型后焊成，内部镀有防锈层。大容量的油箱，为保证其刚度并减轻柴油的振荡和挥发，内部焊有隔板。油箱上部有加油口和油箱盖。加油口处有滤网，可防止加油时将杂质带入油箱内。油箱盖上有与大气相通的通气孔，可防止工作中油面下降使油箱内压力降低，影响正常供油，也防止柴油温度升高而压力增大使油箱漏油。油箱底部一般均设有油路开关和放油开关，油路开关的进油管口稍高于油箱底，以防止油箱沉淀物进入油路系统。油箱中的沉淀物和水分可通过放油开关排出。贮油量可通过油尺或燃油表进行检查。

油箱的维护保养，一般是及时排除沉淀杂质和水分，清洗滤网和油箱盖，保证通气孔的畅通，必要时要清洗油箱内部。

二、柴油滤清器的构造与维护保养

1. 构造及工作过程　柴油滤清器的功用是清除柴油中的杂质和水分，以保证喷油泵和喷油器等精密偶件正常工作。为保证柴油的高度清洁，通常在柴油供给低压油路中装有粗、细两种滤清器，进行两级滤清。

（1）柴油粗滤器　其功用是清除掉柴油中的水分和较大杂质。其型式有沉淀杯式和金属带缝隙式。

沉淀杯式粗滤器，应用广泛，其构造如图 7 - 2 所示。沉淀杯座与沉淀杯之间有密封圈，铜丝滤网装入滤网座处，玻璃沉淀杯由卡固圈紧固。当打开出

油开关时，燃油流入沉淀杯，通过
减慢流速、改变流向，较重的杂质
和水分就沉淀在杯内，在向上通过
铜丝滤网时，又除掉一些杂质，然
后由沉淀杯座上的出油管流出。

（2）柴油细滤器　其功用是清
除掉柴油中微小的杂质和水分。通
常采用纸质滤芯细滤器。纸质滤芯
细滤器具有结构简单、体积小、重
量轻、滤效果好等特点。纸质滤芯
细滤器可分为单级纸质滤芯和双级
纸质滤芯两种，双级纸质滤芯细滤

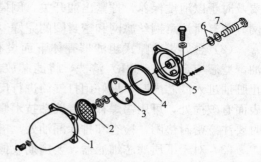

图 7-2　沉淀杯式柴油粗滤器

1. 沉淀杯　2. 铜丝滤网　3. 沉淀杯盖　4. 密封圈
5. 沉淀杯座　6. 密封环　7. 油管接头

器应用较广泛。双级纸质滤芯细滤器主要由壳体滤座滤芯部件和一些密封垫圈
等组成，如图7-3所示。滤座的上部装有与输油泵和喷油器溢油管相连接的
进油管接头、与喷油泵连接的出油管接头以及为排出低压油路空气的放气阀顶
针总成的安装螺孔。两个相同的滤
芯内部是冲有许多小孔的中心管，
中心管外面是折叠状具有微孔的专
用滤纸，并用上盖、下盖胶合密
封。滤芯部件通过弹簧、拉杆和拉
杆螺母等压紧在滤座上，两端有密
封圈保证密封。壳体下部设有放油
螺塞。

双级纸质滤芯细滤器的工作过
程：柴油从进油管接头进入一级滤
清器壳体，通过纸质滤芯，杂质留
在滤芯表面，水分和部分杂质沉淀
在壳体下部，比较清洁的柴油进入
滤芯内腔，并经滤座内油道流入二
级滤清器壳体，被滤清过的柴油再
经过纸质滤芯，进一步过滤，水分和杂质得到进一步地清除。

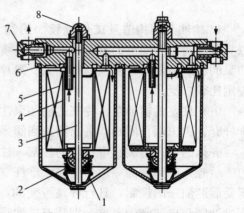

图 7-3　双级纸质滤芯细滤器

1. 滤芯衬垫　2. 滤芯弹簧　3. 紧固螺杆
4. 滤油筒　5. 纸滤芯　6. 橡胶密封圈
7. 油管接头螺钉　8. 放气螺母

2. 维护保养

（1）沉淀式粗滤器在使用中，当沉淀杯中沉积物的数量超过 1/4 容积时，

要及时予以清洗保养，拧紧出油开关，倒掉沉淀杯中的沉淀物，并清洗铜丝滤网。装复时注意铜丝滤网和密封圈的完好。

（2）金属带缝隙式粗滤器壳体下面设有放油螺塞，应定期打开放掉沉淀油。滤芯应定期（500 h）清洗，将滤芯放在清洁柴油内用毛刷顺纹刷洗，防止脏油进入滤芯内腔，最好用打气筒进行反向冲洗。要注意保护滤芯表面，如表面有破损处，可用锡焊补或者胶粘技术修补。外壳内可用注油器喷洗。装配时要注意密封垫圈，检查和排除漏油处。

（3）对于纸质滤芯细滤器，要定期放掉滤清器壳体中的杂质和水分。纸质滤芯只能更换不能清洗再用，一般每工作 250 h 更换一级滤芯；每工作 500 h 更换全部滤芯。更换滤芯时，要确保滤芯两端的密封，以防滤清油路短路而破坏滤清效果。

柴油滤清器等部件总成出现缺陷的几率很低，只要日常的维护保养工作做到位，几乎不用进行修理。

三、输油泵的构造与维护保养

1. 输油泵的构造及工作过程　输油泵的功用是给柴油提供一定的压力，以克服滤清器和油道的阻力，并保证连续不断地向喷油泵输送足量的柴油。输油泵的型式主要有柱塞式、膜片式、滑片式和齿轮式。柱塞式、膜片式输油泵应用比较广泛。

（1）柱塞式输油泵　柱塞式输油泵主要由壳体、柱塞、柱塞弹簧，推杆、推杆套、进出油止回阀、进出油止回阀弹簧和手油泵等组成，如图 7-4 所示。

壳体的镗孔内装有可移动的柱塞，柱塞将镗孔分为前腔和后腔。靠推杆一边为后腔，靠弹簧的一边为前腔。推杆靠偏心轮来驱动，其行程是不变的。柱塞受后腔油压的控制，其行程是可变的，从而起到了自动调节输油量的作用。在进油阀和出油阀的上方分别装有进油阀弹簧和出油阀弹簧。凸轮转动时，柱塞在推杆和弹簧的作用下，作往复运动。当偏心轮的凸起部分推动推杆克服弹簧的作用力迫使柱塞前移时，前腔的油压增加，进油阀关闭，出油阀被打开，于是前腔的柴油经出油道和后出油道流向后腔。当偏心轮的凸起部分离开推杆时，柱塞在弹簧弹力作用下后移，这时后腔的油压升高，前腔产生一定的真空度，进油阀被吸开而出油止回阀关闭，从进油道来的柴油进入前腔，后腔的柴油则经过后出油道送往柴油滤清器。

输油泵上装有手油泵，手油泵也为柱塞式，只在柴油机不工作时使用。其

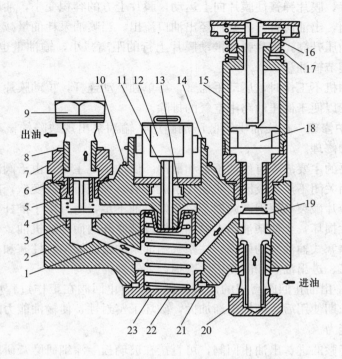

图 7-4　柱塞式输油泵

1. 输油泵柱塞　2. 输油泵体　3. 压套　4. 出油止回阀　5. 止回阀弹簧　6. 密封垫片
7. 出油管接头　8. 垫片　9、20. 空心螺栓　10. "O" 形密封圈　11. 顶杆　12. 滚轮部件
13. 橡胶密封环　14. 卡环　15. 手油泵体　16. 手柄　17、22. 弹簧
18. 手油泵柱塞　19. 进油止回阀　21. 密封垫片　23. 螺塞

作用过程是在启动前，可用手油泵泵油，排除低压油路中的空气。使用时，将手柄拧开并上、下移动，向上抽出手柄柱塞时，进油止回阀打开，吸入柴油，压下手柄时，柴油增压，进油止回阀关闭，出油止回阀打开，柴油经出油管压出。手油泵不用时，应将手柄拧紧，防止漏气。

（2）膜片式输油泵　膜片式输油泵主要由上体，下体、膜片、膜片弹簧、摇臂、进油阀及出油阀等组成。上体和下体之间由膜片隔开。上体上装有单向的进油阀和出油阀。输油泵固定在机体上，由配气凸轮轴上的偏心轮驱动。当偏心轮转动到凸起部分驱动摇臂时，使摇臂摆动，通过拉杆克服膜片弹簧的弹力，使膜片向下运动。这时膜片上方空间容积变大，产生一定的真空度，进油阀被吸开，柴油经进油口，通过滤网进入膜片上方空间。当偏心轮凸起部分转过摇臂之后，膜片弹簧使膜片向上运动，膜片上方的容积变小，油压升高，使进油阀关闭，出油阀打开，柴油经出油口流出。当喷油泵耗油量减少时，膜片上方空间油压升高，膜片弹簧推动膜片上行的距离减小，输油量也相应减少，从而自动调节输油量。

在柴油机不工作时，压动手摇臂，可单独驱动连杆，拉动膜片，使输油泵向外供油，以便于低压油路中空气的排除。

2. 维护修理 在柴油供给低压油路中，输油泵出现缺陷的概率较高，应注意维护和修理。

输油泵的主要故障有供油不足和漏油。供油不足主要是由于阀门处存在着机械杂质而关闭不严，或因胶质黏住不能开启，弹簧折断或变软，以及柱塞严重磨损或膜片破裂等原因。漏油不仅会使供油不足，而且由于推杆与导管严重磨损或膜片损坏，会使柴油漏入喷油泵体或油底壳内而冲淡机油。

（1）柱塞式输油泵的修理 柱塞式输油泵的常见缺陷有柱塞和柱塞套、推杆和推杆套、进出油阀和阀座产生磨损，弹簧弹力减弱。

① 进、出油止回阀磨损的修理。进、出油止回阀在工作过程中，不断撞击阀座，长期使用后，磨损逐渐加大，破坏了密封性，使输油能力降低，直至失去工作能力。

磨损轻微的进、出油止回阀，可直接在玻璃板上涂细研磨膏研磨修复。磨损严重时，可先在细油石上磨平，再在涂有细研磨膏的玻璃板上研磨。

对磨损的阀座，可用端面铣刀铣削平面，消除磨损痕迹，再用专用研磨棒涂上细研磨膏研磨。铣削量较大时，应在弹簧后部加适当厚度的垫片，以保证弹簧有足够的弹力。

② 柱塞和柱塞套磨损的修理。柱塞在柱塞套内往复运动时，由于柴油中机械杂质的冲刷、摩擦，使工作表面产生不规则的磨损和拉伤，表面粗糙度降低，破坏了配合的严密性，造成供油不足，使发动机功率下降，甚至无法工作。修理方法是先将柱塞套在镗床上精镗，消除磨损痕迹后，涂上细研磨膏进行研磨，再配制相应尺寸的柱塞，以恢复正常配合间隙。目前，柱塞套与柱塞磨损超过规定值时，大都以更换新件为主。

③ 推杆和推杆衬套磨损的修理。推杆与推杆套的正常配合间隙为0.002 mm左右。推杆作往复运动时，由于间隙小，润滑困难，加之柴油中机械杂质的摩擦，导致配合表面磨损，配合间隙增大，使输油泵柱塞后腔的柴油通过推杆和推杆套的间隙流出，一部分从泄油孔流出油泵外，另一部分流入喷油泵下体凸轮轴室，溢入调速器壳体内，稀释润滑油，使油面升高，造成供油

拉杆运动不灵敏，出现发动机超速现象。因此，输油泵磨损出现严重滴油现象时，即应检查修理。推杆与推杆套、泵套与柱塞磨损超过规定值时，应更换新件。

柱塞弹簧和进、出油止回阀弹簧的弹力减弱或折断后，应更换新件。

④ 装配要求。装配柱塞式输油泵时，必须注意下面几点：

a. 将推杆套压入输油泵壳体内，如果配合松动，可在推杆套外圆柱面上涂一层黏结剂，以增加紧度。

b. 装上推杆、柱塞和柱塞弹簧、密封垫，拧紧固定螺塞。装后应进行密封性试验，如图 7-5 所示，分别堵住进、出油口，用手压动推杆和柱塞，松手后应能迅速弹回原位。

c. 装上进、出油止回阀和弹簧，油阀与阀座的配合表面应清洁。然后拧紧固定螺钉，装上输油泵。

d. 将输油泵总成安装到喷油泵上，注意装好密封纸垫，以防漏油。

⑤ 柱塞式输油泵的检查。由于输油泵性能的好坏直接影响着柴油机的动力性和经济性，所以，修理后的柱塞式输油泵必须进行性能检查，其检查方法如下：

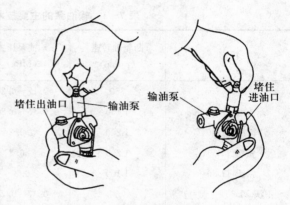

图 7-5　输油泵密封性试验

a. 检查吸油高度。柴油机在低速运转时，输油泵应能从油面低于它 1 m 以上的油箱中吸出柴油。

b. 检查密封性。柴油机以中速运转，凸轮轴的转速在 750 r/min 时，输油压力为 $0.15\sim0.2$ MPa 的情况下，运转 5 min，各密封面不得漏油，从出油管出来的柴油不得有气泡；各个运动件不得有卡滞和过热现象。

c. 检查最高输油压力和输油量。当凸轮轴转速为 750 r/min 时，关闭出油止回阀的压力不低于 $0.17\sim0.2$ MPa，输油量不少于 1 L/min（机型不同，此两项数值亦有所不同）。这两项检查通常是在喷油泵试验台上进行检查。在没有喷油泵试验台的情况下，一般不要轻易修理输油泵。

（2）膜片式输油泵的修理　膜片式输油泵的进出油止回阀与座磨损轻微

时，可用阀与座互研的方法来修复，磨损严重时，应更换新件。油阀弹簧、膜片弹簧及摇臂弹簧折断或失去弹力的，应更换新件。膜片破损或渗漏，必须更换新件。更换膜片时，应将新的膜片放在煤油中浸泡几分钟后再安装。修理后的膜片式输油泵应进行密封性试验和泵油试验。

① 密封性试验。用嘴吸进油口，能吸住舌头尖，说明进油阀密封性好。堵住进油口，吸出油口时，能吸住舌头尖，说明油杯衬垫、泵体和泵盖接合处密封性好。吹出油口时，吹不动，说明出油阀密封性好。

② 泵油试验。在输油泵的进油口接上油管，并将管的另一端插入柴油中，用力扳动摇臂，出油口喷出的油柱急促、有力为好。

（3）输油泵的主要技术性能　部分机型输油泵的主要技术性能见表 7 - 1。

表 7 - 1　输油泵的主要技术性能

机型	凸轮轴转速（r/min）	输油泵压力（MPa）	输油量（L/min）	
			无压力时	油路压力为 0.05 MPa 时
铁牛 - 55	750	0.17～0.20	2.8	2.1
东方红 - LX1000	1 150	0.15～0.20	2.1	1.8
雷沃 TH404	1 200	≥0.2	3	2.2
雷沃 TB604	1 200	≥0.2	3	2.2
雷沃 TD804	1 100	0.3	72.62	—
雷沃 TD804（天力）	750	0.17～0.20	2.8	2.1
雷沃 TG1654	750	0.3	73.052	—

第二节　喷油泵的构造与修理

一、构造及工作过程

喷油泵又称为燃油泵或高压油泵，其功用是根据柴油机负荷的大小，在规定的时刻将一定量的洁净柴油，以一定的压力送往喷油器，然后喷入汽缸。喷油泵的型式有柱塞式、A 型、B 型、P 型、Z 型和分配式等多种。柱塞式喷油泵被广泛采用，并已形成系列，能够适应不同缸径柴油机的需要。目前广泛采用的是Ⅰ系列，Ⅱ系列和Ⅲ系列柱塞式喷油泵，分别简称Ⅰ号泵、Ⅱ号泵和Ⅲ号泵。下面主要介绍单体Ⅰ号泵、Ⅰ号泵和Ⅱ号泵。

1. 单体Ⅰ号泵　单体Ⅰ号泵广泛应用在小型柴油机上，195型柴油机采用的就是单体Ⅰ号泵。单体Ⅰ号泵主要由泵体、泵油机构、油量调节机构和传动机构等部分组成，如图7-6所示。

（1）泵体　泵体为整体式铸铁件。由于安装位置比燃油滤清器低，未设放气螺钉。有的机型由于安装位置较高，设有放气螺钉。在泵体安装面间有调整垫片，用以调整供油时间，增加垫片，供油时间延后；减少垫片，供油时间提前。

（2）泵油机构　泵油机构主要由柱塞与柱塞套、出油阀与出油阀座、柱塞弹簧与弹簧座、出油阀弹簧、出油阀紧座等组成。

柱塞与柱塞套为精密偶件，是喷油泵产生高压的关

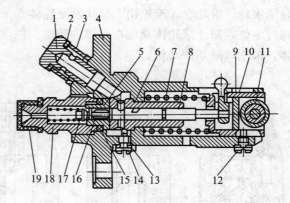

图7-6　单体Ⅰ号泵结构

1. 进油管接头螺栓　2、13. 密封垫　3. 防护罩
4. 泵体　5. 出油阀座　6. 柱塞套　7. 柱塞弹簧　8. 柱塞
9. 滚轮体　10. 垫块　11. 滚轮　12. 滚轮体定位螺钉
14. 定位螺钉　15. 密封垫　16. 出油阀　17. 出油阀弹簧
18. 出油阀紧座　19. 防护套

键偶件。其加工精度和粗糙度要求高，要求选配研磨，成对的柱塞偶件不允许互换。柱塞停供切槽左旋，柱塞分顶部、停供斜槽空腔、停供斜边、导向部和柱塞脚等，柱塞套上的进、回油孔，它们与喷油泵体的油腔相通。柱塞弹簧及座撑住柱塞使其处于柱塞套的最下部，将进、回油孔打开。

出油阀与出油阀座实际上是一个单向阀，也是精密偶件，其上有密封锥面、减压环带和导向部及阀座大端面，密封锥面经配对研磨，不能互换。出油阀弹簧使出油阀保持关闭。出油阀紧座使出油阀座大端面与柱塞套上端面严密紧贴，并兼作高压油管接头。在出油阀紧座与出油阀之间有密封垫。出油阀的下部为十字形断面，既能导向又能使柴油通过。在出油阀的锥面与十字形导向部分之间有一个小的圆柱面，称为减压环带。

（3）油量控制机构　油量控制机构有拨叉式和齿杆齿轮式两种。

拨叉式油量控制机构主要由调节臂与调速拨叉组成。调节臂与柱塞脚紧压成一体，臂上球头卡在调速拨叉的槽中，因而拨叉摆动时可使柱塞转动。

齿杆齿轮式油量控制机构，在柱塞套的下部套着调节齿轮，齿轮的尾端有

两个对开的纵向切槽与柱塞上的榫舌嵌合，调节齿轮的轮齿与在油泵上横向槽孔中的调节齿杆相啮合，移动齿杆就可转动柱塞改变供油量。

（4）传动机构　传动机构主要由滚轮体总成及供油凸轮组成。滚轮体总成包括滚轮、滚轮套、滚轮销、垫块及滚轮体。滚轮体柱面有纵向切槽，用定位螺钉定位，防止滚轮体总成在泵体内转动。供油凸轮与配气机构凸轮轴制成一体，采用缓降切线凸轮。

（5）单体Ⅰ号泵的工作过程

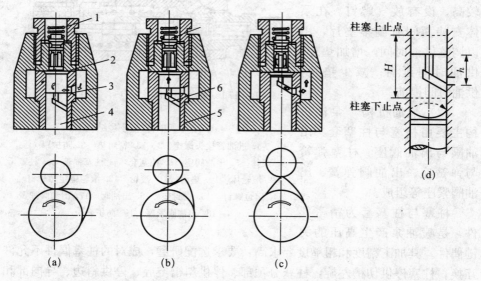

图7-7　单体Ⅰ号泵工作原理
（a）进油　（b）压油　（c）回油　（d）柱塞行程
1. 出油阀弹簧　2. 出油阀座　3. 油孔　4. 柱塞　5. 柱塞套　6. 斜槽

① 进油过程。供油凸轮转过凸轮尖时，在柱塞弹簧作用下，柱塞下行，其顶部空腔容积增大，油压下降，形成一定的压力差，出油阀自行关闭。当柱塞套上进油孔敞开时，燃油进入顶部空腔，如图7-7a所示。

② 供油过程。供油凸轮的凸起顶动滚轮体总成，使柱塞克服柱塞弹簧张力上行。当柱塞套进油孔被柱塞顶部封闭时，柱塞顶部空腔容积减小，燃油压力增大，使出油阀升起，开始供油，如图7-7b所示。当停供斜边将回油孔敞开时，柱塞顶部空腔与回油孔相通，燃油回流，顶部空腔中油压降低，出油阀自行关闭，停止供油，如图7-7c所示。以后，柱塞空行到上止点，柱塞顶部空腔中燃油经纵向、径向钻孔和斜槽空腔及回油孔流回泵体油道。

③ 供油量的调节。供油量的多少决定于在进油孔封闭到回油孔敞开的时间内，柱塞所走的行程，即供油行程，如图 7-7d 所示，图中 H 为柱塞行程，h 为供油行程。由于柱塞上的切槽是斜的，所以当柱塞转动到不同位置时，尽管柱塞开始供油的时间并不改变，但却改变了斜槽与回油孔的相对位置，即改变了回油时间，供油行程 h 发生了变化，供油量也相应得到了调节。当调速拨叉拨动调节臂使柱塞向左转动时，供油行程 h 增大，循环油量增加；反之则循环油量减少。当柱塞向右转动，使进油孔被柱塞顶部封闭，同时，停供斜边也恰好将回油孔敞开时，供油行程 h 为 0，油泵停止供油，柴油机熄火。

④ 出油阀减压环带的作用。在柱塞偶件供油结束，出油阀关闭之前，阀的减压环带进入减压阀座时，首先将高压油路隔断，而后减压环带继续向下移动，使高压油管油压迅速下降，避免喷油器针阀偶件产生滴油或渗油现象。

⑤ 供油特性。当柱塞不转动时，发动机转速升高，柱塞的往复运动速度加快，进、回油孔的节流作用必然增强，使开始供油时间略有提前，停止供油时间略有延迟，因而循环供油量略有增加。发动机转速不变而柱塞转动时，则开始供油时间始终不变，但停止供油时间改变，使循环供油量改变。

2. Ⅰ号泵 Ⅰ号泵广泛应用在大中型柴油机上。Ⅰ号泵主要由泵体、分泵、油量控制与传动机构等组成，如图 7-8 所示。

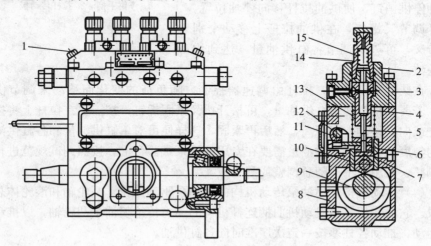

图 7-8　Ⅰ号泵的结构

1. 放气螺钉　2. 出油阀　3. 上体　4. 柱塞套　5. 柱塞　6. 调节臂套　7. 调整垫块　8. 下体
9. 凸轮轴　10. 滚轮　11. 拨叉　12. 拉杆　13. 柱塞弹簧　14. 出油阀紧座　15. 出油阀弹簧

（1）泵体　泵体是喷油泵的骨架，用以支承和安装喷油泵的各个零件。泵体分上体和下体两部分，为减轻质量和保证足够的强度和刚度，有的上体为铸铁件，下体为铸铝件。上下体间用4个双头螺栓连接，拆装时要水平放置，避免柱塞从柱塞套中脱掉引起碰伤或错乱。

（2）分泵　分泵是喷油泵的泵油机构，不同缸数的发动机有相应的分泵数，其功用是使柴油产生高压。它由柱塞、柱塞套、柱塞弹簧、弹簧座、出油阀、出油阀座、出油阀弹簧和出油阀紧座等零件组成。

（3）油量控制机构　油量控制机构的功用是用来转动柱塞，改变循环供油量，以及调节各缸供油量的均匀性。Ⅰ号、Ⅱ号、Ⅲ号泵均采用结构简单、制造方便的拨叉拉杆式油量控制机构，它主要由供油拉杆、调节叉和柱塞调节臂等组成，如图7-9所示。调节叉用螺钉紧固在供油拉杆上，调节臂球头插入调节叉槽中，移动拉杆便可转动柱塞，改变供油量。在柴油机工作中，供油拉杆的动作是由调速器控制的。为防止拉杆在壳体支承孔内转动，并保证拨叉槽与柱塞平行，在供油拉杆上加工一长平面，拨叉与供油拉杆配合孔也做成相应形状。供油拉杆上压有停供销钉，停车时拉动停油摇臂拨动停供销钉，使供油拉杆移向停油位置。松开调节叉螺钉，在供油拉杆上移动个别调节叉，可分别调节各缸供油量，达到均匀一致。

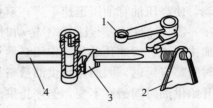

图7-9　拨叉式油量控制机构

1. 停供手柄　2. 拉杆传动板
3. 拨叉　4. 拉杆

在柴油机工作中，拉杆由调速器控制，随负荷的变化而移动来调节供油量。若要调整改变单缸供油量，可松开拨叉紧固螺钉，按需要在拉杆上将拨叉向左或向右移动一定距离，然后再紧固，这样便可对单缸供油量和各缸供油量的均匀度进行调整。供油量需要在专用的油泵试验台上，按照调试规范进行检查调整，使用中不得随意调整或乱动拨叉。

（4）传动机构　喷油泵传动机构由喷油泵驱动齿轮、凸轮轴和滚轮体总成组成。它的作用是将发动机曲柄连杆机构的动力传给喷油泵凸轮轴，以推动柱塞运动，推动各柱塞按一定次序准时向各缸供油。

Ⅰ号泵的工作过程与单体Ⅰ号泵基本相同，不再赘述。

3. Ⅱ号泵　Ⅱ号泵广泛应用在大型拖拉机上，Ⅱ号泵的构造与Ⅰ号泵大同小异。与Ⅰ号泵相比，有如下特点：

（1）柱塞直径不同，停供斜边为右旋（Ⅰ号泵为左旋），柱塞套上进、回油孔高低相差一定的距离（Ⅰ号泵的进、回油孔在同一高度）。

（2）凸轮采用两边对称的切线凸轮（Ⅰ号泵凸轮形状有扇形切线和缓降切线两种）。

（3）连接装置由花键轴套和花键盘组成。花键轴套用半圆键固定在凸轮轴的端部，花键盘用两个螺钉固定在驱动齿轮的轮毂上，供油时间的调整是通过改变螺钉的连接位置来实现的。

二、主要零部件的检查与修理

1. Ⅰ号、Ⅱ号泵主要零部件的检查与修理　Ⅰ号、Ⅱ号泵的构造大同小异，其主要零部件的检查修理内容也基本相同。Ⅰ号、Ⅱ号泵喷油泵在使用过程中，由于精密偶件和其他零件的磨损，会造成供油压力、供油量下降、供油不均匀性增加和供油时间变化，从而引起发动机功率下降，燃油消耗率增加、工作不稳定和启动困难等故障，因此必须定期对喷油泵中各主要零件进行检验、修复或更换磨损严重和损坏的零件，以恢复其工作性能。

（1）柱塞偶件的检查　柱塞偶件是柴油机三大精密偶件之一，加工精度要求极高，柱塞和柱塞套筒的圆柱度及圆度不得超过 0.002 mm，两者的正常配合间隙为 0.002 mm 左右，配合表面的粗糙度要求较高。由于高压和高速流动柴油的冲刷和摩擦，常常使工作表面产生磨损和划伤，如图 7 - 10 所示。柱塞偶件的磨损程度可通过以下几种方法检查：

① 直观检查。柱塞偶件的磨损属于微观磨损，其局部最大磨损深度不超过 0.03 mm，用肉眼检查时，应特别仔细，有时要借助放大镜。当柱塞和柱塞套筒工作表面有严重的锈蚀、裂纹、深的划痕，以及柱塞顶部边缘和斜槽边缘有崩落、变形等缺陷时，应报废。当与柱塞头部对应的进油孔处的圆柱表面有较宽的明显磨损沟痕，呈灰白色，用指甲刮划沟痕有明显的感觉，说明磨损严重，不能继续使用。检查柱塞套筒时，可插入一个装有电灯泡的密闭

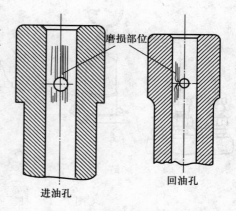

图 7 - 10　柱塞套筒的磨损部位

容器中，用 10 倍的放大镜观察孔的表面磨损情况，有明显的沟痕时，不能继续使用。

② 滑动性检查。柱塞偶件的滑动性检验，可采用自重法检验，如图 7-11 所示。从柴油中取出浸泡过的柱塞偶件，用手拿住柱塞套筒，倾斜 45°～60° 角，轻轻抽出柱塞的 1/3，然后松开。此时，柱塞应在自重作用下，自由滑落在柱塞套筒的支承面上，即为合格。再将柱塞抽出，转动任何角度，其结果应该相同。如果柱塞在柱塞套筒中发生阻滞现象，装入喷油泵后，会影响供油拉杆移动的灵活性，应采取研磨的方法进行修复。

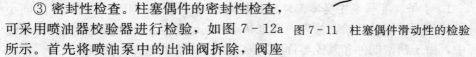

图 7-11　柱塞偶件滑动性的检验

③ 密封性检查。柱塞偶件的密封性检查，可采用喷油器校验器进行检验，如图 7-12a 所示。首先将喷油泵中的出油阀拆除，阀座和出油阀衬垫仍留在泵体内，装好高压油管接头，放净油腔的空气，把喷油器校验器的高压油管接到油管接头上。而后移动供油拉杆，使柱塞固定在最大供油量位置，转动凸轮轴，使被试验的柱塞上升到供油行程中间位置。而后用喷油器校验器泵油，当油压升高到 20 MPa 时停止泵油，观察油压下降至 10 MPa 时所需要的时间，用过的柱塞副不应少于 2 s，同一个喷油泵上的各柱塞偶件的密封性应相同，喷油量彼此相差不应大于 50%，否则应修复或更换。新的或修复后的柱塞副，所需要的时间应在 16～29 s，低于 16 s 为不合格。

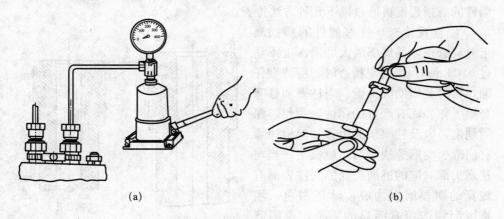

(a)　　　　　　　　　　　　　(b)

图 7-12　柱塞偶件密封性的检验

(a) 用喷油器校验器检验法　(b) 简易检验法

如果没有喷油器校验器，柱塞偶件的密封性可采用下述简易办法进行检验：如图 7-12b 所示，使柱塞处于中等或最大供油量位置，并推到最上位置，用拇指堵住柱塞套筒顶部，然后将柱塞往下拉到柱塞上缘不露出柱塞套筒油孔为止。如果感觉到有真空吸力，松开后，柱塞能迅速回到原来位置，可继续使用。

（2）柱塞偶件的修理　柱塞偶件是用优质合金钢经过车、铣、磨、冷热处理、研磨、选配、检验、互研等多道加工工序制成。柱塞偶件的修理，通常只要经过研磨、选配、检验、互研等几道工序，就可以达到使用要求。可见，柱塞偶件的修理，可以节省大量优质合金钢材。柱塞偶件的修理，目前大都采用研磨法和选配法。

① 研磨法。研磨柱塞偶件应注意以下 3 点：

a. 当柱塞套筒上端面出现锈痕时，可用 $W_7 \sim W_3$ 细研磨膏涂在玻璃板上轻轻研磨。研磨时，必须不断变换手夹持柱塞套筒的位置，并使其平正。粗磨后，在玻璃板上换个地方，用附着在套筒端面上的已研磨过的研磨剂进一步细研，使柱塞端面光滑，用肉眼看不出划痕。

b. 当柱塞尚可应用，但在柱塞套筒中有阻滞现象或新柱塞发生阻滞时，可用抛光粉或抛光膏涂在柱塞上，插入柱塞套筒进行互研。研磨时，应往复运动和旋转运动同时进行，并不断变换手夹持柱塞的位置。

c. 当发现柱塞顶部的棱角碰毛而产生阻滞现象时，可用细油石，涂以机油，接触柱塞上端棱角处，将柱塞向后倾斜 30° 角左右，向后拉并转动柱塞，即可磨去棱角上的毛刺。用力要轻，移动速度要慢。

② 选配法。待修的柱塞偶件数量较多时，可采用选配法。可先用研磨的方法，使柱塞和柱塞套的圆柱度、圆度符合规定值，消除配合表面上的划痕，恢复正确的几何形状。然后选配成对，经互研达到与新品相当的技术要求。由于这种方法修复的柱塞偶件，能够达到技术要求的数量有限，通常选配修复率为 20% 左右，因此多与镀铬法配合应用，以提高修复率。

（3）出油阀偶件的检查　出油阀的减压环带与座孔的配合间隙为 0.007 mm 左右，配合表面的粗糙度要求较高。由于高压油中机械杂质的刮削和摩擦，出油阀偶件的工作表面和柱塞偶件一样，也会产生磨损和擦伤，如图 7-13 所示。其磨损和擦伤部位主要在出油阀和阀座密封锥面、出油阀减压环带和阀座导向表面。前者会使开始喷油时间延迟，供油量减少，从而造成发动机启动困难、怠速不稳、容易熄火，且发动机转速越低，影响越明显；后者使配合间隙增大，减压作用减弱，停止供油后，高压油管中的剩余压力较高，喷油器针阀不能迅速回位，喷油延续时间延长，断油不干脆，产生喷后滴油，造成发动机工作粗暴、冒黑烟和不规则的敲缸。出油阀偶件的磨损程度可通过以下几种方法检查：

① 直观检查。用直接观察的方法检查出油阀偶件，如果发现减压环带有明显的磨损沟痕、出油阀或阀座孔配合表面有锈蚀和金属剥落等缺陷，应进行维修或者更换新件。出油阀密封锥面正常宽度一般为 0.2～0.3 mm，如果

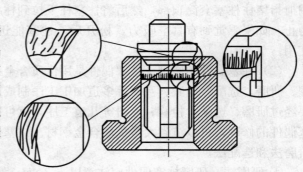

图 7-13　出油阀和阀座的磨损

发现密封锥面凹陷，接触环带宽度超过 0.5 mm，应进行维修或者更换新件。

② 滑动性检查。出油阀偶件的滑动性检查，可采用自重法检验，如图 7-14 所示。将放在柴油中浸泡过的出油阀取出后，拿住阀座倾斜 45°，将出油阀抽出 1/3，松手后，阀体应能在自重的作用下无阻滞地落到阀座支承面上，即为合格。如果垂直拿住阀座，则抽出出油阀 1/2，松开后，阀体应能在自重的作用下落到阀座支承面上。将阀座旋转任意角度检验，其结果应相同。

③ 密封性检查。出油阀密封性检查包括密封锥面和减压环带两部分，可在图 7-15 所示的专用夹具中进行。检验时，将出油阀偶件装进夹具中，装上出油阀弹簧，上紧高压油管接头后，用喷油器校验器的高压油管接到高压油管接头上进行检验。

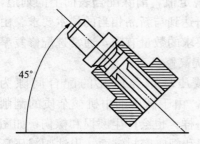

图 7-14　出油阀偶件滑动
性的检验

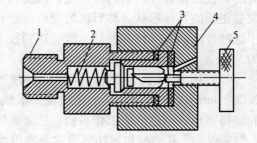

图 7-15　出油阀偶件密封性的检验
1. 高压油管接头　2. 出油阀弹簧　3. 垫圈
4. 夹具　5. 调节螺钉

a. 密封锥面的密封性检查。将调节螺钉退出几扣，使出油阀锥面落在阀座上。压动喷油器校验器手柄向试验夹具内泵油，当喷油器校验器压力表指示的压力达到 25 MPa 时，停止泵油，然后观察油压从 25 MPa 降到 10 MPa 的时间，不应少于 60 s。

b. 减压环带的密封性检查。拧进调节螺钉，将出油阀顶起 0.3～0.5 mm，然后泵油，使油压升高到 25 MPa，观察油压从 25 MPa 降至 10 MPa 的时间，不应少于 2 s。同一个喷油泵的各个出油阀偶件的密封性应相同。

密封锥面和减压环带的密封性检查，也可采用如下简易方法：用大拇指和中指拿住出油阀座，食指按住出油阀，用嘴从油阀座下平面的孔处吸出空气后，再用嘴唇堵住该孔，如果能把出油阀吸住，说明锥面密封性良好。减压环带的密封性检查，如图 7-16 所示，用手指抵住出油座下孔，将出油阀放入阀座中，当减压环带进入阀座时，轻轻按下出油阀，如果感觉有空气压缩力，松手后，出油阀能自动弹回；或者，将上述做法的顺序颠倒，拉出出油阀，如果感觉有吸力，松手后，出油阀能自动吸回，说明密封性良好。

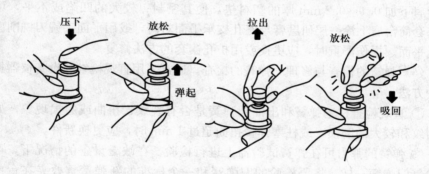

图 7-16　减压环带密封性的检验

（4）出油阀偶件的修理　出油阀偶件的修理，目前大都采用研磨法和选配法。

① 研磨法。出油阀座下端面锈蚀或有划痕时，可用研磨法修复。研磨方法和柱塞套筒上端面的研磨相同。出油阀的导向部分在阀座中有阻滞现象时，可先用旧出油阀涂上抛光膏在阀座中研磨，以免损伤减压环带，再将出油阀涂上抛光膏插入阀座内精研，直至消除阻滞现象。密封锥面凹陷时，可将极细研磨膏涂在阀体锥面上，插入阀座旋转研磨，每旋转一定次数后，转换一个方位再研磨。不要使减压环带粘上研磨剂，以免损伤。研磨后进行清洗和检验密封性。

②选配法。如果待修的出油阀偶件数量较多，可采用选配互研法进行修复：首先将出油阀全部抽出，并逐个对阀座孔试插，把能插入 1/4～1/2 的出油阀偶件成对放置；而后用 W_3 研磨膏研磨圆柱导向面，直到出油阀能全部进入阀座内为止；再把出油阀偶件清洗干净后，用 W_1 研磨膏互研密封锥面，直到接触良好为止；最后进行滑动性和密封性检查。

（5）泵体柱塞座孔的检查与修理　泵体柱塞座孔的检查，包括柱塞座孔与柱塞套筒外圆的配合间隙和座孔与柱塞套筒台肩接触面两部分。喷油泵上体柱塞座孔与柱塞套筒外圆的配合间隙一般为 0.016～0.1 mm。此间隙过小，会使柱塞套筒变形；此间隙过大，使柱塞套筒偏斜和晃动。油泵上体座孔和柱塞套筒台肩接触面必须平整，如果不平，柱塞套筒装入后会发生倾斜，柱塞上下运动时，就会产生偏磨甚至卡死，并使密封作用变坏，柴油漏入油泵下体凸轮轴室，稀释润滑油。

检查座孔和柱塞套筒台肩接触面时，可在柱塞套筒的接触面上涂薄薄一层红丹油，装入座孔中轻轻转动，观察接触印痕。轻微的凹陷不平，可在柱塞套筒台肩下加 0.1～0.2 mm 厚的塑料垫，使其密封；较大的凹陷或不平，可在柱塞套筒台肩上涂一层研磨膏与座孔支承平面对研，或用平面手铣刀铣削座孔支承平面。损伤严重时，应更换或用扩孔镶套的方法修复。

（6）弹簧的检查与修理　弹簧的检查，通常采用直观检查和设备仪器检验两种方法。

①直观检查柱塞弹簧和出油阀弹簧是否有裂纹、扭曲或磨损现象。如果有裂纹和较大的磨损，或柱塞弹簧扭曲超过 1 mm 时，应更换新件。

②弹簧的弹力可在弹簧试验器上进行检验。在缺乏设备的情况下，可和检验气门弹簧一样，将要检验的旧弹簧和一个标准的新弹簧重叠夹在台虎钳中，用比较法来鉴别（详见第五章）。若弹簧弹力不符合规定值，必须更换新件。

（7）油量控制机构的检查与修理　油量控制机构经过长期使用后，其主要缺陷是拉杆两端轴颈、衬套、调节叉和调节臂接触表面产生磨损和变形。

①供油拉杆衬套磨损。供油拉杆和衬套的正常配合间隙通常在 0.08 mm 左右。磨损后，配合间隙增大，拉杆晃动，发动机运转不稳，还会造成调节叉和调节臂卡死，引起飞车。因此，当配合间隙超过 0.25 mm 时，应更换新衬套。供油拉杆装入新换的衬套后，应移动灵活，无阻滞现象。

②供油拉杆弯曲。供油拉杆弯曲后，影响其运动的灵活性，甚至产生卡死现象。检查时，将拉杆放在 V 形支架上慢慢转动，用百分表测量它的径向

跳动量。如果超过 0.05 mm，应进行冷压校直（详见第二章）。

③ 调节叉与调节臂磨损。油量调节叉和调节臂的配合表面磨损后，工作时柱塞晃动，供油量不均匀，发动机运转不稳。检查时，用游标卡尺分别测量调节叉和调节臂的配合尺寸。当配合间隙超过 0.12 mm 时，应进行修理或更换。换用新柱塞后，如果配合过紧，可用砂纸研磨调节臂球形配合表面。

（8）传动机构的检查与修理　喷油泵传动机构的主要缺陷是喷油泵驱动齿轮、凸轮轴、滚轮体总成的磨损和损坏，从而改变供油时间和供油量，影响发动机的正常工作。

① 凸轮轴的检查修理。凸轮轴两端用圆锥滚子轴承支承，在油泵下体两端装有调节轴向间隙的调整垫片。常见的缺陷是凸轮磨损、凸轮轴变形和轴承损坏。

凸轮单边磨损形成沟槽后，可旋转 180°安装使用，同时互换二、三缸高压油管与喷油器的连接位置。当凸轮双边磨损，磨损量超过 0.5 mm 时，可用铸铁焊条进行电弧堆焊，焊后按标准几何形状和尺寸进行磨修，凸轮轴轴颈磨损后，可采用堆焊修复。

凸轮轴的变形，是通过凸轮轴两端轴颈的径向跳动来检查的，如果超过 0.05 mm 时，应进行冷压矫直。

凸轮轴轴向间隙超过规定值时，可增减调整垫片来调整圆锥滚子轴承支承间隙，使其恢复到规定值。如果发现圆锥滚子轴承变成紫黑色或灰黑色，表示由于润滑不良而产生高温退火，说明轴承已损坏，应更换新件。发现圆锥滚子轴承的工作表面上麻点、斑蚀过多，有剥落凹痕，或滚珠破裂、保持架损坏时，应更换新件。轴承内外圈滚道凹痕过深，或与轴和泵体配合表面磨损，使配合松动，也应更换新件。

② 滚轮体总成的检查修理。滚轮体总成，由滚轮体、滚轮销、滚轮套、滚轮和垫块组成，如图 7-17 所示。其主要故障是各配合表面磨损。

滚轮销和滚轮套、滚轮套和滚轮的正常配合间隙为 0.03 mm 左右，当配合间隙超过 0.1 mm，应更换新件。当滚轮销与滚轮体配合间隙大于 0.05 mm 时，应更换滚轮销。

滚轮体除圆柱表面产生磨损外，当限位螺钉松动或丢失后，在运动中发生左右晃动，造成凸轮碰

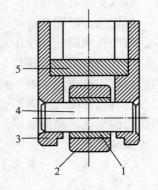

图 7-17　滚轮体总成
1. 滚轮套　2. 滚轮　3. 滚轮体
4. 滚轮销　5. 垫块

撞滚轮体两侧凸台，使凸台磨损。由于凸轮在没有转到供油位置前，就开始碰撞滚轮体凸台，使它移动，并使开始供油时间提前，停止供油时间延迟。因此，除堆焊修复磨损部位或更换滚轮体外，还必须进行可靠的定位。

当垫块磨损出现明显凹痕时，可以反转使用，或更换新件。使用过程中，可以通过增加垫块厚度来消除由于柱塞尾部磨损和滚轮、滚轮销、凸轮磨损而造成的供油滞后，一般每增加 0.2 mm，供油提前角增加 2°，但增加垫块厚度要保证柱塞到达上止点时，柱塞上平面与出油阀平面之间留有 0.3 mm 以上的间隙，以免顶坏柱塞和出油阀。

2. 单体 I 号泵主要零件的检查与修理 单体 I 号泵长期使用后，滚轮体总成磨损后会加速柱塞偶件、出油阀偶件、齿轮传动套、齿杆、推杆总成以及泵体等零部件的磨损，弹簧变形和失去弹力，使喷油泵的技术状态变坏，甚至失去工作能力。柱塞偶件、出油阀偶件磨损后的检查修理方法以及弹簧的检验方法与上述 I 号、II 号泵的基本相同，不再重复。仅介绍滚轮体总成磨损、齿轮传动套磨损和齿杆磨损的检查修理方法。

（1）滚轮体总成磨损的检查与修理 滚轮体总成由滚轮体、滚轮外圈、滚轮内圈和滚轮销组成。主要磨损部位是推杆体与泵体的配合面、滚轮外圈和凸轮接触面、滚轮内外圈配合面、滚轮销与滚轮内圈配合面、滚轮销与滚轮体配合面等。滚轮体圆柱面磨损后，与泵体配合间隙增大，在往复运动中晃动，造成柱塞弹簧偏斜变形，柱塞偏磨。当配合间隙超过 0.2 mm 时，应修复或更换。修复的方法是：将泵体扩孔，消除锥形和椭圆形后，配加大尺寸的滚轮体，以恢复正常配合间隙。

滚轮内、外圈和滚轮销磨损后，配合间隙增大，柱塞行程减小，供油量减少。当配合间隙超过使用极限值以后，应更换新件。

（2）油量调节齿轮传动套和齿杆磨损的检查与修理 油量调节齿轮传动套和齿杆在工作中经常处于抖动状态，啮合齿面、齿杆与泵体配合面、齿轮传动套与柱塞凸肩配合面等都会磨损。磨损后配合间隙增大，柱塞运动迟延，不能随负荷的变化迅速改变供油量，造成发动机转速不稳，所以当配合间隙过大时应更换新件。

（3）拆装要求 单体 I 号泵拆装要求，主要包括拆卸、装配和向拖拉机上安装 3 个方面。

① 拆卸注意事项。从定时齿轮室盖上取下喷油泵，必须数清调整垫片的数量，并保存好；将油泵外部擦洗清洁，拆下泵体尾部沟槽内的卡簧，压动推杆体，取出导向销；依次取出推杆总成、弹簧和弹簧座、调节齿轮传动套、柱

塞、齿杆等部件；最后依次卸下高压油管接头，取出出油阀偶件，卸下柱塞套筒限位螺钉，取出柱塞套筒。

②装配注意事项。装配前，先将零件清洗干净，检查主要零件的配合关系是否符合规定要求；将柱塞套筒装入泵体，使回油孔对准定位螺钉孔，拧紧定位螺钉，使柱塞套筒只能上下移动，而不能转动；将齿杆装入泵体，再装上齿轮传动套，应使齿轮传动套与齿杆的装配记号对准。然后将柱塞蘸上清洁柴油与弹簧、弹簧座一起插入柱塞套筒，并使柱塞导臂上的记号与齿轮传动套上的记号对准；将滚轮体总成压入泵体，装入导向销，并用卡簧锁住；装上出油阀偶件和出油阀弹簧，拧紧高压油管接头，拧紧力矩通常为 50～60 N·m；将装配完的喷油泵水平放置，并使齿杆处于垂直位置，压缩柱塞弹簧后，齿杆应能借自身质量在全行程内自由滑下，而无咬住或卡滞现象。

③向拖拉机上安装注意事项。将喷油泵安装到柴油机定时齿轮室盖上，使齿杆上的凸柄嵌入调速杠杆的矩形槽内；喷油泵接盘和定时齿轮室盖之间应加一定数量的调整垫片，以便调整供油提前角；上紧油泵固定螺钉，接上低压油管，打开油箱开关，排除油路中的空气，在 3～5 min 内油泵各处不应有渗漏现象。把油门放在停止供油位置，摇转曲轴，观察高压油管接头的锥口，不应有溢油现象；装上高压油管和喷油器（喷油器不装入座孔），摇转曲轴，当油门放在停止供油位置时，喷油器应不喷油，油门放在 1/4 位置时，应开始喷油，油门放在中间位置时，喷油稍多；油门放在最大位置时，喷油最多，说明安装正确。

第三节　调速器的构造与修理

一、构造与工作过程

调速器的功用是根据发动机负荷的变化，自动地改变供油拉杆的位置，从而改变各缸的循环供油量，以控制发动机的转速在较小范围内变化。

按调速器的工作原理，可分为机械离心式、气力式和液力式 3 种。由于机械离心式调速器结构简单、工作可靠，而得到广泛应用。按调速器控制的转速范围，又可分为单制式、双制式和全制式。单制式调速器只能控制发动机的最高转速；双制式调速器可控制发动机的怠速和最高转速；全制式调速器则能控制发动机由怠速到最高转速范围内的任何一个转速。目前普遍采用的调速器是全制机械离心式调速器。

1. 单体Ⅰ号泵全制式调速器 单体Ⅰ号泵全制式调速器主要由调速齿轮、调速支架、调速滑盘、调速拨叉、调速臂、调速杆、调整螺钉和调速弹簧等组成，如图7-18所示。调速齿轮由曲轴齿轮带动，在调速轴上转动。调速支架固定在调速齿轮端面上，其上有6个径向槽，槽内各置一钢球，它们随调速齿轮一起转动。内面为锥面的调速滑盘套在调速轴上并罩住钢球，可作轴向滑动。滑盘外侧装止推圈。调速杆、调速拨叉和调速臂装成一体，拨叉的短臂与止推圈接触，长臂的拨槽卡住柱塞的调节臂。调速杆可在定时齿轮室盖的孔中转动。调速拉簧一端拉住调速臂，另一端通过调整螺钉与调速连接杆、调速手柄相连接。扳动调速手柄时则可改变调速弹簧的预紧力，调速弹簧的预紧力可通过调整螺钉来调整。转速指示牌弧形长槽的底部限制最高转速，其顶部是熄火位置。单体Ⅰ号泵全制式调速器的工作过程如下：

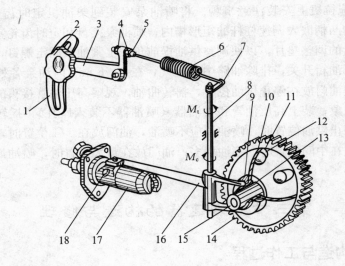

图7-18 调速器

1. 转速指示牌 2. 调速手柄 3. 调速连接杆 4. 锁紧螺母 5. 调整螺钉
6. 调速弹簧 7. 调速臂 8. 调速杆 9. 止推圈 10. 调速滑盘 11. 钢球
12. 调速支架 13. 齿轮衬套 14. 调速齿轮 15. 调速轴 16. 调速拨叉
17. 喷油泵 18. 调节臂

（1）调速手柄（俗称油门）不动，负荷变化时 在负荷未变之前，柴油机的扭矩 Me 与负荷 Mc 处于平衡状态，即 $Me=Mc$。而调速弹簧最后作用于调速杆的力矩 Mt，（使循环供油量 Δg 增加），与钢球离心力最后作用于调速杆的力矩 Mc（使 Δg 减少）也处于平衡状态，即 $Mt=Mc$。因此，柴油机以某一

转速 n 稳定地运转；循环供油量 Δg 与该负荷相适应并保持恒定。

当负荷减小时，$Me>Mc$，使 n 上升。只要稍有上升，则 $Mc>Mt$，调速也不平衡，这一方面使 Δg 和 Me 减小，直至 $Me=Mc$ 时，n 不再上升；另一方面又使 $Mt>Mc$（因调速弹簧略受压缩），直至 $Mt=Mc$。这时，柴油机和调速器重新处于平衡状态。

当负荷增大时，过程与上述相反，使 Δg 增加、转速仅略有降低，柴油机和调速器也重新处于平衡状态。

(2) 负荷不变，油门位置改变时　油门未变之前，$Me=Mc$，$Mt=Mc$，柴油机和调速器是处于平衡状态的。

当油门加大时，在最初一瞬间来不及变化，而调速弹簧被拉长，拉力增大，因而 $Mt>Mc$，使 Δg 增加；随后调速弹簧收缩使 Mt 减小，直至 $Mt=Mc$ 时，调速器暂时平衡，以后由于 Δg 的增加，造成 $Me>Mc$（柴油机不平衡），使 n 升高。但 n 升高之后，使 $Mt<Mc$（调速器不平衡），因此一方面使 Δg 减少，直至基本恢复到原来的油量，使 $Me=Mc$；另一方面又使 Mt 增大（调速弹簧被拉长，拉力增大），直至 $Mt=Mc$。这样，柴油机和调速器都重新处于平衡状态。

当油门减小时，过程与上述相反。

由上述过程可见，负荷未变而油门位置改变时，调速器起作用，使转速相应改变（因调速弹簧弹力改变），而循环油量则基本不变。据此，把上述两种情况接合起来，便是全制式调速器的工作过程。

2. Ⅰ号、Ⅱ号喷油泵全制式调速器　Ⅰ号喷油泵和Ⅱ号喷油泵的调速器的构造基本相同，安装在喷油泵后端，主要由驱动部分、钢球座部件、传动部分、操纵部分、调节轴及调速、校正、启动加浓弹簧等组成，如图 7－19 所示。

(1) 驱动部分　包括调速器轴、传动轴、传动盘。三者用固定螺母压紧一起转动。Ⅰ号泵传动盘工作锥面为 60°，推力盘工作锥面仍为 45°，这样可使钢球半滑半滚，减少摩擦与磨损；同时可增大推力盘的轴向推力，但移动量较小。Ⅱ号喷油泵传动盘的内锥面有 6 个径向呈 45°角的半圆形凹槽。

(2) 钢球座部件　Ⅱ号泵的钢球座部件包括钢球、钢球座、飞球支架，12 个钢球分 6 组装在各钢球座中，可在座孔内自由滚动。钢球座装在飞球支架上，并可沿支架的径向槽滑动。Ⅰ号泵采用 6 个钢球的单排结构，没有圆盘支架和钢球座。钢球外甩时，产生滑移运动。

(3) 传动部分　包括推力盘、轴承、轴承座、传动板等。推力盘可在传动轴套上作轴向滑动，其内锥面的锥角为 45°，它罩住钢球座部件。传动板的下部和轴承座、轴承及推力盘装配成一体，它可随推力盘作轴向移动而不随它转动。传动板的上端用弹簧、调整螺母、锁定螺母与供油拉杆相连接。

（4）调节轴及调速、校正、启动弹簧　调节轴又叫支承轴，拧在调速器壳体上，其位置可调。Ⅱ号泵的启动弹簧直接作用在推力盘上，低速弹簧和高速弹簧作用在调速弹簧前座上，而三者的后端由调速弹簧后座支承，两弹簧座可沿调节轴滑动。校正弹簧装在调节轴前

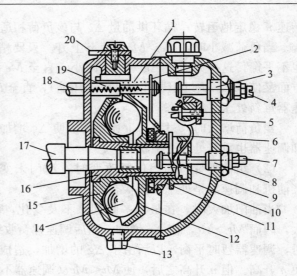

图 7 - 19　Ⅰ号泵调速器总成

1. 辅助弹簧　2. 连杆传动板　3. 高速调节螺套
4. 怠速限位螺钉　5. 调速操纵轴　6. 调速弹簧　7. 调节螺杆
8. 调节套　9. 校正弹簧　10. 滑套　11. 传动板座　12. 推力盘
13. 放油塞　14. 钢球　15. 驱动盘　16. 连接轴套　17. 凸轮轴
18. 拉杆　19. 启动弹簧　20. 停供手柄

端，它将校正弹簧后座压靠在调节轴台肩上，对调速弹簧前座作弹性支承，装配时其预压量为零。Ⅰ号泵调速弹簧采用一根扭簧，校正弹簧仍装在调节轴上，但呈自由状态并凸出调节轴台肩1.5～2.5 mm（这是校正行程）。启动弹簧一端钩在传动板上，另一端钩在调速器箱形接盘的挂座上。

（5）操纵部分　包括操纵手柄、调速叉、高速限制螺钉、怠速限制螺钉、供油拉杆挡钉以及停油摇臂与手柄等。

Ⅰ号泵、Ⅱ号泵调速器的工作过程与单体Ⅰ号泵基本相同，工作中，凸轮轴带动驱动盘和钢球旋转，当转速升高到一定程度时，钢球向外甩开，克服调速弹簧的压力，推动推力盘沿轴套滑动，通过传动板带动供油拉杆移动，使供油量减少，转速不再升高。反之，当负荷增加，转速降低时，钢球向中间靠拢，推力盘在调速弹簧的弹力作用下，带动传动板和供油拉杆向相反方向移动，使供油量增大，转速升高，保持转速稳定。

由于Ⅰ号泵、Ⅱ号泵增加了启动弹簧和校正弹簧，因此其工作过程增加了启动行程和校正行程。在启动行程时，启动弹簧被压缩，循环供油量最大，比

标定油量增加 50％，这有利于柴油机的启动。在校正行程时，校正弹簧被压缩，循环供油量增加以利克服短时间的超负荷。

二、主要零部件的修理

单体Ⅰ号泵、Ⅰ号、Ⅱ号泵调速器的检查与修理内容基本相同，下面以Ⅰ号泵为例进行介绍。Ⅰ号泵的主要缺陷是驱动盘和推力盘工作表面磨损、连接轴套与推力盘配合表面磨损、拉杆传动板与供油拉杆配合孔磨损、轴承磨损、弹簧弹力减弱。

1. 驱动盘磨损的修理　驱动盘上放置钢球的凹面在使用过程中逐渐磨损，会出现局部凹坑，因为钢球在向外甩开的过程中，受到调速弹簧的压力，滚动不灵活，与驱动盘产生滑动摩擦。加之球墨铸铁制成的驱动盘硬度比钢球低，所以磨成凹坑。当驱动盘出现凹坑后，钢球的滚动更不灵活，致使发动机在中高速运转时转速不稳，又进一步加剧了凹坑的磨损，形成恶性循环，使调速器的工作失常。因此，当驱动盘凹面出现凹坑后，应更换新件，或用球墨铸铁焊条焊补，以保证调速器工作稳定。

2. 推力盘磨损的修理　推力盘用铝合金制成，其磨损特点是，在推力盘的 45°斜面上出现凹坑，或带有疲劳麻点的沟状磨损环带。原因是飞球转速突然变化时，产生很大冲击力，作用于推力盘斜面，形成冲击凹坑和疲劳损伤。推力盘出现凹坑或环状沟槽后，影响钢球的运动，使调速器作用不灵敏，且缩小了推力盘的移动量，造成发动机转速增高；当发动机负荷增加，转速下降时，飞球收拢要越过凹坑受到阻力，不能及时加油，使调速作用落后于转速变化，造成发动机转速不稳。

一般情况下，磨损较轻的推力盘，可用油石和细砂布将 45°斜面磨平打光即可。磨损严重的推力盘，应更换新件。

3. 连接轴套圆柱表面磨损的修理　连接轴套固定在油泵凸轮轴上，驱动盘通过紧配合固定在连接轴套的圆柱表面上，推力盘可在连接轴套圆柱表面左右移动，其配合间隙为 0.04～0.09 mm。其磨损部位如图 7-20 所示，当配合表面磨损后，配合间隙过大，造成推力盘偏摆和跳动，发动机运转不稳，并加速凸轮轴轴承的磨损。连接轴套磨损后，应更换新件。

4. 拉杆传动板孔磨损的修理　拉杆传动板和推力盘组成一个整体，用来移动拉杆，控制供油量。拉杆传动板孔比较容易磨损，因为凸轮轴在驱动各缸柱塞工作时，阻力迅速变化，使供油拉杆振动。特别是凸轮轴轴向间隙过大或推力盘的摆动过大时，拉杆传动板孔处振动更剧烈，更易磨损。拉杆传动板孔磨损，使调速器作用不灵敏，严重时，挡圈穿过传动板孔，造成飞车。

拉杆传动板孔磨损后，可用堆焊方法修复。堆焊层厚度达到约 2 mm 后，锉修整形即可。

5. 调速弹簧的修理　调速弹簧（图 7 - 21）长期使用后，会产生弹力变弱、扭曲变形、两压爪磨损不均匀等缺陷，造成调速不稳，发动机额定转速降低，推力盘倾斜偏磨而引起振动。当弹簧两压爪磨损不一致时，可在油石上磨平；当弹力减弱或严重变形后，应更换新件。

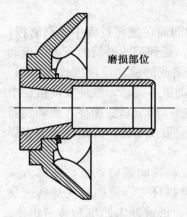

图 7 - 20　连接轴套圆柱表面
　　　　　　的磨损

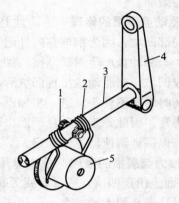

图 7 - 21　调速弹簧
1. 螺钉　2. 调速弹簧　3. 操纵轴　4. 操纵手柄　5. 滑套

第四节　喷油泵调速器总成的拆装与调整

喷油泵调速器总成的拆卸装配与检查调整，必须采用专门的拆装工具和相关的设备仪器，是一项技术要求较高的工作，必须严格按规定的步骤正确操作，才能保证维修质量。下面主要以 Ⅰ 号泵为例进行介绍。

一、拆卸装配要求

1. 拆卸注意事项

（1）拆卸前，应使用煤油或柴油清洗喷油泵表面。为了确保精密偶件免受腐蚀，不要使用碱性清洗液清洗。

（2）拆卸喷油泵调速器总成的工作，应在专用油泵拆装台上进行。拆卸时，应用标准的开口扳手、梅花扳手或套筒扳手，不得用活扳手。对过盈配合零件，应使用专用工具拆卸。

（3）拆卸柱塞偶件、出油阀偶件等精密偶件时要仔细，不要碰撞，不允许互相调换。拆后要把偶件按原配成对地存放在清洁的柴油中。

（4）拆卸供油拉杆、操纵臂调整螺钉等装配位置有一定要求的零件，拆卸前应做好标记，记住原始位置，以便安装后能获得正确的位置。

（5）供油拉杆和调速器调整螺钉，除需要更换零件外，尽可能不要拆卸。

2. 拆卸步骤

（1）卸下回油管、输油泵和检视窗盖板。

（2）卸下固定喷油泵上体的螺母，然后将喷油泵置于水平位置，取下喷油泵上体总成。要防止柱塞滑落和搞乱。

（3）松开滚轮体限位螺钉，取出滚轮体，按顺序排好。

（4）卸下调速器后盖和推力盘总成。

（5）用百分表或用手检查凸轮轴的轴向窜动量，做到心中有数，以便装配时正确选择调整垫片的厚度。

（6）将凸轮轴固定，用专用扳手卸下凸轮轴后端的固定螺母，再用专用工具取下连接轴套和驱动盘总成。

（7）卸下泵体前端带定位凸缘的三角法兰和调速器前壳体，取出凸轮轴。

（8）分解油泵上体总成时，先从柱塞套筒内取出柱塞，按顺序放好，然后将泵体固定，卸下高压油管接头，取出出油阀偶件放好，不要放乱。卸下柱塞套筒限位螺钉，取出柱塞套筒，把原配柱塞插好，妥善放置。

（9）分解凸轮轴总成时，先取下半圆键，用专用工具拉出轴承内圈，再用专用工具分别从定位凸缘和调速器壳上拉出轴承外圈，不得用锤子敲击，以免损坏零件。

（10）从连接轴套上压出驱动盘。

（11）分解推力盘总成时，先压出拉板和拉板座，用专用工具或加热的方法取下轴承。

（12）拆卸输油泵时，先卸下手油泵总成，取出柱塞推杆，再卸下进、出油管接头螺丝和柱塞泵堵头螺丝，取出进、出油阀和柱塞，压出推杆套。

3. 装配前的检查　在装配之前，用清洁的柴油清洗所有零件，并对主要零件的技术状态进行检查。

（1）喷油泵的上下体结合面应光洁，不得有擦伤和划痕，结合面的平面度应符合规定要求，油泵上体装柱塞套筒的支承台肩，不得有凹陷、伤痕、剥落和裂纹等缺陷。

（2）柱塞头部和下肩部工作表面应光洁，斜槽停供边棱角不得有磨钝和沟纹。柱塞套筒进、出油孔边缘不得有毛刺和条状沟痕。

（3）出油阀和阀座密封锥面，减压环带和导向孔的配合表面应光洁，贴合应严密。出油阀在阀座中，应运动灵活，无涩滞现象。

（4）供油拉杆应光滑平直，能在衬套中灵活运动。

（5）凸轮轴的轴颈和凸轮工作表面应光洁，不得有划痕，凸轮高度的磨损量不得超过 0.5 mm。

（6）滚轮体圆柱表面、滚轮、滚轮套、滚轮轴的配合表面应光滑，不得有毛刺和划痕，装配后应转动灵活。

（7）驱动盘和推力盘的弧形工作表面应光滑，无凹坑、划痕、碰伤、斑点和毛刺等缺陷。

（8）钢球直径尺寸应一致，质量相差不超过 1 g，表面圆滑、无锈蚀。

（9）调速器壳与泵体、后盖的结合面应平整，平面度不超过 0.1 mm，且无碰伤、裂纹等缺陷。

（10）输油泵壳体不得有裂纹和破损，各油管接头的配合端面应平整光滑，各部螺纹没有滑扣和倒扣现象。

（11）输油泵体上的进、出油阀座和油道油腔均应清洁，没有划伤和毛刺等缺陷，出油阀与阀座应光滑，配合严密。

（12）检查喷油泵和调速器主要零件的配合关系，应符合规定值。

4. 油泵上体的装配

（1）将柱塞套筒从泵体上部装入，如果接触面有凹痕，可加薄纸垫。拧紧限位螺钉后，推动柱塞套筒应能上下移动 2～3 mm，但不能转动。限位螺钉的长度和垫圈厚度要适当，不要拧进过多，以免顶死柱塞套筒和堵塞回油孔。

（2）将出油阀偶件和密封垫圈一起装入泵体，装上出油阀弹簧，用扭力扳手拧紧高压油管接头，拧紧力矩为 60～70 N·m，扭力不可过大，以免损坏密封垫圈。

（3）将柱塞弹簧和弹簧下座套到柱塞上，然后将柱塞仔细插入柱塞套筒，柱塞应能在柱塞套筒内灵活地上下滑动和转动，不得有阻滞现象。

（4）油泵上体总成装完后，应进行密封性试验，压力在 0.2 MPa 时，5 min 内各密封面不允许有漏油现象。

5. 油泵下体的装配

（1）将前后供油拉杆衬套分别压入油泵下体衬套孔内。

（2）从油泵下体后端插入供油拉杆的同时装上调节叉，把拉杆推到最前端，使第一个调节叉前端与泵体前端面按规定距离固定，其余调节叉也按规定间隔距离依次固定好。拉杆在衬套内应前后移动灵活，允许有微量转动。

（3）将两个圆锥滚子轴承内圈放在烘箱或机油内加热后，装到凸轮轴前后轴颈上，应先装好调整垫片。垫片的厚度根据拆卸时测得的轴向间隙确定，两端垫片厚度应相等。

（4）将圆锥滚子轴承的外圈分别压到三角法兰定位凸缘和调速器壳上，并将骨架油封压入定位凸缘。

（5）将调速器壳固定到油泵下体后端，将凸轮轴从前端穿入，装上三角法兰，调整纸垫厚度不应少于 0.5 mm，上紧固定螺栓后，转动凸轮轴应灵活无阻滞现象。检查凸轮轴轴向间隙应不大于 0.1 mm，否则应调整纸垫的厚度。

（6）将滚轮和滚轮套放入滚轮体内，从一端压入滚轮轴后，滚轮、滚轮套在轴上应转动灵活，无阻滞现象，装上调整垫块。

（7）检查滚轮体总成的高度应符合规定要求。

（8）将各个滚轮体总成分别装入油泵下体孔内拧紧限位螺钉，限位螺钉应准确地进入滚轮体的限位槽内。然后转动凸轮轴，滚轮体总成应能在导向孔中灵活地上下滑动，但不能转动。

6. 调速器的装配要求

（1）将驱动盘加热后压装到连接轴套上。

（2）将半圆键装到凸轮轴锥面的键槽内，把连接轴套装到凸轮轴上，配合锥面应紧密贴合，接触面积应不小于 85%，把凸轮轴固定，用手转动连接轴套，不得有相对晃动的感觉。然后用专用扳手拧紧轴头固定螺母。

（3）转动连接轴套，用百分表检查轴套的径向跳动不应超过 0.1 mm。

（4）将钢球分别放入驱动盘的钢球座上，钢球应能在座上灵活滚动。

（5）将轴承压入推力盘后端，应压紧靠实，不得偏斜。

（6）将拉板和拉板座压入轴承外侧。

（7）装好推力盘总成后，将拉板座平放在手上，转动推力盘应转动圆滑，不得有晃动的感觉。

（8）将推力盘总成装到连接轴套上，使供油拉杆穿入拉板的孔中，装上挡圈卡环，挂上启动加浓弹簧，前后移动推力盘应运动灵活，但不晃动。

（9）安装调速器壳体时，调速器后壳体上的零件磨损较轻，检修时一般不拆卸，各调整螺钉一般不动。安装前要检查校正弹簧的压缩情况，校正弹簧应处于自由状态，但不应有间隙。如果不符合要求，应调整。后壳体安装到前壳体上时，应垫好纸垫，以防漏油。

7. 油泵上体在下体上的安装　油泵上体向下体上安装时，首先应将油泵下体侧放，把油泵上体总成装入下体后，各柱塞调节臂应进入拨叉槽内，然后将油泵竖起，拧紧油泵上体固定螺母，做如下 3 项检查：

（1）转动凸轮轴，当柱塞到达上止点时，不得与出油阀相碰。

（2）转动凸轮轴，往复拨动拉杆，应灵活无阻滞现象。

（3）将调速操纵手柄扳到最大供油位置，用手将供油拉杆推到最后位置，松手后，拉杆应在启动加浓弹簧的拉力作用下，迅速返回最前位置。

二、在试验台上的检查与调整

修理后的喷油泵总成，应在喷油泵试验台上进行试验，按照规定数据进行检查与调整。试验前，先把喷油泵固定到试验台上，接好油路，检查凸轮轴转动是否灵活，排除油路中的空气和消除渗油、漏油现象。试验过程中，应注意运转是否正常，有无异常响声，试验结束后，必须检查和拧紧各个固定螺钉，高压油管和进、出油管接头应装上防尘帽。外部各调整部位、喷油泵检视盖和调速器盖应予以铅封，怠速螺钉不铅封。

1. 检查供油间隔角　检查供油间隔角的顺序为：

（1）在第一缸高压油管接头处装上一段 120 mm 长的透明塑料管或玻璃管。

（2）调速手柄放在最大供油位置，开动电机，向喷油泵供油，调整低压油路的输油压力至 0.05～0.07 MPa，停止转动。

（3）按喷油泵工作时的转动方向，用手缓慢转动凸轮轴，观察透明塑料管中的油面。当油面开始上升的瞬时，立即停止转动，记下试验台分度盘上指示的读数。然后按照供油次序检查其他各缸的供油角度，要求各缸供油间隔角偏差不大于 ±1°。

（4）如果喷油间隔角不符合要求，应卸下油泵上体，检查滚轮体总成的工作高度，必要时改变垫块的厚度予以调整。

2. 初步确定调节叉在拉杆上的位置

（1）将调速操纵手柄放在最大供油位置，开动电机，使凸轮轴转速达到

100 r/min。

（2）以第一缸为基准，将供油量调整到启动油量。

（3）调整各缸调节叉的位置，使其位置间隔基本相等。

3. 额定供油量的检查与调整

（1）调整凸轮轴的转速，使其达到 1 000 r/min（额定转速）。

（2）退出高速限制螺钉，将调速操纵手柄放在最大供油位置。

（3）转动校正螺钉，使第一缸的油量达到额定油量。

（4）调整其余各缸的油量，使其达到额定油量。各缸供油量的不均匀度应小于 3%。

4. 确定高速限位螺钉的位置

（1）调整凸轮轴的转速为 1 000 r/min。

（2）拧进校正螺杆，使校正弹簧处于自由状态，不起作用。

（3）扳动调速操纵手柄，从最大供油位置向减小供油方向移动，直到供油量恢复到额定油量，然后将操纵手柄的位置固定。

（4）拧进高速限位螺钉，直到与高速限位块接触为止，最后紧固。

5. 调速器起作用转速的检查与调整

（1）将调速操纵手柄扳到最大供油位置。

（2）使凸轮轴转速由 1 000 r/min 升高到 1 030 r/min，观察供油量是否下降，如果下降，表明调速器起作用转速合适。

（3）如果调速器起作用转速不符合要求，应检查高速限制螺钉的位置、调速弹簧的质量和有无阻滞现象，必要时，重新调整高速限位螺钉的位置或更换调速弹簧。

6. 停止供油转速的检查

（1）将调速操纵手柄放在最大供油位置。

（2）提高凸轮轴的转速，同时观察喷油器的喷射情况。当喷油器完全停止喷油时，凸轮轴的转速即为停供转速，停供转速通常比额定转速高出 100 r/min。

（3）如果停止供油转速不符合要求，应检查调速弹簧和精密偶件的质量，以及有无阻滞现象，必要时予以修复或更换。

7. 矫正油量的检查与调整

（1）将凸轮轴的转速调到 700 r/min，把调速操纵手柄放在最大供油位置。

（2）检查各缸的供油量应比额定油量多 15%～20%（称为校正油量），其不均匀度不大于 4%。

（3）如果矫正油量不符合要求，可调整调节螺杆的位置。拧进时，供油量增加；拧出时，供油量减少。矫正油量符合规定值后，锁紧调节螺杆。

8. 怠速油量的检查与调整

（1）将凸轮轴的转速调整到 250～300 r/min，退出怠速限位螺钉。

（2）扳动调速操纵手柄，使各缸供油量减少到怠速油量时，固定操纵手柄的位置。

（3）拧出怠速限位螺钉，直到与调速限位块接触为止。最后锁紧怠速限位螺钉。

9. 单体 I 号泵转速的检查与调整

单体 I 号泵转速的检查调整一般不需要在油泵试验台上进行，只在柴油机上进行即可。195 型柴油机的额定转速为 2 000 r/min，最低转速为 800 r/min，最高空转转速为 2 200 r/min，可通过改变调速弹簧的拉力来调整。其调整方法为：启动柴油机，将调速手柄放在最大供油位置，用转速表在曲轴头上测定转速，应为 2 200 r/min。如果不符合要求，应调整调速螺钉，改变调速弹簧的拉力，从而改变转速。当拧进调整螺钉时，弹簧拉力减小，转速降低。反之，拧出调整螺钉，弹簧拉力增加，转速提高。调整后，锁紧螺母。如果无调节螺钉，可更换弹簧加以调整。

三、在拖拉机上的安装、检查与调整

1. 安装要求　在向拖拉机上安装喷油泵时，首先打开发动机定时齿轮室前面的检视口盖，装上喷油泵，使喷油泵凸轮轴上的半圆键穿入驱动齿轮的键槽，再把喷油泵和驱动齿轮联接起来后，用 3 个螺钉把喷油泵固定在定时齿轮室上，螺钉应位于三角法兰盘弧形孔的中间位置。上紧驱动齿轮固定螺母，装上油门拉杆。

2. 供油提前角的检查与调整

（1）I 号泵供油提前角的检查与调整

① 在第一缸高压油管接头上安装透明塑料管，将油门放在最大供油位置，用手压泵排净油路中的空气，取下离合器外壳检视孔上的盖板。

② 缓慢而均匀地转动曲轴，观察透明塑料管中油面，当油面开始上升时，立即停止转动。

③ 检查飞轮上供油提前角的刻线，是否与离合器外壳上的刻线对齐。如

果没有对齐，表示供油时间不正确，应调整。有的拖拉机是通过测量两个记号间的风扇皮带弧长来确定供油时间是否正确的。

④ 如图 7-22 所示，松开喷油泵三角法兰盘的 3 个固定螺钉，就可以调整供油提前角。当飞轮上的供油刻线已转过离合器壳上的刻线，表示供油提前角小于规定值，应将喷油泵向靠近发动机一侧转动一个适当角度（逆凸轮轴旋转方向）。反之，当飞轮上的供油刻线未转到离合器壳上的刻线，表示供油提前角大于规定值，应将喷油泵向外转动一个角度（顺凸轮轴旋转方向），调整后重新上紧 3 个固定螺钉。

⑤ 按上述方法重新检查供油提前角后，拧紧固定螺钉，装好定时齿轮室检视口盖和离合器壳检视孔盖。

Ⅱ号泵和Ⅰ号泵供油提前角的检查方法基本相同，而供油提前角的调整方法有所不同，这主要是由于联接装置的不同。对于Ⅱ号泵而言，由于其联接装置由花键轴套和花键盘组成，所以，如果供油提前角不符合规定要求，可通过转动花键盘进行调整。

（2）单体Ⅰ号泵供油提前角的检查与调整　检查供油提前角时，卸下高压

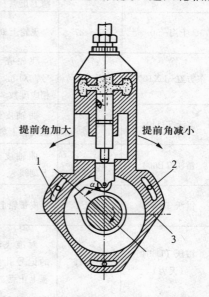

图 7-22　Ⅰ号泵供油提前角的调整
1. 弧形槽　2. 固定螺钉　3. 三角形凸缘盘

油管，把透明塑料管装到高压油管接头上，在供油位置减压，缓慢转动飞轮，观察透明塑料管中的油面，当油面开始移动，立即停止转动，察看飞轮上的刻线（20°）是否与油箱上的指针对齐。如对准或相差不大，则认为供油时间正确，否则需要进行调整。调整时，关闭油箱开关，拆下喷油泵的进油管和 3 个固定螺钉，将油门置于中间位置，取下喷油泵。用增减喷油泵与齿轮室壳体之间的调整垫片进行调整。减少垫片使供油提前角增大，增加垫片使供油提前角减小。垫片的厚度每减少 0.1 mm，供油提前角增加 1.3°，垫片的厚度每增加 0.1 mm，供油提前角减小 1.3°。供油提前角检查、调整合格后，上紧油泵固定螺钉，卸下透明塑料管，装上高压油管及喷油器。

部分机型供油提前角及其检查与调整方法，可参考表 7-2。

表 7 - 2　供油提前角及其检查与调整方法

机型	供油提前角	记号	检查方法	调整方法
铁牛-55	15°～18°	对准飞轮上的记号孔为活塞上止点	用定时管检查。风扇皮带轮上的两记号弧长应为 20～24 mm	改变花键接盘和喷油泵齿轮的相对位置
上海-50	25°～27°	飞轮上刻线	用定时管检查。两记号间为 8.7～9.4 牙	将喷油泵朝里或朝外转一角度
东方红-LX1000	17°～19°	飞轮壳上记号, 对准飞轮相应数	油泵第一缸喷油时, 飞轮壳上记号对应飞轮上度数为 17°～19°	改变花键接盘和喷油泵齿轮的相对位置
雷沃 TH404	19°±1°	曲轴皮带轮或飞轮上刻线	用定时管检查	将喷油泵朝里或朝外转一角度
雷沃 TB604	16°±1°	曲轴皮带轮上刻线	用定时管检查	将喷油泵朝里或朝外转一角度
雷沃 TD804	12°±1°	皮带轮上	皮带轮上提前角刻线与正时室上刻线对齐	将喷油泵朝里或朝外转一角度
雷沃 TD804（天力）	17°～19°	对准飞轮上的记号孔为活塞上止点	带轮上的两记号弧长用定时管检查。风扇皮带的长度应为 20～24 mm	改变花键接盘和喷油泵齿轮的相对位置
雷沃 TG1654	9°±1°	皮带轮上	皮带轮上提前角刻线与正时室上刻线对齐	将喷油泵朝里或朝外转一角度
TS250	21°±2°	飞轮壳上刻线	用定时管检查	将喷油泵朝里或朝外转一角度
TS550	22°±1°	飞轮板上刻线	用定时管检查	将喷油泵朝里或朝外转一角度

第五节　喷油器的构造与修理

一、构造及工作过程

　　喷油器的功用是将喷油泵送来的高压柴油喷入燃烧室中。为了形成理想的可燃混合气,以达到燃烧完全,喷入燃烧室的柴油必须雾化均匀,喷射干脆利落，油束的形状和喷射方向应符合规定要求。

喷油器有开式和闭式两种。开式喷油器的油道直接与汽缸相通，当喷油泵的油压超过汽缸中的气体压力和油道阻力时，柴油便喷入燃烧室。这种喷油器构造简单，加工方便，制造成本低。但当柴油机低速运转时，喷射油压低，柴油难以雾化，同时在停喷后，高压油管里的存油仍能流入汽缸，影响柴油的正常燃烧。闭式喷油器内部与燃烧室之间平时被一针阀隔开，可避免开式的缺陷，因此，柴油机大都采用闭式喷油器。

闭式喷油器，主要由喷油嘴偶件、调压弹簧、调压螺钉和喷油器体等组成，如图 7 - 23 所示。其中喷油嘴偶件是由针阀和针阀体组成。闭式喷油器的特点是具有封闭喷孔的针阀，只有当油压达到一定数值时，针阀才被顶起，柴油以雾状喷入燃烧室。根据喷孔数量和针阀形状，闭式喷油器又可分为单孔、多孔、有轴针、无轴针等多种。多孔式喷油器的喷孔数一般为 4～10 个，喷孔直径最小为 0. 13 mm。由于喷孔多且孔径小，使柴油的雾化获得改善，但油束射程相应缩短，所需的喷射压力较高。轴针式喷油器的针阀下端有一轴针伸出喷孔之外，无轴针式喷油器的针阀下端没有轴针。

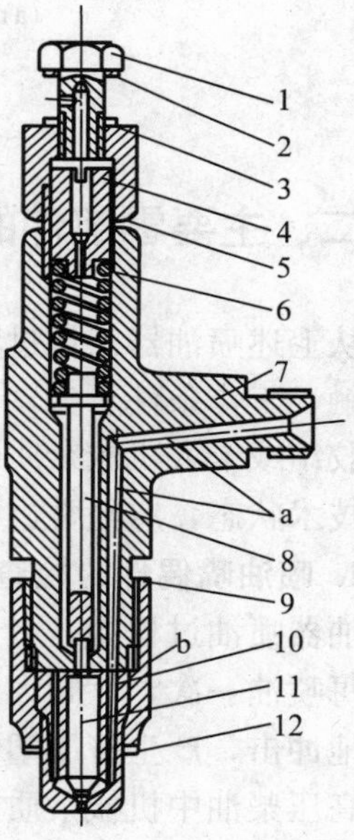

通常在涡流室式和预燃室式燃烧室中所用的喷油器多是单孔轴针式，因为辅助燃烧室的作用能促使柴油继续雾化，并促使雾化了的柴油微粒均匀分布。对于直接喷射的单一燃烧室，一般多采用多孔式喷油器。

图 7 - 23　ZS₄S₁ 型喷油器结构图
a. 油道　b. 环形道
1. 回油螺钉　2、5. 垫片　3. 锁紧螺母
4. 调节螺钉　6. 弹簧　7. 喷油器体
8. 挺杆　9. 固定螺母　10. 针阀体
11. 针阀　12. 密封垫圈

喷油器的工作过程如图 7 - 24 所示，当喷油泵开始供油时，高压柴油经油道进入喷油头的下部环形油腔，高压油作用在针阀的提升锥面上，产生向上的推力，当推力克服喷油器弹簧的预压力，针阀的密封锥面离开针阀体，高压柴油便通过密封锥面所让开的空隙，经针阀末端圆柱体和阀体喷孔所形成的缝隙，高速喷入燃烧室。当喷油泵停止供油时，环形油腔内油压降低，针阀在弹簧力作用下迅速压在针阀体上，切断油路，停止喷油。

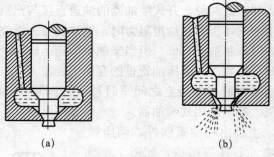

图 7-24 喷油器工作原理图
(a) 不喷油 (b) 喷油

二、主要零部件的检查与修理

从上述喷油器工作过程可以看出，喷油器直接与燃烧室中的高温、高压气体接触，工作条件恶劣，其技术状态直接影响发动机的工作性能。有时由于积炭的胶结或卡入机械杂质，还会造成针阀卡死等故障。因此，必须经常保持良好的技术状态，应经常进行检查与修理。

1. 喷油嘴偶件的检查与修理 喷油嘴偶件是柴油机三大精密偶件之一，在喷油器喷油过程中，针阀在高压柴油和调压弹簧的作用下，频繁地上下振动，每喷油一次，针阀大约要振动 12～14 次，针阀和针阀体的密封锥面受到频繁地冲击，产生挤压塑性变形，使密封环带凹陷，时间一长，会产生疲劳剥落。高压柴油中机械杂质的刮削作用，还会使密封锥面产生磨损和刮伤。

（1）密封锥面磨损的检查 密封锥面磨损可采用直观法检查。密封锥面磨损后，接触环带宽度增加。接触环带宽度通常为 0.2～0.25 mm，当增加到 0.5～1 mm 时，表面还会出现沟痕、麻点和凹坑等缺陷，粗糙度显著增加，密封性下降，造成喷油后滴油，产生积炭。滴油严重时，发动机出现不规则的敲缸声，间断地冒黑烟，运转不平稳。

（2）密封锥面的修理 当密封锥面磨损轻微时，可用互研法修复。研磨时，先把喷油嘴偶件清洗干净，将 W_1～$W_{3.5}$ 细研磨膏涂在针阀锥面上，然后插入阀体内，用手工或在研磨机上研磨。手工研磨的方法，如图 7-25 所示。研磨过程中，应经常检查研磨膏，如果变黑就更换，一直研磨到针阀锥面上呈均匀的暗灰色接触环带为止。研磨时间不要过长，否则反而会使密封性变坏。

当密封锥面磨损严重，划痕较深，有剥落时，应更换喷油嘴偶件。

2. 针阀销针及喷孔磨损的检查与修理　针阀销针的圆柱部分与阀体喷孔的正常间隙为 0.01～0.02 mm。喷油时，高压柴油以很高的速度通过狭小的环状缝隙，油中的机械杂质也以很高的

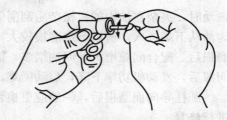

图 7 - 25　手工研磨喷油嘴偶件密封锥面

速度冲刷、刮削销针圆柱面和喷孔的配合表面，形成许多轴向小沟痕，使圆柱面失圆。由于销针和喷孔的环状间隙加大，燃油的流速降低，造成喷油雾化不良。销针和喷孔表面的小沟痕，使喷出的油粒变粗，并出现滴油和小油束，使油料燃烧不完全，发动机冒黑烟，产生积炭，在发动机低速运转时，更为明显。

当销针和喷孔磨损，配合间隙达到 0.025～0.03 mm 时，可用缩孔和互研的方法进行修复。缩孔的方法是，将阀体倒放在平板上，在喷孔上放一个直径为 3 mm 的钢球，用小锤轻轻地敲击。由于阀体的硬度很高，需要敲击数次，但每敲击一次后，都应将针阀插入试验，以判断喷孔的收缩程度。缩孔后，在销针上涂以细研磨膏与喷孔互研，消除轴向沟痕和修整喷孔的形状。当销针和喷孔磨损严重时，应予更换。

3. 针阀雾化锥体（反锥体）磨损的检查与修理　喷油器喷油时，高压、高速油流冲击针阀雾化锥体，并改变其运动方向，沿锥面喷出，形成雾锥。与此同时，夹杂在油中的机械杂质也以极高的速度冲击和刮削针阀雾化锥体，形成许多条状沟痕，锥体中部磨损较大，形成环状凹陷。针阀雾化锥体磨损后，使喷出的燃油雾化锥角增大，不能与燃烧室的形状相适应，常喷到燃烧室的侧壁上，造成燃烧不完全，使发动机冒烟和形成积炭。

针阀雾化锥体磨损变形后，可用预先磨好角度（7°～8°）的油石轻轻研磨修正，如图 7 - 26 所示。

4. 喷油嘴偶件圆柱导向面磨损的检查与修理　喷油器喷油时，喷油头

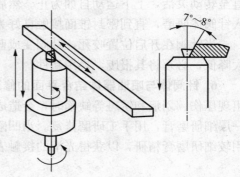

图 7 - 26　研磨修正针阀雾化锥体示意图

下部油腔中的高压柴油挤到针阀体圆柱导向部分与针阀的间隙中，当针阀上下

振动时，夹杂在油中的机械杂质刮削偶件圆柱导向面，形成许多轴向小沟。因为油从下端进入，所以下端磨损较大，向上逐渐减轻，形成锥形。圆柱导向面磨损后，配合间隙增大，回油增多，供油压力降低，供油量减少，开始喷油时间滞后，发动机功率下降，启动困难。

圆柱导向面磨损后，一般应更换新件。有条件时可采用选配、镀铬等方法进行修复。

5. 喷油嘴偶件咬死的修理

（1）咬死的原因及特征　喷油嘴偶件咬死的原因有：喷油器防漏铜垫不严密，高温燃烧气体窜出，使偶件产生局部高温；密封锥面、销针和喷孔磨损，燃烧气体进入偶件内部，形成积炭；燃油不干净，大的杂质进入导向部分。

当针阀在开启状态咬死时，喷出的燃油不能雾化，发动机有强烈的敲击声并且冒黑烟。用手摸该缸的喷油器时，温度比其他缸高。松开高压油管后，接头处有气体窜出。如果针阀在关闭状态咬死，喷油器不喷油，该缸不工作，用手摸该缸喷油器，温度比其他缸低；松开高压油管检查时，发动机声音没有变化，该缸回油管回油增多。

（2）修理方法　喷油嘴偶件咬死后，发现及时，多数是能够修复的。取出咬死的针阀比较困难，不可夹在台虎钳上或用手钳夹住硬拔，更不能用冲子、手锤等猛打乱敲，以免损伤。较好的方法是：将咬死的喷油头偶件放到温度为 100 ℃ 左右的机油中浸泡 20～40 min，趁热拔出针阀。取出针阀后，用铜片及铜条制成的锥状工具仔细清除针阀体下部环形油腔、进油道，以及各处的积炭。冲洗干净后，在针阀圆柱导向面上涂以干净机油，插入针阀体旋转研磨，直至转动灵活，上下运动自如为止。然后在针阀锥面上涂以少量细研磨膏，插入针阀体研磨，直到密封锥面接触良好为止。

当针阀在开启位置咬死，针阀变成蓝紫色时，说明针阀已经退火，硬度大大降低，必须将其报废，换用新件。

6. 针阀体与喷油器体结合平面的修理　当针阀体上面与喷油器体下端面出现压伤、划痕和锈斑等缺陷时，会造成密封不严而漏油，可在厚玻璃板上涂一层细研磨膏，用手工研磨修复。当凹陷较深时，可先涂粗研磨膏研磨，再换用较细研磨膏精研，以获得光滑的接触表面。

三、装配要求与检查调整

1. 装配要求　装配喷油器，必须按照如下要求进行：

（1）检查针阀在针阀孔中运动的灵活性，使针阀体倾斜 45°，将针阀从孔中抽出 1/3，松手后，针阀应能在自重作用下徐徐下落，没有阻滞现象，不论针阀转到哪个位置都一样。检查各个零件应完整无损，挺杆不得弯曲，调压弹簧不得变形，喷油器体的各接触面应平整，不得有划痕、锈蚀等缺陷。

（2）用清洁的柴油冲洗喷油嘴偶件和油道孔，各个偶件的针阀不得互相调换。

（3）将喷油嘴偶件装入喷油头紧帽内，将喷油头紧帽拧到喷油器体上，拧紧力矩必须为规定值。在拧紧喷油头紧帽之前，先拧松调压螺钉，以免挺杆顶弯针阀。

（4）装配后的喷油器，应进行密封性、喷油压力、喷雾质量等检查和调整，符合要求后，方可装车使用。

2. 检查与调整　重新选配经过修理或保养过的喷油器，必须对密封性、喷油压力、雾化质量、喷雾锥角进行检查与调整，这项工作一般应在喷油器校验器上进行。喷油器校验器由油泵、三通阀、压力表及压油手柄等组成，如图 7-27 所示。为了保证检查调整的准确性，检验前应先检查喷油器校验器本身的严密性。检查的方法是将校验器的出油口关闭后泵油，使油压升高到 25 MPa，各接头处不应有渗漏现象，在 1 min 内，压力下降不超过 2 MPa。然后将待检查的喷油器装在校验器上，按顺序进行下列各项检查调整。

（1）密封性检查

① 圆柱导向部分配合严密性的检查。将校验器上的三通阀打开，缓慢均匀地压动手柄，使油压升高，同时调整喷油器调整螺钉，直到将喷油压力调整到 23～25 MPa 为止。观察压力由 20 MPa 下降到 18 MPa，所经历的时间应为 9～20 s。如果时间过短，表明配合间隙过大，严密性过差；时间过长，表明有卡滞现象。

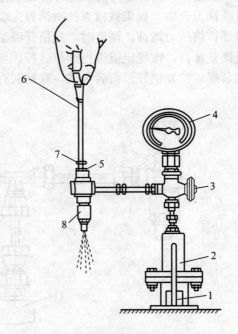

图 7-27　用喷油器校验器检查喷油器
1. 压油手柄　2. 油泵　3. 三通阀　4. 压力表
5. 锁止螺母　6. 螺丝刀　7. 调节螺钉　8. 喷油器

② 密封锥面严密性的检查。首先将喷油器的喷油压力初步调整好，其次擦干喷孔口的油迹，以便于观察。打开三通阀，压动手柄，当油压升高到 10 MPa 左右时，喷孔口不应有柴油聚集或浸油现象，但允许有少许湿润。接着关闭三通阀，连续压动手柄数次，在喷油器正常喷油后，仍不得有柴油聚集和浸油。否则，表明锥面密封不严，应拆卸研磨后装配再试。

（2）喷油压力的检查与调整　以 ZS_4S_1 型喷油器为例来介绍喷油压力的检查与调整方法。ZS_4S_1 型喷油器的正常喷油压力为 12 ± 0.5 MPa。在喷油器校验器上检查时，首先打开三通阀，缓慢压动手柄，当喷油器开始喷油时，压力表指示的压力值，就是喷油器的实际喷油压力。压力表指示的压力应符合规定值，否则应拧动调整螺钉，直到开始喷油压力为 12 MPa 为止，最后上紧锁定螺母。

如果没有喷油器校验器，也可用一个标准喷油器做对比性检查。检查时，用一个三通接头将一个标准喷油器和被检查的喷油器连接到柴油机的喷油泵上，如图 7-28 所示，直接进行对比检查。检查喷油压力时，以两个喷油器同时喷油为合格。如果被检查的喷油器先喷油，表明其喷油压力较低，可拧动调整螺钉将压力调高。调整时，先松开喷油器的调整螺钉上的锁紧螺母，然后拧进调整螺钉，按规定值进行调整（拧出调整螺钉，可以减小压力），调好后将锁紧螺母拧紧锁好。而后再试，直到同时喷油为止。

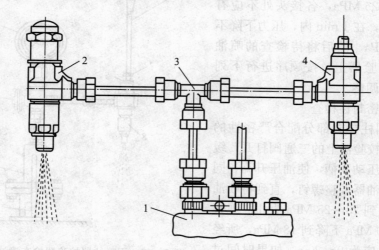

图 7-28　喷油器的对比检查
1. 喷油泵　2. 标准喷油器　3. 三通接头　4. 待查喷油器

（3）喷雾质量的检查　在喷油器校验器上检查喷雾质量时，首先关闭三通阀，以防压力表剧烈摆动而损坏；然后以每分钟 80～100 次的速度压动手柄，使喷油器喷油，喷雾质量应符合如下要求：

① 喷射时应伴有清脆的爆裂响声，断油干脆，无后滴现象。如果声音沙哑，表明喷油器雾化不良，或针阀运动不灵活。

② 喷出的油应呈均匀雾状，没有明显可见的油滴、油线，以及单个油点飞出的现象。

喷雾质量也可通过图 7-28 所示的对比方法检查。

（4）喷雾锥角的检查　ZS_4S_1 型喷油器的喷雾锥角为 4°。检查前，先准备一块边长为 100 mm 的细铜丝网或白纸，并在网上涂薄薄一层黄油，放在喷油器正下方，距喷油头底面 150～200 mm 处，如图 7-29 所示。在喷油器校验器上检查喷雾锥角时，先关闭三通阀，再快速压动手柄，喷油一次，如果被喷掉的黄油痕迹直径为 10 mm，即相当于雾化锥角为 4°。油迹直径过大，表示雾锥体磨损。

喷雾锥角也可通过与标准喷油器的雾锥角互相比较确定。

（5）喷油量的检查　检查喷油量时，将各个喷油器逐个接在喷油泵的同一根高压油管上，逐个进行测量，所测得的喷油量，相差不应大于 5%。同一台发动机的各个喷油器喷油量不能相差过大，否则会使发动机工作不稳定。

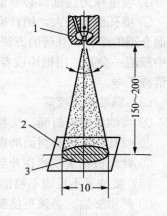

图 7-29　喷油器喷雾锥角的检查
1. 喷油器　2. 铜丝网　3. 油束痕迹

四、使用维护与常见故障排除

喷油嘴偶件长期处于高温、高压和燃气腐蚀条件下工作，承受着频繁的高速冲击与摩擦，是供给系统中最容易损坏的零件，必须经常维护保养。

1. 使用维护

（1）保证使用清洁的燃油。

（2）及时清除积炭。操作时，不得碰伤喷孔、倒锥体和各密封面；积炭清除后，一般可用机油或专用研磨膏对密封锥面进行互研，然后彻底清洗，装复调试。

(3) 安装喷油器时，安装孔要保证干净并垫好防漏垫圈，均匀拧紧压紧螺帽，喷油器不得倾斜，以防漏气。垫圈不得多装，否则会改变喷油器安装深度，影响混合气形成，使柴油机工作恶化。

(4) 喷油嘴偶件不能互相装错，偶件只能成对更换，不同型号的偶件也不能任意代用。

2. 常见故障排除　喷油器常见的故障有喷雾不良或雾形不符合规定、滴油或不喷雾、喷油量不足或不喷油等。

(1) 喷雾不良或雾形不符合规定

① 喷油压力过低。必须重新调整喷油压力。

② 喷孔磨损变大，销针磨损，多孔喷油器有一孔或几个孔堵塞。可采用前面介绍的缩孔和互研的方法进行修复；对堵塞的多孔喷油器，应将其浸入柴油中浸泡一会儿，用钢棒或专用工具清除喷油器内腔和喷孔上的积炭，再用柴油清洗干净。

(2) 滴油或不喷雾

① 喷油器弹簧折断。更换新件。

② 喷孔积炭或密封面磨损。清除积炭，必要时进行修复或更换新件。

③ 针阀被积炭咬死在开启位置。应该更换新件。

(3) 喷油量不足或不喷油

① 严重漏油。必须更换新件。

② 喷油压力调整过高。重新调整喷油压力。

③ 针阀被积炭"咬死"在关闭位置。发现及时的，可按照前述的方法修复；发现较晚的，应该更换新件。

④ 喷孔被积炭严重堵塞。应清理积炭。

润滑系统的修理

柴油机的润滑系统主要由机油泵、油底壳、机油滤清器、机油压力表、机油温度表、机油冷却器和管道等组成，如图8-1所示。

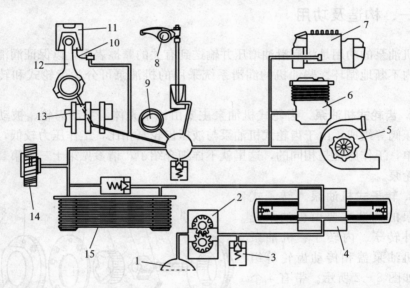

图8-1　润滑系统示意图

1.集滤器　2.机油泵　3.限压阀　4.机油滤清器　5.增压器　6.空气压缩机
7.喷油泵　8.摇臂轴　9.凸轮轴　10.喷嘴　11.活塞　12.连杆
13.曲轴　14.正时齿轮　15.机油冷却器

润滑系统的主要作用就是把润滑油不断地送到各摩擦表面进行润滑，形成一层很薄的油膜，减少摩擦阻力和零件的磨损，使发动机能长期正常工作。其辅助作用有四点：一是冷却作用，通过润滑油流动带走燃油燃烧和摩擦所产生的部分热量，使零件温度不致过高。二是清洗作用，利用润滑油的循环来冲洗零件表面，带走磨损下来的金属细末和其他杂质。三是防锈作用，润滑油附着在零件表面，防止零件表面直接与水分、空气及废气接触而发生的氧化和锈蚀。四是密封作用，利用润滑油的黏性，附着在运动零件表面上，提高了零件的密封效果。如活塞与汽缸壁之间保持一层油膜，增加了密封作用。

柴油机通常采用综合润滑法进行润滑。负荷大、相对运动速度高的摩擦表面，如主轴承、连杆轴承、凸轮轴承等，采用压力法润滑；其他摩擦面，如汽缸壁、凸轮表面和正时齿轮等，采用飞溅法润滑。

第一节　机油泵的构造与修理

一、构造及功用

机油泵的功用是将润滑油增压并输送到有关的摩擦表面，以保证润滑油在系统内不断地循环。柴油机的润滑系统采用的机油泵可分为齿轮式和转子式两种。

1. 齿轮式机油泵　齿轮式机油泵主要由油泵壳体、主动齿轮、被动齿轮和限压阀等组成。由于齿轮式机油泵与液压齿轮泵相比，工作压力较低，结构更简单，工作原理是相同的，这里就不详细介绍了，请参见第十三章第二节液压齿轮泵。

2. 转子式机油泵　转子式机油泵的构造主要由机油泵壳体、外转子、内转子、机油泵轴、机油泵盖和传动齿轮等组成，如图 8-2 所示。带有 4 个凸齿的内转子和传动齿轮同时装在机油泵轴上，内转子用两个圆柱销固定在机油泵轴上，而带有 5 个内齿的外转子装在机油泵壳体孔中，内外转子互

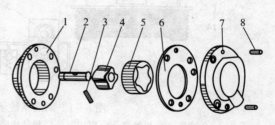

图 8-2　转子式机油泵
1. 泵体　2. 泵轴　3. 固定销　4. 内转子
5. 外转子　6. 垫片　7. 泵盖　8. 定位销

相啮合并有一定的偏心距。当机油泵工作时，内转子带动外转子作同向不同步转动，无论转子转到任何角度，内外转子各齿形之间总有接触点，分隔 5 个空腔。在进油道一侧的空腔，由于转子脱开啮合，容积逐渐变大，机油被吸入空腔内。转子继续旋转，机油被带到出油道的一侧，这时转子进入啮合，空腔容积变小，机油从齿间挤出并经出油道压送出去，如图 8-3 所示。

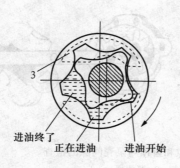
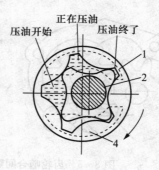

图 8-3 转子式机油泵工作过程示意图
1. 外转子 2. 内转子 3. 出油口 4. 进油口

二、主要零部件的检查与修理

机油泵的主要缺陷有内、外转子磨损、油泵齿轮磨损、泵盖磨损、轴与轴套磨损及限压阀失调等。这些缺陷造成机油泵泵油量减少，油压过低，机油泄漏，严重影响润滑效果。

1. 齿轮式机油泵的检查与修理

（1）端面间隙的检查　齿轮端面与泵盖平面磨损后间隙增大，在拆卸泵盖前，可凭经验直接检查主动齿轮的轴向移动量，来判断端面间隙是否超过极限值。其实，这个轴向移动量是齿轮端面与泵壳平面之间的间隙和泵盖磨损量之和。齿轮端面与泵壳平面之间的间隙、泵盖磨损量可用直尺和厚薄规来分别测量，如图 8-4 所示。其测量值超过使用极限值时，可将泵盖或泵体接触平面放在玻璃平板上，用细研磨膏研磨，使其平面度在 0.03 mm 以内。

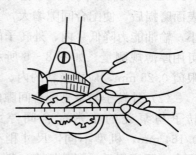

图 8-4 齿轮端面与泵壳平面之间的间隙的测量

（2）齿轮啮合间隙和齿顶与泵壳间隙的检查　齿轮啮合间隙和齿顶与泵壳间隙可用厚薄规进行检查，如图 8-5 所示。当齿轮啮合间隙超过极限值时，应成对更换齿轮；当齿顶与泵壳间隙超过极限值时，应更换新泵体。

图 8-5 齿轮啮合间隙和齿顶与泵壳间隙的检查

1. 机油泵壳　2. 厚薄规

（3）机油泵轴与衬套间隙的检查　机油泵轴与衬套的正常配合间隙为 0.016～0.063 mm，可用游标卡尺进行测量。当轴和衬套配合表面磨损，配合间隙增大时，不仅因漏油而影响供油压力，还直接影响齿轮顶部与泵壳的磨损。当轴与衬套的配合间隙超过极限值 0.2 mm 时，应更换衬套，恢复正常配合间隙。新衬套压入泵壳后，应精铰内孔，以达到标准配合间隙。

2. 转子式机油泵的检查与修理

（1）内、外转子接触表面间隙的检查　内、外转子接触表面的正常间隙为 0.06～0.15 mm，机型不同，尺寸稍有差别。接触表面磨损后，使配合间隙增大，真空吸力减小，输油能力降低。内、外转子的配合间隙可用厚薄规测量，如图 8-6 所示。超过极限值 0.25 mm，应更换新的内、外转子。

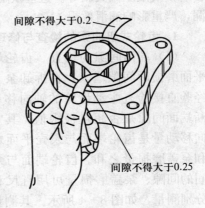

图 8-6　转子泵配合间隙的检查

（2）外转子与泵壳配合间隙的检查　外转子与泵壳的正常配合间隙为 0.025～0.164 mm，机型不同，尺寸稍有差别。当配合表面磨损后，间隙增大，转子在壳体中晃动，降低了机油泵的输油能力，并加剧了内、外转子和壳体的磨损。配合间隙可用厚薄规进行检查，如图 8-6 所示。超过极限值 0.2 mm 时，可对外转子进行喷涂，以增大外径，或对壳体镶套，恢复正常配合，目前大都采用更换新机油泵的方法进行修理。

（3）内、外转子与泵盖端面间隙的检查　内、外转子与泵盖端面的正常间隙为 0.03～0.12 mm，可用厚薄规检查。由于转子轴向窜动，使配合端面磨损，间隙增大，密封性变坏，泵油量减少。确定垫片厚度的方法，如图 8-7 所示：先抽去垫片，使泵盖直接与内、外转子接触，测出泵盖与泵壳的间隙 B 后，装用厚度为 $B+0.04\sim0.12\,\text{mm}$ 的垫片，即可保证正常的端面间隙。当转子轴向窜动超过极限值 $0.2\,\text{mm}$ 时，应拆开检查端面的磨损情况，如有凹陷、划痕，可在玻璃板上涂以 $W_7\sim W_{3.5}$ 研磨膏进行研磨，消除凹坑、划痕，并改变泵盖和泵壳之间的垫片厚度，以恢复正常的端面间隙。

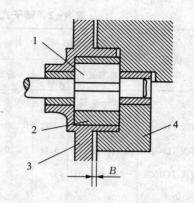

图 8-7　机油泵端面间隙的检查与调整
1. 内转子　2. 外转子　3. 泵壳　4. 泵盖

　　（4）机油泵轴和衬套间隙的检查　机油泵轴与两端支承衬套的正常配合间隙为 $0.016\sim0.054\,\text{mm}$，可用游标卡尺进行测量。当轴和衬套配合表面磨损，配合间隙增大时，油泵轴晃动，使内、外转子的配合间隙增大和轴心线平行度变差，造成运转不平稳，泵油能力下降，并加剧转子的磨损。当轴与衬套的配合间隙超过极限值 $0.1\,\text{mm}$ 时，应更换衬套。新衬套压入泵壳后，应精铰内孔，以达到标准配合间隙。

　　3. 限压阀与座的修理　限压阀有锥形和球形两种。锥形阀与座用气门砂互相研磨的方法修理，磨损严重的，应更换新阀并研磨。球形阀可选用直径合适的钢球装入，然后用金属棒轻轻敲击，使其密合。

　　部分机型机油泵的主要配合间隙，见表 8-1 和表 8-2。

表 8-1　齿轮式机油泵各部配合间隙（mm）

机型	端面间隙		齿顶间隙		啮合间隙		轴与轴套间隙	
	标准值	允许不修值	标准值	允许不修值	标准值	允许不修值	标准值	允许不修值
铁牛-55	0.075~0.215	0.25	0.215~0.340	0.45	0.1~0.3	1.5	0.020~0.063	0.15
东方红-LX1000	0.03~0.10	0.15						
雷沃 TB604	0.065~0.125	0.15	0.09~0.17	0.25	0.038~0.230	1.0	0.032~0.070	0.12
雷活 TD804（天力）	0.040~0.084	0.10	0.100~0.145	0.35	0.216~0.432	1.5	0.016~0.054	0.15

表 8-2　转子式机油泵各部配合间隙（mm）

机型	端面间隙		外转子与泵壳间隙		内外转子啮合间隙		轴与轴套间隙	
	标准值	允许不修值	标准值	允许不修值	标准值	允许不修值	标准值	允许不修值
上海-50	0.05～0.12	0.15	0.020～0.097	0.25	0.06～0.15	0.25	0.016～0.048	0.10
雷沃 TH404	0.03～0.09	0.12	0.080～0.158	0.25	0.07～0.18	0.25	0.015～0.038	0.08
雷沃 TD804	0.048～0.113	0.12	0.20～0.31	0.25	—		−0.013～0.013	—
雷沃 TG1654	−0.013～0.037	—	0.152～0.329					
TS250	0.04～0.08	—	0.025～0.103		—		0.016～0.054	—
TS550	0.08～0.12	—	0.030～0.079		—		0.016～0.054	—

第二节　机油滤清器的构造与修理

一、构造及功用

机油滤清器的功用，是及时滤掉机油中的金属磨屑、尘土、积炭等各种杂质和胶质，从而减少零件的磨损，防止油道堵塞，延长机油的使用期限。机油滤清器的型式，按其滤清方式可分为过滤式和离心式。按其能滤掉杂质的大小分为粗滤器和细滤器。按滤清器在油路中的布置方式不同分为全流式和分流式。与主油道串联称全流式滤清器，它可以滤清柴油机全部循环机油，与主油道并联称为分流式滤清器，它可以滤清柴油机部分循环机油。

1. 过滤式滤清器　过滤式滤清器按其结构型式和所用材料不同可分为纸质滤芯式、带状缝隙式、网式、刮片式、棉纱式、锯末滤芯式和毛毡式等。

（1）纸质滤芯滤清器　纸质滤芯机油滤清器的滤芯是用化学处理过的微孔滤纸制成，如图 8-8 所示。纸质滤芯一般可滤掉 0.01～0.04 mm 的杂质，为了增大滤清面积，提高纸质的刚性，常将滤芯做成折扇形状。滤芯的芯筒用薄铁皮制成，上面冲有很多圆孔，装在滤芯中间起骨架作用。上、下盖板用铁皮冲制或塑料压制而成，纸芯和盖板间用塑胶粘合在一起。其工作过程是，来自机油泵的机油充满在滤芯的外围，将杂质留在滤芯的表面，过滤后的机油汇集在芯筒的中心腔内，然后进入主油道。

当滤芯堵塞或机油黏度过大时，则安全阀打开使不经过滤的机油直接进入主油道。当主油道压力过高时，则调压阀打开使部分机油流回油底壳。使用中，应注意各密封圈的密封性能，否则将失去滤清作用。

纸质滤芯滤清器的特点是：滤清效果好，通过能力

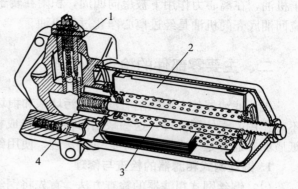

图 8-8　纸质滤芯机油滤清器
1. 限压阀　2. 纸质滤芯　3. 芯筒　4. 旁通安全阀

较强，结构简单，体积小，质量轻，节省金属材料，可作全流式或分流式滤清器。但使用寿命短（一般工作 250～400 h 就需更换），易堵塞和撕裂。

（2）铜丝网式粗滤器　此种型式的机油滤清器的滤芯是用黄铜丝带绕在波纹筒上制成。黄铜丝有些微小凸起，因此两相邻铜丝之间形成很细的间隙。为了增大过滤面积，提高机油通过能力，减小粗滤器的总体尺寸，而将两个直径不同的滤芯同心地套在一起。其工作过程是：机油泵压送到粗滤器的机油，经过内滤芯和外滤芯，把较大的杂质留在滤芯表面，过滤后的机油进入机油内滤芯的内腔中，再经下口流向机油散热器或主油道。

在外滤芯上口处和内滤芯的下口处，以及内、外滤芯之间都装有毛毡密封垫圈，使用中应保证密封良好，否则，机油将不经过滤而直接进入主油道。机油粗滤器的进油孔为节流孔，有限制流量和降低压力的作用。在其壳体内设有安全阀，当机油黏度过大或滤芯堵塞时，安全阀打开，机油不经滤清而直接进入主油道。

2. 离心式滤清器　离心式机油细滤器主要由转子轴、转子、转子盖、集油管、喷孔及青铜衬套等组成。转子和转子盖由铝合金制成，装在转子轴上，并上、下分别压有青铜衬套作轴承。集油管装在转子内，上面开有进油口并套有滤网，下部与转子的水平喷孔相通。两水平喷孔尺寸相同，安置方向相反。

由机油泵来的机油，在滤清器壳体内分为两路，其中有 2/3 的机油流向机油粗滤器，另外有 1/3 的机油经转子轴的轴向孔从径向孔流入转子内，再经滤网进入集油管，由两个水平喷孔高速喷出。由于高速油流对转子产生反作用推力，使转子以约 6 000 r/min 的高速旋转。转子内机油中的各种杂质因密度大

于机油，在离心力作用下被甩向四周，积附在转子内壁上。因此，从喷孔喷出流回油底壳的机油是经过离心净化过的机油。

二、主要零部件的检查与修理

机油滤清器的主要缺陷有滤芯脏污堵塞和损坏、限压阀和安全阀不严密或不起作用、壳体裂纹等。这些缺陷的存在，造成机油滤清效果差，润滑不良。纸质滤芯通常是一次性的，不必进行修理，使用到规定时间就应更换。

1. 铜丝网式粗滤器的检查与修理

（1）铜丝网式粗滤器的检查方法　首先将铜丝粗滤芯清洗干净，用塞子将滤芯端口堵紧，然后将其倒置并压入清洁的柴油中，使滤芯整个外表面浸入柴油。柴油进入滤芯上端面 30 mm 处的时间不大于 50 s，否则，说明滤芯堵塞，不能继续使用。

（2）滤芯堵塞的修理方法　通常是更换新件。有时也可加大清洗力度，如将滤芯放到 60 ℃左右的金属清洗剂溶液中浸泡 2 h，然后再进行清洗，最后用高压油泵对滤芯进行喷洗，这样清洗基本能达到使用要求，可以继续装机使用。

2. 离心式滤清器的检查与修理　离心式滤清器的转子轴、衬套及喷孔磨损，会使转子内压力下降，转速降低，离心沉淀过滤能力变坏。通常使用游标卡尺等检测工具检查其磨损状况。转子轴磨损超过极限值时，可以用细砂纸磨修轴颈，而后更换加厚衬套，其配合间隙允许适当加大，标准配合间隙一般为0.016～0.052 mm，可以放宽为 0.15 mm；也可以直接更换新件。

喷孔磨损严重的，直接更换新件。

第三节　润滑系统的检查与调整

为确保检查数据准确可靠，检查时应首先将发动机预热到正常工作温度，待水温升至 80 ℃以上后，停车进行下列各项检查。

一、机油压力表准确性的校正

拖拉机通常装有电感式机油压力表。检查时，可在感应器和压力表之间并联一个标准机油压力表，启动发动机，在怠速、中速和额定转速下，分别观察被检查的压力表和标准压力表的指示数，如果读数相差过大，应更换或修理。

一些小型拖拉机装有模式机油压力表。检查时，卸下机油压力表油管在机体上的固定接头，装一个三通接头，再把车上的压力表和标准压力表的油管接头，接到三通接头上，然后再按上述方法检查车上压力表的准确性。

二、限压阀开启压力的检查与调整

限压阀又称回油阀，装在滤清器的底壳上，由钢球、调压阀弹簧、调节螺钉、密封垫圈等组成，如图 8-9 所示。其钢球靠弹簧压力密封机油泵至滤清器的油道支流口。当主油道油压超过规定时，机油顶开钢球，阀门打开，使多余的机油经回油孔流回油底壳，以保证正常的机油压力。检查时，卸下限压阀总成，换一个三通接头，再把限压阀和标准压力表接到三通接头上，然后启动发动机，由急速开始慢慢提高转速，当限压阀开始出油时，标准压力表上的指示值即为开启压力。若不符合规定值，应拧动调整螺钉加以调整，通常拧紧调节螺钉，压力升高；反之则降低。如果调整后仍达不到要求，应卸下调

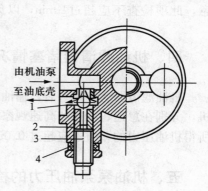

由机油泵
至油底壳

图 8-9 限压阀
1. 钢球 2. 限压阀弹簧
3. 调节螺钉 4. 密封垫圈

整螺钉，拿出弹簧，检查球形阀门的磨损情况；如果钢球和阀座磨损严重，可更换相应尺寸的钢球，装入阀座后，用金属棒轻轻敲击几下，使其密合。调好后，垫好垫圈将锁紧螺母拧紧。

三、安全阀开启压力的检查与调整

安全阀又称旁通阀，装在滤座下面的滤芯外围油室与主油道相通的油道上，弹簧将钢球压紧在孔中阀座上，使滤芯外围油室与主油道隔断，如图8-10所示。安全阀是根据两害相衡取其轻的基本原则设置的，它的作用是在滤清器堵塞，滤芯外围油压与主油道机油压力的差超过规定压力值时，

滤芯外围的压力机油能够推开钢球直接流向
主油道，保证向主油道供给足量未过滤的机
油，以防缺油烧瓦重大事故的发生。检查时，
先卸下滤清器外壳，拆下滤芯，换上密封筒，
封住主油道，然后装回外壳，卸下发动机体
上主油道的螺塞，使主油道泄油。启动发动
机，急速运转，当主油道螺孔出油时，标准
压力表的读数即为安全阀开启压力。如果不
符合规定值，应拧动调整螺钉进行调整，如
果阀门磨损，可更换钢球予以修复。特别注
意，此项检查不应超过1 min，以免烧瓦。

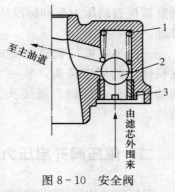

图 8-10 安全阀

1. 安全阀弹簧　2. 钢球　3. 阀座

四、机油滤清器堵塞情况的检查

机油滤清器滤芯堵塞后，输油量减少，机油压力降低。检查时，启动发动
机，分别在急速、中速和高速观察机油压力表的读数，然后换用新滤芯试验，
所得机油压力的差值不应超过 0.05 MPa，否则应更换新滤芯。

五、机油泵泵油压力的检查

检查时，卸下限压阀总成，拧上一个螺塞堵住回油孔道。启动发动机，稳
定在急速，如果标准压力表上的读数超过 0.3 MPa，即认为泵油压力正常。如
果读数低于此值，把转速提高到额定转速，压力还不能提高，表明机油泵的泵
油压力不够，或滤清器、油道等堵塞，应清洗或修理、更换。

第四节　润滑系统的维护保养及故障排除

一、润滑系统的维护保养

按规定对润滑系统进行技术保养，可延长发动机的使用寿命。

1. 启动发动机前必须检查油底壳油面高度，如油面过低，应添加至规定
范围内，如油面过高，应查明原因并予以排除。

2. 使用柴油机机油牌号应符合季节要求，并且应该适时调换转换开关的

位置。

3. 发动机在启动后或工作中，应经常注意机油温度表、机油压力表，如发现机油温度过高、过低或机油压力过低，应立即停车检查并予以排除。

4. 机油滤清器必须按期清洗或更换滤芯。在安装时，要特别注意各密封垫圈的完整性，不要漏装或错装。

5. 对装有离心式滤清器的柴油机，在熄火时，应注意倾听转子的转动声音（熄火后转子延续转动时间不应少于 30 s），以确认转子经常处于正常的技术状态。

6. 必须因机而异并按说明书规定，更换机油并清洗油道。更换机油时，应趁热车时放出脏机油。清洗油道时，可先加入与机油等量的柴油，然后减压摇车几分钟或者空车运转几分钟（注意不要超过 5 min）再放出柴油，注意不要忘记放出机油滤清器内的柴油，最后加入新机油。

7. 当发现机油压力表失灵时，应及时更换新表。

二、润滑系统的故障排除

1. 机油压力过低或者无压力　机油压力过低或者无压力是发动机常见故障之一，危害极大，轻者会引起运动零件的严重磨损，重者会发生烧瓦抱轴等严重事故。其具体原因与排除方法是：

（1）发动机油底壳油量不足。可在发动机熄火后 15 min 检查油面高度，若油量不足，必须加足。

（2）集滤器滤网堵塞，使机油泵吸不进油。立即清理集滤器。

（3）机油泵严重磨损，各主要间隙超过极限值，使泵油量减少。通常的解决方法是更换新件。

（4）机油黏度过小或机油温度过高，使机油在各相对运动零件间泄漏严重。根据不同季节正确选择机油牌号，参照后面机油温度过高的处理方法解决机油温度过高的问题。

（5）机油滤清器堵塞且安全阀开启压力过高。彻底清洗机油滤清器，调整安全阀开启压力。

（6）限压阀或回油阀弹簧过软、折断或阀门关闭不严。更换新弹簧。

（7）离心式机油滤清器的转子严重漏油或喷孔的孔径增大，造成进入转子里的机油增多。通常按照本章所述方法进行修复，严重时更换新件。

（8）各轴承间隙过大，使机油漏失严重。更换新件。

（9）机油压力表失灵，不能真实反映主油道压力。修理机油压力表或更换新件。

2. 机油压力过高　机油压力过高的本质原因是压入主油道的油量过多，或主油道以后的油路有堵塞。这样会增加负荷并加速机油泵的磨损，还容易使滤清器壳体、管道、油压表损坏。若是油路堵塞而断油，会造成严重事故。其具体原因与排除方法是：

（1）机油牌号选择不正确，造成机油黏度过大。必须正确选择机油牌号。

（2）限压阀压力过高或阀门卡死，使泵油增多或回油道堵塞都造成油压升高。检查调整限压阀压力，疏通整个润滑油路。

（3）安全阀关闭不严或开启压力过低，造成部分机油不经过滤就进入主油道，增加了主油道的油量和压力。检查调整安全阀开启压力。

（4）主轴承、连杆轴承间隙过小或某一部分油路堵塞。此时一定要立即停机进行排除，按照第五章讲述的方法使主轴承、连杆轴承间隙符合标准规定。

（5）设有离心式细滤器的润滑系统，转子喷孔堵塞，造成进入粗滤器的油量增加。立即疏通转子喷孔，使离心式细滤器的工作正常。

（6）机油压力表失灵，不能真实反映主油道的压力。立即修理或更换新的机油压力表。

3. 机油温度过高　发动机正常工作时，机油温度应比水温低 $5\sim10\ ℃$，若油温高出水温，甚至达到 $100\ ℃$ 以上，将使机油黏度严重下降，并易于氧化变质。其具体原因与排除方法是：

（1）发动机长时间超负荷作业。必须避免长时间超负荷作业。

（2）机油转换开关位置不对，在夏季机油未经散热器散热。使机油转换开关置于正确位置。

（3）机体及缸盖水道内水垢过多，冷却水不足，风扇水泵皮带过松，机油散热器堵塞，造成散热不良。清除冷却系统中的水垢，检查调整风扇水泵皮带的松紧度，疏通机油散热器。

（4）汽缸漏气，使高温气体窜入油底壳，加热了油底壳中的机油。检查汽缸及活塞环的磨损情况，按照第五章讲述的方法使汽缸间隙、活塞环的边间隙以及端间隙符合规定值。

（5）各轴承与轴的配合过紧。检查调整轴承与轴的配合间隙，使之达到规定值

（6）喷油泵供油时间过晚。按照第五章讲述的方法，检查调整供油时间，使其符合规定值。

（7）机油不足。选择相同种类的机油，添加到规定位置。

（8）机油温度表失灵，反映温度不真实。修理或更换机油温度表。

4. 机油消耗量过大　机油消耗量过大，其主要表现是烧机油冒蓝烟，造成燃烧室严重积炭，并引起其他故障，必须立即查找原因，排除故障。

（1）油管接头，前后油封，或其孔道漏油。修复漏油部位，必要时更换油封。

（2）扭曲活塞环装反或活塞环边间隙过大，造成烧机油严重。按照第五章讲述的方法，正确安装扭曲活塞环，使活塞环的边间隙以及端间隙符合规定值。

（3）活塞环黏住或磨损严重造成汽缸间隙过大，使机油进入燃烧室而被烧掉。按照第五章讲述的方法，对汽缸、活塞以及活塞环进行检查，视磨损情况予以必要的修理，使汽缸间隙、活塞环的边间隙以及端间隙符合规定值

（4）活塞环回油孔堵塞，飞溅的机油不能回油底壳。疏通活塞油环回油孔，必要时更换新件。

（5）油底壳油面过高。注意经常检查油底壳油面高度。

5. 油底壳油面升高

（1）缸盖、缸体、汽缸套产生裂纹，阻水圈或汽缸垫损坏，使冷却水漏入油底壳。按照第二章讲述的方法，对缸盖、缸体的裂纹部位可以进行焊修，或者采用胶粘堵漏技术进行修补；汽缸套产生裂纹的，必须更换新件；更换阻水圈、汽缸垫。

（2）有的机型喷油泵和输油泵漏油，使柴油进入油底壳。按照第七章讲述的方法，立即对喷油泵和输油泵进行检查修理，必要时，应该更换新的总成。

（3）有的机型当液压油泵油封损坏时，使液压油进入油底壳。必须立即更换新的油封。

（4）个别汽缸不工作，喷入的燃油不燃烧而流入油底壳。对于多缸柴油机而言，应经常检查各汽缸的工作情况，一旦发现不工作的，必须立即检查修理。

第九章

冷却系统的修理

柴油机工作时，燃油在汽缸中燃烧所产生的热量，一部分转变为机械能，另一部分被机体零件吸收。如不进行适当的冷却，必将导致温度过高，引起机油变质、烧损，零件磨损加剧，甚至使零件卡死、严重变形或损坏，致使发动机的动力性、经济性、可靠性和耐久性全面恶化。冷却系统的主要功用就是将受热零件吸收的部分热量及时散发到大气中，保证发动机在适宜的温度（75～95℃）下工作。

冷却系统有风冷和水冷两种型式，以水冷型式应用较多。水冷却系统按冷却水循环方法不同，又分为蒸发式、热流式和压力式3种，目前柴油机普遍采用压力式。压力式又称强制式，其最大优点是冷却强度大，工作可靠，水箱容积小。

为防止发动机在寒冷季节或轻负荷工作时冷却过度，在这种系统中相应地设置了温度调节装置。此外，水冷却系统根据系统内是否与大气直接相通又分为开式和闭式两种，后者在水箱盖上装有自动阀门，可以减少冷却水的蒸发损失。压力式水冷却系统通常由散热器、风扇、水泵、溢水管、水温表、空气蒸汽阀和节温器组成，如图9-1所示。

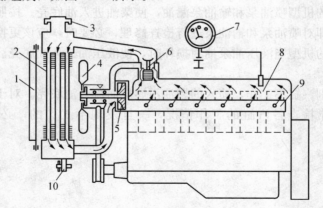

图 9-1　压力式水冷却系统示意图

1. 百叶窗　2. 散热器　3. 散热器盖　4. 风扇　5. 水泵
6. 节温器　7. 水温表　8. 水套　9. 分水管　10. 放水阀

第一节　散热器的构造与修理

一、构造及功用

水冷却系统的散热器俗称水箱。其功用是对来自发动机水套的高温冷却水进行冷却，把热量散到大气当中去。散热器由上、下水室和中间由许多根相通的管子做成的散热芯等组成，如图9-2所示。水箱的上、下水室多用薄钢板冲压后焊接而成，也有铸铁铸造的。上水室上有进水管和加水口，加水口用水箱盖封闭。下水室上有出水管和放水阀，有的下水室内装有机油冷却器，其进出油口在下水室端面，通过冷却水与机油冷却器周围接触，进行热量交换，冷却机油。进水管和出水管分别用橡胶软管与缸盖出水管和水泵进水管连通，这样既便于安装，又能避免因机架变形或发动机振动使水箱受到附加载荷而损坏。

散热管一般用导热良好的黄铜或铝制成，散热管呈直立交错排列，两端插入上、下水室后焊接密封。为了增大散热面积并使散热管有足够的强度和刚度，管的周围镶有多层薄铜片或薄铝片作散热片。散热管有圆管和扁管两种，在横截面积相等的情况下，扁管比圆管的周界长，一旦冷却水冻结时有膨胀的余地，可以减少冻裂的危险；此外还可以减少空气阻力，增加散热面积。目前多采用扁管散热器，如图9-3所示。

有的散热器盖子装有空气-蒸汽

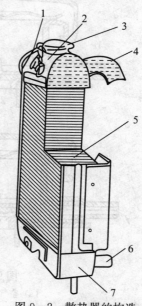

图9-2　散热器的构造
1. 溢水管　2. 上水室　3. 水箱盖　4. 进水管
5. 散热器芯　6. 出水管　7. 下水室

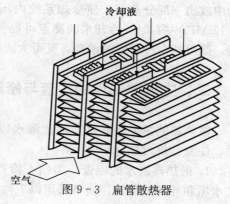

图9-3　扁管散热器

阀，如图 9-4 所示。空气-蒸汽阀是一个双向阀，其功用是维持水箱内一定的气压，以减少水分消耗，保护散热器芯不致损坏。当冷却系统内蒸汽压力达到 0.085~0.097 MPa 时，在压差作用下空气阀克服弹簧预压力而开启，空气从泄气管经空气阀进入上水室，使冷却系统维持一定的压力，不然压力过低，散热器管道有被压瘪的可能。

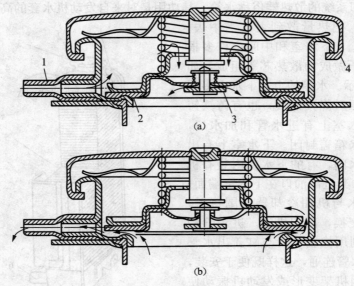

图 9-4　空气-蒸汽阀
(a) 空气阀开启　(b) 蒸汽阀开启
1. 泄气管　2. 蒸汽阀　3. 空气阀　4. 水箱盖

当冷却系统内蒸汽压力达到 0.124~0.134 MPa 时，蒸汽阀开启，从泄气管中放出一部分蒸汽，使冷却系统内压力下降。冷却系统内蒸汽压力保持在 0.13 MPa 左右时，冷却水的沸点可提到 108 ℃ 左右。冷却水的沸点温度的提高，既可减少冷却水的消耗，又可大大提高散热强度。

二、主要零部件的检查与修理

散热器的主要缺陷是散热管漏水以及散热管沉积水垢较多，影响散热效果，使发动机过热。

1. 散热器漏水的检查　为便于检查漏水部位，必须彻底清除散热器内部的水垢和外部的泥污。通常采用以下两种方法检查：

（1）气压法　把散热器放入水槽中，堵住出水口，堵住进水口的一部分，用打气筒通过橡胶管从进水口未堵塞部分向里打气，使气压达到 0.05～0.1 MPa，若发现冒气泡，即表示该处有漏洞。

（2）水压法　首先堵住出水口，将水灌入散热器内，而后再堵住进水口，轻轻摇晃震动散热器，发现有水渗出之处即为漏洞。

2. 散热器的修理　散热器水管与上下水箱接合处漏水时，应卸去水箱，用砂布将漏水处打磨干净，进行锡焊，或者用黏结剂进行粘补堵漏。当散热器水管中间部位漏水时，可将漏洞周围的散热片拨开进行锡焊或者粘补。散热器的水管损坏严重时，应更换新管。但是，其修理更换工艺比较复杂，特别是内层水管更难更换，所以常常将损坏的水管的两端堵死，也可将水管的损坏处压扁，使其不参加散热。注意堵塞水管根数不要超过 15%。

第二节　风扇、水泵和节温器的构造与修理

一、构造及功用

1. 风扇　风扇的功用是增大空气流速，以便加快空气交换和散热速度。为使气流更集中通过散热器芯和吹向整个发动机，在水箱后面装有导风圈。风扇的扇风量与风扇叶片的转速、数目、长度、宽度和倾斜角度等有关。风扇叶片数目一般为 2～6 片，叶片用薄钢板冲压并与支架铆接而成，用螺钉固定在风扇皮带轮轮毂上。风扇连同水泵一起由曲轴前端的皮带轮通过三角皮带驱动，为了增加风量，一般都采用增速运动。多数采用单根三角皮带，有的柴油机为了安全和提高驱动的可靠性，采用两根三角皮带传动。

2. 水泵　水泵的功用是增加冷却水的压力，加速冷却水的循环，保证对发动机的冷却状况可靠。目前发动机上广泛采用离心式水泵，这种水泵的优点是结构简单，尺寸较小，排水量大，而且当水泵因故停止工作时，不妨碍冷却水的热流式循环。

离心式水泵由壳体、叶轮和水泵轴等组成。水泵壳体用铸铁制成，有两个进水管，下面一个为主进水管，用橡胶管与水箱出水管相接，构成冷却水大循环通道；上面一个为进水支管，用橡胶弯管与汽缸盖前端相接，构成冷却水小循环通道。当发动机工作时，水泵叶轮随风扇通过水泵轴带动旋转，叶轮带动壳体内的水一起转动，水在离心力的作用下，被甩向叶轮边缘，并产生一定的水压经出水口泵出；同时，叶轮中心处产生真空，又将水从进水口吸入。如此不断地将水吸入又泵出，强制冷却水进行大循环或小循环流动。

3. 节温器 节温器又称调温器，安装在汽缸盖水套出水口特设的壳体中。其功用是根据冷却水温度的高低自动开闭，调节进入散热器的水量，改变冷却水的循环范围，以控制水温，保持水温正常。常用的节温器有乙醚式和蜡式两种。若按节温器上阀门结构的不同，又可分为单阀式和双阀式两种。

（1）乙醚式节温器 乙醚式节温器主要由膨胀筒、壳体、主阀与副阀等组成，如图9-5所示。膨胀筒内盛装15%低沸点乙醚的水溶液。当水温在70～85℃时，膨胀筒膨胀，使主、副阀同时部分开启，部分热水流经散热器进行冷却。当水温高于85℃时，膨胀筒充分膨胀，使主阀全开、副阀全闭，全部热水都流经散热器进行冷却，这种冷却水经过水泵、散热器和发动机水套之间的循环称为大循环，如图9-5a所示。当水温低于70℃时，膨胀筒收缩使主阀全闭，副阀全开，热水不能流入散热器，直接经副阀流入水泵，这种冷却水在水泵与发动机水套之间的循环称为小循环，如图9-5b所示。

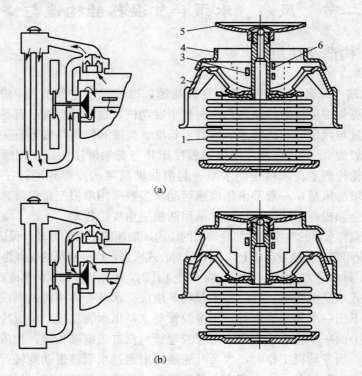

(a)

(b)

图9-5 乙醚式节温器

(a) 主阀门开 (b) 主阀门闭

1. 膨胀筒 2. 副阀门 3. 主阀门推杆 4. 主阀门座 5. 主阀门 6. 导管支架

（2）蜡式节温器　蜡式节温器主要由上、下支架、阀门与阀座、阀门弹簧及感应器组成，为单阀式。感应器包括感应器体、胶管、压板、密封圈及感应器罩。在感应器体与胶管的环形空腔，填满石蜡和白蜡的混合剂。感应器套在导杆上，而导杆则固定在上支架上。当水温低于 70 ℃时，在弹簧的作用下，阀门关闭，热水不能进入散热器。水温超 70 ℃时，石蜡混合剂开始融化，体积膨胀，使胶管受压变形，导杆锥部的反力，迫使感应器带动阀门克服弹簧弹力下行而扩开。水温超过 85 ℃时，阀门达最大开度，可使部分或大部分热水流入散热器进行冷却。

二、主要零部件的检查与修理

1. 风扇缺陷的检查与修理　风扇的缺陷主要有叶片铆钉松动、叶片裂纹或变形、风扇皮带轮与水泵轴配合的孔磨损等。

（1）风扇叶片变形检查与矫正　风扇叶片相对回转平面有一定的倾斜角，变形后各个叶片的旋转阻力不一致，造成运转不平稳，必须进行检查和矫正。风扇叶片变形的检查方法，如图 9-6 所示，将风扇放在平板上，各叶片同侧边缘应与平板接触，用厚薄规进行测量，其间隙值不大于 1～2 mm。当间隙值超过 2 mm 时，可用活动扳手夹住叶片轻轻扭转矫正，边矫正边检查，直到合格为止。

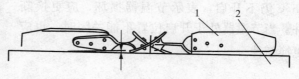

图 9-6　检查风扇叶片的变形
1. 叶片　2. 平板

（2）风扇叶片的修理　风扇叶片铆钉松动时，可把旧铆钉剔掉，选择尺寸合适的铆钉重新铆接。

叶片裂纹可用二氧化碳保护焊修复，焊修后进行表面打磨修正。

风扇皮带轮与水泵轴配合的孔磨损严重时，应更换皮带轮。

（3）平衡试验　风扇修理后应连同皮带轮一起进行平衡试验。平衡试验的方法是将风扇总成装在平衡轴上，然后放在平衡架上，如图 9-7 所示。在任意一个叶片上做个记号，以便于观察。平衡性良好的风扇，

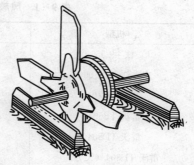

图 9-7　风扇的静平衡检查

用手转动风扇后，应能在任何位置上停止。反之，如果重复旋转风扇几次，总在同一位置上停止，表明风扇总成不平衡。可将处在最下方（也是最重的）叶片端头磨去一部分或者将皮带轮钻去一部分金属，以达到平衡。

2. 水泵缺陷的修理 水泵的主要缺陷有叶轮端面和泵壳磨损、水泵轴磨损、叶轮安装孔磨损、水封损坏和泵壳裂纹等。

叶轮端面和泵壳磨损严重时，应更换新件。

泵壳裂纹可以采用胶粘堵漏技术进行修补，或者采用铸铁电弧冷焊技术进行修复。

水泵轴磨损和水封损坏，通常采用更换新件的方法进行修理。

3. 节温器的检查与修理 节温器的检验方法是将节温器放在温度为 70 ℃的热水中，水里插入温度计，如图 9-8 所示，观察节温器开启情况。如果不开启，可继续加热，水温达到 85 ℃仍不开启，表示节温器损坏，应更换新件。当节温器处于开启位置不能关闭时，也应更换新件。

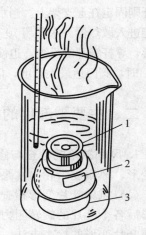

图 9-8 节温器的检查
1. 主阀门 2. 副阀门 3. 膨胀筒

三、风扇和水泵的修理技术规范

1. 风扇叶片的回转摆差和倾斜角度应符合规定值。部分机型风扇叶片的回转摆差和倾斜角度见表 9-1。

表 9-1 风扇叶片的回转摆差和倾斜角度

机型	叶片回转摆差（mm）	叶片倾斜角度
铁牛-55	2	30°
东方红-LX1000	1.5	30°
雷沃 TH404	3	30°
雷沃 TB604	3	30°
雷沃 TD804	2	32°
雷沃 TD804（天力）	2	30°
雷沃 TG1654	2	32°

2. 水泵轴的表面粗糙度 Ra 不应超过 0.80，直线度不超过 0.03～0.05 mm。

3. 水泵轴的间隙、壳体平面与叶轮端面的间隙应符合规定值。部分机型水泵轴的间隙、壳体平面与叶轮端面的间隙见表 9－2。

表 9－2 水泵轴的间隙、壳体平面与叶轮端面的间隙 （mm）

机型	水泵轴的轴向间隙	水泵叶轮端面与壳体平面间隙
铁牛- 55	—	0.09～1.24
上海- 50	—	0.50～1.00
东方红- LX1000	—	0.30～0.70
雷沃 TH404	—	0.2～0.4
雷沃 TB604	—	0.1～0.3
雷沃 TD804	轴向游隙≤0.07	0.69～0.89
雷沃 TD804 天力	—	0.3～0.7
雷沃 TG1654	轴向游隙≤0.07	0.69～0.89
TS250	—	0.2～0.4
TS550	—	0.3～0.8

第三节 冷却系统的维护保养和故障排除

一、冷却系统的维护保养

冷却系统技术状态是否正常，对发动机工作性能有很大影响，因此，必须正确使用和及时保养。

1. 使用注意事项 在日常的使用中，必须注意如下几点：

（1）不准在无水的情况下启动发动机。

（2）发动机因缺水而过热时，一般不要立即熄火，应该低速空转一段时间后，再缓慢加入温水，或熄火 15 min 后慢慢加入冷水，以免引起机体、缸盖水套变形或激裂。热车打开空气-蒸汽阀时，操作者应站在上风口，头部不要正对加水口，以免发生烫伤事故。

（3）不准冷车带负荷作业。冬季启动时应加热水，启动后，水温在 40 ℃以上时可以起步空行，60 ℃以上可以带负荷作业。

（4）冬季作业，应采取一定的保温措施，不允许发动机水温低于 70 ℃长时间作业。

（5）发动机正常工作时的水温通常在 75～95 ℃范围内。冬季停车，应等水温下降至 50 ℃以下再放净冷却水。为确保冷却水放净，最好打开空气-蒸汽阀，并摇转曲轴数圈，使水泵内的积水放净。

2. 保养注意事项

（1）向冷却系统添加的冷却水应是清洁的软水、自来水。使用井水等硬水，应将水烧开，沉淀后再使用。

（2）要定期清除水垢。清除水垢的清洗液可以自行配制，其配方是：每 10 kg 水加入 750 g 烧碱、250 g 煤油。清洗时，将配制的清洗液加入水箱中，中速运转 5～10 min 后熄火，保温 10 h 后，再启动发动机，中速运转 5 min，熄火后立即放出清洗液，再加入清洁的水冲洗二、三次即可。

（3）定期检查调整皮带松紧度。如果皮带过紧或过松，许多发动机是通过拧松发电机支架紧固螺栓，用移动发电机皮带轮的位置来调整。

二、冷却系统的故障排除

1. 水温过高　水温过高是冷却系统最常见的故障，水温过高的主要原因如下：

（1）冷却水不足；风扇带过松或折断；保温帘或百叶窗使用不当；冷却系水垢过厚，散热不良；发动机长时间超负荷工作。

（2）节温器失效，水温升高时，主阀不能开启；散热器、冷却水套的水垢过多；散热管堵塞；散热片间缝隙空气通道堵塞。

（3）水泵叶轮端面磨损过多，使泵水能力下降；或泵轴上传动键、销损坏，使叶轮根本不转。

（4）供油时间过晚；配气定时齿轮安装不当，使气门迟开、晚闭。

2. 漏水　漏水的主要原因是：水泵水封损坏；散热水室、散热管破裂；连接软管密封不严、破裂。此外，缸套阻水圈损坏，缸垫损坏，缸体、缸盖结合面不平，缸体、缸盖及缸套裂纹等原因，也会使冷却水漏入油底壳或燃烧室。

在寒冷地区冬季时，为防止冷却水冻结，可加防冻液，通常为乙二醇型。乙二醇含量不同，其冰点不同，可根据具体情况选用。但防冻液在温度升高时会膨胀，同时价格较贵，有的还有毒性，因此使用时不能加得过满，并注意添加防冻液时，必须添加相同种类的防冻液。

冷却系统的上述故障，在原因查明后，按照本章以及前面几个章节所述的方法，采取相应措施即可排除。

第十章

柴油发动机的总装与磨合

第一节 柴油发动机的总装

把检查修理后或者已更换的零件、部件和总成，按照一定顺序和技术要求安装成完整的发动机，称为发动机的总装。总装是发动机检查修理工作的最后一个环节，总装质量的好坏直接影响发动机的修理质量。因此，必须认真细致地进行。

一、发动机总装的注意事项

1. 所有安装的零件必须清洁，无积炭和油污。润滑油道清洗后用压缩空气吹净。各配合表面无机械杂质。

2. 零件间的相互位置精度（平行度、垂直度、同轴度等）以及各配合件的配合关系应符合技术要求。所有待装的零件、部件、总成，都应进行检验，确认质量合格后再进行安装。

3. 同一台发动机，只能安装同一组尺寸的汽缸套、活塞和活塞环。供油、配气正时关系要正确可靠。

4. 装配时，应尽量采用专用工具。这样既可防止损坏零件，还能提高工作效率。安装静配合的零件时，应用压力机或其他专用工具压入，不可用锤直接敲击；安装滚动轴承时，最好将轴承加热到 100～120 ℃后压入；安装间隙配合的零件时，在其配合表面上涂抹清洁的润滑油，以便零件在开始工作时就能得到润滑。

5. 密封衬垫需要有一定的厚度，纸衬垫不能有褶皱和裂缝。安装时，结合面应均匀贴合，无凸起和凹陷。所用密封部位必须保证严密，不漏油、不漏水和不漏气。

6. 连接螺栓紧固后，螺栓头应露出 1～3 扣，固定螺钉拧入铸铁基体的深度应不小于螺钉直径的 1.1 倍，拧入钢制件的深度不小于螺钉直径的 0.8 倍。拧紧时，要用尺寸相符的固定扳手。重要的螺栓要按规定的扭矩拧紧。

7. 保证各联接件达到应有的紧度，需要锁紧的，应按要求锁紧。装配时不得遗漏弹簧垫圈、开口销、锁片和锁定铁丝。已经用过的开口销、锁片和锁定铁丝必须报废，不得继续使用。

8. 销和键应紧密地坐落在销孔或键槽中。

9. 对配合位置有严格要求的零件，必须按零件上的记号进行装配，或在拆卸时在零件上做记号，以免装错。保证零部件位置正确、工作协调。

二、总装步骤

发动机总装应在装配作业台上进行，以减轻劳动强度。总装时，以汽缸体为基础，由里向外装配，按以下步骤进行：

1. 安装汽缸套 将汽缸套装入机体内的技术要求是：汽缸套安装后变形小，圆度和圆柱度应在规定范围内；阻水圈密封良好，不漏水；各汽缸中心线必须垂直于曲轴中心线。在压装汽缸套前，应对汽缸套与机体安装孔的配合间隙、汽缸套凸出机体平面的高度进行检查：在不装阻水圈时，汽缸套应能自由地放入机体安装孔内，可轻轻转动，但无晃动。

阻水圈安装时应平展地放入阻水圈槽中，并注意防止扭曲。为了减少装阻水圈时的阻力，可在阻水圈表面涂抹肥皂水。将装好阻水圈的汽缸套装入汽缸体座孔内，如果汽缸套内径有椭圆时，短轴方向应与曲轴轴线垂直，安装后，用量缸表测量汽缸套防漏部内径的圆度和圆柱度是否超出规定值，若超出规定值，应检查阻水圈的安装状态和其厚度是否过大或不均匀，以及检查安装表面的清洁度等；用深度尺检查汽缸套上端面高出汽缸体平面的尺寸，如果高出的尺寸小于规定值，可在汽缸套台肩下加铜垫或铝垫进行调整。否则容易烧坏汽缸垫，致使汽缸盖翘曲变形。

在条件许可的情况下，装好全部汽缸套后，通常应进行水压试验：压力为 0.15～0.2 MPa 时，5 min 内不得有渗漏现象。

2. 安装曲轴 曲轴与轴瓦安装后必须保证两点：一是轴瓦与瓦座紧密贴合，工作中不松动。二是轴瓦内孔有正确的几何形状，轴承间隙符合规定值。

安装轴瓦时，各轴颈的轴瓦及上、下瓦片之间都不能错位，否则会使油孔堵塞，损坏曲轴和轴瓦。将刮研好的主轴瓦按顺序压入轴瓦座，抬上曲轴，装上瓦盖。紧固主轴承盖螺母时，应从中间轴承盖开始，向两边依次逐个拧紧，且分 2～3 次逐渐对称拧紧，最后一次应使用扭力扳手拧紧，并保证拧紧扭矩达到规定值。而后用手转动曲轴时，曲轴应能灵活转动，如果有发卡或局部不灵活现象，必须查明原因，予以排除。这时不再允许大面积刮削轴瓦，因为，在一般情况下，发卡或局部不灵活是由于主轴承座孔的同轴度破坏，轴承座孔变形或曲轴弯曲等造成轴瓦局部接触。通常的做法是拆开检查各个配合尺寸和形状位置精度，按照第五章所述的方法进行修复。

曲轴安装后必须检查曲轴的轴向间隙，使其符合规定值，检查调整后固定锁紧。

3. 安装活塞连杆组　将装配好的活塞连杆组逐个装入汽缸套。活塞环的开口位置应互相错开 120°，并避开活塞销孔及侧压力的方向，活塞顶上的涡流坑或者导流槽应朝向喷油器一侧。装上连杆瓦盖后，应分 2～3 次均匀地拧紧连杆螺栓，最后一次应使用扭力扳手拧紧，并保证拧紧扭矩达到规定值。每装完一缸后。应转动曲轴，检查有无卡滞现象。然后用新锁片、新开口销子或铁丝将连杆螺栓与螺母锁紧。

活塞连杆组安装后，必须进行两项检查：一是活塞偏斜的检查。活塞连杆组安装后，转动曲轴，应无过大的阻力及活塞偏向汽缸壁一侧的现象。活塞是否偏斜可用厚薄规测量活塞沿活塞销方向两侧与汽缸壁的间隙来判断。一般两侧间隙差不大于 0.1 mm。发现偏斜必须排除，因为活塞偏斜会使内耗增加、零件磨损加剧。二是活塞上止点位置的检查。为保证柴油机的压缩比，在活塞连杆组安装后，必须检查活塞在上止点时，活塞顶部距机体上平面的距离是否符合规定值。规定值通常为 0.2～0.5 mm，机型不同也有所不同。如果该距离过小，也就是活塞顶部过高，可能会发生撞气门现象；反之，活塞顶部过低，会使压缩比减小，柴油机功率下降。部分机型活塞顶距缸体上平面的距离见表 10-1。

表 10-1　活塞顶距缸体上平面距离及压缩余隙（mm）

机型	活塞顶距缸体上平面距离	压缩余隙
铁牛-55	0.135～0.650	1.80～2.30
东方红-LX1000	0.07～0.43	0.90～1.20
雷沃 TH404	0.200～0.755	0.5～0.9
雷沃 TB604	0.259～0.724	0.6～1.1

（续）

机型	活塞顶距缸体上平面距离	压缩余隙
雷沃 TD804	0.38～0.50	—
雷沃 TD804（天力）	0.15～0.30	1.15～1.30
雷沃 TG1654	0.38～0.50	—
TS250	0～0.694	0.43～1.28
TS550	0.187～0.746	0.605～1.237

4. 安装凸轮轴　将凸轮轴衬套压入座孔，从前端装入凸轮轴，装上限位板，检查凸轮轴轴向间隙；压入凸轮轴后端座孔堵头；将挺柱装入导向孔内。

5. 安装机油泵、吸油管、出油管和油底壳集滤器　将机油泵固定到曲轴箱前壁（主轴瓦盖）上，装上吸油管和出油管，油管接头要牢固、严密。安装出油管时机体油道应灌满机油，然后装上吸油管和集滤器。

6. 安装飞轮壳和飞轮　将飞轮壳固定到机体后端面上，飞轮装到曲轴后端飞轮接盘上，安装时定位销要对准销孔。如果无定位销，应按拆卸时做的记号安装。上紧飞轮固定螺栓应按对角线分 3 次拧紧，最后一次拧紧力矩应达到规定值。

7. 安装定时齿轮室　安装定时齿轮室时，必须确保配气相位及供油时间正确。将定时齿轮室壳固定到机体前端面上，按啮合记号装好配气正时齿轮、油泵驱动齿轮和惰齿轮后，装好正时齿轮室盖，装上皮带轮和启动爪。

8. 安装汽缸盖总成　向机体安装装配好的汽缸盖总成时，应选择厚度合适的汽缸垫，以保证良好的压缩余隙和压缩比。相同机型的汽缸垫厚度也有较大差异。擦净汽缸体和汽缸盖的结合表面，将汽缸垫铺在汽缸体平面上，使卷边朝上，不要装反，并注意对准所有的水孔和油孔。放上汽缸盖后，按规定顺序分 3 次拧紧汽缸盖固定螺母，最后一次应使用扭力扳手拧紧，并保证拧紧扭矩达到规定值。部分机型汽缸盖、连杆轴瓦和主轴瓦螺栓的拧紧力矩见表 10 - 2。

表 10 - 2　汽缸盖、连杆轴瓦和主轴瓦螺栓的拧紧力矩（N·m）

机型	汽缸盖	连杆轴瓦	主轴瓦
铁牛 - 55	170～190	140～160	200～220
上海 - 50	180～200	100～120	160～180

（续）

机型	汽缸盖	连杆轴瓦	主轴瓦
东方红-LX1000	220～230	130～138	196～206
雷沃 TH404	120～140	100～110	140～160
雷沃 TB604	200～220	100～120	180～200
雷沃 TD804	110 N·m±15％短定位螺钉必须继续拧紧 150°，中长定位螺钉必须继续拧紧 180°，长定位螺钉必须拧紧 210°	155±15％	250±15％
雷沃 TD804（天力）	195～205	140～150	201～206
雷沃 TG1654	110 N·m±15％短定位螺钉必须继续拧紧 150°，中长定位螺钉必须继续拧紧 180°，长定位螺钉必须拧紧 210°	155±15％	265±15％
TS250	140～160	100～120	140～160
TS550	108～118	118～127	216～235

　　装好汽缸盖后，必须复查活塞与汽缸盖之间的压缩余隙，通常采用的检查方法是将保险丝由喷油器座孔插入，转动曲轴数圈后，取出压扁的保险丝，测量其厚度即为压缩余隙值，或者称为顶隙。柴油机的压缩余隙值一般为 1～1.4 mm。部分机型压缩余隙见表 10-1。

　　9. 安装机油滤清器、水泵和风扇总成　安装时，应注意装好密封衬垫，固定螺栓要均匀拧紧，以防漏油、漏水。调整风扇皮带的张紧度，使其符合规定值。部分机型风扇皮带的张紧度见表 10-3。

表 10-3　风扇皮带的张紧度

机型	按下力量（N）	下垂度（mm）
铁牛-55	30～50	15～25
上海-50	30～50	10～12
东方红-LX1000	30～40	8～10
雷沃 TH404	30～50	10～15
雷沃 TB604	30～50	10～15
雷沃 TD804	45	10

（续）

机型	按下力量（N）	下垂度（mm）
雷沃 TD804（天力）	30～50	15～25
雷沃 TG1654	45	10
TS250	30～50	10～20
TS550	29～39	10～15

10. 安装配气机构　气门推杆装入导向孔内，下端落入挺柱的球窝内，摇臂机构通过支座固定到汽缸盖上，注意使摇臂轴上的油道畅通，切勿装错而堵死油道，摇臂头与气门杆尾端接触，气门间隙调整螺钉与推杆配合。拧紧固定螺母后，初步调整气门间隙和减压间隙。装上气门室罩、进排气支管，装好密封衬垫，以防漏气。

11. 安装喷油泵　在向柴油机上安装调试好的喷油泵时，必须注意定位，否则将不能保证供油正时。将喷油泵固定到定时齿轮室壳上，通过半圆键和轴头螺母将油泵驱动齿轮与油泵凸轮轴连接起来；装上柴油滤清器，接好低压油路，检查和调整供油提前角；在安装喷油器时，应注意装好密封铜垫，并使固定螺母均匀拧紧，以免喷油器倾斜。

12. 装发电机、启动电动机　将发电机固定到机体上，装上传动皮带，检查调整风扇皮带和发电机皮带的张紧度。将启动电动机固定到飞轮壳上，均匀拧紧固定螺栓，以免电机倾斜，影响齿轮啮合。连接好电源线路和启动线路。

总装完成后，应使用手摇把摇转曲轴，检查各部连接是否牢固可靠，运转是否灵活，有无卡滞现象和异常响声。一切正常后，可进行发动机的磨合。

第二节　柴油发动机的磨合

总装好的柴油发动机必须经过磨合，以取得最佳技术、经济性能指标。目前，由于种种原因，柴油机大修后的磨合规范执行得不是很到位，有的甚至根本就不进行磨合。为此，在讲述磨合工艺之前，有必要强调一下磨合的目的意义以及影响磨合质量的几个因素。

一、磨合的目的

检修后的柴油机，许多零件加工表面留有加工痕迹，并存有几何形状误差和位置误差，减少了零件配合表面的接触面积。如发动机的汽缸、活塞环、活塞、曲轴和轴瓦等，虽有较高的加工精度和较低的表面粗糙度，但零件表面仍会留有加工痕迹，表现为微观上的凹凸不平，其配合表面几何形状和相互位置也必然存在误差。因此，零件摩擦表面实际仅仅在局部区域（微观凸起）的各接触点上接触，接触面积极小。如果不经磨合就使发动机投入满负荷工作，零件配合接触表面单位面积承受的压力过大，会破坏润滑油膜，产生干摩擦，形成磨料磨损，严重时还会产生黏附磨损，急剧磨损零件配合表面。若任其发展则会迅速波及整个接触表面，严重时，因剧烈摩擦产生高温，导致烧瓦、抱轴、拉缸等事故，短时期内致使发动机的技术、经济指标快速下降。

磨合就是为了防止上述破坏性磨损发生，而以最小的磨损量和最短的磨合时间，自然建立起适合于工作条件要求的配合表面，保证发动机正常的使用寿命。磨合时发动机先在低速、无负荷下运转，然后逐渐地提高转速与负荷，直到标定工况为止。通过磨合，各零件摩擦表面的接触凸峰在较低的相对速度与负荷作用下逐渐磨平，不仅避免了破坏性磨损，而且使零件表面在磨损量很少的情况下，就能获得理想的配合表面和承受额定负荷的能力。磨合时应选择适当黏度的润滑剂，既满足润滑要求，并能将磨合过程中产生的金属屑和热量及时排除。

由此可见，发动机在装配后的磨合对提高修理质量、延长使用寿命都有重要作用，必须给予充分重视。

二、影响磨合质量的因素

磨合质量的影响因素主要有磨合规范、所用润滑油的性质、零件制造质量及装配质量。

1. 磨合规范　磨合规范是指磨合时的负荷、转速及磨合各个阶段的磨合时间。磨合质量在很大程度上取决于磨合规范的选择是否合适。

（1）磨合时的负荷　负荷应是从无到有，从小到大逐渐增加。这样才不致发生破坏性的磨损过程，使零件配合表面质量逐步得到改善。发动机的磨合过程一般分为：无压缩和有压缩的冷磨合，无负荷和有负荷的热磨合几个阶段。

（2）磨合时的转速　在一定的负荷下，磨合的转速增加就会加重表面微观凸峰之间的冲击作用，摩擦发热随之加剧，从而引起磨损加剧。所以在开始磨合时应以较低转速进行，随着表面微观凸起逐渐磨平，转速可逐渐提高，直至额定转速。开始磨合转速的确定，主要取决于零件表面的原始质量，且顾及机油泵的供油性能。如表面原始质量好，润滑条件好，则适当提高起始转速。若不进行无压缩磨合，直接进入全压缩磨合时，由于汽缸内有一定压缩压力存在，起始转速可适当降低些，但要保证润滑油膜的形成。在此情况下，一般采用起始转速为 400～500 r/min 为宜。

（3）磨合时间　在一定转速与负荷情况下，磨合一定时间后，零件配合表面已能适应该种工作条件，处于磨损曲线上缓慢的正常磨损阶段，如继续磨合只会增加不必要的磨合时间，此时应转入下一阶段的磨合过程。磨合时间是通过试验制订的。常根据发动机台架试验测得的磨损曲线来选定。一般在某一转速与负荷情况下其磨合有效时间为 5～15 min，即可完成磨损迅速增长的磨合段。过长时间停留在正常稳定缓慢磨损段，起不到磨合作用，因此要及时改变转速或负荷，进入下一个磨合阶段。磨合时间的多少还取决于润滑油性能和是否加入磨合添加剂。如果油性好并加入添加剂，可相对取较短的时间。否则取较长一点的时间，这样既可保证磨合质量又节省时间与材料的消耗。

2. 润滑油的性质　与磨合质量直接有关的润滑油性质主要是油性、导热性和流动性。油性是指润滑油在金属表面的附着能力，在磨合过程中可用以防止黏附性磨损。从满足散热和能及时带走磨损金属屑的角度出发，则要求润滑油的流动性和导热性好，即黏度低较适合。通常在柴油机机油中加入 50％柴油作为冷磨合用油。热磨合时由于柴油机爆发压力较高，须用规定的柴油机机油进行，防止由于工作温度高而引起运转的配合表面刮伤。

3. 零件制造质量与装配质量　影响磨合质量的因素有零件表面的微观及宏观几何形状、表面层金属的物理力学性能以及装配质量等。如零件的表面粗糙度大，在开始磨合时就会形成大量的划痕与擦伤，在以后磨合过程中就很难将划痕与擦伤消除，虽然经较长时间磨合，也难得到预期的表面质量，从而缩短零件的使用寿命。所以原制造表面质量状况与磨合后应有的质量状况愈接近，磨合时间就会愈短，磨合阶段的磨损量也愈少，零件的使用寿命也就愈长。零件表面的宏观几何形状误差愈大，其实际接触面积愈小，所需磨合时间也就愈长，磨合时的磨损量也愈大。

修理后的装配质量差同样影响配合零件的实际接触面积而增加磨合时间，降低磨合质量。修理过程中，只有保证零件加工精度和装配质量，才能提高磨合质量，减少磨合时间，延长机器的使用寿命。

三、磨合工艺过程

发动机磨合工作可用电动机带动，但多数是直接装在拖拉机上进行。

1. 磨合前的准备工作

（1）将发动机和电动机联接牢靠。

（2）连接好油路、冷却装置和各种仪表。

（3）加注润滑脂，加足燃油、冷却水；向发动机加入冷磨合用油至油尺上限。

（4）打开油箱开关，检查油路有无渗漏现象，并排除油路中的空气。

（5）检查电系线路连接是否牢固可靠，蓄电池电压是否正常。

（6）用摇把转动曲轴，应灵活无阻滞现象。

2. 磨合工艺 发动机的磨合分三个阶段进行。

（1）冷磨合 用电动机或其他发动机带动被磨合的发动机运转。先进行无压缩磨合，再进行压缩磨合。在全部磨合过程中，首先以 $400\sim500$ r/min 转速，进行无压缩运转，观察有无漏油、漏水现象，机油压力应为 $0.2\sim0.3$ MPa。运转 $3\sim5$ min 即可。随后装好所有喷油器，将喷油泵供油拉杆置于停油位置，按照冷磨合规范进行全压缩冷磨合。并应注意检查以下各项：机油压力应保持正常值，冷却水的温度控制在 $75\sim85$ ℃，不允许有过热现象，发动机各部不应有不正常的敲击声，如果发现异常现象，应立即停车检查排除。当发动机装到拖拉机上进行磨合时，由于无法进行冷磨合，应相应增加热磨合时间。

（2）无负荷热磨合 冷磨合结束后，必须放出冷磨合用油（冷磨合用油可过滤沉淀后再次使用）。用柴油清洗油底壳和机油粗细滤清器，加入规定的润滑机油至油尺上限；检查调整气门间隙和供油提前角，准备进行热磨合。

启动发动机，操纵调速器手柄控制发动机转速，按规范由低到高逐渐增加转速进行无负荷的热磨合过程。发动机在无负荷时，在任何转速时都应保持稳定。仔细倾听发动机的声响，同时观察各仪表读数是否在正常范围内，必要时停车排除故障。

（3）负荷热磨合 无负荷热磨合结束后，重新检查汽缸盖的紧固情况。启动发动机，在额定转速下，逐渐增加负荷，直到全负荷，结束磨合工作。

发动机磨合完毕，应放掉润滑油，清洗滤清器，紧固汽缸盖固定螺母，调整气门间隙。必要时对曲轴轴瓦、活塞连杆组等主要零件进行拆卸检查。

部分机型发动机的冷磨合、热磨合磨合规范见表10-4和表10-5。

表 10 - 4　发动机冷磨合规范

机型	无压缩		有压缩	
	转速（r/min）	时间（min）	转速（r/min）	时间（min）
铁牛-55	400~500	30	400~500	15
	500~600	30	500~600	15
	700~800	30	—	—
东方红-LX1000	499	2	—	—
	998	10	—	—
雷沃 TH44	800~900	60	800~900	30
雷沃 TB604	800~900	60	800~900	30
TS250	—	—	400~500	20
			500~600	20
TS550	—	—	400~500	20
			500~600	20

表 10 - 5　发动机热磨合规范

机型	无负荷		有负荷	
	转速（r/min）	时间（min）	额定转速，功率试验器扭矩盘上的读数（N·m）	时间（min）
铁牛-55	800~900	15	70	30
	1 000~1 100	30	150	35
	1 200~1 400	10	220	50
	1 500~1 600	5	300	40
	—	—	360	5
东方红-LX1000	700	12	64	3
			128	5
	—	—	192	10
			224	5
雷沃 TH404	1 800	15	85	30
	2 400	30	130	35
	1 680	10	160	50
	2 400	5	130	40

（续）

机型	无负荷		有负荷	
	转速（r/min）	时间（min）	额定转速，功率试验器扭矩盘上的读数（N·m）	时间（min）
雷沃 TB604	1 800	15	131	30
	2 400	30	190	35
	1 680	10	225	50
	2 400	5	190	40
雷沃 TD804	670～730	2	115	2
			160	5
			188	5
			250	2
雷沃 TG1654	720～780	2	232	2
			322	2
			362	2
			483	2
TS250	1 575	10	45.8	15
			91.6	15
			137.4	20
			183.2	20
TS550	1 500	10	90	30
			135	30
			162	30
			180	50

3. 柴油机性能试验及检查调整　柴油机完成磨合后，应进行性能试验，其试验性能指标应符合规定值。部分机型柴油发动机试验性能指标见表 10 - 6。

配备测功仪器的维修单位，通常在发动机热磨合的同时进行相关技术经济数据的试验检测。检测的数据中，以有效功率和燃油消耗率两项最为重要。这两项指标符合规定值就足以说明修理质量合格。并且还可为拖拉机修理工排除故障、提高修理质量提供参考。

通过检测，通常比较容易发现有效功率不足和燃油消耗率偏高的问题。有效功率不足和燃油消耗率偏高的主要影响因素是多方面的，在试验检测过程中必须全面、仔细地检查和排除，并进行相应地调整，使各系统能协调工作。

表 10-6　柴油发动机试验指标

机型	转速 (r/min)			额定功率 (kW)	燃油消耗率 (g/kWh)	机油温度 (℃)	水温 (℃)	机油压力 (MPa)	燃油压力 (MPa)
	额定	最高	最低						
铁牛-55	1 500±20	1 600±30	<600	$40.45^{+1.47}_{-0.74}$	≤272	70~90	80~95	0.15~0.27	0.06~0.09
上海-50	2 000	2 200	550	36.77	≤245	≤100	≤98	0.3~0.5	—
东方红-LX1000	2 300	2 480~2 500	700±30	77~78	≤242	≤100	≤98	0.35~0.50	—
雷沃 TH404	2 400	2 600	800	29.4^{+4}_{0}	≤250	≤100	≤95	0.30~0.45	60
雷沃 TB604	2 400	2 600	800	44^{+5}_{0}	≤245	≤100	≤95	0.30~0.45	60
雷沃 TD804	2 300	2 438	700±30	60.3	≤248	≤115	≤92	0.205~0.450	
雷沃 TD804 (天力)	1 600±100	1 728±30	<600	59	≤238	70~90	80~95	0.15~0.27	0.06~0.09
雷沃 TG1654	2 400	2 572~2 592	750±30	121.3	≤242	≤115	≤92	0.205~0.450 (允许短时间内超过0.523 MPa)	—
TS250	2 100	2 270	600	18.5	≤250	≤100	≤100	0.2~0.4	—
TS550	2 300	2 480	700	40.5	≤250	≤100	≤100	0.25~0.45	—

第三节　柴油机的常见故障与排除方法

柴油机的常见故障主要有启动难、不能平稳运转、功率不足、运转时有异常响声、排气烟色不正常、机油压力不足、冷却水温度过高、突然自动停止运转和"飞车"等。其故障原因与排除方法如下：

一、柴油机不易启动

故障现象及原因	排除方法
1. 启动电动机带不动柴油机 ① 蓄电池电压不足或电路接触不良 ② 启动电动机齿轮不能和飞轮齿圈啮合	① 重新对蓄电池充电，排除接触不良现象 ② 调整启动机齿轮与飞轮端面间隙，对磨损严重的启动机齿轮应更换
2. 供给系统的故障 ① 燃油系统中有气体 ② 燃油系统内有堵塞现象 ③ 喷油器喷油雾化不良；原因：急速时间过长，燃油中有杂质 ④ 供油提前角不对	① 排除燃油系统中空气，并检查漏气处，进行修理 ② 拆卸、修理 ③ 检查进气短路处，维修、研磨喷油器偶件，或更换喷油器偶件、喷油器总成 ④ 调整供油提前角
3. 汽缸内压缩压力不足 ① 活塞环、汽缸套磨损；原因：进气系统短路 ② 气门漏气 ③ 压缩终了温度较低	① 更换活塞环、汽缸套，检查机油，按要求更换机油 ② 检查、研磨气门 ③ 采用启动预热装置解决

二、柴油机不能平稳运转

故障现象	排除方法
① 供油系统中有空气或水分 ② 气门弹簧折断或气门间隙失调 ③ 调速器失调或喷油泵各缸供油不均匀 ④ 汽缸窜气	① 排除空气，检查柴油中的含水量 ② 更换气门弹簧，重新调整气门间隙 ③ 检查并校对调速器，调整各缸供油量 ④ 更换汽缸盖垫片

三、柴油机功率不足

故障现象及原因	排除方法
1. 汽缸压力不足	
① 气门弹簧折断	① 更换气门弹簧
② 气门间隙过小或无间隙	② 调整气门间隙
③ 气门不密封，漏气	③ 研磨气门
④ 活塞环积炭、磨损	④ 消除积炭或更换活塞环
2. 供油系统工作不正常	
① 供油提前角不正确	① 重新调整供油提前角
② 油泵柱塞磨损	② 更换油泵柱塞
③ 喷油器喷油质量不好	③ 检查喷油雾化状况，清洗或更换偶件
④ 燃油供给不足	④ 检查燃油供给系统是否堵塞
3. 空气滤清器堵塞	清洗或更换空气滤清器滤芯

四、柴油机运转时有不正常响声

故障现象及原因	排除方法
1. 供油时间过早，造成汽缸内发出有节奏的清脆的金属敲击声	检查并调整供油提前角
2. 活塞与汽缸套间隙过大，柴油机启动后汽缸内发出撞击声，该声音随柴油机逐渐走热而减轻	更换活塞或汽缸套
3. 活塞销与连杆小头衬套间隙过大，在低速时，汽缸上部有清脆的金属敲击声	更换连杆小头衬套
4. 气门间隙过大，在气门罩框处可听到有节奏的撞击声	调整气门间隙
5. 连杆轴瓦或主轴瓦间隙过大，在低速时能听到机件撞击声	更换连轩轴瓦或主轴承瓦

五、柴油机排气烟色不正常

故障现象及原因	排除方法
1. 冒黑烟	
① 柴油机的负荷过大	① 减轻柴油机负荷
② 喷油器雾化不良	② 清洗、研磨或更换针阀偶件
③ 供油时间过迟	③ 检查并调整供油提前角
2. 冒白烟	
① 柴油机冷却水温度过低或汽缸内进水	① 提高冷却水温度或排除汽缸进水故障
② 供油时间过迟，喷油器雾化不良，有滴漏现象	② 调整供油提前角，调整喷油压力，检查针阀偶件的密封情况
3. 冒蓝烟	
① 窜机油，活塞环装反	① 重新按要求安装活塞环
② 窜机油，活塞环磨损	② 更换活塞环

六、柴油机机油压力过低

故障原因	排除方法
① 机油压力表或传感器损坏或连线中断	① 更换压力表或传感器，并检查线路
② 油底壳内机油油量不足	② 加机油至规定油面
③ 机油滤网或滤清器堵塞，或机油滤清器调压阀失调	③ 清洗滤网，调整或更换调压阀
④ 汽缸体主油道上机油泵限压阀失效	④ 调整或更换限压阀
⑤ 连杆轴承、曲轴轴承、凸轮轴轴承等部位间隙过大	⑤ 更换新轴承
⑥ 机油泵磨损严重或其他内在故障	⑥ 检查并排除故障

七、柴油机冷却水温度过高

故障原因	排除方法
① 水温表或水温传感器失灵	① 检查并更换新件
② 冷却水量不足，风扇三角皮带过松	② 加足冷却水，调整风扇三角皮带张紧度
③ 节温器失灵	③ 更换节温器
④ 汽缸盖或汽缸体水套内积垢严重	④ 清除水垢并清洗冷却系统
⑤ 汽缸套阻水圈损坏，冷却水漏失造成缺水，或冷却水路中有漏水处	⑤ 更换阻水圈或修堵漏水部位
⑥ 秸秆阻塞水箱（散热器），空气流通不畅	⑥ 检查、清理阻塞水箱的秸秆

八、柴油机突然自动停止运转

故障现象及原因	排除方法
1. 柴油机熄火后曲轴转不动 ① 曲轴与轴瓦抱死。原因：润滑系统内机油质量不符合要求，油中含有杂质，油量不足，机油压力过低 ② 活塞与汽缸套抱死	① 检查曲轴和轴瓦，修理或更换曲轴和轴瓦，清理油道，按要求更换润滑油 ② 更换活塞和汽缸套
2. 柴油机熄火后曲轴能转动 ① 供油系统进入空气 ② 供油系统堵塞 ③ 空气滤清器堵塞	① 排除供油系统中的空气 ② 清理、疏通和清洗供油系统 ③ 清洗或更换空气滤清器滤芯

九、柴油机"飞车"

如遇柴油机"飞车"，应首先设法立即使柴油机熄火，然后再进行检查。一般应综合采用停供柴油、"断气"等措施，使柴油机停止运转，以免造成人身安全和机具损坏等重大事故。

故障原因	排除方法
① 喷油泵调速器失灵 ② 喷油泵供油拉杆卡在最大供油位置不能回位	① 更换调速器 ② 拆开调速器上盖，用手扳动供油拉杆，若能扳动，说明调速器的某一部位被卡住；若不能扳动，说明喷油泵柱塞卡滞，应对喷油泵进行拆检，并更换损坏件
③ 启动预热塞失灵，柴油大量进入进气管 ④ 使用油浴式空气滤清器，因油盆内错用轻型油或油面过高，使进气管进油 ⑤ 油底壳机油面过高，通过曲轴箱的通气装置吸入进气管	③ 更换预热塞，清除进气管内的柴油 ④ 按要求更换用油，或放出多余的机油，并清洗进气管 ⑤ 放出多余机油，检查喷油器雾化质量

第十一章

传动系统的修理

近年来，随着农业机械化程度不断提高，四轮驱动拖拉机已大量投入生产使用。传统的两轮驱动型拖拉机是后轮驱动，拖拉机只有在后轮上的一部分质量作为附着质量，因此，当拖拉机在松软潮湿的土壤上工作时，由于附着质量轻，附着力不足，驱动轮就会打滑，使拖拉机的牵引力发挥不出来；而当它在黏重土壤上工作时，由于只有两个后轮驱动，牵引力往往感到不足。四轮驱动拖拉机的前、后轮都是驱动轮，拖拉机的牵引能力就会得到提高。与履带拖拉机相比，四轮驱动拖拉机的综合利用性能好，年利用率高，制造成本低。

四轮驱动拖拉机是两轮驱动型拖拉机的变型，其后轮传动系统保留不变，只是在此基础上增加了分动箱和前驱动桥。它们的大部分零部件是通用的，因而便于制造和修理。

本章所称的传动系统，是安装在发动机与前后驱动轮之间所有传动部件的总称，是拖拉机的重要组成部分。其作用是把发动机的动力，传给拖拉机的行走部分，改变拖拉机的行驶速度、牵引力和行驶方向，保证拖拉机的平稳起步和停车。

拖拉机的传动系统主要由离合器、联轴节、变速箱、分动箱、后桥、前驱动桥等组成，如图 11-1 所示。

第一节 离合器的构造与修理

一、构造及功用

离合器的功用可归纳为接合、分离和超载保护三点：接合动力，将发动机的动力传给变速箱，保证拖拉机平稳起步和行驶；切断动力，以便摘挡、换挡和短时间停车；拖拉机超负荷时，离合器自动打滑，防止机件损坏，可起安全保护作用。

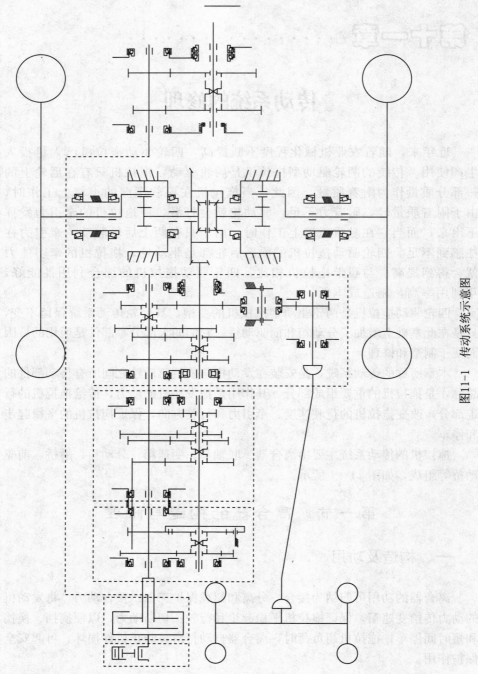

图11-1 传动系统示意图

　　根据动力传递方式的不同，离合器可分为摩擦式和液力式两种。目前的拖拉机普遍采用摩擦式离合器。摩擦式离合器又分多种型式：按摩擦表面工作条件可分为干式离合器和湿式离合器；按压紧装置可分弹簧压紧式离合器和杠杆压紧式离合器；按被动盘的数目可分为单片式离合器、双片式离合器和多片式离合器；按离合器的作用可分为单作用离合器和双作用离合器；按操作机构的不同，双作用离合器又可分为联动操纵式双作用离合器和独立操纵式双作用离合器。

　　1. 单作用离合器　单作用离合器仅将动力传给变速箱，而后由变速箱向动力输出轴传递动力。它的结构简单，分离彻底，散热性能好。小型拖拉机常常采用单作用离合器，如图 11 - 2 所示。这种离合器的全称为单片干式常压单作用摩擦离合器。

　　（1）主动部分　包括飞轮、压盘和离合器盖等。离合器盖用螺栓紧固在飞轮上，随飞轮一起旋转，其外圆上均布几个长方形的通风孔，以利散热。压盘由铸铁制成，经过机械加工，表面平整，它具有足够的厚度，以便吸收较多的热量。离合器压盘的驱动是在离合器盖的外圆表面上铆有 3 个销座，座孔内压入的方头传动销分别嵌入压盘外缘的

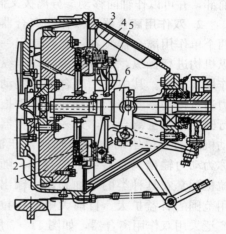

图 11 - 2　单作用单片干式离合器
1. 飞轮　2. 压盘　3. 被动盘　4. 压紧弹簧
5. 分离杠杆　6. 分离轴承

3 个缺口内，压盘在传动销的驱动下，与飞轮一起旋转，也可以在旋转的同时作轴向移动。

　　（2）被动部分　包括被动盘总成和离合器轴等。被动盘总成由钢片、挡油盘、轮毂和摩擦衬片等组成。钢片上有 6 条径向切口，以防止钢片受热后产生翘曲。在钢片的两侧面铆有摩擦衬片，铆钉应埋入衬片内 1～2 mm，以防止摩擦衬片磨损后，铆钉外露而损坏摩擦表面。钢片与挡油盘铆接在带有内孔花键的轮毂上。挡油盘用来将离合器前端轴承渗漏出的润滑油，甩到飞轮的凹穴内，并借助离心力沿飞轮上的斜孔甩到飞轮壳的内壁上，防止进入摩擦表面。离合器轴由前、后两个深沟球轴承支承。被动盘总成通过花键套在离合器轴上，与离合器轴同步旋转，同时可作轴向移动。

（3）压紧部分　压紧部分由均匀分布在压盘端面上的多个压紧弹簧组成。压盘与弹簧间装有隔热垫片，防止压盘的热量传给弹簧造成弹性减弱。弹簧座开有通孔，以利散热。

（4）操纵机构　它包括分离拉杆、分离杠杆调整螺栓螺母、分离轴承、分离轴承座及其与离合器踏板相连的全部杆件。3个分离杠杆均匀地安装在离合器盖上，可以绕销轴摆动。分离杠杆的外端与分离拉杆连接，分离拉杆可以拉动压盘作轴向移动。分离轴承安装在分离轴承座内，分离轴承座滑套在支架的前部，并可以作轴向移动。分离拨叉插在分离轴承座两侧的耳销上。

2. 双作用离合器　双作用离合器是将两个单作用离合器装在一起，使用一套操纵机构进行操纵，通常称为联动操纵式双作用离合器。其中一个离合器将发动机动力通过传动系统传给驱动轮，驱动拖拉机行驶，称为主离合器，另一个离合器将发动机的动力传给动力输出轴或液压油泵，称为动力输出离合器或副离合器。随着拖拉机配套农具种类的增加和动力输出轴应用范围的日益扩大，目前大中型拖拉机上广泛采用双作用离合器，如图11-3所示。这种离合器的全称为双片干式常压双作用摩擦离合器。其构造主要有如下4个部分：

（1）主动部分　包括飞轮、前压盘、后压盘、驱动盘、驱动销及离合器盖等。前后压盘由固定在飞轮轮缘上的驱动销驱动，与飞轮一起旋转并可作轴向移动。离合器盖用螺栓固定在飞轮上，也同飞轮一起旋转。因前压盘吸热较多且不易散热，故钻有径向孔以利散热和甩出油污。

（2）被动部分　包括主离合器被动盘总成、副离合器被动盘总成、主离合器轴和副离合器轴等。主离合器被动盘总成和主离合器轴通过花键连接，并能在主离合器轴上作轴向滑动。副离合器被动盘总成和副离合器轴通过花键连接，也可以在副离合器轴上作轴向滑动。副离合

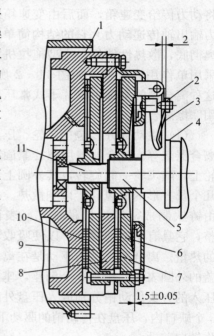

图 11-3　双作用离合器
1. 飞轮　2. 调整螺钉　3. 分离杠杆
4. 分离轴承　5. 副离合器轴　6. 后压盘
7. 副离合器被动盘　8. 驱动盘
9. 前压盘　10. 主离合器被动盘
11. 主离合器轴

器轴为一空心轴，它套装在主离合器轴上，在两轴之间装有滚针轴承，以减轻它们在相对转动时产生的摩擦。

（3）压紧部分　压紧部分通常有两套：大弹簧支承在离合器盖的弹簧座内，通过后压盘、副离合器被动盘总成、前压盘把主离合器被动盘总成压紧在飞轮端面上，保持主离合器的经常接合；小弹簧支承在与主离合器压盘相连的弹簧销上，协助大弹簧迫使前压盘和后压盘将副离合器被动盘总成压紧，保持副离合器经常接合。有一些离合器采用两个碟形弹簧，在前压盘与驱动盘之间装有一个碟形弹簧，用来压紧主离合器被动盘总成，在后压盘与离合器盖之间安装的碟形弹簧，用来压紧副离合器被动盘总成。

近年来，又出现了只用一个碟形弹簧的双作用离合器。以雷沃 TD 系列拖拉机双作用离合器为例，简述其结构，如图 11-4 所示。碟形弹簧设置在主离合器压盘与副离合器压盘中间，被称作公用碟形弹簧；主离合器压盘装在主离合器被动盘总成的一侧；副离合器压盘装在副离合器被动盘总成的一侧；主、副离合器压盘的凸块设置在离合器壳体的轴向导向凹槽内与离合器壳体滑动连接，离合器壳体的安装端面上装有调整垫片。

（4）操纵机构　包括分离拉杆、3 个分离杠杆、分离轴承、分离拨叉及其与踏板相连的全部杆件。分离杠杆的支点铰接在离合器盖上，其外端通过分离拉杆与后压盘相连，其内端靠近分离轴承的端面。分离轴承装在分离轴承座上，分离轴承座可作轴向移动，其上有两个销轴与分离拨叉配合，而分离拨叉又通过分离拨叉轴与外部操纵杆件连接。而对于雷沃 TD 系列拖拉机双作用离合器而言，其操作机构有较大变化。它有 6 个分离杠杆，分别为主离合器分离杠杠和副离合器分离杠杆，相互间隔设置，主离合器分离杠杆与副离合器分离杠杆的高度差为 8 mm（主离合器分离杠杆距离合器与飞轮结合面尺寸为 53.5 mm，副离合器分离杠杆距离合器与飞轮结合面尺寸为 45.5 mm）如图 11-4 所示。

联动操纵式双作用离合器的工作过程可从三个方面来讲述。一是主离合器分离。当踏下离合器踏板，通过杆件使分离轴承前移，消除离合器间隙后，压动分离杠杆使其摆动，内端前移，外端后移，克服了大弹簧的弹力，通过分离拉杆和在小弹簧的作用，使前、后压盘后移，主离合器分离。此时，副离合器被动盘总成继续被前后压盘压紧，副离合器仍然接合。在踏离合器踏板的同时，通过杆件带动变速箱盖上的联锁轴转动，直至联锁轴左端的缺口被离合器分离定位销挡住时，踏板行程被限制，主离合器就彻底分离。二是副离合器分离。当需要分离副离合器时，需在主离合器彻底分离后，将离合器分离定位销

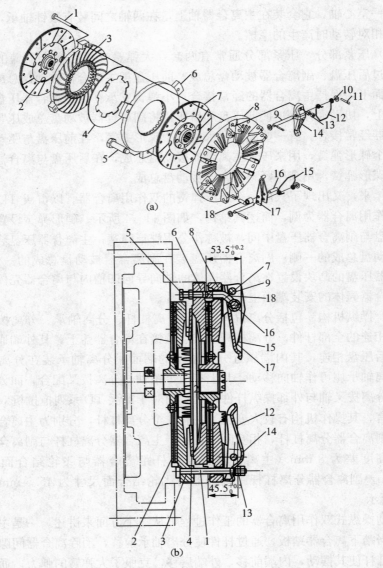

图 11-4 雷沃双作用离合器

(a) 零件图　(b) 结构图

1. 副离合器拉杆　2. 副离合器摩擦片总成　3. 副离合器压盘　4. 碟形弹簧　5. 主离合器调整螺钉
6. 主离合器压盘　7. 主离合器摩擦片总成　8. 离合器盖　9. 长销　10. 垫圈　11. 开口销
12. 副分离杠杆弹簧　13. 球头螺母　14. 副离合器分离杠杆　15. 主分离杠杆弹簧　16. 销轴
17. 主离合器分离杠杆　18. 顶杆

踏板踏下，使定位销从联锁轴中拔出。这时，可以继续踏下离合器踏板，直至离合器盖上的限位螺钉抵住前压盘上的挡销时，前压盘被阻挡而后压盘则继续被分离拉杆拉向后移，副离合器被动盘总成与前、后压盘出现间隙，副离合器分离，当后压盘抵住限位螺钉座的端面时，踏板踏到底，副离合器彻底分离。三是离合器接合。松开离合器踏板时，踏板回位，在离合器大、小弹簧或者两个盘形膜片弹簧的作用下，首先副离合器被动盘总成被压紧，副离合器接合；之后主离合器被动盘总成被压紧，主离合器接合。由此可见双作用离合器工作特点是：当踏下踏板第一行程时，主离合器分离，拖拉机停车，副离合器仍然接合，动力输出轴继续转动；当踏下踏板第二行程时，主、副离合器都分离。但是，不可能在不分离主离合器的状况下而单独分离副离合器。而这一缺点被下面所讲的独立操纵式双作用离合器所解决。

随着拖拉机制造业的不断发展，出现了独立操纵式双作用离合器，雷沃 TG 系列拖拉机离合器的结构，如图 11-5 所示。

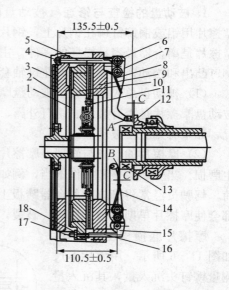

雷沃 TG 系列拖拉机的独立操纵式双作用离合器，由主离合器和副离合器两部分组成，是在雷沃 TD 系列拖拉机双作用离合器的基础上增加了一套操纵机构。它将发动机的动力分成两路：一路经主离合器轴、传动箱传给行走机构；另一路经副离合器主动轴传给动力输出轴。发动机的动力可以同时经过主离合器和副离合器分成两路传出。

独立操纵式双作用离合器在功能发挥方面完全是双作用，而其操作控制方式又简化为可独立操纵，不停机就可以操纵动力输出。具有公用碟形弹簧的独立操纵式离合器，虽然增加了一套操纵机构，但是，与通常联动操纵式双作用离合器相比较，减少了一只碟形弹簧和一只驱动压盘，因此，

图 11-5　独立操纵式双作用离合器结构
1. 碟形弹簧　2. 副离合器从动盘总成
3. 副离合器压盘合件　4. 小六角自锁螺母
5. 连接杆　6. 短销轴　7. 长销轴
8. 副离合器分离杠杆　9. 离合器盖
10. 主离合器压盘合件　11. 主离合器从动盘总成
12. 副离合器分离盘　13. 主离合器分离轴承
14. 主离合器分离杠杆　15. 杠杆合件　16. 销轴
17. 限位螺钉　18. 锁紧螺母

减少了离合器的质量，在不增加成本条件下增加了功能，提高了农艺适应性，优化了离合器性能。总之，这种离合器具有结构简单、结构质量小，打滑损失少等特点，可提高离合器的使用寿命和使用可靠性。

二、主要零部件的检查与修理

拖拉机工作中，由于频繁分离和结合，使离合器摩擦片与主（副）压盘、飞轮的结合面磨损变形，离合器弹簧弹力减弱，分离杠杆和分离轴承磨损，造成离合器打滑，降低传递效率，或分离不彻底，结合不柔和，产生冲击和抖动，甚至失去传递动力的能力。当出现上述故障时，应及时进行调整。如果调整后仍不能恢复正常工作，应拆卸检查与修理。

1. 被动盘的检查与修理　被动盘由两片摩擦片和钢片、花键轴套组成。摩擦片用铝或铜铆钉铆在钢片上，钢片和花键轴套用低碳钢铆钉铆合在一起。摩擦片是离合器最容易损坏的零件，主要是摩擦片磨损、烧焦和断裂，摩擦片铆钉凸出和松动，钢片翘曲，花键轴套铆钉松动，花键套磨损。

（1）被动盘总成的检查　被动盘摩擦片的检查，通常以目视检查为主，看被动盘摩擦片是否有裂纹、铆钉外露、减震器弹簧断裂、花键毂磨损严重等情况，如果有则更换被动盘。

（2）摩擦片的检查与修理　摩擦片由于在工作中经常分离和结合，逐渐产生磨损。当安装调整和操作不当，例如离合器自由行程过小、拖拉机经常超负荷、驾驶员经常将脚放在离合器踏板上、突然结合离合器或突然增加负荷等，都会使摩擦片早期磨损、烧焦、破裂，或铆钉松动和凸出。

摩擦片磨损程度的检查，如图 11-6 所示，用游标卡尺测量铆钉头沉入量，其沉入量的最小极限值为 0.5 mm，不符合此要求时应修理或更换被动盘总成。

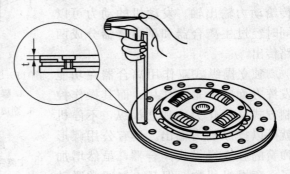

摩擦片表面沾上油污时，可用汽油清洗。摩擦片有轻微烧蚀或硬化，可进行锉削修复。铆钉松动时应重新铆牢，

图 11-6　铆钉头沉入量的测量

如图 11-7 所示。当铆钉头沉入量和被动盘总厚度小于规定的使用极限值、裂

纹超过两处、烧伤严重，或被油污浸透不能清除时，应按以下步骤更换新摩擦片。

① 拆除旧摩擦片。用比铆钉直径小 0.5 mm 的钻头将铆钉钻通，用冲子冲出旧铆钉，取下旧摩擦片。注意不要用凿子铲除，以免铆钉孔扩大和钢片变形。

② 检查新摩擦片的尺寸和变形。摩擦片材料、直径大小、厚度应符合该机型的规定要求。在

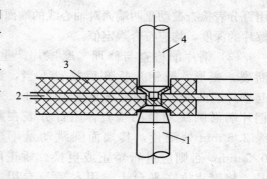

图 11-7　铆钉的铆接
1. 底座　2. 钢盘　3. 摩擦片　4. 冲头

平台上检查摩擦片有无翘曲变形，如有，可采用放在开水中浸泡或蒸汽上蒸浴的办法，使之变软，然后用平板压紧，干燥后即平整可供使用。若摩擦片过厚，应磨薄。

③ 摩擦衬片钻孔和锪孔。将离合器钢片放在摩擦片衬片上面并相互对准模板，用夹具对称夹紧。选用与钢片孔径相同的钻头，按钢片上的孔对摩擦衬片钻孔，钻孔后，做好相对位置记号，方可松放夹具。然后再用有定中心的平钻头将朝外一面锪出铆钉头的埋头孔，锪孔深度为摩擦片厚度的 3/5。注意不能锪得过深，以免铆接时将摩擦片铆裂。

锪孔是指在已加工的孔上加工圆柱形沉头孔、锥形沉头孔和凸台断面等。锪孔时使用的刀具称为锪钻，一般用高速钢制造。摩擦衬片的锪孔使用柱形锪钻，起主要切削作用的是端面刀刃，螺旋槽的斜角就是它的前角，锪钻前端有导柱，导柱直径与工件已有孔为紧密的间隙配合，其作用是导向，以保证被锪沉头孔与原有孔同轴。

④ 铆合。将已扩好和钻好孔的衬片分别安放在钢片的两面，对准钻孔时所做的记号，选用与钢片孔径一致的铝制或铜制铆钉，插入埋头孔与钢片孔，在专用工具或台虎钳上进行铆接。铆钉头应正反相间，均匀分布在离合器被动盘的两面。开始铆时应进行对称位置铆接。铆钉杆露出锪孔底部长度为其直径的 0.7 倍左右。操作方法是：顶实铆钉头，用锥角 90° 的冲子先将空心铆钉尾部冲开，再用开花冲或平头冲冲紧。由于摩擦片是橡胶石棉压成，质地较脆，在铆接时，锤击不能过猛，避免摩擦片碎裂。

⑤ 检查铆合后的被动盘。铆合后的被动盘在距铆钉 15 mm 范围内，摩擦片与钢片应贴合紧密，间隙不应大于 0.1 mm。用游标卡尺测量被动盘的厚度，

用百分表检查被动盘两端面对轴心线的端面跳动，用深度尺测量铆钉头埋入摩擦片的深度，均应符合规定值。

（3）钢片的检查与修理　摩擦片严重烧损、断裂、变形，或钢片拆卸后放置不当，都会引起钢片翘曲变形，其检查方法如图 11-8 所示。钢片端面圆跳动量的检查，用百分表在距外边缘 2.5 mm 处测量，其端面圆跳动量不应大于 0.5 mm，否则应进行矫正或更换。矫正的方法是：将钢片放在平台上，用木锤等专用工具敲击矫正，或在平台上用铁板压平矫正，也可以使用宽口扳手矫正。钢片破裂后不易修复，应更换。

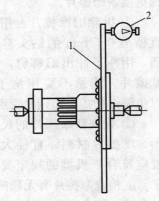

图 11-8　钢片的检查
1. 离合器钢片　2. 百分表

（4）钢片铆钉松动的修理　被动盘所承受剧烈的冲击载荷和摩擦片严重烧损等都会引起被动盘钢片和花键轴套之间的铆钉松动。铆钉松动后，根据松动的程度可予以适当修理。若轻微松动可以加固重铆。松动严重时，如果铆钉孔磨成椭圆，应扩孔，换加大尺寸的铆钉，或换新片重新铆接。

（5）被动盘花键套磨损的修理　被动盘花键轴套在离合器离合过程中与花键轴互相撞击造成磨损。当突然松开离合器踏板或承受突然载荷时，会使磨损加剧。花键套磨损后形成凸台，使被动盘轴向移动不灵活，分离不及时，增加摩擦片的磨损和停车换挡的时间。被动盘花键孔与轴配合间隙的检查方法如图 11-9 所示，将百分表的触头与被动盘的边缘相接触，用手向上提被动盘，指针所指示的数值即被动盘花键孔与轴配合间隙。若花键套磨损轻微或有毛刺时，可用锉刀修整。当被动盘花键孔与轴配

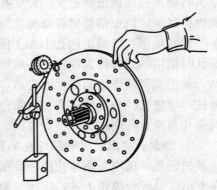

图 11-9　被动盘花键孔与轴配合间隙的测量

间隙大于规定值时，或者用手扳动有明显晃动时，应予更换。

2. 压盘的检查与修理　压盘通常制有光滑平整的摩擦表面。常见的缺陷是，摩擦表面翘曲不平、烧伤、龟裂和磨出沟槽，与分离杠杆连接的凸耳断裂

和销孔磨损。

（1）摩擦表面平面度的检查与修理 压盘平面的平面度不应大于 0.2 mm，其具体的测量方法如图 11-10 所示。对于压盘工作表面平面度超过 0.2 mm，则应磨削修平，但压盘的极限减薄量不应超过限度，一般限定 1.0~1.5 mm，且应进行静平衡试验。

（2）摩擦表面损伤的修理 当使用调整不当和承受剧烈的冲击载荷时，摩擦片严重烧蚀，造成压盘和飞轮表面温度过高，产生烧伤变形和龟裂。当被动盘铆钉外露时，将使压盘磨出环状沟痕，引起离合器

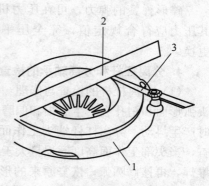

图 11-10 压盘平面的平面度测量
1. 压盘 2. 钢直尺 3. 厚薄规

打滑，接合时抖动，分离不彻底，并加速摩擦片的磨损或造成偏磨。

当压盘表面的沟痕、烧伤、变形和龟裂轻微时，可用油石、砂纸磨修。若沟痕或裂纹深度超过 0.2 mm 或烧伤变形严重时，应在车床上车光。如果车削量较大，应在弹簧座孔内加相应厚度的垫片，以保证弹簧的正常压力。当压盘车削量达 1 mm，仍车不出光滑平整的工作表面时，应更换新压盘。对于较严重的刮痕，甚至出现裂纹，引起离合器抖动时，则必须予以更换。

（3）凸耳磨损和断裂的修理 有些拖拉机离合器压盘上的 3 个凸耳经过长期使用后，销孔会磨成椭圆。当承受剧烈的冲击载荷时，凸耳会产生断裂。销孔磨损后，可镗孔，换加大的销子，恢复正常的配合。凸耳裂纹时，可用铸铁焊条冷焊修复。凸耳断裂后，可在压盘上开燕尾槽，镶新凸耳，新凸耳可用螺丝固定，也可用黏结剂粘接或用焊接固定。

3. 离合器弹簧的检查与修理 拖拉机的离合器弹簧有的采用螺旋弹簧，有的采用碟形弹簧。螺旋弹簧在使用中，长期受压缩，自由长度会变短，并产生弯曲变形和端面不平。离合器打滑，摩擦片烧蚀时，会使弹簧过热而退火造成弹力不足。多次承受冲击载荷后，还会使弹簧产生疲劳裂纹，甚至折断。碟形弹簧由于同样的原因，也会产生变形、退火或疲劳裂纹。弹簧产生缺陷后，将使离合器接合时抖动或打滑，摩擦片偏磨，传递扭矩减小，甚至失去工作能力。

螺旋弹簧的检查方法可参照第五章，当弹簧的自由长度和弹力小于规定值时，应更换。如果无新弹簧，作为临时措施，可在弹簧座孔内加适当厚度的垫片，以增加弹力，或采用拉伸淬火的方法修复。螺旋弹簧变形或裂纹后

必须更换新件。

碟形弹簧的弹力，可在压力机上检查，弹簧高度被压缩到一定数值时，其压力应符合规定值，完全压平消除压力后，不应有残余变形，否则应更换。

4. 分离杠杆和分离轴承的检查与修理

（1）分离杠杆的检查与修理 分离杠杆长期使用或因使用、调整不当，端头弧形面和销孔会产生磨损和偏磨，使离合器自由行程增大，分离不清，接合时产生抖动。分离杠杆端头工作面磨损的情况可用游标卡尺测量或用样板检查，当头部工作面高度磨损量大于 2 mm 时，可用中碳钢焊条或弹簧钢丝气焊堆焊，再挫修圆弧，恢复原来的形状和尺寸。然后淬硬表面，其硬度要求为HRC51～60。分离杠杆上的销孔磨损后，可用中碳钢丝填焊，锉平后，重新钻标准的销孔。也可将孔扩大铰圆后，压入 45 号钢套。

（2）分离轴承的修理 由于使用调整不当，分离轴承和分离杠杆之间没有间隙，使分离轴承一直处于转动状态，会造成分离轴承早期磨损。分离轴承缺乏润滑油，很容易咬死或烧坏。分离轴承磨损后，与轴承座孔配合松动，使离合器产生不正常的响声和振动。离合器分离轴承润滑不良时，拆下轴承清洗干净，浸入熔化的高温锂基润滑脂内，直到轴承内充满润滑脂，待冷却后取出，擦净表面装回原位。若轴承滚动体等有剥落现象，应更换轴承。分离轴承磨损严重或烧损都应更换新件。

5. 飞轮的检查与修理 飞轮与被动盘摩擦片相接触的工作面不应有润滑油或润滑脂，当出现磨损、沟槽、烧伤、破裂时应予以更换。飞轮与定位销配合应紧密。螺栓每次拆卸后应更换。用螺栓将飞轮固定在曲轴上，装配时应按对角线逐渐拧紧。

（1）飞轮安装端面和飞轮壳端面的平行度的检查 离合器的飞轮安装端面和飞轮壳端面的平行度一般为 0.1～0.2 mm。其检查方法如图 11-11 所示。飞轮安装端面和飞轮壳端面的平行度若超过规定值，应将飞轮卸下，检查飞轮与接盘接触面是否平整、清洁，飞轮接盘有无变形等情况。若飞轮接盘变形，应进行矫正。

（2）飞轮中心和第一轴轴承孔的同轴度的检查与修理 飞轮中心和第一轴轴承孔的同轴度一般为 0.15～0.2 mm。其检查方法如图 11-12 所示。检查时，将百分表安装在飞轮壳端面上，百分表的触头触及第一轴轴承座孔内壁，转动飞轮 1 周，表针的摆动量不得超过 0.2 mm。若超过此值时，必须重新检查修理轴承座孔。

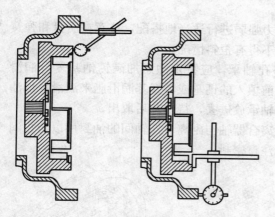

图 11 - 11　离合器的飞轮安装端面和飞轮壳端
面的平行度检查

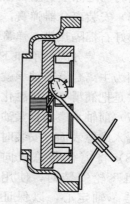

图 11 - 12　飞轮中心和第一轴轴承孔
的同轴度的检查

三、离合器的拆装与调整

1. 离合器的拆装

（1）拆卸和安装离合器时，最好使用专用定
位工具——离合器芯轴，如图 11 - 13 所示。对于
大型拖拉机而言，有的生产企业将离合器芯轴列
为随车工具之一，有的是在"三包"服务店中
配备。

（2）为了保持离合器原有的平衡，从飞轮上
卸下离合器前，应检查原有的装配记号，若无记
号，应补做后再开始拆卸。从飞轮上卸下离合器
时，应先取下分离杠杆扭簧，以免扭转过度而减
弱弹力。拧松固定螺钉时，应按对角线的顺序，逐渐拧松，以免离合器壳
变形。

图 11 - 13　离合器芯轴

（3）拆散离合器时，应放在平板上，用力压下离合器盖，卸下分离杠杆调
整螺母和分离拉杆调整螺母，取下分离杠杆，然后依次分解各个零件。

（4）装配前，应将摩擦片用汽油清洗干净。检查待装零件的配合关系，应
符合规定要求。将动力输出轴压盘放在平板上，按拆卸时相反的顺序装配离合
器，应使碟形弹簧的凹面和主被动盘花键套短的一面朝向飞轮。碟形弹簧的两

端面应均匀地涂上少量石墨润滑脂。

（5）安装离合器弹簧，应按弹力强弱进行适当地搭配，注意在压盘和弹簧之间垫好石棉隔热垫。弹簧装入后不得有歪斜情况。

（6）安装分离轴承和飞轮中心孔轴承，应特别注意加满钙钠基复合润滑脂，因为主离合器前轴承就靠装配前填入的钙基或者锂基润滑脂来润滑。加油的方法是把润滑脂加热融化后，将轴承放进去，待冷却后取出。

（7）前轴承座的自紧油封和主离合器轴与副离合器轴间的油封用以防止润滑油侵入摩擦表面，安装时要特别注意密封。

（8）将离合器总成向发动机飞轮安装时，使用离合器芯轴定心，以保证离合器摩擦片中心与变速箱第一轴的同心度，也便于变速箱与发动机的装配。待离合器盖固定螺钉紧固后，再取下离合器芯轴。离合器芯轴使用方法如图11-14 所示。离合器芯轴也可以用旧离合器轴来代替。

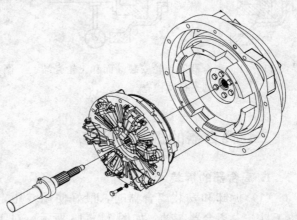

图 11-14　离合器芯轴的使用方法

2. 离合器的调整　离合器间隙过小时，摩擦片稍有磨损，分离杠杆内端面就会顶住分离轴承端面，分离轴承将随之一起旋转而加剧磨损。同时会影响压盘对被动盘的压紧力，导致离合器打滑，加速摩擦表面的磨损，影响发动机正常功率的发挥。

当离合器间隙过大时，离合器踏板自由行程就要相应地增加，工作行程势必减小，分离间隙也会相应地减小，这会使离合器分离不彻底，导致挂挡或换挡时出现齿轮撞击声。同时摩擦表面也会加剧磨损，甚至会出现摩擦衬片烧焦现象。为此，应特别重视如下调整工作。

（1）离合器间隙的调整　在离合器处于接合状态时，分离杠杆内端与分离轴承端面应有一定间隙，此间隙称为离合器间隙，不同的机型，其规定值有所不同，一般为 2 mm 左右，如图 11-3 所示。离合器间隙的调整方法比较简单，通常拧动分离杠杆调整螺钉，使这一间隙符合规定数值即可。与此同时，应使 3 个分离杠杆的弧形面在同一平面上，相差不超过 0.2 mm。调好后，拧紧锁定螺母。下面简要介绍雷沃 TG 拖拉机独立操纵式双作用离合器的离合器间隙的调整方法（图 11－5）。

① 主离合器间隙的调整。松开锁紧螺母，调整主离合器限位螺钉，使主离合器分离杠杆与分离轴承端面间隙 C 为 2～2.5 mm，然后拧紧锁紧螺母，3 个分离杠杆 14 端头高度差不大于 0.2 mm。

② 副离合器调整。拧松小六角自锁螺母，必须使副离合器分离杠杆与副离合器分离盘端面之间的间隙 C 保持在 2～2.5 mm。然后将小六角自锁螺母的圆端头夹紧，螺母即锁紧。3 个分离杠杆 8 端头高度差不大于 0.2 mm。

（2）差动间隙的调整　所谓差动间隙是指主压盘和分离拉杆调整螺母之间的间隙。这个间隙是为了保证踏下离合器踏板后主离合器先分离，防止动力输出轴离合器分离过早或不分离而设计的。调整时，分别松开 3 个锁定螺母，拧动调整螺母，用厚薄规测量，使差动间隙为 1.5±0.05 mm，如图 11－3 所示。该间隙符合要求后，锁紧调整螺母。对雷沃 TD 系列拖拉机双作用离合器而言，其差动间隙是由主离合器分离杠杆与副离合器分离杠杆的高度差为 8 mm 所决定的，如图 11－4 所示，通常不需要调整。

（3）离合器踏板自由行程的调整　离合器处于接合状态时，由于离合器间隙的存在，与之相对应的离合器踏板行程，称为离合器自由行程。离合器踏板自由行程通常为 20～40 mm，机型不同，自由行程也稍有差异。调整时，松开操纵拉杆上的锁紧螺母，转动操纵拉杆，改变其工作长度，即可改变自由行程。调好后，拧紧锁紧螺母。下面简要介绍雷沃 TG 拖拉机独立操纵式双作用离合器的踏板自由行程的调整方法（图 11－15）。

① 主离合器踏板自由行程的调整。调整主离合拉杆焊合和拉杆的接合长度，使分离轴承与离合器分离杠杆之间间隙 B 为 2～2.5 mm，对应主离合踏板自自行程为 30～40 mm，然后锁紧拉杆上的锁紧螺母。主离合器踏板自由行程调整完毕后，各操纵杆件运转应灵活无卡滞，离合彻底，踏板回位自如。

② 副离合器手柄自由行程的调整。调整副离合拉杆焊合和拉杆的接合长度，使副分离盘与分离杠杆之间间隙 A 为 2～2.5 mm，对应副离合手柄自由行程为 40～60 mm。然后锁紧拉杆上的锁紧螺母。该距离过大将会使主离合器早期磨损，该距离过小将会使副离合器分离不清、早期磨损。副离合器操纵系统总成调整完毕后，各操纵杆件运转应灵活无卡滞，离合彻底，踏板回位自如。

（4）离合器工作行程的调整　踏下离合器踏板时，分离拨叉拨动分离轴承座前移，首先消除离合器间隙，然后推动分离杠杆使其绕支点摆动，并使分离拉杆拉动压盘，使压盘离开被动盘。这样动力便被切断，离合器处于分离状态。这时，从紧密接触摩擦到出现间隙，称为分离间隙。与分离间隙相对应的离合器踏板行程，称为工作行程。离合器踏板的自由行程与工作行程之和称为离合器踏板总行程。由于受离合器踏板相关零件结构的限制，离合器踏板总行程为一确定值。离合器工作行程的调整方法是踏下离合器踏板，直到分离摇臂碰到过桥壳上的限位螺钉为止，分离摇臂移动距离减去自由行程，即为工作行程。工作行程应符合规定值，机型不同，工作行程也有差异。如果不符合要求，可旋进或旋出限位螺钉进行调整。下面简要介绍雷沃 TD 系列拖拉机离合器工作行程的调整方法（图 11-15）。

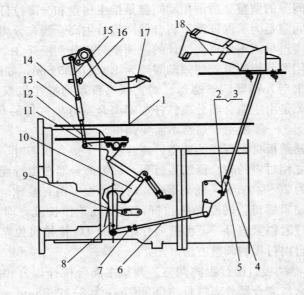

图 11-15 主副离合器踏板工作行程的调整

1. 地板 2. 销轴 3. 开口销 4. 螺母 5. 拉杆叉 6. 副离合拉杆
7. 螺母 8. 副离合摇臂 9. 限位螺钉 10. 主离合摇臂 11. 过渡杠杆 12. 下拉杆
13. 中间杆 14. 螺母 15. 上拉杆 16. 限位螺钉 17. 踏板 18. 副离合操纵把手

① 主离合器工作行程的调整。首先调整中间杆的接合长度，使主离合踏板自由行程达到 28～40 mm，锁紧拉杆螺母；而后调整限位螺钉的伸出长度，限定主离合器踏板全行程在 140～150 mm 范围内，从而保证了工作行程在 100～122 mm 范围内，使主离合器分离彻底，拖拉机能灵活换挡；最后将限位螺钉用螺母锁紧。

② 副离合器工作行程的调整。首先调整副离合拉杆的长度，使副离合

操纵把手的自由行程达到 30～40 mm，锁紧拉杆螺母；然后调整变速箱右侧限位螺钉的长度，限定副离合器操纵把手的全行程在 255～270 mm 范围内，从而保证了工作行程在 215～240 mm 范围内，使副离合器分离彻底；动力输出能灵活换挡，最后将限位螺钉用螺母锁紧。

（5）双作用离合器的常见故障、原因与排除方法 双作用离合器的常见故障、原因与排除方法见表 11-1。

表 11-1 双作用离合器的常见故障、原因与排除方法

故障现象	故障原因	排除方法
1. 离合器打滑。起步时行动缓慢；车速不随着发动机转速提高而加快；带负荷起步，发动机转速无明显改变；摩擦片发生冒烟和烧焦的气味	① 踏板无自由行程或过小 ② 摩擦片有油污 ③ 摩擦片磨损变薄，铆钉外露 ④ 压紧弹簧损坏或变软 ⑤ 超负荷作业 ⑥ 驾驶员操作不当	① 调整分离间隙和踏板自由行程 ② 用汽油、酒精或丙酮等清洗摩擦片并吹干 ③ 更换摩擦片 ④ 更换压紧弹簧 ⑤ 减小作业负荷 ⑥ 正确操作离合器
2. 离合器分离不清。挂挡困难，有打齿声；挂挡后不松离合器踏板，拖拉机就能慢行；踏下离合器踏板后，仍停车困难；不易摘挡；动力输出轴不能停止转动	① 踏板自由行程过大 ② 摩擦片翘曲 ③ 分离杠杆内端过低或调整不当 ④ 新摩擦片过厚 ⑤ 摩擦片内花键与轴锈死 ⑥ 变速箱Ⅰ轴花键磨损产生凹坑 ⑦ 摩擦片总成正反面装错 ⑧ 摩擦片黏在飞轮上 ⑨ 飞轮内轴承锈死或卡滞 ⑩ 踏板限位螺栓位置不当	① 调整分离间隙和踏板自由行程 ② 矫正或更换摩擦片 ③ 调整分离杠杆 ④ 更换摩擦片 ⑤ 用油石修磨或更换轴 ⑥ 用油石修磨或更换轴 ⑦ 重装摩擦片总成 ⑧ 将摩擦片取下修理 ⑨ 更换飞轮内轴承 ⑩ 调整踏板限位螺栓位置
3. 在起步、换挡、停车时，离合器有异声；从检视窗可见分离杠杆端点磨损	① 分离轴承缺油、损坏、咬死 ② 分离杠杆端点与分离轴承接触 ③ 摩擦片铆钉松动、外露 ④ 分离杠杆回位弹簧失效或脱落 ⑤ 传动销与压板孔配合松旷或离合器盖扳与压板凸块配合松旷	① 清洗、润滑或换轴承 ② 更换或调整分离杠杆 ③ 重新铆接或更换 ④ 重装或更换回位弹簧 ⑤ 调整、焊修或更换新件
4. 离合器工作时抖动；起步时，拖拉机发生震抖	① 飞轮内轴承磨损 ② 摩擦片翘曲 ③ 分离杠杆高度调整不恰当 ④ 摩擦片上有油污或机械杂质	① 更换飞轮内轴承 ② 整形或更换 ③ 调整分离杠杆 ④ 清理摩擦片并查来源

（6）离合器的修理技术规范　部分型号拖拉机离合器的修理技术规范，见表 11-2、表 11-3、表 11-4、表 11-5。

表 11-2　从动盘的技术要求（mm）

机型	摩擦片厚度		被动盘总厚度		铆钉下沉度	摩擦片不平度（不大于）
	标准值	允许不修值	标准值	允许不修值		
铁牛-55	4	—	9.5±0.1	8	0.7	0.15
上海-50	—	—	—	—	1	—
东方红-LX1000	2.5	—	主 10.4±0.2 副 8±0.15	—	1.4	主 1 副 0.3
雷沃 TH404	4	2.5	$9^{+0.15}_{-0.35}$	6	2	0.1
雷沃 TB604	3.75	3	9±0.12	7.35	1.25	0.1
雷沃 TD804	2.8	1.6	13	9.5	1.94	0.1
雷沃 TG1654	3	2.5	10.7	8.8	1.5	0.1
雷沃 TK1904	3.5	—	9.9	7.45	1.3	0.1
TS250	4	—	10±0.15	8	1.2	0.30
TS550	3.65	—	9.2±0.15	—	1	—
TS1204	3.65	—	主 10.5±0.4 副 9.4±0.3	—	1	—

表 11-3　离合器压盘的技术要求（mm）

机型	厚度（标准值）	不平度（不大于）
铁牛-55	前 $22^{0}_{-0.24}$ 后 $16^{0}_{-0.24}$	0.15
东方红-LX1000	主 $34^{0}_{-0.3}$ 副 $19.5^{0}_{-0.1}$	0.08
雷沃 TH404	17（单作用）	0.1
雷沃 TB604	主 21 副 15	0.1
雷沃 TD804	主 21.01 副 14.5	0.1
雷沃 TG1654	主 25 副 19	0.1
雷沃 TK1904	29.46	0.1
TS250	14±0.25	0.04

（续）

机型	厚度（标准值）	不平度（不大于）
TS550	主 19 ± 0.1	0.1
	副 16 ± 0.1	0.1
	中间 6 ± 0.1	0.1
TS1204	主 $23.9^{0}_{-0.15}$	0.1
	副 19.7 ± 0.1	0.1

表 11-4 主离合器压紧弹簧的技术要求

机型	自由状态长度（mm）	试验数据	
		压缩长度（mm）	试验压力（N）
铁牛-55	58^{+3}_{0}	46.5	$652.7^{+78.4}_{-49}$
东方红-LX1000	14.5	10.5	$9\,600\pm900$
雷沃 TH404	—	38.5	811 ± 56
雷沃 TB604	11.1	5.7（碟簧）	6 600
雷沃 TD804	—	4.49（碟簧）	$9\,600\pm400$
雷沃 TG1654	—	4（碟簧）	$13\,000\pm800$
雷沃 TK1904	—	45	$22\,640\pm1\,220$
TS250	$57^{+1.5}_{0}$	40	$695.8^{+39.2}_{-39.2}$
TS550	8.6	4.1	$5\,700\pm400$
TS1204	14.5	10.5	$9\,600\pm900$

表 11-5 主离合器的调整数据（mm）

机型	分离杠杆与分离轴承		脚踏板自由行程
	间隙	调整偏差（不大于）	
铁牛-55	2～3	0.3	30～50
上海-50	2.0～2.5	0.3	25～35
东方红-LX1000	2	—	25～30
雷沃 TH404	2.0～2.25	0.5	30～35
雷沃 TB604	2.0～2.5	0.5	14～19
雷沃 TD804	2～3	0.5	28～40

（续）

机型	分离杠杆与分离轴承		脚踏板自由行程
	间隙	调整偏差（不大于）	
雷沃 TG1654	2.2～2.8	0.3	30～40
雷沃 TK1904	2.5～3.0	0.5	20～30
TS250	2～3	0.3	16～28
TS550	2.0～2.5	0.3	20～30
TS1204	2.0～2.5	0.3	28～40

第二节　万向节的构造与修理

一、构造及功用

从拖拉机总体布置可知，离合器和变速箱之间距离较远，装配时很难保证传动轴的同轴度，而且工作中由于振动和冲击变形会造成传动轴产生一定的偏差和倾斜；四轮驱动的拖拉机，其前驱动桥既负责驱动又负责转向，为此，在拖拉机离合器轴和变速箱第一轴之间常常装有万向节，在前桥半轴与车轮之间常常也安装万向节。万向节的功用是保证在两轴互相有偏移和倾斜的情况下，仍能正常传递扭矩。按万向节在扭转方向上是否有明显的弹性可分为弹性万向节和刚性万向节两种。

1. 弹性万向节　弹性万向节主要由联接盘、橡胶块（或尼龙块）、空心销及联轴节叉等组成。在经过铆接的对开式联接盘内，装有 4 个橡胶块和空心销。钢丝网层与橡胶块制成一体，并焊接在空心销上。其中空心销用螺栓连接在万向节叉上，沿轴线方向看，两万向节叉互成"十"字形。万向节叉与传动轴制成一体。传动轴前端以花键与万向节叉连接，这种连接既便于安装，又能允许两个联轴节之间有少量的轴向移动。一般用于两轴夹角不大于 $3°～5°$ 和微量轴向位移的万向节传动场合。有的拖拉机由于离合器与变速箱距离较近，离合器轴和变速箱第一轴的轴线相互偏移较小，所以只采用一个弹性万向节。在离合器轴与变速箱第一轴的轴线有某些偏差或相互倾斜时，这种万向节依靠橡胶块的弹性变形能给予补偿，并可减少冲击载荷，从而仍能可靠地传递扭矩。同时也可依靠橡胶块的弹性变形来减缓扭转振动和吸收冲击载荷。这种万向节不需要润滑，结构比较简单。

2. 刚性万向节　刚性万向节又可分为不等速万向节、准等速万向节和等速万向节3种。

（1）不等速万向节　十字轴式刚性万向节为广泛使用的不等速万向节，它允许相邻两轴的最大交角为15°~20°。如图11-16所示，十字轴式万向节由1个十字轴，两个万向节叉和4个滚针轴承等组成。两万向节叉上的孔分别套在十字轴的两对轴颈上。这样当主动轴转动时，从动轴既可随之转动，又可绕十字轴中心在任意方向摆动，这样就适应了夹角和距离同时变化的需要。在十字轴轴颈和万向节叉孔间装有滚针轴承，滚针轴承外圈靠卡环轴向定位。为了润滑轴承，十字轴做成中空的，以储存润滑油，并有油路通向轴颈上。十字轴的中部还安装注油嘴和安全阀。

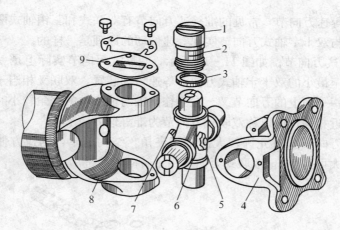

图11-16　刚性万向节

1. 套筒　2. 滚针　3. 油封　4、8. 万向节叉　5. 安全阀　6. 十字轴　7. 油嘴　9. 轴承盖

十字轴式刚性万向节具有结构简单、拆卸方便、使用可靠、传动效率高等优点。但在两轴夹角不为零的情况下，不能传递等角速转动。

十字轴万向节的不等速性，是指从动轴在旋转一周内的角速度不均匀，也就是主动轴以等角速度转动，则从动轴时快时慢。双十字轴式万向节实现两轴间（如变速器的输出轴和驱动桥的输入轴）的等速传动的条件：一是第一个万向节两轴间的夹角与第二个万向节两轴间夹角相等（设计保证）；二是第一个万向节的从动叉与第二个万向节的主动叉处于同一平面（由装配保证），如图11-17所示。但是，变速器的输出轴和驱动桥的输入轴的相对位置不断变化，上述条件中的第一条很难满足，所以只能做到近似等速传动。

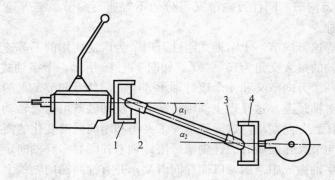

图 11-17 双万向节等速传动布置图

1、3. 主动叉 2、4. 从动叉

（2）准等速万向节 常见的准等速万向节有双联式和三销轴式两种，它们的工作原理与双十字轴式万向节实现等速传动的原理是一样的。

① 双联式万向节。如图 11-18 所示，双联式万向节实际上是一套将传动轴长度减缩至最小的双十字轴式万向节等速传动装置，双联叉相当于传动轴及两端处在同一平面上的万向节叉。在当输出轴与输入轴的交角较小时，能使两轴角速度接近相等，所以称双联式万向节为准等速万向节。

双联式万向节具有允许较大的轴间夹角，结构简单，制造方便，工作可靠，交角最大可达 50°。双联式万向节用于转向驱动桥。

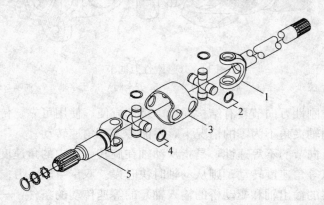

图 11-18 雷沃 TG 系列拖拉机双联式万向节传动轴总成

1. 十字节叉（前差速器端） 2、4. 十字轴 3. 双联叉中心体

5. 十字节叉（前轮端）

② 三销轴式万向节。三销轴式万向节是由双联式万向节演变而来的，主

要由两个偏心轴叉、两个三销轴、6 个轴承和密封件组成。

三销轴式万向节允许相邻两轴有较大的交角，最大达 45°，在转向驱动桥中可获得较小的转弯半径，提高机动性。其缺点是体积较大。

（3）等速万向节　目前常用的等速万向节为球笼式万向节和球叉式万向节。下面简要介绍球笼式万向节的构造。

球笼式万向节的结构如图 11－19 所示。星形套以内花键与主动轴相连，其外表面有 6 条弧形凹槽，形成内滚道。球形壳的内表面有相应的 6 条弧形凹槽，形成外滚道。6 个钢球分别装在由 6 组内外滚道所对出的空间里，并被保持架限定在同一个平面内。动力由主动轴（及星形套）经钢球传到球形壳输出。球笼式万向节的基本原理是从结构上保证万向节在工作过程中，其传力点永远位于两轴交点的平面上。

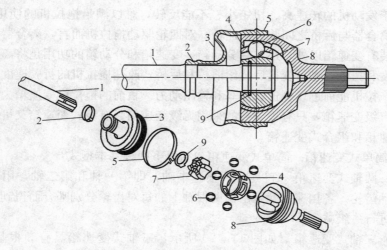

图 11－19　球笼式等角速万向节

1. 主动轴　2、5. 钢带箍　3. 外罩　4. 保持架（球笼）
6. 钢球　7. 星形套（内滚道）　8. 球形壳（外滚道）　9. 卡环

球笼式万向节的两轴最大交角为 42°，工作时无论传动方向如何变化，6 个钢球全部参加传递扭矩，承载能力强，结构紧凑，拆装方便。

二、检查修理

橡胶块式弹性万向节发生故障的几率很低，通常不需要修理。由于橡胶块式弹性联轴节只允许有少量的偏斜，所以安装时必须检查两个被连接的轴之间的同轴度。通常要求离合器轴和变速箱第一轴间的同轴度不超过 2～4 mm，若超过时，可以通过变速箱支座下的调整垫片进行调整。

由于十字轴万向节的不等速性，为了尽量减少其影响，安装时必须使第一个万向节的从动叉与第二个万向节的主动叉处于同一平面。

安装双联式万向节时，必须在结构上保证双联式万向节中心位于主销轴线与半轴轴线的交点，以保证前驱动桥的旋转运动和偏转运动互不干涉。

第三节　变速箱和分动箱的构造与修理

一、构造及功用

由于发动机的转速高、扭矩小、不能反转，难以满足拖拉机的使用要求，所以在离合器与后桥之间装有变速箱，对四轮驱动拖拉机而言，离合器与前桥之间除装有变速箱以外，还装有分动箱。变速箱和分动箱的功用是将离合器传来的速度和扭矩，进行变换后传给前桥和后桥，改变拖拉机的行驶速度和牵引力；使拖拉机能前进、倒退、停车和输出动力。目前的拖拉机变速箱大都采用齿轮式有级变速箱，只有极少数的采用无级变速箱。有级式变速箱又可分为简单式变速箱和组合式变速箱。

1. 简单式变速箱　简单式变速箱包括以下两种基本型式：

（1）两轴式变速箱　它具有两根基本轴，即第一轴和第二轴，用来安装主、被动齿轮。各挡速度就是由这两根轴上的每对齿轮分别啮合而得到的，变速箱只进行一级减速。

（2）三轴式变速箱　如图 11 - 20 所示，三轴式变速箱具有 3 根基本轴，即第一轴、中间轴和第二轴，用来安装主动齿轮、过渡齿轮和被动齿轮。各挡速度由第一轴经一对常啮合齿轮传给中间轴，再由中间轴上的各固定齿轮与第二轴上的各滑动齿轮分别啮合而得到的。变速箱进行二级变速。三轴式变速箱通常可获得 3～5 个前进挡和 1 个倒退挡。

2. 组合式变速箱　组合式变速箱是由一个主变速箱和一个副变速箱组合而成。主变速箱是两轴式或三轴式变速箱，副变速箱位于主变速箱的后侧，它通常是由一个高低挡行星减速机构的副变速箱组合而成。这个行星齿轮减速机构，由齿圈、行星齿轮、行星架和太阳轮等组成。传动轴前端花键上装有一个高低挡啮合齿套，它可通过高低挡拨叉的拨动，在轴上前后移动。当高低挡啮

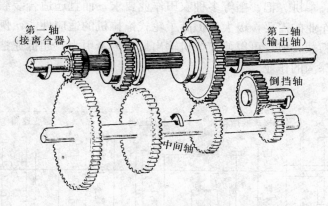

第一轴
（接离合器）

第二轴
（输出轴）

倒挡轴

中间轴

图 11-20　三轴式变速箱示意图

合齿套后移时，其外齿与固定在行星架上的齿圈相啮合，第二轴的动力可经行星齿轮减速机构传给传动齿轮轴，然后通过主变速箱各挡齿轮副的啮合，可分别获得 3～5 个低速前进挡和一个低速倒退挡。当高低挡啮合齿套向前移动时，其内齿与太阳轮啮合，行星架空转，第二轴的动力可直接通过高低挡啮合齿套传给传动齿轮轴，然后通过主变速箱各挡齿轮副的啮合，可分别获得 3～5 个高速前进挡和 1 个高速倒退挡。如此，整个变速箱可获得 6～10 个前进挡和两个倒退挡。这种变速箱可在齿轮数量不增加的情况下，获得较大的变速范围和较多的挡位。

　　目前，拖拉机变速箱的挡数有增加的趋势，欧美国家的轮式拖拉机一般都具有 12～16 个前进挡，有的甚至多达 24 个挡。为了进一步改善操纵性能和提高作业生产率，有的大、中型拖拉机在变速箱前端选装负载换挡增扭器；为适应慢速作业的需要（如移栽或开渠），有的拖拉机在变速箱里加装减速器以提供爬行挡。在美国，某些大功率拖拉机上选装全部排挡负载换挡变速箱。这种变速箱操纵方便、生产率高，但结构复杂、成本高，一般作为选装部件根据用户的需要提供。

　　我国近几年来出现了挡位更多的组合式变速箱，以雷沃 TG 系列拖拉机为例，进行简要介绍。如图 11-21 所示，雷沃 TG 系列拖拉机的组合式变速箱包括主变速箱、副变速箱和梭式换挡或者爬行挡 3 部分组成。主变速箱可获得 4 个挡位，副变速箱可获得低速区、中速区、中高速区和高速区等 4 个速区，梭式换挡或者爬行挡可获得 1 个前进挡及 1 个倒退挡。主变速箱、副变速箱和梭式换挡或者爬行挡组合后，便可以获得 16 个前进挡和 16 个倒退挡。这不仅可满足旋耕、犁耕、耙、播等多种农田作业要求，而且还适合装载、挖掘、开深沟等多种作业的需要，极大地提高了轮式拖拉机的适应性能，例如，超低速挡，适用于满载爬坡，可以使拖拉机输出最大的牵引力；超低速挡，适用于边行走边挖掘深沟的作业。

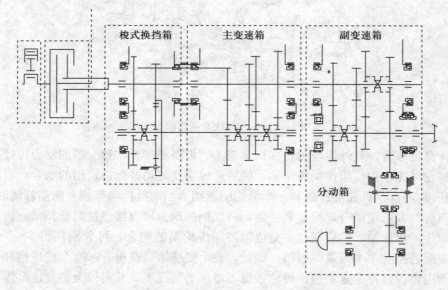

图 11-21　雷沃 TG 系列拖拉机的组合式变速箱示意图

3. 变速箱的操纵机构　拖拉机变速箱的操纵机构由换挡机构、锁定机构、互锁机构以及啮合装置等组成。

（1）换挡机构　换挡机构由变速杆、各挡滑杆、各挡拨叉和高低挡拨块组成。其功用是拨动滑动齿轮进行换挡。变速杆在空挡位置时，其下端通过变速杆定位滑板的长槽，并在定位滑板弹簧的作用下嵌入高低挡拨块上端的槽内，高低挡拨块和高低挡拨叉固定在高低挡滑杆上，当前后扳动变速杆时，便可得到高挡和低挡。

（2）锁定机构　锁定机构由锁定弹簧、锁定钢球和滑杆上的球形凹槽及环形凹槽构成。其功用是保证相互啮合的齿轮能以全齿啮合，并防止自动脱挡和挂挡。在高低挡滑杆上有两道环形凹槽，当其上方的钢球在锁定弹簧作用下，分别嵌入两道环形槽中时，可以确定滑杆的高、低挡位置。

（3）互锁机构　互锁机构由两个互锁钢球和滑杆上的环形凹槽构成。其功用是防止同时挂上两个挡。空挡时，两个互锁钢球分别嵌入 3 个滑杆的环形凹槽中，这样只能允许移动 1 根滑杆进行挂挡，有效地防止了同时挂上两个挡。

（4）啮合装置　变速器的换挡啮合形式有 3 种：直齿滑动齿轮直接啮合、直齿啮合套啮合和同步器啮合，其机构形式特点简述如下。

① 直齿滑动齿轮直接啮合。该结构形式是将直齿齿轮副中的一个齿轮制成滑动齿轮，而靠直接移动该齿轮使轮齿与对应齿轮的轮齿进入或退出啮合。其结构简单，制造容易，但缺点较多：拖拉机行驶时各挡齿轮有不同的角速度，因此用轴向滑动直齿齿轮的方式直接啮合换挡，会在轮齿端面产生冲击，并伴随有噪声，这使齿轮端部磨损加剧并过早损坏；由于零件的制造和安装误差，普遍存在跳挡现象，造成行驶安全性降低。只有驾驶员用熟练的操作技术（如两脚离合器换挡操作方法），使齿轮换挡时无冲击，才能克服上述缺点。但是，这样做又会分散驾驶员的注意力，影响行驶安全性。因此，尽管这种换挡啮合方式结构简单，目前生产的拖拉机，除一挡和倒挡外已很少采用。

② 直齿啮合套啮合。由于变速器第二轴齿轮与中间轴齿轮处于常啮合状态，所以可用移动直齿啮合套啮合换挡。该结构形式是将齿轮副制成常啮齿轮，其中从动齿轮都松套在轴上，与轴没有直接的传动关系，这些齿轮上都另制出短的花键齿圈。只有当花键与轴连接的接合套上的花键齿圈与上述从动齿轮的短花键齿圈套合时，该从动轮才与其轴发生传动关系，从而该挡齿轮副才进入变速器传动路线，如图 11 - 22 所示。采用这样一套接合机构来实现摘挂挡的常啮齿轮副，大都采用斜齿齿轮副。斜齿齿轮副与直齿齿轮副比较，在传动性能上较为优越：接合柔和，承载能力较强，齿轮尺寸较小，冲击和噪声较轻。这种接合机构因同时承受换挡冲击载荷的接合齿齿数多，而且轮齿又不参

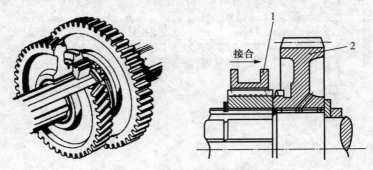

图 11 - 22　变速箱直齿啮合套示意图
1. 接合花键套　2. 空套在轴上的齿轮

与换挡，它们都不会过早损坏，但不能消除换挡冲击，对拖拉机的行驶安全性和乘坐舒适性仍有一定的影响，同时，仍要求驾驶员有熟练的操作技术。此外，因增设了啮合套和常啮齿轮，使变速器旋转部分的总惯性矩增大。目前这种啮合装置在大中型拖拉机上广泛应用。

③同步器啮合。该结构形式是在直齿啮合套啮合基础上发展起来的。其中除具有一般直齿啮合套、花键毂、对应齿轮上的花键齿圈外，增设了使直齿啮合套与对应齿轮花键齿的圆周速度迅速达到并保持一致（同步）的机构，以及阻止二者在达到同步之前接合，以防冲击的结构。同步器有常压式、惯性式、自动增力式等种类，目前广泛采用的是惯性式同步器。同步器能保证迅速、无冲击、无噪声换挡，而与操作技术的熟练程度无关，从而提高了拖拉机的加速性、经济性和行驶安全性等一系列性能。同上述两种啮合换挡方式相比较，其结构复杂，轴向尺寸大，制造精度要求高，制造成本较高。同步器啮合换挡拖拉机属于全球中端市场主流产品，一直都为国际品牌所采用，目前在国内拖拉机上刚刚开始应用。例如，雷沃 TG 系列拖拉机装配 16＋16 梭式换挡装置，主变速、梭式挡、高低挡全部采用同步器换挡，如图 11－23 所

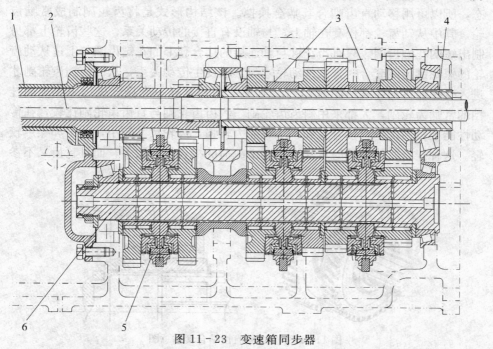

图 11－23　变速箱同步器

1. 输入轴总成　2. 动力输出前段轴　3. 输出轴隔套　4. 输出轴　5. 同步器总成　6. 中间轴

示。同步器啮合换挡，具有换挡时间短、换挡操纵力小、换挡更加平顺等特点，大大提高了拖拉机作业适用性和驾乘舒适度，能满足更多工况作业需求。

同步器的一般结构及工作过程如图 11 - 24 所示。图示为具有锁销装置的惯性式同步器，两个具有内锥面的摩擦锥盘，分别固装在带有外花键接合齿圈的齿轮 1 和 6 上，随齿轮一同旋转。与其相配合的两个具有外锥面的摩擦锥环3，通过 3 个锁销 8 和 3 个定位销 4 与接合套连接，锁销和定位销彼此相间地均布在同一圆周上。

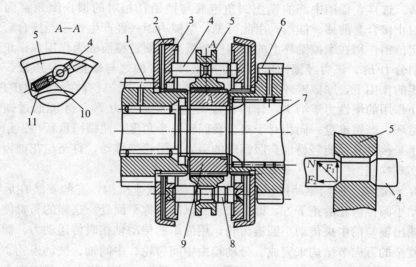

图 11 - 24　同步器结构图

1. 第一轴齿轮　2. 摩擦锥盘　3. 摩擦锥环　4. 定位销　5. 接合套
6. 第二轴 4 挡齿轮　7. 第二轴　8. 锁销　9. 花键毂　10. 钢球　11. 弹簧

锁销穿过接合套上的锁销孔，将对称跨置于接合套两侧的摩擦锥环铆接成整体框架结构，接合套通过锁销刚性地带动摩擦锥环一同旋转。锁销与锁销孔为滑动配合，但锁销的中部直径较小，因此在结构上，只有在锁销与锁销孔对中时，接合套才能相对于锁销包括摩擦锥环作轴向移动。否则，锁销轴与锁销孔的倒角相互抵触。

定位销的定位作用，是利用弹簧的弹力将钢球压入定位销中部的环槽，以确定同步器的空挡位置。接合套通过定位销驱动摩擦锥环向左或向右移动，定位销与接合套上的定位销孔亦为滑动配合。为了不与锁销的作用发生干涉，在结构上定位销的两端面与摩擦锥环的内端面保留了一定的轴向和径向间隙，定位销可随接合套作周向摆动。

同步器的工作过程：在使用具有锁销装置的惯性式同步器时，接合套在轴向换挡拨叉力的作用下，通过钢球和定位销带动摩擦锥环向左挡换挡或向右挡换挡轴向移动，使之与相应的摩擦锥盘接触。当具有转速差的摩擦锥环和摩擦锥盘一经接触，便产生了摩擦力矩。一方面，在该摩擦力矩的作用下，摩擦锥盘经过减速挡换挡或加速挡换挡过渡到与摩擦锥环同步；另一方面，在惯性力矩的作用下，摩擦锥环连同锁销一同相对于接合套超前挡换挡或滞后挡换挡转过一个角度，使得锁销中部小径外圆紧靠在接合套锁销孔的内圆面上并继续一同旋转。这样，锁销中部的锁止倒角锥面与锁销孔相对的锁止倒角锥面相抵触，阻止接合套前移、挂挡。由此可见，摩擦力矩一经产生，原经接合套、钢球、定位销作用在摩擦锥环上的轴向换挡拨叉力便转移而成为作用在锁止面上的轴向分力 F_2。该力经锁销作用在摩擦锥环上，使之与摩擦锥盘压紧。在摩擦力矩的作用下，摩擦锥环与摩擦锥盘迅速达到同步。只有在达到同步之时，起锁止作用的惯性力矩消失，作用在锁销上的径向分力 F_1，才能通过锁销使摩擦锥环、摩擦锥盘一同相对于接合套回转一个角度，使锁销重新与锁销孔对中，于是接合套便能轻易地克服钢球的阻力而沿锁销移动，直至与花键齿圈接合，实现挂挡。

4. 分动箱　四轮驱动拖拉机的分动箱是一减速机构，有的安装在后桥中央传动小圆锥齿轮的正下方，即拖拉机的纵向对称平面处。这样的布置使分动箱的输出轴与前中央传动小圆锥齿轮，用简单的传动轴相联传递动力，而不必采用复杂的万向节结构来完成。分动箱由中间齿轮、中间轴、被动齿轮、输出轴、前驱动挂接套壳体等组成，如图 11-25 所示。其中间齿轮和固定在中央传动小圆锥齿轮轴上的主动齿轮相啮合，从动齿轮滑装在输出轴上，输出轴的两端通过轴承支承在壳体中。

当从动齿轮和前驱动挂接套相啮合时，发动机部分动力经分动箱传给前驱动桥。在田间作业或公路运输不需要前轮驱动时，通过分动箱操纵杆，可将前驱动挂接套移到空挡位置，以切断前轮驱动。

二、主要零部件的检查与修理

变速箱的缺陷会造成挂挡、摘挡困难，自动脱挡、乱挡；变速箱过热和产生异常的响声，甚至不能工作。

1. 变速箱体的检查与修理　变速箱体在使用中容易出现的缺陷是箱体破

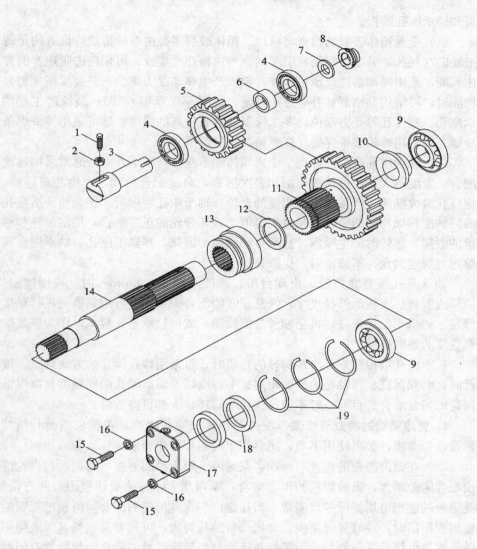

图 11-25　分动箱零件图

1. 止动螺钉　2. 六角薄螺母　3. 分动箱惰轮轴　4、9. 圆锥滚子轴承

5. 分动箱惰轮　6. 惰轮隔套　7. 圆螺母用垫片　8. 锁止用圆螺母

10. 前驱动齿轮隔套　11. 分动箱被动齿轮

12. 分动箱减摩垫　13. 前驱动挂接套　14. 分动箱输出轴

15. 螺栓　16. 弹簧垫圈　17. 油封座　18. 油封

19、20、21. 分动箱轴承调整垫片

裂和轴承座孔磨损。

（1）变速箱体破裂的检查与修理　箱体破裂多数由事故造成，也有的是铸造缺陷（气孔，砂眼、缩松）引起的。变速箱产生裂纹，可用敲击听声音的方法判断，或用煤油渗透显示法检查。裂纹产生在非受力部位，只要求恢复密封性能时，可采用黏结剂粘补等方法修复（详见第二章第六节）；裂纹产生在轴承座孔、螺栓孔等受力部位，要求修复后具有较高的强度，则可采用铸铁焊条冷焊，焊后用砂轮磨平焊缝（详见第二章第四节）。

（2）轴承座孔磨损的修理　变速箱体轴承座孔与轴承外圈，通常采用过渡配合，紧度不大，经过长期使用和多次拆装，会使配合松动，产生相对运动，把座孔磨成椭圆，严重时出观明显的台阶。轴承座孔磨损后，还会使前后座孔的同轴度和轴与轴的平行度超过规定值，破坏齿轮的正常啮合，加剧齿轮和轴承的磨损，运转时产生噪声，甚至自动脱挡。因此，当轴承座孔与轴承配合间隙超过规定的允许不修值时，应修复。

轴承座孔虽有磨损但未出现台阶，圆度不超过 0.05 mm 时，可用镀铜、镀铬或镀铁加大轴承外径尺寸，恢复正常的配合关系，也可用黏结剂进行粘接修复。如果无上述条件，可把轴承外圈烫锡，或把轴承座孔錾花，作为恢复配合紧度的临时措施。

轴承座孔磨损严重，出现明显的台阶时，可采用镗孔镶套的方法修复。镗孔时，必须保证相邻轴孔的准确距离、平行度以及前后轴孔的同轴度，以保证齿轮的正常啮合。目前一般不进行这样的修理，大都更换新件。

2. 变速箱轴的检查与修理　变速箱轴经长期使用后，花键齿侧面和两端轴颈都会磨损，如果使用不当，还会产生弯曲和扭曲变形。

（1）花键齿磨损的检查与修理　花键齿一般为单面磨损，磨损后与齿轮键槽配合间隙增大，影响齿轮的正常啮合，噪声增大，并造成换挡困难和打齿。花键齿的磨损可用游标卡尺测量，当花键齿与花键齿槽的配合间隙超过规定的使用极限值时，应修复或更换。磨损严重的花键齿，可用弹簧钢丝气焊或用中碳钢焊条电焊后进行修复。为了使花键齿与齿轮键齿槽的啮合面保持原有的材质，应在键齿未磨损的一侧堆焊后，先对磨损的一侧铣削或锉修整形，消除磨损痕迹，再铣削或锉修堆焊的一侧，以恢复标准尺寸。

（2）两端轴颈磨损的修理　两端轴颈磨损后，与轴承内圈配合松动，运转时，轴向窜动和径向跳动增加，使齿轮偏摆，啮合失常，冲击增加，加剧了零件的磨损和损坏。当轴颈与轴承配合间隙超过规定的允许不修值后，可用镀铬或镀铁的方法恢复正常配合。磨损严重时，可用中碳钢丝堆焊后，加工至标准尺寸。

3. 滚动轴承的检查与修理　滚动轴承使用一段时间后，滚动体、滚道和内、外圈表面都会磨损。如果负荷过大或配合间隙调整不当，润滑不良时，会加速磨损，并产生疲劳剥落、烧伤、锈蚀和保持架损坏等缺陷。轴承磨损后，变速箱轴的径向跳动和轴向窜动增加，齿轮啮合间隙改变，噪声增大，零件磨损加剧。因此，在检查变速箱体和变速箱轴时，应检查轴承的技术状态。

首先检查是否有明显缺陷，其检验方法是：用柴油将轴承清洗干净后，用手握住内圈，转动轴承，倾听有无异常响声，再朝各个方向反复推动外圈检查是否有破损，如果发现滚动体及滚道上有剥落、裂纹、烧伤变色，保持架有缺口、裂缝或滚动体脱出等明显缺陷，都应更换新件。

其次是检查轴承的轴向和径向间隙，可用百分表测量，如图 11-26 和图 11-27 所示。一般情况下，当轴向间隙超过 0.4～0.6 mm，径向间隙超过 0.25 mm 时，应更换新件。

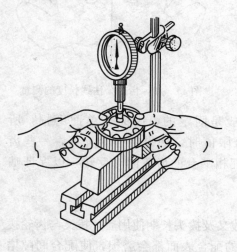
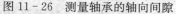
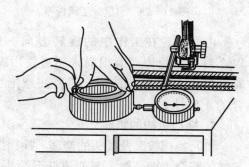

图 11-26　测量轴承的轴向间隙　　　图 11-27　测量轴承的径向间隙

再次是检查轴承内外圈配合表面的磨损量，轴承内圈与轴颈配合表面的磨损量可用内径百分表测量；轴承外圈与座孔配合表面的磨损量可用外径百分尺测量。磨损量过大，轴承内外圈与轴颈、座孔的配合关系超过规定的使用极限值时，应更换新件。

4. 齿轮的检查与修理　变速箱齿轮在工作时，通过互相啮合来传递扭矩，由于经常承受冲击和交变载荷，齿面会磨损或剥落，常常产生不正常的响声，甚至发生打齿现象；有时还会造成换挡困难和自动脱挡。

齿轮齿面磨损，可用游标卡尺测量分度圆齿厚来检查，如图 11-28 所示。测量时，将卡尺调至分度圆处，再使卡脚卡住齿牙，便可测量出齿厚。当齿厚超过使用极限值时，应更换新件。对于渐开线齿轮，可以通过测量齿轮的公法线长度与新齿轮的公法线长度比较的方法来确定齿面的磨损。测量公法线长度的方法，是用游标卡尺跨若干齿，如图 11-29 所示，使卡尺的两个卡脚与齿廓线相切，测得的尺寸即为公法线的长度。当公法线长度超过规定的使用极限值或齿面有疲劳剥落时，应进行修复或更换新件。

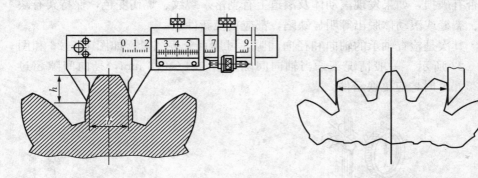

图 11-28　测量分度圆齿厚　　　　　图 11-29　齿轮公法线长度的测量

由于齿轮在工作中的旋转方向一般是固定的，齿面是单面磨损，所以，对于齿轮齿面磨损尚未超过使用极限值时，如果结构上许可，一些齿轮可反转 180°继续使用。但要注意把互相啮合的齿轮同时反转，以保证啮合的正确性。

5. 换挡机构的修理

（1）换挡拨叉及拨头的修理　换挡拨叉及拨头长期使用后，拨叉与齿轮拨叉槽的配合表面、拨头与变速杆下端头的配合表面都会磨损，使配合间隙增大，变速杆松晃，引起自动脱挡和乱挡。由于拨叉在工作中反复承受冲击载荷，还会弯曲变形，使齿轮啮合失常，影响换挡。

表面磨损后，可用中碳钢电焊条堆焊（不焊的部位浸入水中），再用砂轮粗磨平，然后用锉刀修整，直至恢复标准配合间隙，最后进行淬火，使硬度达到规定值。拨叉弯曲后，应进行冷压矫正（详见第二章第五节）。目前大都采用更换新件的方法进行修理。

（2）拨叉轴的修理　拨叉轴常见的缺陷：弯曲变形、两端轴颈磨损和 V 形槽磨损，造成换挡困难，影响齿轮的正常啮合。

拨叉轴弯曲后，可进行冷压矫直。两端轴颈磨损轻微时，可用镀铬恢复正常配合。如果磨损严重，可用气焊堆焊，焊后矫直，磨至标准尺寸或修理尺寸，恢复正常配合，最后进行淬火，使硬度达到规定值。V 形槽磨损后，也可用堆焊修复。修复时，先用石棉将不焊的部位包住，用中碳钢焊条堆焊磨损面，再按样板锉修出 V 形槽。目前大都采用更换新件的方法进行修理。

（3）拨叉轴锁定销及弹簧的修理　拖拉机变速箱锁定销与拨叉轴 V 形槽配合的锥形面和锁定销与箱体配合的圆柱面，长期工作后，都会磨损，弹簧弹力也会减弱，致使锁定机构失效，变速杆自动脱挡。锁定销磨损后，可用中碳钢焊条堆焊后，磨至标准尺寸。弹簧弹力减弱后，可通过增加垫片来增大压力，或直接更换新弹簧。

（4）变速杆和变速杆支座的修理　变速杆与支座的球形配合表面、变速杆与支座的连接销及销孔长期工作后，都会产生磨损，使变速杆松晃，引起跳挡、乱挡，齿轮刮碰和变速杆抖动等现象。球面磨损后，可用中碳钢焊条焊补，而后车至标准尺寸，恢复正常配合。连接销孔磨损呈椭圆形后，可以将孔扩大，换加大的连接销，恢复正常配合。目前大都采用更换新件的方法进行修理。

三、变速箱的维护保养与故障排除

1. 变速箱的维护保养

（1）经常检查并上紧变速箱的各固定连接处。

（2）经常检查变速箱内油面高度，不足时要及时加添。如有漏油现象，要及时排除。

（3）定期趁热放出污油，加入煤油或柴油清洗内腔，更换新油。

（4）变速箱第二轴凡采用圆锥滚珠轴承的，使用一定时间后，应检查调整轴承间隙。

2. 变速箱的故障排除

（1）挂不上挡或挂挡困难　其原因与排除方法：

① 离合器未彻底分离。由于踏板未踏到底或调整不当等原因造成。应正确操作或正确调整。

② 锁销或锁定钢球不能抬起。由于磨损产生台阶而卡住或锁定弹簧过紧等原因造成。进行修复或更换不符合标准的零件。

③ 滑杆变形，移动时发卡或不能移动。应拆下矫直。

④ 拨叉松动或变形。应紧固或矫正。

⑤ 联锁机构调整不当，动作失灵。应重新检查调整。

⑥ 齿轮损坏或主、被动齿轮齿顶相碰。应修复、更换或松开离合器踏板再踏下挂挡。

（2）自动脱挡　拖拉机在行驶中，在没有操作变速手柄的情况下出现突然停车的现象，称为自动脱挡。其产生的原因与排除方法是：

① 锁销（或锁定钢球）和锁定凹槽磨损严重，锁定弹簧折断或失效，使锁定效果降低，锁销振动自动脱开。常发生在无联锁机构变速箱上。应进行修复或更换。

② 齿轮磨损严重，啮合时产生轴向推力。应更换齿轮。

③ 拨叉与齿轮上的拨叉槽磨损，变速箱轴轴向间隙过大，造成齿轮轴向窜动而自动脱开。应进行修复或更换。

（3）变速箱有噪声　拖拉机工作时变速箱有响声，有时温度比较高。产生的原因与排除方法是：

① 齿轮的齿侧间隙过大或过小。应进行更换。

② 滚动轴承磨损严重或损坏。应进行更换。

③ 齿轮齿牙折断或轴变形。应修复或更换。

④ 缺油或进入异物。应加添润滑油或清除异物。

第四节　驱动桥的构造与修理

一、构造及功用

驱动桥包括后桥和前驱动桥。后桥是安装在变速箱与驱动轮之间的所有传动机构及其壳体的总称。其功用是改变变速箱传来动力的方向，进一步降低转速增大扭矩，并实现机车顺利转向。后桥主要由中央传动、差速器和最终传动等部件组成。前驱动桥是四轮驱动拖拉机才具备的，是安装在分动箱与驱动轮之间的所有传动机构及其壳体的总称，其功用及结构与后桥基本相同。

1. 中央传动　在发动机纵向布置的拖拉机上，中央传动由一对圆锥齿轮组成，主动小圆锥齿轮驱动被动大圆锥齿轮。其功用是减速增扭，并将动力的纵向传动改变为横向传动。很多小型拖拉机，由于发动机和变速箱横置，不需改变动力的传递方向，所以中央传动不采用圆锥齿轮而采用圆柱齿轮。

　　拖拉机的中央传动，有的由一对螺旋圆锥齿轮组成，有的由一对零度圆弧锥齿轮组成。一般拖拉机为了改善传动的平稳性，大多用弧齿或摆线齿锥齿轮。如图 11-30 所示，主动小圆锥齿轮与中央传动主动轴或者与变速箱第二轴制成一体，并通过锥形轴承支承在前轴承座上，中央传动主动轴的轴端花键用联接套与变速箱传动轴相连。轴上的圆形调整螺母用来调整两个锥形轴承的轴承间隙。中央传动主动轴调整垫片用来调整主动小圆锥齿轮的轴向位置。被动大圆锥齿轮用螺栓固定在差速器壳体上，装在左、右轴承座内两个锥形轴承支承着差速器壳体。装在轴承座凸缘内端面与后桥壳体之间的调整垫片，用来调整被动大圆锥齿轮的轴向位置及锥形轴承的轴承间隙，即调整圆锥齿轮副的啮合印痕和齿侧间隙。

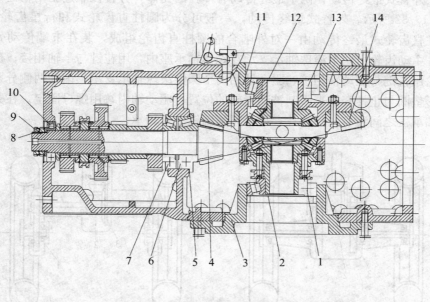

图 11-30　雷沃 TG 系列拖拉机中央传动结构图

1、6、7、13. 圆锥滚子轴承　2. 差速器轴承调整垫片　3. 左差速器轴承座　4. 小圆锥齿轮
5. 小圆锥齿轮调整垫片　8. 锁片　9. 圆螺母　10. 圆柱滚子轴承　11. 右差速器轴承座
12. 调整垫片　14. 大圆锥齿轮

2. 最终传动　最终传动是拖拉机传动系统中最后一级减速机构，其功用是进一步降低发动机传来的转速，使传动比满足总传动比的要求；进一步增加扭矩，以满足拖拉机的使用要求。汽车行驶速度高，所需的扭矩相对较小，因而不设最终传动装置，而拖拉机作业通常需要大牵引力，必须依靠最终传动装置来进一步提高扭矩。最终传动有外啮合圆柱齿轮传动和行星齿轮传动两种。外啮合圆柱齿轮传动式最终传动按布置的位置不同又分为外置式和内置式两种。履带式和部分轮式拖拉机采用外置式最终传动，有利于提高后桥的离地间隙。行星式最终传动结构紧凑，能得到较大的传动比；但对于提高后桥离地间隙不利。手扶拖拉机和大功率履带拖拉机因总传动比和转向机构特性的需要，往往采用两级最终传动。

内置式最终传动，两个最终传动靠中间，与中央传动和差速器在同一壳体内，如图 11-31 所示。主动小齿轮与差速器的半轴齿轮制成一体，最终传动被动齿轮安装在驱动轮轴端的花键上，并用两个螺钉和压盖压紧。驱动轮轴由轴承来支承，轴承装在驱动轮轴壳体中，驱动轮轴壳体用螺栓固定在后桥壳体上。

外置式最终传动，两个最终传动有单独的壳体，分置在靠近驱动轮处，如图 11-32 所示。外置式最终传动，一般可分为圆柱直齿轮式和行星齿轮式。圆柱直齿轮式最终传动由一对外啮合的圆柱直齿轮组成，装在末端传动壳体内。主动齿轮由两个滚珠轴承支承在壳体轴承座内，用花键与半轴相接；被动齿轮用花键与驱动轴相接，驱动轴用两个圆锥滚珠轴承支承，内外两侧分别用锥形垫圈与止推套筒来限制被动齿轮的位置，驱动轴内端用螺母固定。在壳体与轴承盖之间装有调整垫片，用来调整圆锥滚珠轴承。

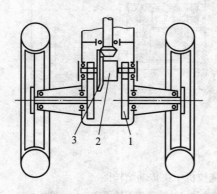
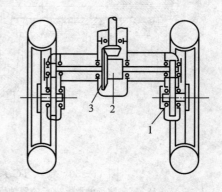

图 11-31　内置式最终传动　　　　图 11-32　外置式最终传动
1. 最终传动被动齿轮　2. 差速器　3. 大圆锥齿轮　　1. 最终传动被动齿轮　2. 差速器　3. 大圆锥齿轮

行星齿轮传动式最终传动，主要由行星架、行星齿轮、内齿圈、左（右）半轴、驱动轴等组成，如图 11 - 33 所示。从差速器从动轮传递到左（右）半轴的力，驱动 3 个行星齿轮，由于内齿圈安装在驱动轴壳体上时，行星齿轮绕着内齿圈轮齿转动，在车轴上旋转，行星齿轮绕内齿轮的转动通过行星架传递到驱动轴，因此，行星架、驱动轴和左（右）半轴一样地旋转，从而使驱动轴有较高的扭矩和较低的转速。3 个行星齿轮可以减少每个轮齿的负荷，使其紧凑、耐用，也可以减轻行星系统周围的负荷，消除齿轮侧面的压力。

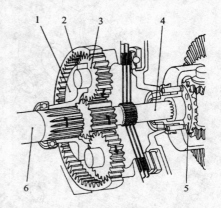

图 11 - 33　行星齿轮最终传动
1. 行星架　2. 内齿圈　3. 行星齿轮
4. 左（右）半轴　5. 半轴齿轮
6. 驱动轴

3. 差速器与差速锁

（1）差速器　目前轮式拖拉机上广泛采用圆锥齿轮差速器，差速器安装在后桥或前驱动桥中。其功用是把中央传动大圆锥齿轮传来的动力分配给两侧最终传动，并且能使两侧驱动轮差速驱动，以保证拖拉机顺利转向。由于轮胎的磨损程度不同，气压的变化，以及路面不平等原因，在同一时间内两驱动轮滚过的路程也不相等，所以，在拖拉机直线行驶时，也要求驱动轮能差速驱动。

差速器主要由两个半轴齿轮、行星齿轮和差速器壳体等零件组成，如图 11 - 34 所示。中央传动大圆锥齿轮固定在差速器壳体上，两半轴穿入壳体孔中，与半轴齿轮用花键连接，它们可以相对于壳体转动。与半轴齿轮相啮合的行星齿轮空套在行星齿轮轴上，行星齿轮轴固装在壳体上。行星齿轮可以在行星齿轮轴上绕轴线旋转，被称为自转，也可以随轴、壳体、半轴齿轮等一起绕半轴轴线旋转，被称为公转。齿轮和轴承靠箱体内激溅的齿轮油进行润滑。

如图 11 - 30 所示，中央传动大圆锥齿轮带动差速器壳体转动，作用在壳体上的扭矩经行星齿轮轴传给行星齿轮，然后再通过行星齿轮轮齿平均地分配给两边的半轴齿轮，使两侧的驱动轮得到相同的扭矩。如果拖拉机直线行驶，则两边半轴齿轮在行星齿轮的驱动下随同差速器壳体一起旋转，如同一个整体，两侧驱动轮转速相同。拖拉机转向时，差速器可以自动差速，使两侧半轴齿轮转速不同。

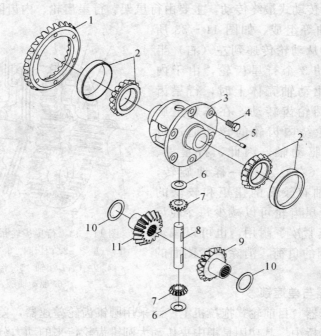

图 11-34　差速器总成零件图
1. 大锥齿轮　2. 轴承　3. 差速器壳体　4. 螺栓　5. 销钉　6. 行星齿轮止推垫圈
7. 行星齿轮　8. 差速器行星齿轮轴　9. 左半轴齿轮
10. 半轴齿轮止推垫圈　11. 右半轴齿轮

　　(2) 差速锁　差速器虽具有"差速"作用，但却不能"差扭"。所谓不能"差扭"，就是说通过差速器传给两边半轴齿轮的扭矩总是相等的。这是因为行星齿轮轴的轴线到两侧半轴齿轮的距离相等，所以由差速器壳体作用在行星齿轮上的力，总是通过行星齿轮的轮齿平均地分配给两半轴齿轮。差速器的这一特点在某些情况下，能给拖拉机工作带来不利的影响。为了弥补差速器这个缺点，大多数轮式拖拉机都装有差速锁。它的作用是在上述情况下将两个半轴或者任一个半轴与差速器壳体临时刚性联接成一体，使差速器失去差速作用，以便充分利用路面好的一侧驱动轮的驱动力，使拖拉机驶出打滑地段。必须特别注意，当驶出打滑地段以后，应立即分离差速锁，否则，将会造成转向困难而发生安全事故。

　　目前拖拉机差速锁有多种形式，有的差速锁是通过操纵手柄、拨叉、推杆和缓冲弹簧等，使接合齿套移动，让左右半轴齿轮连成一体，消除了差速器的差速作用，放松操纵手柄，接合齿套在回位弹簧的作用下回至原始位置，消除锁定作用；有的差速锁是通过拨叉、推杆和缓冲弹簧等，让左半轴齿轮与差速器壳体连成一体，消除了差速器的差速作用，如图 11 - 35 所示。

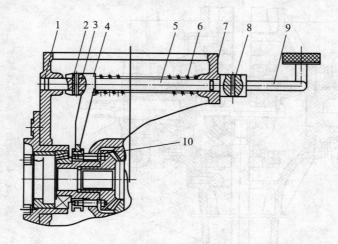

图 11 - 35　雷沃 TB 系列拖拉机差速锁操纵位置

1. 碗形塞片　2、3、8. 弹性销　4. 差速锁拨叉　5. 差速锁拨叉轴　6. 差速锁回位弹簧
7. O 形密封圈　9. 锁踏板焊接总成　10. 差速锁总成

4. 前驱动桥　四轮驱动拖拉机的前驱动桥既要驱动又要转向，通常有等速万向节式和圆锥齿轮式两种，如图 11 - 36 和图 11 - 37 所示。两种形式都主要由前中央传动、前差速器、前桥壳体、前最终传动等部件组成。

（1）前中央传动　其功用是增加传动比、降低转速、增大扭矩，且改变扭矩的传递方向，以适应前驱动轮旋转方向和传递动力的要求。前中央传动也是由一对螺旋圆锥齿轮组成。主动小螺旋圆锥齿轮安装在一对圆锥滚子轴承上，其轴端花键通过花键套与分动箱传动轴相联接，传动轴再通过花键套与分动箱输出轴相联接。从动螺旋大圆锥齿轮用螺栓紧固在差速器壳体的左方。差速器壳体支承在左、右两个圆锥滚子轴承上，如图 11 - 38 所示。

（2）前差速器　四轮驱动拖拉机的前轮既是转向轮又是驱动轮，所以前驱动桥必须装置差速器机构，其功用、构造与后桥差速器一样。前驱动桥装的是闭式圆锥齿轮差速器，它以差速器壳作为支架，通过两只轴承支承在差速器支座的左、右轴承座上。两半轴齿轮滑套在差速器壳的镗孔中，并以内花键和左、右前驱动半轴相连。两个行星齿轮滑套在行星齿轮轴上，轴则装于壳的轴孔中。半轴齿轮和行星齿轮的轴向力，由相应的减磨垫片承受。

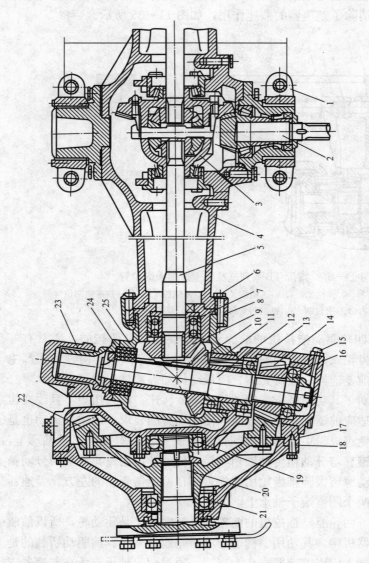

图11-36 圆锥齿轮式前驱动桥总成

1. 摆轴轴承座组合件 2. 主动圆锥齿轮总成 3. 差速器总成 4. 前杯壳 5. 前驱动半轴
6. 螺栓 7、11、13、16、19、21、24. 轴承 8. 调整垫片 9. 左末端小螺旋圆锥齿轮
10. 左末端大螺旋圆锥齿轮 12. 主销轴 14. 末端小直齿圆锥齿轮 15. 调整垫片
17. 左前驱动末端壳体 18. 调整垫片 20. 前驱动轴 22. 末端大直齿圆锥齿轮
23. 主销支座总成 25. 主销轴壳

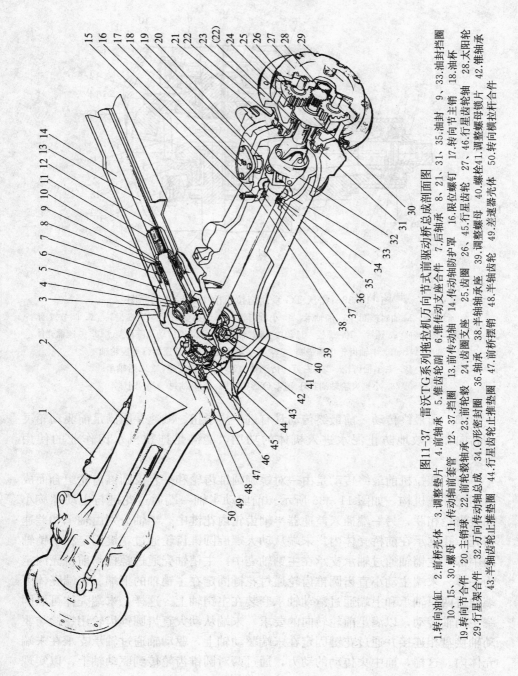

图11-37 雷沃TG系列拖拉机万向节式前驱动桥总成剖面图

1.转向油缸 2.前桥壳体 3.调整垫片 4.前轴承 5.锥齿轮副 6.锥传动支座合件 7.后轴承 8、21、31、35.油封 9、33.油封挡圈
10、15、30.螺母 11.传动轴前套管 12、37.挡圈 13.前传动轴 14.传动轴防护罩 16.限位螺钉 17.转向节主销 18.油杯
19.转向节合件 20.主销球 22.前轮毂轴承 23.前轮毂 24.齿圈支座 25.齿圈 26、45.行星齿轮 27、46.行星齿轮轴 28.太阳轮
29.万向传动轴总成 32.万向传动轴总成 34.O形密封圈 36.轴 38.半轴轴承座 39.调整螺母 40.螺栓 41.调整螺母锁片 42.锥轴承
43.半轴架合件 44.行星齿轮止推垫圈 47.前桥摆销 48.半轴齿轮 49.差速器壳体 50.转向横拉杆合件

303

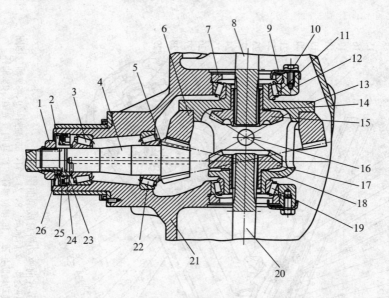

图 11-38　雷沃 TG 系列拖拉机前中央传动剖面图

1. 锁紧螺母　2. 油封挡圈　3. 前轴承　4. 小锥齿轮　5. 调整垫圈　6. 大锥齿轮　7. 调节螺圈
8. 左万向传动轴　9. 锁片　10. 螺栓　11、19. 差速器轴承　12. 锥传动支座瓦盖　13. 差速器壳体
14、18. 半轴齿轮止推垫圈　15. 左半轴齿轮　16. 差速器行星齿轮轴
17. 右半轴齿轮　20. 右万向传动轴　21. 锥传动支座　22. 后轴承
23. 小锥齿轮轴油封环　24. O 形密封圈　25. 油封　26. 钢球

　　（3）前最终传动　前最终传动具有进一步增扭、减速并能满足前驱动轮灵活转向和有效地防止泥水进入机体的功用，能满足拖拉机水田作业的使用要求。

　　有的拖拉机前最终传动是由一对螺旋圆锥齿轮和一直齿圆锥齿轮组合而成封闭式减速机构，如图 11-36 所示。前驱动半轴一端通过花键与主动螺旋小圆锥齿轮相联，另一端插入差速器半轴齿轮内花键中。半轴分别由轴承和差速器壳镗孔支承在前桥壳体内。末端从动大螺旋圆锥齿轮通过花键固定在主销轴的中部，主销轴通过轴承支承在主销轴壳中。主销轴壳通过螺栓与前桥壳固定为一体。末端主动小直齿圆锥齿轮通过花键固定在主销轴的下端。末端壳体下端通过两只轴承和上端通过滑动轴承套装在主销轴上。这样，末端壳体可以围绕主销轴转动，以满足前轮转向的要求。末端从动大直齿圆锥齿轮用螺栓与驱动轴接盘相连接并通过花键固定在末端驱动轴上，驱动轴通过轴承支承在末端壳体内。这样，前中央传动的动力，通过两对圆锥齿轮传到驱动轴上，以实现前轮驱动。这种前最终传动结构与常用的万向节传动结构相比，明显的优点是前驱轮的转动角度较大，有利于下水田作业，结构也较简单，目前是水田型四轮驱动拖拉机的典型结构。

有的拖拉机前最终传动是由行星齿轮副组成，其结构如图 11 - 39 所示。

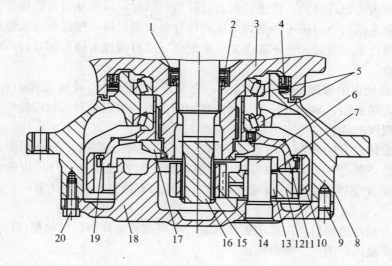

图 11 - 39 雷沃 TG 系列拖拉机前驱动桥最终传动剖面图

1. 驱动叉轴油封 2. 转向节衬套 3. 左转向节 4. 油封 5. 前轮毂轴承 6. 行星齿轮轴 7. 行星齿轮轴承挡圈 8. 前驱动轮毂 9. 定位销 10. 齿圈 11. 齿圈支座 12. 行星齿轮 13. 滚针轴承 14. 太阳轮 15. 轴用挡圈 16. 驱动轴座 17. 锁紧螺母 18. 行星架 19. 齿圈挡环 20. 螺栓

二、主要零部件的检查与修理

后桥在使用过程中除了齿轮啮合表面、花键齿配合表面、轴承与座孔配合表面磨损外，由于安装和保养操作不当，还会造成齿面疲劳剥落、打齿和断轴等事故性损坏。因此，应根据传动声音和传动性能的变化情况，及时拆卸修理或更换零件，检查调整齿轮啮合间隙和轴承间隙。

由于四轮驱动拖拉机的分动箱与变速箱、前驱动桥与后桥的零部件大部分是通用的，其结构也大同小异，调整和修理方法基本相同，所以对分动箱与前驱动桥不再专门讲述。

1. 中央传动齿轮的修理 中央传动齿轮常因使用调整不当，润滑不良，造成齿轮不正常的磨损和损坏。例如，大小锥形齿轮啮合间隙调整不当，会使齿轮磨损形成台阶、齿面剥落和局部崩落。起步过猛或突然制动，齿轮负荷骤增，会加剧齿轮磨损，甚至崩齿；润滑油脏污或缺油，会使齿轮和轴承烧蚀、退火、齿面剥落。

圆锥齿轮出现台阶、烧蚀麻点或有轻微剥落时，可用油石打磨修整。个别齿牙局部崩落时，可用不锈钢焊条或硬质合金焊条堆焊，按样板锉修整形。当齿面磨损严重，通过调整不能恢复正常配合，或打齿过多修复困难时，应成对更换齿轮。

2. 差速器的修理 长久使用后，会使差速器行星齿轮齿面和内孔磨损，行星齿轮轴磨损，半轴齿轮齿面和内花键磨损，行星齿轮和半轴齿轮的止推垫片磨损以及差速器壳与支承轴承的配合表面磨损。

行星齿轮和轮轴都是用铬锰钛钢制成的，当表面磨损，配合间隙超过规定的允许不修值后，可采用齿轮内孔镶青铜套的方法修复。行星齿轮和半轴齿轮齿面及花键齿磨损轻微或有毛刺，可用油石修整。磨损严重时，应更换新件。

止推垫片磨损后，一般应更换新品，也可在原垫片的背部加相应厚度的垫片，以恢复齿轮的正常啮合间隙。

3. 最终传动装置的检查与修理 拖拉机最终传动装置的常见故障有齿轮啮合表面和内花键槽磨损；半轴、驱动轴与轴承配合表面磨损，与油封接触环带磨损；轴承与座孔配合表面磨损。磨损后齿轮在轴上晃动，啮合间隙增大，啮合位置改变，工作中产生噪声，甚至打齿，并出现漏油现象。由于半轴和驱动轴传递的扭矩很大和承受冲击载荷作用，如果操作不当，还会产生弯曲和断裂现象。

（1）半轴和驱动轴的检查与修理 当半轴和驱动轴轴颈出现磨损，与轴承的配合超过规定的允许不修值时，可用中碳钢焊条堆焊修复。花键齿磨损后，可用堆焊后重新铣齿的方法修复。目前，这种修理方法应用得比较少，大都更换新件。

半轴和驱动轴弯曲变形，可用百分表测量径向跳动进行检查，当径向跳动量超过 0.2 mm 时，应进行冷压矫直。

半轴和驱动轴的裂纹，最好用磁力探伤仪检查，如果无上述条件，可用敲击和煤油渗透法检查。裂纹后，可用中碳钢焊条堆焊修复，焊接时所开坡口深度应稍大于裂纹深度。裂纹较深时，必须更换新件。

（2）最终传动箱体的修理 最终传动箱体轴承座孔磨损，与轴承的配合超过规定的允许不修值后，可在轴承外圈镀铬或镀铁恢复正常配合，磨损严重时，可采用扩孔镶套修复。箱体裂纹后，可采用铸铁焊条冷焊修复。目前，这种修理方法应用得比较少，大都更换新件。

4. 后桥壳体的检查与修理 后桥壳体的主要缺陷有裂纹、轴承座孔磨损、接合表面翘曲不平。后桥壳裂纹后，可用铸铁焊条冷焊和黏结剂粘补等方法修复。

轴承座孔磨损后，除座孔与轴承的配合间隙增大外，还将造成中央传动齿轮的垂直度、左右半轴齿轮的同轴度变差。检查时，应先检查座孔与小圆锥齿轮轴承座、座孔与差速器左右轴承座的配合关系，当超过规定的允许不修值时，可采用镗孔镶套，或镗孔消除锥度和椭圆度后，配外径加大的轴承座，恢复正常配合。修复后的轴承座孔，圆柱度和圆度不得超过 0.05 mm，还应检查小锥形齿轮轴前后轴承座孔、差速器左右轴承座孔的同轴度，不应超过 0.06 mm。

后桥壳接合平面翘曲变形后，可用油石磨修，修后的各接合平面的平面度不应超过 0.2 mm。

三、中央传动的检查调整

拖拉机中央传动齿轮工作负荷较重，为了正常工作，齿轮副必须保持正确的啮合位置。啮合位置不正确往往是造成噪声大、磨损快、齿面易剥落、轮齿易折断等现象的重要原因。所谓正确啮合就是要保证两个圆锥齿轮的节锥母线重合，在实际工作中常用啮合印痕和齿侧间隙来判断。部分型号拖拉机的后桥修理技术规范，见表 11-6 和表 11-7。

1. 啮合印痕的检查与调整 啮合印痕是指齿轮副运转时，在工作面上留下的接触印痕，一般以前进挡大圆锥齿轮凸面上测取的啮合印痕作为调整和检验的依据。检查时，首先将用红丹粉加机油调和而成的红铅油均匀地涂在小圆锥齿轮的凹面上，而后在稍加制动的情况下，转动圆锥齿轮副直至大圆锥齿轮凸面显示出清晰的接触印痕为止。正确的啮合印痕是齿宽方向的印痕长度不小于齿宽的 50%～60%，沿齿高方向的印痕宽度不小于齿高的 40%～50%，且必须分布在节锥上，稍靠近小端，并距端边不得小于 10 mm。如果不符合要求，应对小圆锥齿轮的轴向位置进行调整，必要时移动大圆锥齿轮，调整齿侧间隙。下面简要介绍雷沃拖拉机啮合印痕的检查与调整方法。

表 11-6　大、小圆锥齿轮的技术数据（mm）

机型	大小圆锥齿轮啮合间隙	后桥轴（差速器轴）轴向间隙
铁牛-55	0.2~0.5	0.15~0.25
上海-50	—	—
东方红-LX1000	0.18~0.23	0.20~0.32
雷沃 TH404	0.15~0.30	—
雷沃 TB604	0.18~0.30	—
雷沃 TD804	0.2~0.4	—
雷沃 TG1654	0.25~0.33	—
TS250	0.15~0.30	—
TS550	0.15~0.30	0.075~0.125
TS1204	0.15~0.30	0.075~0.125

表 11-7　大、小减速齿轮齿侧间隙（mm）

机型	标准值	允许不修值
铁牛-55	0.2~0.4	1.5
上海-50	0.2~0.4	1.5
雷沃 TH404	0.15~0.30	1.5
雷沃 TB604	0.15~0.30	1.2
雷沃 TD804	0.15~0.30	1.2
雷沃 TG1654	0.15~0.30	1.2
TS250	0.3~0.4	2.0

（1）啮合印痕的检查　检查前应将大小锥齿轮洗净擦干，然后在大螺旋锥齿轮两侧齿面上涂上一层均匀的红铅油，再正反方向旋转齿轮副，小圆锥齿轮齿面上粘印到的印痕即为接触印痕。理想的接触印痕分布于工作齿的中部，在节锥上略偏向小端，距端边不得小于 3 mm。印痕允许成斑点状，但长度不小于齿长的 60%，高度不小于齿高的 55%。

（2）啮合印痕的调整方法　啮合印痕的具体调整方法如图 11-40 所示。若测得的印痕如图 11-40b 所示，应增加小圆锥齿轮轴承座处的调整垫片，使小圆锥齿轮前移。如果需要减小齿侧间隙，可相应抽去大圆锥齿轮左边轴承座处的调整垫片补入右边。若测得的印痕如图 11-40c 所示，应抽减小圆锥齿轮轴承座处的垫片厚度，使小圆锥齿轮后移。如果需要增大齿侧间隙，可相应地抽减大圆锥齿轮右边轴承座处的调整垫片补入左边。这样反复调整，直至啮合印痕符合要求为止。

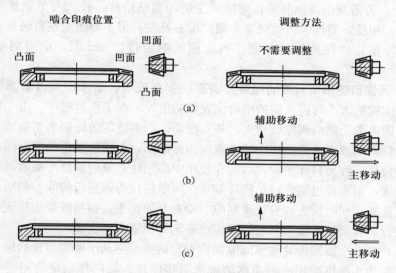

图 11－40　中央传动螺旋锥齿轮啮合印痕的调整

　　在调整时，大小锥齿轮的轴向移动会使齿侧间隙和接触印痕都发生变化，如果对接触印痕和齿侧间隙的要求相矛盾时，主要应保证接触印痕正确，而齿侧间隙的调整范围可适当放大，尤其是在齿轮和轴承磨损后进行调整时。拖拉机在正常使用中，只要接触印痕正常，仅齿侧间隙增大，就无需进行调整。但在拖拉机大修后或更换一对新的中央传动齿轮或轴承时，则必须进行仔细地调整，同时保证齿侧间隙和啮合印痕符合要求。

　　2. 齿侧间隙的检查与调整　齿侧间隙是指主、被动齿轮啮合轮齿侧面的最小间隙。正确的齿侧间隙为 0.15～0.5 mm，机型不同，数值有所不同。如果齿侧间隙过小，会造成齿轮副润滑不良，加速齿面磨损，甚至使齿轮传动卡滞和产生啃齿现象；齿侧间隙过大，则对轮齿的冲击力增加，甚至使轮齿崩裂。在调整时，应首先保证啮合印痕，啮合印痕调整好后，还要检查齿侧间隙。检查的方法是，使百分表的触头垂直触在齿轮的齿面上，将另一个啮合齿轮制动，拨动该齿轮，观察表针摆动的范围，即为齿侧间隙。为保证测量的准确性，应沿齿轮圆周测量 3～5 个齿，每一个齿沿齿长方向从大端到小端测量 3 个位置，取其最小值。如无百分表，可用直径为 1～1.5 mm 的保险丝稍许挤扁，弯成 L 形，放在啮合齿的非工作面，相当于接触印痕的位置，然后转动齿轮，用百分尺或游标卡尺测量被挤压后的保险丝最薄处。若不符合要求，应改变大圆锥齿轮的轴向位置。雷沃 TG 系列拖拉机的齿侧间隙为 0.14～0.3 mm，若需减小齿侧间隙，则抽减左侧的调整垫片，补入右侧轴承与轴承座之间，相反，要增大齿侧间隙，则应抽右补左，但不得改变左右轴承调整垫片的总厚度，以保持轴的预紧。当齿侧间隙超过 2 mm 时，应成对更换新齿轮。

3. 圆锥齿轮轴承间隙的检查与调整　实践证明，支承中央传动圆锥齿轮的轴承间隙的大小对齿轮副的啮合位置影响很大。在工作过程中，由于轴承的磨损，圆锥齿轮轴向间隙会增大，甚至松动，严重破坏齿轮副的正确啮合。圆锥齿轮轴向间隙增大必然使小圆锥齿轮向前窜动，大圆锥齿轮的啮合印痕将移至大端齿顶，容易打坏轮齿，因此在使用中必须注意及时恢复小圆锥齿轮的轴承预紧度，但不要过紧，以免损坏轴承。所以在检查调整齿侧间隙和啮合印痕时，应首先或同时检查调整轴承间隙。检查必须在主、被动圆锥齿轮无载荷情况下进行，其调整通常依靠对轴承施加一定的预紧力来实现。

（1）主动小圆锥齿轮轴承间隙的检查与调整　主动小圆锥齿轮的轴承间隙可通过主动小圆锥齿轮的轴向移动量来间接体现。轴向移动量可用百分表测量，如果主动小圆锥齿轮的轴向移动量超过 0.1 mm 时，应予以调整。

在修理装配中，调整圆锥轴承的预紧力矩时，首先应把小圆锥齿轮总成装配好，如图 11 - 41 所示；而后再把小圆锥齿轮轴固定在台虎钳上，如图 11 - 42所示，用专用工具或钩形扳手拧紧轴承前端的调整螺母，使两个轴承有一定的预紧力矩，若无测试条件，可凭经验检查，即用手转动轴承座时，感到稍有阻力而轴承不能依靠惯性转动即可。为了防止轴承接触不实，可用木锤打击齿轮轴头部和尾部几次，再检查转动阻力矩有无变化，若阻力变小，则应再次拧紧螺母，直到反复打击而阻力矩不变为止，最后锁紧垫片，防止螺母松动。

在维护保养中，调整圆锥轴承的预紧力矩时，拧动中央传动主动轴前端的调整螺母，调到用手稍许扳动小圆锥齿轮，就可使其转动即可。调好后，将调整螺母锁紧。雷沃 TG 系列拖拉机小圆锥齿轮锥轴承预紧力的调整方法是：拧动图 11 - 30 中靠近圆柱滚子轴承的锁紧螺母，当齿轮摩擦阻力矩在0.75～1.5 N·m时，锁紧止退锁片，拧紧外端锁紧螺母。测量齿轮摩擦阻力矩时，可用弹簧秤拉缠在锁紧螺母上的细绳，用弹簧秤显示的拉力和锁紧螺母的外径进行换算。在使用过程中，当轴承磨损，轴向间隙超过 0.1 mm 时，应重新调整，以免加剧齿轮的磨损和损坏。

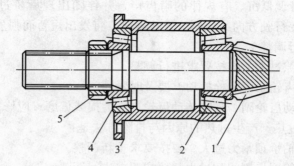

图 11 - 41　小圆锥齿轮的装配

1 小圆锥齿轮　2、4. 圆锥滚子轴承 3. 调整垫片　5. 紧固螺母

（2）被动大圆锥齿轮轴承间隙的检查与调整　被动大圆锥齿轮轴承间隙可通过被动大圆锥齿轮的轴向移动量来间接体现，如果被动大圆锥齿轮的轴向移动量超过 0.15 mm 时，应予调整。调整方法是同时减少左、右两侧轴承座上的调整垫片，对轴承施加一定的预紧力，两侧减少的垫片厚度应相等。调整后，能用手稍许扳动大圆锥齿轮就可使其转动即可。雷沃 TG 系列拖拉机被动大圆锥齿轮锥轴承预紧力的调整方法是：选择图 11 - 30 中合适厚度的差速器轴承调整垫片，调整差速器轴承的预紧力。预紧后的摩擦扭矩为 1.5～2.5 N·m。可通过弹簧秤沿大圆锥齿轮外圆测量，再用弹簧秤显示的拉力和大圆锥齿轮的外径进行换算。

四、后桥的维护保养与故障排除

1. 维护保养

（1）按时检查、紧固中央传动和最终传动等处的连接螺栓。

（2）按时检查后桥壳体和最终传动壳体内的齿轮油量，不足时要及时加入合格的齿轮油。

（3）按时或按需要更换各部齿轮油。换油时要趁热放出旧油，并加入煤油或柴油进行清洗，然后放出清洗油，加足新齿轮油。

（4）按时或根据需要对中央传动和最终传动进行检查与调整。

2. 故障排除

（1）后桥有异常噪声　产生噪声的原因与排除方法是：

① 圆锥齿轮副啮合不正常，主要是齿侧间隙不符合规定值。齿侧间隙过

小时，将产生音调低沉、有规律的啃齿声，并伴随出现后桥过热；齿侧间隙大，拖拉机改变行驶方向或急剧改变速度时，将发出短暂而强烈的撞击声。这种情况下应进行调整。

②轴承间隙过大。应按要求进行调整。

③大圆锥齿轮紧固螺栓松动。要及时紧固。

④中央传动齿轮副、最终传动齿轮过度磨损或偏磨。应修复或更换。

（2）后桥过热　产生过热的原因与排除方法是：

①驱动轮轴承预紧力过大。要按要求重新调整。

②圆锥齿轮副齿侧间隙过小。要按要求进行调整。

③齿轮油不足或质量、规格不符合要求。应加足合乎规格的齿轮油，必要时应清洗后桥，更换齿轮油。

行走、转向及制动装置的修理

第一节 行走装置的修理

拖拉机行走装置的主要功用是实现拖拉机的行驶，即把发动机经过传动系统传到驱动轮轴上的驱动力矩，通过地面摩擦力的反作用变为对拖拉机的推进力；另外还支承着拖拉机的全部重量。行走装置主要由前桥、导向轮和驱动轮组成。部分机型行走装置的技术参数，见表 12-1。

一、前桥的构造与修理

1. 构造

（1）两轮驱动拖拉机的前桥 前桥用来安装前轮，它是拖拉机机体的前部支承，通过前轮承受拖拉机前部的质量。前轴与机体之间一般采用铰链连接，前桥可以摆动，以保证拖拉机在不平地面上行驶时，两前轮能同时着地。

为了调节前轮轮距，前桥都做成可伸缩的。常用的结构型式有两种：一种是伸缩套管式，另一种是伸缩板梁式。伸缩套管式应用比较广泛，如图12-1所示。它主要由主副套管、摇摆轴和转向节等部分组成。主副套管用铸钢制成，用摇摆轴与车架支座铰链连接，摇摆轴用楔形锁销锁紧在前支座的孔内，这样，主副套管可以绕摇摆轴自由摆动。

（2）四轮驱动拖拉机的前桥 四轮驱动拖拉机的前桥称为前驱动桥。雷沃TG-1654型拖拉机前驱动桥，主要由前桥壳体总成、横拉杆总成转向节合件、前桥摆销和托架等组成，如图12-2所示。前驱动桥可根据地形的高低不同而绕前桥摆销自由摆动。有的四轮驱动拖拉机的前轮轮距不可调，有的是通过改变轮辋与辐板的不同装法而达到不同轮距的。

表 12-1　轮式拖拉机行走装置主要参数

机型		前后轮主要参数			前轮定位			
		尺寸（英寸*）	气压（MPa）	轮距（mm）	转向节主轴后倾	转向节主轴内倾	前轮外倾	前束（mm）
东方红-LX1000	前轮	7.5～16.0	0.25～0.35	1 400～1 900	0°	8°	2°	0～10
	后轮	14.9～30.0	0.15～0.24	1 500～2 100				
雷沃 TG804（天力）	前轮	8.3～24.0	0.17～0.19	1 450	0°	9°	2°	4～12
	后轮	14.9～30.0	0.17～0.19	1 530～1 830，每级差 100				
雷沃 TG654	前轮	14.9～26.0	0.166～0.186	1 900（常用）		—	—	0～5
	后轮	18.4～38.0	0.166～0.186	1 680～2 380，无级可调				
TS250	前轮	4～16	0.176～0.245	1 105（常用）、1 205、1 305	0°	8°	2°	3～11
	后轮	9.5～24.0	0.098～0.120	1 105（常用）、1 205、1 305				
TS550	前轮	6～16	0.147～0.167	1 270～1 670，每级差 100	0°	8°	2°	3～11
	后轮	12.4～28.0	0.098～0.120	1 220～1 620，每级差 100				
TS1204	前轮	14.9～26.0	0.12～0.15	1 782～12 206	10°	7.5°	1°	3～11
	后轮	18.4～38.0	0.11～0.13	1 504～2 074				

* 英寸为非法定计量单位，1 英寸=0.025 4 米。

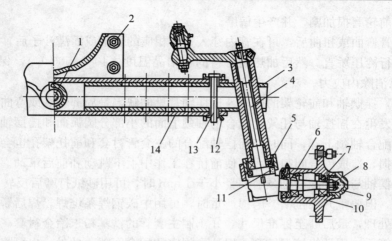

图 12-1　两轮驱动拖拉机的前桥

1. 摇摆轴　2. 托架　3. 副套管　4. 转向节总成　5、6、7. 轴承
8. 调整螺母　9. 轴承盖　10. 前轮毂　11. 油封　12. 压瓦
13. 定位锁销　14. 主套管

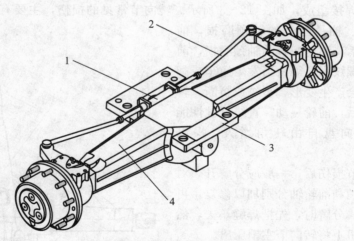

图 12-2　前驱动桥总成外形图

1. 转向油缸总成　2. 横拉杆总成　3. 托架总成　4. 前桥壳体总成

2. 检查与修理　前桥的缺陷会直接影响拖拉机行驶的稳定性和安全性，必须经常检查和维护修理。

（1）主、副套管的修理　前桥的主、副套管采用无缝钢管制成。在使用中由于撞车或翻车等事故，会产生弯曲和扭曲变形，使前轮定位改变，转向操纵困难，前轮磨损加剧，并产生偏磨。

套管弯曲或扭曲后，可在管内穿入直径相应的芯轴或灌满沙子后，在压力机上进行冷压矫直。然后加热到材料的再结晶温度（400～500℃），保温1～2 h，以消除内应力。

（2）摇摆轴和前轮架的修理 摇摆轴常见的缺陷是局部偏磨或弯曲，磨损部位常发生在摇摆轴与托架孔配合的轴颈上面的小部分圆弧面和摇摆轴与主套管衬套配合轴颈下部，同时与摇摆轴配合的主套管衬套和前托架孔也会产生相应的磨损，造成配合间隙增大，使前桥在工作中上下跳动和前后窜动。

摇摆轴与衬套配合轴颈磨损量小于1 mm时，可用砂纸打磨后反转180°继续使用，但要重开限位槽。磨损严重时，可用中碳钢焊条堆焊，焊后矫直、车光和热处理，最后磨至标准尺寸，并车制主套管的铁基粉末冶金衬套。衬套压入主套管后，用活络铰刀铰削，以达到规定的配合间隙。此外，也可将摇摆轴磨圆，配加大尺寸的衬套，恢复正常配合。

前托架孔磨损后，可采用扩孔镶套的方法修复。

（3）转向节的检查与修理 两轮驱动拖拉机的转向节通常由转向节主销和前轮轴焊接组成，如图12-3所示。转向节常见的损伤，主要有转向节主销与衬套、轴承配合的轴颈磨损，前轮轴与轴承、油封配合的轴颈磨损，前轮轴轴端螺纹损坏等。当发生撞车或翻车时，还会产生变形、裂纹或折断。转向节损伤后，前轮晃动，直线行驶性能变坏，转向盘自由转角增大，操纵困难。

转向节损伤后，一般应分解开，对转向节主销和前轮轴分别加以修复，再焊接起来。分解时，先把焊缝车去，然后在压力机上将转向节主销压出。

转向节主销与衬套配合的轴颈磨损后，可以磨削消除椭圆，配相应尺寸的衬套，以恢复正常配合。轴颈的磨削量不能超过1.5 mm，以保证轴颈表面有一定深度的淬硬层。轴颈磨损严重时，可采用堆焊后加工到标准尺寸，然后配标准尺寸的衬套，衬套用青铜或铁基粉

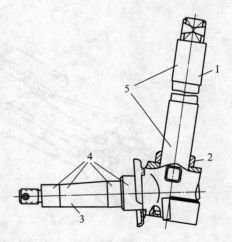

图12-3 拖拉机的转向节及磨损部位
1.转向节主销 2.主销套 3.前轮轴
4、5.磨损部位

末冶金制成。

前轮轴与轴承、油封配合轴颈磨损轻微时，可将轴颈或轴承内圈镀铬恢复正常配合。磨损严重时，可用中碳钢焊条堆焊后，车至标准尺寸。

前轮轴上的两个锥形轴承磨损后，可通过调整恢复正常间隙。如果轴承保持架损坏，滚柱脱落或剥皮，应更换轴承。轴承外圈与前轮毂座孔配合松动后，可将轮毂扩孔镶套，恢复正常配合。

前轮轴轴端螺纹损坏少于 3 扣时，可用板牙过光继续使用，损坏严重时，可将损坏的螺纹车光，重车新螺纹，配制相应的螺母，如泰山-50 型拖拉机前轮半轴轴端螺纹为 M22×1.5，损坏后，可车制 M20×1.5 的螺纹。此外，也可用中碳钢焊条堆焊后车制标准螺纹。

转向节总成的裂纹，多发生在前轮轴内端过渡圆角处，可用磁力探伤器检查，也可用敲击听声音，或渗透煤油法检查。在撞车或翻车以后，必须进行此项检查，以免留下隐患，导致重大事故。如果发现轻微裂纹，可开出坡口，用中碳钢焊条堆焊修复。当裂纹很深或断裂时，必须更换新件。

3. 拖拉机前桥的拆装要求

（1）在前桥拆卸前，应先将拖拉机置于平坦的地方，把发动机支承垫平；而后使前轮稍许离开地面，松开前桥托架的紧固螺栓，向前推出前桥总成，然后分解各个零件。

（2）在前桥装配前，必须将所有零件清洗干净，检查衬套与主副套管、摇摆轴、转向节主销的配合尺寸，应符合规定值。

（3）将转向节主销压入前轮轴时，注意对准键槽的位置，装好后用电焊焊牢。

（4）将衬套压入主、副套管，油封装入副套管时，不得倾斜和擦伤。有的拖拉机的转向节主销套装入主销时，需要加热至 100 ℃后装入。

（5）把主、副套管穿到一起，装上定位销，拧紧固定螺栓，拧紧力矩必须符合规定值。用摇摆轴把主套管和托架连接在一起，装上限位锁片。再将前桥托架固定到发动机机体上，扳动主、副套管应能在摇摆轴上自由摆动而无卡滞现象。轴向游动间隙应为 0.5 mm 左右，若不符合要求，应改变垫片厚度加以调整。

（6）转向节装入副套管后，应能在挡块限制范围内自由转动，不得卡住。

（7）把前轮内侧轴承和油封装入轮毂内，紧接着填入适量钠基润滑脂，再将轮毂装到前轮轴上，然后压入外端轴承，装上止推垫圈，拧动花形螺母，调整前轮轴承的轴向间隙，使其符合规定值。

二、前轮的定位与调整

为了保证拖拉机直线行驶稳定性，转向轻便灵活，以及减少轮胎和机件的磨损，前轮和转向节轴的安装都不垂直于地面，而具有一定的倾斜角，如转向节轴内倾、后倾，前轮外倾和前束。由于这些倾斜角度确定了前轮的位置，所以称之为前轮定位。

1. 转向节轴内倾 如图 12－4 所示，转向节轴上端向内倾斜一个角度 β，称为转向节轴内倾。从图中可以看到，若前轮绕转向节轴偏转一个很大的角度，且在拖拉机前桥高度不变的情况下，前轮势必陷入地面 h。但前轮陷入地面 h 是不可能的，因而只能在偏转前轮时抬高前轴。被抬高的前轴在拖拉机质量的作用下，具有降落到最低位置的趋势。所以转向节轴内倾的目的是使前

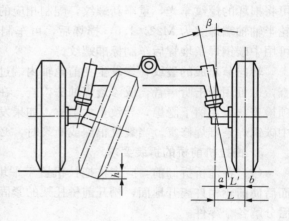

图 12－4 转向节轴内倾

轮在偏转后，产生在重力作用下的自动回正作用，以保持拖拉机直线行驶的稳定性。转向节轴内倾后，就不会因为前轮在行驶中遇到小的障碍而轻易偏转。一旦稍有偏转，前轮也有自动回到居中位置的趋势，这就提高了拖拉机直线行驶的稳定性。另外在转向结束，松开转向盘后，前轮能迅速回到直线行驶位置。

另外，从图中可以看到，转向节轴的内倾，还缩短了前轮着地点与转向节轴轴线的距离（$L < L'$），减少阻止前轮偏转的阻力矩。转向节轴内倾角一般为 $3° \sim 9°$。

2. 转向节轴后倾 如图 12－5 所示，转向节轴的上端向后倾斜一个角度 γ，称为转向节轴的后倾。从图中可以看到，b 点是前轮支承面的中心点，a 点是转向节轴轴线与地面的交点，前轮偏转时，地面给前轮一个侧向反力作用在 b 点上，而对于 a 点产生一个回转力矩，迫使前轮回归居中位置。转向节轴后倾的目的是使前轮偏转后有自动回正的作用，以保持拖拉机直线行驶的稳定

性。如转向节轴后倾角过大，会造成转向操纵费力和前轮摆动现象。转向节轴后倾角一般为 $0°\sim5°$。

3. 前轮外倾 前轮向外倾斜一个角度，称为前轮外倾。它是通过前轮轴的向下倾斜而形成的，如图 12-6 所示。前轮外倾，使前轮支承面中点到转向节轴轴线与地面交点的距离缩短，从而减少阻止前轮偏转的阻力矩，使转向操纵轻便。

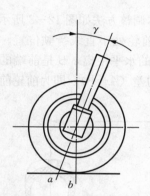

图 12-5 转向节轴后倾

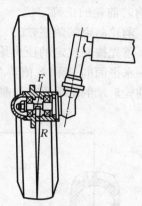

图 12-6 前轮外倾

另外，从图中可以看到，前轮外倾后，地面对前轮的垂直反作用力 R 的轴向分力 F 的作用方向指向前轮轴根，迫使前轮始终压向里面大圆锥滚子轴承，并抵消车轮在转向或在不平地面行驶时所受的向外轴向力，从而减轻了外面小圆锥滚子轴承和轴端螺纹的载荷，使前轮不易产生松脱的危险。前轮外倾角一般为 $1.5°\sim4°$。

4. 前轮前束 前轮的前端在水平面上向里收缩一段距离，称为前轮前束。由于前轮外倾，前轮在行驶中好似一圆锥体滚动，使它有绕轮轴轴线与地面交点 O 向外滚开的趋势，如图 12-7 所示。但前轴把两轮连接着，实际上前轮又不能向外滚开，而只能由前轴强迫它作直线行驶，这势必造成轮胎横向滑移，从而增加了轮胎磨损和行驶阻力。为了消除这种不良影响，前轮设有适当的前

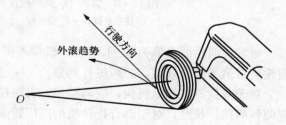

图 12-7 前轮外倾后的运动情况

束，使前轮轴线与地面交点 O 的位置略向前移，从而抵消前轮外倾使前轮偏

离直行方向的倾向，减轻了轮胎磨损和行驶阻力。

5. 前轮定位的调整 确定前轮位置的 4 个倾斜角中，转向节轴内倾、后倾和前轮外倾等 3 个倾斜角是设计制造时确定的，在前轴和转向节轴不变形的情况下，通常不需要调整，使用中唯一需要调整的是前轮前束。另外，在使用过程中，因前轮轴承磨损，间隙增大，如不及时调整，不仅轴承容易损坏，而且也影响着前轮的正确定位。

（1）前轮前束的调整方法　前轮前束的基本调整方法如图 12 - 8 所示：检查调整时，首先按照规定的压力给轮胎充气，使前轮处于直线行驶位置。而后测量出同一水平面的 A 和 B 值，A 是两前轮后端的水平距离，B 是前端的水平距离。两前轮后端的水平距离与前端的水平距离的差（$A-B$），即为前轮前束值。

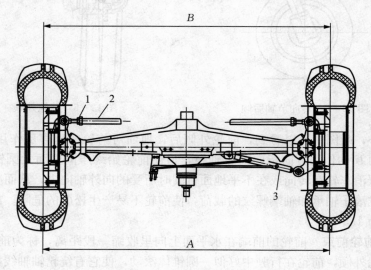

图 12 - 8　雷沃 TG 系列拖拉机前轮前束
1. 横拉杆螺母　2. 横拉杆　3. 液压油缸

通常，前轮前束值为 2~12 mm，机型不同，前轮前束值也有所差别。若前轮前束值不符合规定，必须进行调整。

对于双拉杆式操纵机构，应调整左、右纵拉杆长度；对于转向梯形式机构应调整横拉杆长度；对于部分拖拉机的液压转向式机构，应松开左右转向拉杆的锁紧螺母，使两前轮处于直驶对称位置，调整两转向拉杆，使两转向拉杆长度差值不大于 1 mm，以保证活塞处于中间位置。

雷沃 TG 系列拖拉机属于液压转向式机构，其不与横拉杆连接，前轮前束的调整方法比较简单。具体方法：如果测量值不在出厂规定值 0～5 mm 的范围内，首先松开横拉杆螺母，转动横拉杆接头，调整横拉杆的长度，直到获得适合的前束测量值，而后将横拉杆两端锁紧螺母紧固。

（2）前轮轴承间隙的调整　前轮轴承间隙的正常值一般为 0.05～0.25 mm。检查轴承间隙时，先将前轮顶离地面，朝前轮轴线方向推动车轮，如果能感到有明显轴向移动（此时的间隙一般为 0.5 mm 左右），就应予以调整。调整时，在前轮离开地面的情况下，拆开轴承盖，拔出开口销，将槽形螺母拧紧到消除轴承间隙后（此时用手转动前轮应有较大阻力），再将槽形螺母退回 1/15～1/6 圈，有的机型将槽形螺母退回 1/30～1/10 圈，最后装好开口销和轴承盖，如图 12-9 所示。

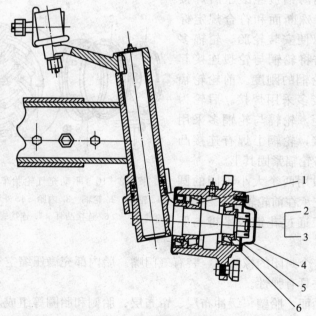

图 12-9　前轮轴承间隙的调整
1. 大锥轴承　2. 槽形螺母　3. 开口销　4. 轴承盖　5. 挡圈　6. 小锥轴承

三、车轮的构造与修理

1. 构造　轮式拖拉机车轮有充气轮胎和铁轮两种，后者一般为水田轮。除手扶拖拉机外，轮式拖拉机车轮还有前轮和后轮之分。前轮除支承拖拉机部分质量并使之行走外，还具有引导拖拉机行驶方向的作用，因此又称之为导向轮。为减少侧向滑移，导向轮胎面上有纵向花纹。后轮除承重和行走外，还具有传递扭矩推动拖拉机前进的作用，称为驱动轮。为增加牵引附着性能，驱动轮胎面上有"人"字形或"八"字形花纹。

拖拉机车轮的橡胶轮胎，一般为充气压力在 0.5 MPa 以下的低压胎，一般导向轮的充气压力常在 0.2～0.24 MPa，驱动轮的充气压力常在 0.18～0.2 MPa。低压橡胶胎易变形，可增大与地面接触面积，提高附着性能，减轻车轮下陷，在松软地面有较好的通过能力。

驱动充气轮胎车轮的构造，如图 12-10 所示。它由内胎、外胎、轮辋、轮辐和气门嘴等组成。

轮辋是用薄钢板经滚压后焊接而成，具有特殊断面和符合规定标准的尺寸，以便安装轮胎。轮辐多呈盘碟状，它将轮辋与轮毂连接起来，并增强轮辋的刚度。前轮轮辐与轮辋的连接多采用焊接。后轮为便于调整轮距，轮辐与轮辋多采用可拆卸式连接，轮辋上焊有连接凸耳，用螺栓将轮辐紧固其上。

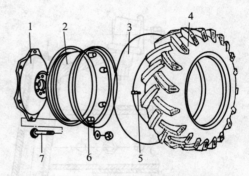

前轮轮毂用两个大小不同的圆锥滚子轴承支承在前轮轴上。

后轮轮毂通过花键或平键与驱动轮轴相连。

图 12-10 驱动充气轮胎车轮的构造
1. 轮辐 2. 轮辋 3. 内胎 4. 外胎 5. 气门嘴
6. 连接凸耳 7. 连接螺栓

内胎是一个封闭的橡胶圈，装有气门嘴。胎内部充满压缩空气，使车轮能承受载荷，并具有弹性。

外胎由胎面、胎壁、缓冲布层、帘布层、胎侧和胎圈等组成。帘布层是外胎的骨架，也叫做胎体，通常由多层绕制在钢丝圈上的挂胶帆布按一定角度贴合而成。胎面是很厚的耐磨橡胶层，印有防滑的轮胎花纹，是轮胎的行驶面，用以保证车轮对地面有足够的附着力，保护布帘层和内胎不受机械损伤。目前国产拖拉机上几乎都采用具有"八"字形花纹的驱动轮，因为它的自行除泥能力较强，在运转时积泥易于从花纹间的缺口挤出，它的缺点是易于磨损。具有"人"字形花纹的轮胎，由于花纹是连续的，因而滚动时较平稳，而且花纹不易变形，轮胎磨损较轻，但这种花纹难于自行除泥，因而在条件恶劣的路面上将严重影响拖拉机的附着性能。为了增强轮胎自行除泥的能力，安装车轮时应注意花纹的方向，即由轮胎上面看下去，"八"字或"人"字的字顶应对着拖拉机的前进方向。

轮式拖拉机在松软土地上的牵引性能较差，特别是水田作业、雨后行驶在泥泞路面上或载重爬坡时更为严重，极易打滑。为使拖拉机充分发挥牵引力，必须改善其驱动轮的附着性能，通常采用两种方法：一是增加拖拉机驱动轮的附着质量。如驱动轮灌水，装置配重铁，借悬挂农机具的质量增重。二是改善轮胎花纹，在轮胎外面加挂铁链或轮刺，增装双轮胎，以增加车轮对地面的抓着能力。

2. 轮胎的修理 造成轮胎早期损坏的原因很多，如前轮定位不正确、轮毂轴承间隙不当、轮辋不正、轮胎气压不当等。其中，轮胎气压不当对轮胎使用寿命影响最大。当气压过低时，轮胎会在车辆的重力作用下发生变形，气压愈低，变形愈大。气压过低的轮胎由于发生变形过大，行驶中轮胎的内部摩擦生热，温度可升高到 100 ℃以上。橡胶在高温下抗拉强度、耐磨性和黏结力都显著降低，造成轮胎产生帘线松散脱胶、线层与面胶剥落、内壁破裂等损坏情况。另一方面，当气压过高时，轮胎虽然变形不大，行驶中温度也不会升得很高，但由于轮胎承受的应力增加了许多，也会产生线层断裂、外胎爆破、加速胎面中部磨损等情况。

(1) 内胎的修补 内胎修补前，应进行一次全面检查，发现内胎有折叠或破裂严重不堪修复、裂口过大或发黏变质、老化、变形过大的，应予报废。

① 小孔眼的修补。内胎有小孔眼时，过去的修补方法有热补或冷补两种。热补工艺是将火补胶对正贴在损坏处，然后用补胎夹具施加一定压力，并点燃火补胶上的加热剂加热，工艺比较复杂，已逐渐被淘汰。目前，由于修补强度高的黏结剂的不断推广应用，冷补工艺的应用比较普遍，其修补工艺如下：

a. 将内胎损坏处周围 20～30 mm 范围内锉粗糙，除去屑末。

b. 将补胎胶布剪成圆形或椭圆形（其大小应能补住损坏处周围 20～25 mm），并把四周剪成斜边，也用补胎锉锉粗糙。

c. 将黏结剂均匀地涂在两个锉粗糙的面上，待胶干后再涂 1～2 层胶水，待干后贴在一起，并用滚子向一个方向滚动压紧（或用锤击），使其贴平粘紧。

② 较大孔洞或裂口的修补。内胎破损范围较大的情况，可采用生胶修补。生胶修补工艺如下：

a. 将裂口剪齐，把伤口边缘磨成 45°，并在伤口周围磨 15～20 mm 宽的粗糙面，用快速胶水涂于伤口斜面及粗糙面上，待干后，用快速补胎胶将伤口填平压实。再在伤口外贴一条宽 20～35 mm、厚 2～3 mm 的快速补胎胶，过厚时，可在火上烘烤拉薄。而后将修补部位压实后夹紧。

b. 过大的孔洞，应把破损处剪成较整齐的洞口，按洞口尺寸、形状剪一块相同的旧内胎胶皮。把胶皮边缘磨出 45°斜面，平放入所补洞内。用内胎用橡胶条将洞口四周空隙填补起来，并用窄边滚轮压紧。

c. 加压和加温，加温至 140 ℃，保温 10～20 min 使生胶硫化。加温方法较多，最简单的是用铁板或旧活塞加热，在加压的状态下进行保温硫化，如图 12-11 所示。将沙袋垫在内胎的下面，使被补内胎处朝上。上面放上一只旧活塞并用千斤顶压紧，其压力不能过大，以免使生胶减薄。然后在活塞内加入 50～60 mL 汽油（一般加到低于活塞油环槽的回油孔 2～4 mm 处），并将其点燃。用铁板加热时，即用一块厚 20～30 mm 的铁板，烧热至 140 ℃后放在生胶上，同样用千斤顶压紧。判断铁板加热温度时，可用水滴在铁板上，水球只发响而不滚动即为适当。

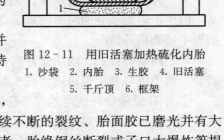

图 12-11 用旧活塞加热硫化内胎
1. 沙袋 2. 内胎 3. 生胶 4. 旧活塞
5. 千斤顶 6. 框架

d. 待铁板或活塞冷却后，取下内胎并充气，修补好的内胎充气胀大后，应保持形状均匀。在水中检查是否漏气。

（2）外胎的修补　轮胎外胎修补前，应进行一次全面检查，发现胎体周围有连续不断的裂纹、胎面胶已磨光并有大洞口、胎体帘线层有环形破裂及整圈分离者、胎缘钢丝断裂或子口大爆炸等损坏情况，应予以报废。发现外胎内侧起黑圈、碾线、跳线，外胎表层脱空、起瘤，胎面、胎侧损伤，胎圈子口腐蚀、破损，胎面偏磨、花纹崩裂等情况，即属早期损坏，应根据具体情况分别予以修补。

外胎在充气压力正常时，如果发现胎面有较小的损伤和裂口，应立即修补好，以防扩大。其工艺是：先排除裂口中的泥沙，使其清洁，涂以胶水，塞上生胶条，再用小型补胎夹具或电烫夹在 0.5 MPa 压力下夹烘十余分钟即可。

外胎常常会有裂口、穿洞、起泡、脱层等缺陷，发现后应马上修理，基本修补方法如下：

① 修理前的处理。用清水将轮胎刷洗干净，稍加晾干，检查决定能否修

理，明确修理部位、修理方法，随后再将轮胎进行干燥处理。

② 割胎。割胎的目的是切除已损伤、腐朽的橡胶与帘线，并将修补处割切成合理的形状，使补贴的衬垫和胶料与被修补面结合坚固，以发挥新胶和衬垫的最大作用。切割的刀具有很多种，可按需要选用。

a. 直径在 25 mm 以下小孔的切割。25 mm 以下的孔大多为钉孔，其切割方法如图 12 - 12a 所示的外斜面切割，孔的直径越小切削的角度可以越大。对于未穿透的孔或者伤及帘布层而未穿透的孔，其切削角度应为 45°左右，其深度不可超过损伤深度。

b. 穿洞的切割。直径在 25～50 mm 穿洞按图 12 - 12a、图 12 - 12b 和图 12 - 12c 所示的方法切割，孔外口大者以外斜面切割，孔内口大者以内斜面切割，内外相同者以双斜面切割，斜坡一般为 45°。用双斜面切割法修补后，其修补处很像一块两面大、中间小的塞子堵住洞口，对防止脱胶是很有益的，但只适用于小洞口，对大洞口来说作用不大。直径 50 mm 以上穿洞，应按图 12 - 12d 和图 12 - 12f 所示的外斜面阶梯形切割和内斜面阶梯形切割的方法切割，洞口边缘不得成尖角，暗伤须割尽，尽量少割伤帘布层。

c. 疤伤的切割。疤伤可分为伤及帘布层和未伤及帘布层两种，其切割方法相同，其切割斜坡为 35°～45°，其深度不可超过损伤深度。割后外轮廓不一定要成椭圆形，而应随疤伤形状而变。

d. 大爆破洞的切割。将按一定长度和宽度揭下大爆破洞口的旧胎面，再从另一条旧胎上割下带有 2 层帘布层的相应的一块胎面，将其贴补到被修的胎面上。切割时，为了避免切割口扩大，应按照如图 12 - 12e 所示不同圆心双斜面切割法进行，每边应超出洞口 100～150 mm，坡口成 45°。

以上的切割方法中除未伤帘布层的钉孔和疤伤外，其他均需按原胎帘布层数，在胎内配贴相应层数的衬垫。切割所用的刀应锋利，刀口沾水能使切割轻松，切口光滑。切割时禁止直接用手把持轮胎，以免伤手。轮胎损伤洞口的切割是一项比较复杂的工作，往往由于操作不当造成洞口脱胶或爆破，严重影响轮胎的修补质量。因此洞口的切割是轮胎修补应引起重视的工作。

③ 磨胎。磨胎的目的是使修补的线层上没有旧胶，并形成新鲜、粗糙表面，便于和贴补的胶料良好结合。磨锉橡胶层用钢钉轮磨头，去除帘布层的胶料则用钢丝轮磨头。磨痕应均匀，深度约为 1.5 mm，帘布层上不留旧胶，帘布层不起毛或挑起，磨锉面积应略大于涂贴胶料的范围。磨锉后要将断头、磨松的线头用锋利的小刀切除干净。

④ 涂胶贴胶。为使贴补的胶料、衬垫和修补表面紧密结合，要在磨锉的

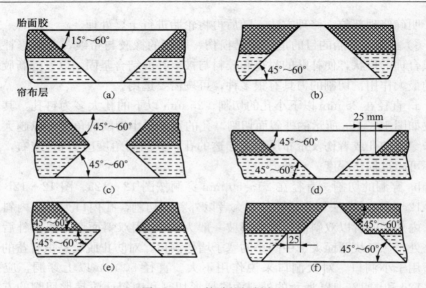

图 12 - 12 轮胎的切割方法
（a）外斜面的切割 （b）内斜面的切割 （c）双斜面切割
（d）外斜面阶梯形切割 （e）不同圆心双斜面切割 （f）内斜面阶梯形切割

表面上涂以胶水。涂胶水之前应将修补表面上的尘土、粉末、胶屑等用干净的压缩空气吹净，并保持干燥。

a. 涂胶。在修补表面均匀涂刷一层稀胶水，使胶水流到所有的磨缝内，不应有气泡。涂胶后，在 30～40 ℃温度下干燥，待胶水中溶剂挥发完后，加涂第二道浓胶水。待干后，及时进行贴胶。

b. 贴胶。将衬垫用沾有溶剂油的布擦干净，干后放入胎内，使衬垫线纹与胎体成 45°角。用带齿窄边的滚轮，从衬垫中间向边缘逐步压实。在衬垫边缘用厚 1 mm、宽 12 mm 的软胶贴好，并压紧。在胎外面，先用软胶条贴好切口斜面的粗糙面，随贴随压实，然后用软胶填满洞底，并压实，勿使各层胶间有空隙。用补贴胶填满胎面层的空间。100 mm 直径以下的洞，胶应高出 1.5 mm，更大的洞，胶应高出 2～3 mm。与洞相通的胎面花纹槽用废胶帘布条或黏土堵塞满，以防其缺胶而在硫化后生成海绵状。堵塞物等硫化后再挖出。大洞或双斜面切割口的伤口内需以填胶充满。

⑤ 硫化。硫化是轮胎修补的最后一道工序，也是影响质量最重要的一道工序。轮胎修补后通过硫化，使贴补的材料和基体联结成一个整体。

硫化质量取决于胶料的配方、硫化温度、硫化时间，以及硫化过程中的压力等因素。硫化压力越大，质量越高，压力至少不应小于 0.5～0.6 MPa。硫化温度以 130～150 ℃为宜。硫化时间要按修补胶层的厚度和硫化模具等不同条件而定，有时必须通过试验决定，通常硫化时间为 45 min 左右。

硫化时，选好与轮胎尺寸、型号相符的模板，放在平板（平板内有蒸汽加热）上预热到 80 ℃，在模内涂刷一薄层滑石粉（便于启模），把压好沙袋的轮胎的硫化部分对正模板，并平放于模板中，如图 12-13 所示。用压紧卡具通过沙袋压紧轮胎、模板。检查安装合格后即可升温硫化。硫化时间到达后降温，松开卡具取下轮胎即可。

⑥ 修后检查。轮胎冷却后，即可检查修补质量。

a. 检查修补部分结合紧密程度，看有否松脱现象。

b. 检查硫化部分硬度，通常使用邵氏硬度计测量轮胎硫化部分的硬度，硬度超过邵氏 60 度为过硫，低于邵氏 55 度则为欠硫。欠硫不能再装上继续硫化补救，因启模后欠硫部分会生成海绵状态，只能切除重新修补。如新胶稍有凸起，常是伤口深处欠硫形成海绵状或脱空所致。

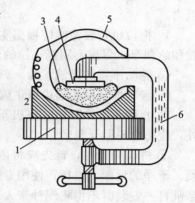

图 12-13　胎侧硫化机
1. 加热板　2. 硫化偏垫　3. 沙袋
4. 压板　5. 轮胎　6. 卡具

c. 检查胎面弧度、宽度、圆周弧度是否有变形，胎圈内沿有无凸出现象，若有凸出必为钢丝圈受损伤、断头刺出所致，对此必须做进一步的处理工作。

四、维护保养与故障排除

1. 行走系统的使用维护

（1）前轮轴承间隙的调整　前轮轴承由于长期使用或润滑不良而磨损，间隙增大，会造成前轮晃动，因此应经常检查，及时调整。通常每工作 800 h，应检查调整一次，一般要求前轮无明显轴向游动，又能灵活转动即可。

（2）轮距的调整　拖拉机在田间作业时，根据农作物的行距不同，轮距需要相应地调整。后轮轮距的调整方法可分为有级调整和无级调整两种。

前轮轮距的调整方法几乎都是采用有级式的，这是因为前轮较窄，容易适应不同作物的行距。一般通过改变左、右转向节支架与前轴的相对位置来调整前轮轮距。其方法是：拔出左、右定位销，松开夹紧螺栓，改变左、右拉杆的长度，拉出或推进转向节支架管到规定值，而后装复固紧。

（3）前轮前束的检查调整　每工作 500 h，应调整一次前轮前束；当前轮前束有明显改变或调整轮距后，必须检查调整前束。

（4）轮胎的使用维护　轮胎在使用中应注意如下几点：

① 轮胎气压应经常保持规定值（夏季应比其他季节低些）。气压过高，使胎体帘布层过分拉伸而断裂，加速胎面磨损，降低减振作用。气压过低，使外胎帘布层脱胶和断线，而轮胎过分变形，还会加速胎面磨损，并增大行驶阻力。

② 拖拉机行驶速度应根据实际情况掌握，不允许在不平坦路面上高速行驶和急刹车，尽量不用拖、拉的方法启动发动机，以免轮胎早期磨损。

③ 轮胎不得沾染油、酸、碱等，以防腐蚀。

④ 经常保持前轮前束值正确，以防前轮早期磨损。

⑤ 长期不工作时，应将机车顶起，使轮胎不承受压力，但不要放气。另外，应防止轮胎受曝晒。

⑥ 拆装轮胎时，首先应将内胎中的空气放掉，并应在无油污、平整、坚硬、干净的地面上进行；使用专用工具，不用有缺口、尖角的工具，切不可乱敲乱打。安装时不得将泥沙带入，花纹方向不得装反。在条件具备时，应使用轮胎拆装机进行拆装。

⑦ 四轮驱动拖拉机在硬路面作一般的运输作业时，不允许接合前驱动桥，否则会引起前轮胎早期磨损，增加燃油消耗。只有当雨雪天气、路面较滑、上大坡后轮容易打滑时，才能接合前桥。当拖拉机驶出困难路段后，应将前驱动桥分离。

⑧ 前轮胎磨损较快且轮胎花纹左右两侧磨损不均时，可根据实际情况将左右轮胎调换使用。

2. 行走系统的故障排除

（1）前轮左右摇摆　产生的原因与排除方法是：

① 前轮轴承间隙过大。检查轴承间隙，调整到规定值，必要时更换新件。

② 转向节支架内铜套和转向节轴磨损，使配合间隙增大。按前述方法修复。

（2）轮胎早期磨损　产生的原因与排除方法是：

① 前轮前束调整不当。重新调整至规定值。

② 操作不当。换挡起步猛松离合器、重负荷大油门高速起步、不必要的

急刹车、超负荷作业引起轮胎打滑、转死弯和打死转向盘前轮滑移及用拖拉法启动发动机等，均会造成轮胎与地面猛烈摩擦。

③ 拖拉机停放和轮胎保管不当，阳光曝晒，油污侵蚀，使轮胎老化腐蚀变质。

④ 轮胎气压不适当。轮胎充气时，应注意使用充气压力表来衡量充气压力，确保符合规定值。

第二节　转向装置的修理

拖拉机的转向系统包括差速器和转向操纵机构两部分，差速器用来使两侧驱动轮在转向时具有不同的转速；转向操纵机构用来偏转前轮，并使两前轮的偏转角之间具有一定的相互关系。这两部分协同作用，改变和控制行驶方向，保持拖拉机的直线行驶和顺利转向，确保行车安全。差速器上一章已讲过，这里只讲转向操纵机构部分。转向操纵机构可分为机械式和液压式两种形式。两轮驱动型拖拉机大都安装的是机械式转向结构，四轮驱动拖拉机和小部分两轮驱动拖拉机采用全液压转向操纵机构。机械式转向结构主要由转向盘、转向器、转向传动杆件等组成。液压转向操纵机构是在机械式转向结构的基础上，增加了操纵阀、油缸、安全稳流阀组、油泵等零部件。

一、转向盘和转向器的构造与修理

1. 构造

（1）转向盘　转向盘的功用是增大力臂，使转向操纵省力。它是一个具有3根辐条、直径为400～500 mm的圆环，用键和螺帽安装在转向轴上。

（2）转向器　转向器是转向机构的主要部件，它将转向盘经转向轴传来的操纵力矩增大后，转变为转向垂臂的摆动，再通过纵横拉杆和转向节臂推动前轮偏转。

转向器应具有一定的可逆性，即不仅可以使转向盘带动前轮偏转，而且在一定程度上允许前轮反过来带动转向盘转动，这样一方面使前轮具有自动回正的能力，另一方面也使驾驶员通过转向盘获得对路面的感觉。

拖拉机上广泛采用螺杆螺母循环球式、球面蜗杆滚轮式、蜗轮蜗杆式转向器和全液压转向器。

① 螺杆螺母循环球式转向器。螺杆螺母循环球式转向器由螺杆、螺母和

扇形齿轮等组成，如图 12-14 所示。螺杆与螺母之间的螺纹槽内装有许多颗钢球，导流管连接着螺母的螺纹槽首尾两端，使钢球形成循环流。扇形齿轮通过固定销与转向螺母连接。齿轮轴支承在衬套上，外端通过三角形花键与转向垂臂连接。当转向盘转动时，螺杆随之转动，并带动螺母沿着螺杆上下移动，与此同时，驱动销便带动两个扇形齿轮以不同的方向转动，从而使固定在两扇形齿轮轴上的左、右垂臂以相反方向摆动，并通过左、右纵拉杆使前轮偏转。

②球面蜗杆滚轮式转向器。球面蜗杆滚轮式转向器由转向轴、球面蜗杆、滚轮和滚轮轴等组成，如图 12-15 所示。转向轴通过三角花键固定在球面蜗杆上，球面蜗杆用两个无内环的锥轴承支承在转向器壳体上，其两端的锥面经过磨削，以代替轴承内环。下盖与壳体间有调整垫片，用以调整两锥轴承的间隙。垂臂轴一端通过滚珠轴承支承在壳体上，另一端通过铜套支承在侧盖上，轴的中部有凸起的"U"形销座，

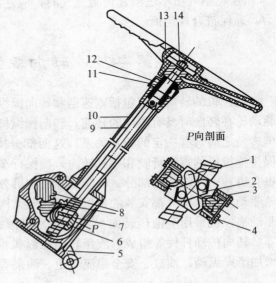

图 12-14　螺杆螺母循环球式转向器
1. 滚珠套管　2. 滚珠大管夹　3. 调整垫片
4. 螺钉　5. 转向垂臂　6. 滚珠　7. 转向螺母
8. 转向扇形齿轮　9. 转向器轴　10. 转向轴套管
11. 调整螺母　12. 锁紧螺母
13. 转向盘　14. 螺母

其上通过滚轮轴和滚针装有滚轮，滚轮与球面蜗杆相啮合。转动转向盘而使蜗杆转动时，滚轮沿蜗杆的螺旋槽滚动，从而带动垂臂轴转动，使垂臂进行摆动，再进一步通过纵拉杆、转向梯形等促使前轮偏转。

③蜗杆蜗轮式转向器。蜗杆蜗轮式转向器是比较老的转向器，由于摩擦损失大，传动效率低，大中型拖拉机基本不采用这种转向器。但是，由于结构简单，制造成本低，常常在一些小型拖拉机上被采用。

蜗杆蜗轮式转向器由蜗杆、蜗轮、偏心套、圆锥滚子轴承、调整盘及调整垫片等组成，如图 12-16 所示。转动转向盘而使蜗杆转动，与之啮合的蜗轮同时转动，蜗轮又带动臂进行摆动，再进一步通过纵拉杆、转向

梯形等促使前轮偏转。

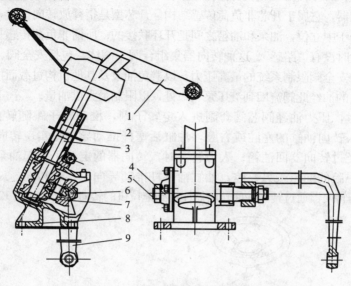

图 12－15 球面蜗杆滚轮式转向器

1. 转向盘总成 2. 转向套管 3. 转向轴带螺杆总成 4. 转向器侧盖
5. 螺母 6. 转向摇臂轴 7. 轴承 8. 转向器壳体 9. 转向垂臂

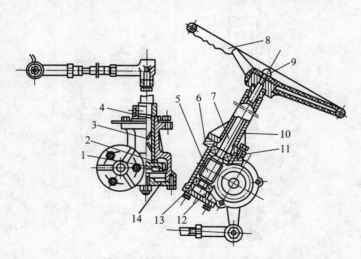

图 12－16 蜗杆蜗轮式转向器

1. 蜗轮 2. 调整垫片 3. 偏心套 4. 调整盘 5. 蜗杆 6. 转向器壳体 7. 转向轴 8. 转向盘
9. 螺母 10. 转向轴套管 11. 垫片 12. 下轴承盖 13. 圆锥滚子轴承 14. 蜗轮端盖

④ 全液压转向器。全液压转向器的具体结构有多种，比较常用的是 BZZ 系列全液压转向器，它属于开芯非负荷传感结构。开芯型是指释放转向盘时，转向器中的旋转阀处于中立位，油泵和油箱之间是开环联接的；所谓非负荷传感是指驾驶员操纵转向盘时没有"路感"。这种转向器集组合阀于阀体，包括安全阀、溢流阀和单向阀等。安全阀限制系统的最高压力，以避免油泵及其他机构过载而损坏。溢流阀是将多余的油经此阀流回到液压泵入口处，以限制最大供油量。

转向时，压力油经阀芯阀套副进入定转子副，推动转子跟随转向盘转动，并将油压入转向油缸的左腔或右腔，油缸活塞杆推动导向轮实现转向，油缸另一腔的油经过转向器回油箱。人力转向时，转向器的定转子副起油泵作用，将转向油缸一腔的油压入另一腔，油缸活塞杆推动导向轮实现转向。

全液压转向器通过转向柱使转向器连接到拖拉机的转向盘上，如图 12-17 所示。

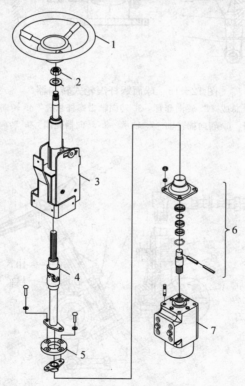

图 12-17　转向盘与全液压转向器的连接
1. 转向盘总成　2. 螺母 M16×1.5　3. 转向柱管调整系统总成　4. 万向节总成
5. 联轴节　6. 短方向管柱总成　7. 全液压转向器及阀块总成

BZZ 系列全液压转向器主要由阀芯、阀套、阀体、转子、定子等组成，如图 12－18 所示，是由随动转阀和摆线转定子副组成的一种摆线转阀式全液压转向器。

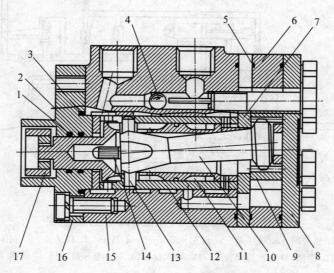

图 12－18　BZZ 系列全液压转向器总成

1、3、5. "O"形圈　2. "×"形圈　4. 钢球　6. 定子　7. 隔盘
8. 后盖　9. 转子　10. 联动轴　11. 阀芯　12. 阀套　13. 拨销
14. 弹簧片　15. 阀体　16. 前盖　17. 十字连接块

BZZ 系列全液压转向器工作原理，可从如下五个方面进行介绍。

a. 转子和定子的作用。如图 12－19 所示，转子和定子构成行星转子泵。定子为 7 个齿，转子为 6 个齿，它们相啮合后形成 7 个封闭的油腔，与阀体上的 7 个油孔相通。转子的公转转速为转子自转转速的 6 倍，两者旋转方向相反。它们在全液压转向器中的作用，一是液压转向时当作随动计量泵，以保证流进液压缸的油量与转向盘的转角成正比；二是在人力转向时起手油泵作用。

b. 拖拉机直线行驶。拖拉机直线行驶时，也就是转向盘静止不动时，阀芯依靠回位弹簧片处于中间位置，从液压泵来的油液沿着图中箭头所示方向进入阀体进油口环槽中，此时阀套和阀芯与回油孔是相通的，而其他油口未被堵死，液压油最后汇合经分配阀回油孔流回油箱。这样，油泵的负荷很小，只需克服管路阻力，而整个系统内油路相通，油压都处于低压状态。因此这种型式又称为常流式液压转向——拖拉机不转向时，操纵阀保持油路相通。由于转向液压缸活塞两端腔内的油口均被转向阀阀芯所堵，既不能进也不能出，油缸的

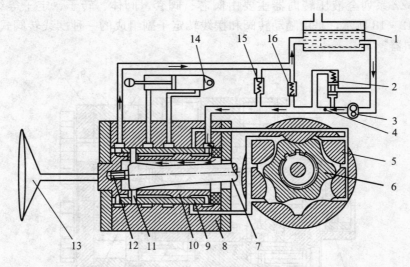

图 12-19　BZZ 系列全液压转向器工作原理图

1. 油箱　2. 稳流阀　3. 液压泵　4. 量孔　5. 定子　6. 转子　7. 联动轴　8. 阀体　9. 阀套　10. 阀芯　11. 拨销　12. 回位弹簧片　13. 转向盘　14. 转向液压缸　15. 单向阀　16. 安全阀

活塞不能移动，拖拉机沿原来的方向行驶。

　　c. 拖拉机转弯。在拖拉机向右转弯时，驾驶员需使转向盘连同阀芯顺时针旋转，由于转向轮受到路面的阻力，最初阀芯保持不动，驾驶员继续顺时针转动转向盘，与转向轴连成一体的阀芯便克服回位弹簧片的力量，阀芯相对于阀套旋转一角度。此时转阀的作用有四项：一是将阀芯上的进油道与阀套的回油孔错开；二是阀芯上 3 条回油槽与转向液压缸左腔油口相通；三是阀芯上 3 条进油槽与计量泵 3 个油腔相通；四是将计量泵另外 3 个油腔与转向液压缸右腔油口相沟通。计量泵上 3 个进油腔在高压油的作用下，迫使转子旋转（其旋转方向与转向盘转向相同），使另外 3 个油腔的容积逐渐缩小，被挤出的油液通向油缸的右腔，形成高油压区，迫使活塞向左移动。同时，转向油缸左腔与回油道相通，形成低油压区，在油压差推动下，活塞向左移动，以实现拖拉机向右转向。由于油压很高，因此拖拉机转向主要靠活塞推力，从而大大减小驾驶员作用在转向盘上的转向力。

　　在拖拉机向左转弯时，转向盘带动阀体逆时针转动，转向油缸油路方向与上述的相反，不再赘述。

　　拖拉机在转向过程中是靠压力油进行的，驾驶员扳动转向盘仅是克服弹簧片的力量来转动转阀，所以不必使用很大的力量硬扳，用力过大会使拨销损坏。

当停止转动转向盘的瞬间，一是靠回位弹簧片的力量使阀芯与阀套迅速回到中立位置；二是靠转子通过联动轴带动阀套旋转，迅速沟通阀芯与阀套的回油孔，堵死其他的油口，使拖拉机按转向盘转动的角度转向。采用液压转向后，拖拉机转向轮偏转的开始和终止都较转向盘转动的开始和终止要略微晚一些。

d. 随动作用。当转动转向盘时，计量泵的转子在高压油的推动下转动的同时，通过联动轴带着阀套按转向盘转动方向旋转，同时迫使转向液压缸的活塞移动。当转子带动阀套转过与转向盘相同的转角时，如果停止转动转向盘即阀芯停止转动，但阀套在转子带动下仍然转动，将阀芯与阀套的回油孔沟通，而其余油口均被堵死，液压缸活塞移动停止，拖拉机的转向动作亦即停止。

液压缸活塞移动量的大小取决于计量泵 3 个腔排出的油量，而 3 个腔排出的油量又取决于转子的转角。由于转子的转角与转向盘的转角要相等，因此转向液压缸的移动量与转向盘的转角成正比，即为随动作用。如果转向盘继续转动，则上述过程继续重复，液压缸活塞也继续移动。

e. 人力转向过程。如果发动机熄火或者油泵发生故障时，液压转向不但不能使转向省力，反而增加了转向阻力。为了减少这个阻力，装置了单向阀，方便了人力转向。单向阀是装在操纵阀的进油道与回油道之间。在正常情况下，进油道中油压为高压，回油道则为低压，单向阀被弹簧和油压所关闭，两油道不相通。在发动机熄火或油泵失效后，进油道变为低压，而回油道却有一定的压力（由于此时油缸活塞起泵油作用），进、回油道的压力差使单向阀打开，两油道相通，液压油从油缸的一边（被活塞挤压的一边）流向另一边（活塞离开后产生低压的一边），这就减少了转向阻力。不过，此时驾驶员转动转向盘还是很费力的。这种转向器的人力转向过程中，推动导向轮转动的仍然是液压油，故称此转向器为全液压转向器。

2. 修理与装配调整　上述 3 种机械式转向器的构造大同小异，其检查修理的内容基本相同，下面仅以螺杆螺母循环球式转向器为例进行介绍。

（1）转向轴的修理　转向轴的缺陷主要是花键齿、半圆键槽和与滚动轴承或轴套配合的轴颈磨损。花键齿、半圆键槽磨损后的修理方法比较复杂，且需要铣床等设备，目前已极少采用，一般是更换新件。转向轴与滚动轴承或轴套配合的轴颈磨损超过 0.1 mm 时，可采取配制相应尺寸的轴套来修理；当磨损较大时，还可以采取镶套、堆焊法进行修理。

（2）转向器的修理与装配调整

① 检查修理。螺杆螺母循环球式转向器的常见缺陷是：与滚珠配合的螺纹滚道磨损，螺杆上端与止推轴承配合的轴颈磨损，螺母与固定销配合锥孔磨损，扇形齿啮合表面磨损，齿轴与衬套配合轴颈磨损。

螺杆和螺母的螺纹滚道磨损后，转向盘的自由转角增大，可换用新滚珠经研配，恢复正常配合。当滚道磨损出现凹坑或疲劳剥落时，应更换新件。

螺杆上端与止推轴承配合的轴颈磨损后，产生径向晃动。当磨损轻微时，可采用更换内径缩小的轴承座垫的方法，恢复正常配合。磨损严重时，采用堆焊修复。堆焊后加工到标准尺寸，然后配相应尺寸的轴承座垫。

止推轴承磨损后，转向盘的轴向窜动量增加，应调整轴承压紧螺母，恢复正常的轴向间隙，磨损严重时，应更换新的钢球，经选配和互研，恢复正常配合。

转向螺母与固定销配合锥孔磨损，使固定销轴向间隙增大，可通过抽减垫片进行调整。正常的轴向间隙为 $0.1\sim0.2\,mm$。若磨损严重，不能通过调整恢复正常间隙时，可换加大尺寸的固定销。

齿轴与衬套配合的轴颈磨损后，可磨削轴颈消除椭圆，配相应尺寸的衬套。衬套压入壳体后再铰削到要求尺寸，并注意保证 3 个衬套的同心度。

② 装配调整。装配前，先把所有零件清洗干净，检查各主要零件的配合尺寸，应符合规定要求。

a. 转向螺杆组件的装配与调整。先将橡皮碗套到转向螺杆的相应位置，再把转向螺杆从上面装入转向立柱套管内。而后依次套入止推轴承下座垫、钢球下座，涂上润滑脂后，装入钢球，装上钢珠上座。最后拧上止推轴承调整螺母，在转动螺杆的同时拧紧螺母，应保证钢珠在上下座之间自由滚动，但无轴向窜动，然后装上锁片，拧入锁紧螺母，将两个螺母并紧，但暂不要锁死。

b. 转向螺母和固定销的组装与调整。首先用螺钉和夹持片把滚珠导管固定在转向螺母上，并把螺钉锁紧。再用固定销把转向螺母装在扇形齿轮传动轴两凸耳之间，调整固定销与凸耳之间的垫片厚度，保证拧紧固定螺钉后，转向螺母能围绕固定销自由转动，并有 $0.1\sim0.2\,mm$ 的轴向间隙。调好间隙后，把右边的固定螺钉用锁片锁紧，拧松左边的螺钉，取出转向螺母，注意不要卸下螺钉，以保持原来垫片数目不变。最后向转向螺母和滚珠导管内加入适量润滑脂，把选配后的滚珠依次装入。

c. 转向器壳与扇形齿轮轴的装配。把衬套分别压入转向器壳体和侧盖内的相应位置，装上油封。之后把扇形齿轮轴和扇形齿轮传动轴推入转向器壳体内，使扇形齿轮轴的 4 个齿啮合在扇形齿轮传动轴的 5 个齿之间。

d. 转向器总成的组装。把转向螺杆拧到转向螺母上，使转向螺母处于转向螺杆的中间部位。而后把转向螺杆和转向螺母组件一起插入转向器壳内扇形齿轮传动轴两凸耳之间，要注意使螺母带滚珠导管的一面朝下，在转向立柱套管支座和转向器壳之间装上纸垫。再将转向螺母左边固定销的两个螺钉拧紧，使固定销与转向螺母达到预先调好的配合间隙，用锁片将螺钉锁住。拧紧转向立柱套管支座和转向器壳的固定螺钉，再把两扇形齿轮轴的轴头堵塞敲入壳体内。检查转向轴止推轴承紧度：把转向盘用键连接到转向螺杆上，转动转向盘检查止推轴承的紧度，若以 2～3 N 的力能转动螺杆，表示轴承紧度合适，否则应调整轴承压紧螺母。调好后，将锁紧螺母并紧，用锁片锁牢。最后依次装上黄油嘴、毛毡圈、键、转向盘，最后装上锁片，拧紧固定螺母并锁牢。

（3）全液压转向器的维护　全液压转向器属精密装置，非专业人士切勿自行拆卸、调整。必须拆卸时应在清洁地点按要求进行。下面以雷沃 TG 系列拖拉机为例，简要介绍全液压转向器的检查与维护方法。

① 拆装时应保证所有零部件干净，防止磕碰。

② 如果转向器带组合阀，不要拆开组合阀，因为组合阀内的压力调整必须经试验设定。

③ 拆装阀芯阀套副时应特别注意必须垂直取出或装入，防止拨销窜出。

④ 液压系统各部件在装配前和装配过程中必须始终保持清洁，所有的管路、齿轮泵的内部清洁度指标按 JB/T7858 的规定执行，防止污物进入转向器内部或液压系统。

⑤ 确保管路安装正确，如图 12 - 20 所示：P 口接油源（压力油口），T 口为回油口，接油箱，R 口和 L 口分别接转向油缸右油口和左油口。油口管接头应清洁，切不要采用生胶带等进行密封，所有紧固件要联接牢固，不能有松动现象。所有管件联接部位要密封可靠，液压系统高压管路在 16 MPa 压力下，保压 5 min，不能有漏油、渗油现象。

⑥ 安全阀压力的确定：安全阀压力设定

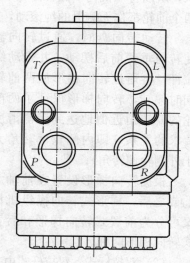

图 12 - 20　液压转向器油管接头示意图

P. 压力油口　R. 转向油缸右油口

L. 转向油缸左油口　T. 回油口

应高于转向器工作压力 2 MPa。

⑦ 转向器安装时应避免转向器输入端轴向力。对转向柱的配备要求：转向柱的结构必须能保证不传递轴向负载到转向器的输入轴上，安装转向柱时应该使转向器在完成操纵动作以后，能自动回到其中立位置。转向盘固定螺母的拧紧力矩为 200 N·m。

⑧ 安装时应保证转向器与转向柱同心，并且轴向应有间隙，以免阀芯被卡死，安装后检查转动是否灵活。

⑨ 试运转：在油箱中加油至标准油面，然后使油泵低速运转，松动油缸连接接头，排放系统中的空气，直至油中不含泡沫为止。将所有螺纹连接处拧紧，检查转向系统在各种工况下是否正常，如发现异常，应立即停车检查。

二、转向传动杆件的构造及修理

1. 构造

（1）梯形式 转向梯形式是由横拉杆、纵拉杆、转向梯形臂、转向节臂、转向摇臂和前轴组成的机构，如图 12 - 21 所示，在水平面内的投影呈一梯形状，所以将该机构叫做转向梯形。其作用是使两前轮获得不同的偏转角度，使两个前轮都作无侧滑的纯滚动，从而降低行驶阻力，减少轮胎磨损。

转动转向盘时，通过转向器使转向垂臂前后摆动，并带动纵拉杆，再通过转向梯形使两前轮同时偏转，转向梯形保证了两前轮的偏转角近似地达到无侧滑所要求的关系（即内侧轮偏转角大于外侧轮偏转角）。

根据转向梯形设置在前轴之前或之后，梯形式转向操纵机构又可分为前置式转向梯形和后置式转向梯形两种。

（2）双拉杆式 双拉杆式由左右纵拉杆、左右转向摇臂和左右转向垂臂等组成，如图 12 - 22 所示。左右纵拉杆、左右转向摇臂分别构成了两个"半梯形"，两个"半梯形"的纵拉杆分别与左转向摇臂、右转向摇臂铰接。

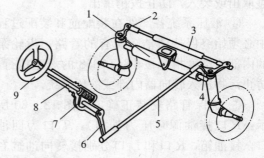

图 12 - 21　梯形式转向结构

1. 前轴　2. 转向梯形臂　3. 横拉杆
4. 转向节臂　5. 纵拉杆　6. 转向垂臂
7. 转向器　8. 转向轴　9. 转向盘

转动转向盘，通过两个转向垂臂、纵拉杆和转向摇臂，分别带动两个前轮偏转，并依靠各传动杆件的合理长度和安装位置，来实现两前轮的偏转角近似地满足无侧滑所要求的关系。

（3）转向垂臂　转向垂臂与垂臂轴的连接一般多用三角花键，其下部以球头销与纵拉杆作铰链连接。它在垂臂轴上轴向位置的固定通常有两种方法，一种是垂臂上端铣有豁口，垂臂轴上有环槽，通过螺钉将垂臂夹紧在垂臂轴上，并靠螺钉卡在环槽中以防止其轴向窜动。另一种是将垂臂的花键孔和垂臂轴的花键部分都做成锥面，并利用螺母在端面紧固。

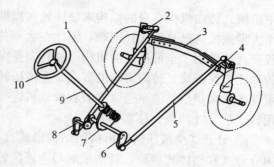

图 12-22　双拉杆式转向结构

1. 左纵拉杆　2. 左转向节臂　3. 前轴
4. 右转向节臂　5. 右纵拉杆　6. 右转向垂臂
7. 转向器　8. 左转向垂臂　9. 转向轴　10. 转向盘

（4）纵拉杆　纵拉杆是一根空心管，用以连接转向垂臂和转向节臂。许多拖拉机上的纵拉杆，在转向过程中纵拉杆要作空间运动，因此它与转向节臂和转向垂臂采用球节头销连接，以保证其运动可靠灵活，如图 12-23 所示。为了消除球头磨损后产生的间隙，保持转向操纵机构的灵敏性，纵拉杆两端都设有补偿弹簧，始终将球头销座压紧在球头上。同时弹簧还起缓冲作用，为了缓和来自两个方向的冲击，两弹簧应设在两球头的同一侧。有时前轮轮距调整后，为了保持前轮的正确位置，纵拉杆的长度也应随着发生变化，所以一般将空心管两端分别做成左右螺纹，以便调节纵拉杆的长度。

（5）横拉杆　在转向梯形转向机构中设有转向横拉杆，它与纵拉杆一样，也要作空间运动，所以，其两端也采用球头销连接，并且补偿弹簧横向布置，以保证工作中长度不变。

（6）液压转向传动机构

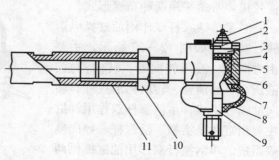

图 12-23　转向纵拉杆及球头销

1. 润滑脂嘴　2. 开口销　3. 密封盖　4. 弹簧
5. 球头销盖　6. 球头销座　7. 拉杆接头体
8. 油封套　9. 球头销　10. 锁紧螺母　11. 纵拉杆

由机械式转向机构本身的结构来兼顾转向操纵的省力和灵敏两方面的要求，对于大型拖拉机已显得比较困难。因此在大型拖拉机特别是四轮驱动拖拉机上，较广泛地采用了全液压转向机构，使转向操纵十分省力，同时适当选择转向器传动比以保证满足转向灵敏的要求。全液压转向所用的高压油液是由发动机所带动的油泵供给。油泵通常安装在发动机近旁。齿轮式油泵用得较多，也有采用转子泵、叶片泵、柱塞泵的。

① 分开式全液压转向机构的结构形式及工作过程。全液压转向机构可分为分开式和整体式两种，转向油缸与全液压转向器分开单独设置的称为分开式液压转向机构；转向油缸与全液压转向器做成一体的，称为整体式液压转向机构。整体式液压转向器结构紧凑，管路较少，但当转向负荷很大时，若采用整体式，则结构尺寸会很大，往往使总布置很困难，并且由于转向器需要传递很大的力，路面对车轮的冲击也会传到转向器，使转向器容易磨损。因此，在转向桥负荷大的四轮驱动拖拉机上常采用分开式液压转向机构，即把转向油缸和转向器分开安装，如图 12-24 所示。分开式液压转向机构主要由转向油缸和操纵阀组成。驾驶员通过转向盘控制操纵阀，操纵阀根据转向盘转动比例输送相对的油量，以使自液压泵供来的高压油流入转向油缸中活塞的相应一侧，同时另一侧的油量回到油箱。在油压作用下活塞和油缸产生相对运动，于是带动转向传动机构，使导向轮产生向左或向右的偏转。当发动机熄火或液压泵失效时，也可以通过手动方式转向。这种结构型式在拖拉机上布置比较灵活。

② 典型全液压转向操纵机构形式。四轮驱动拖拉机和部分两轮驱动拖拉机，常常采用两种布置形式。

一是单活塞杆双作用油缸操纵形式，其结构如图 12-25 所示，主要由方向盘、液压转向器、转向油缸、液压泵、滤清器、转向梯形拉杆、转向油箱等组成；单活塞杆双作用油缸主要由缸体、活塞、活塞杆、导向塞等组成。单活塞杆双作用油缸提供两个方向上的力，根据方向盘转动的方向，压力油进入油缸的一端，使油缸伸展而另一端缩回，油缸拉杆向一方向运动，使拖拉机的前轮转动；或

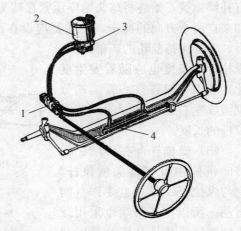

图 12-24 分开式液压转向机构形式示意图
1. 操纵阀 2. 油箱 3. 液压泵 4. 转向油缸

者，方向盘转向另一方向，压力油进入油缸的另一端，使油缸拉杆向另一方向运动，从而使拖拉机的前轮向相反的方向转动。

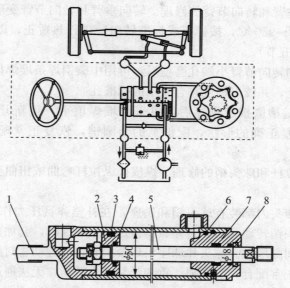

图 12-25 单活塞杆双作用油缸操纵形式及转向油缸结构
1. 缸体焊合 2. 活塞 3、4、6、7. 密封圈 5. 活塞杆 8. 防尘圈

二是双活塞杆双作用油缸操纵形式，其结构和工作过程与单活塞杆液压缸的基本相似，如图 12-26 所示。转向油缸与前桥平行安装并与转向横拉杆连接，以保证转向动作与两个前轮保持一致。

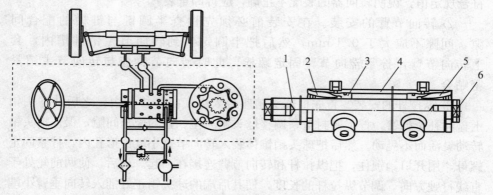

图 12-26 双活塞杆双作用油缸操纵形式及转向油缸结构
1、6. 活塞杆 2、5. 导向套 3. 活塞 4. 液压油管

2. 修理 转向传动杆件的常见缺陷是磨损和变形，导致转向盘自由转角增大，转向角度变小，左右转角不协调，转向操纵困难甚至失灵。

（1）转向垂臂和转向节臂的修理 转向垂臂和转向节臂变形后，可把变形部分加热至 850～950 ℃，按样板或标准转向臂进行热矫正，以恢复正确形状（详见第二章第五节）。

转向垂臂和转向节臂小端孔磨损后，可用中碳钢焊条堆焊把孔填满，磨平端面，重新钻孔，并铰出锥度符合要求的标准孔。

转向节臂键槽磨损或损坏后，可采用堆焊填平，重新开槽修复，也可把键槽修整恢复正确的形状，配加宽的半圆键，恢复正常配合。目前大都是更换新件。

（2）纵横拉杆和球头销的修理 纵横操纵拉杆弯曲或扭曲变形后，可通过冷压矫直。

纵横拉杆接头内都装有球头销和销座，在补偿弹簧压力作用下互相贴合。注意要保证球头销转动灵活，当弹簧压得过紧或缺油时，会加速球头和球座的磨损，使配合间隙增大。球头和球座出现磨损时，可拧动密封盖螺母，调整弹簧压力，恢复正常配合。当磨损严重和弹簧弹力减弱，无法通过调整恢复正常配合时，应更换新件。

（3）传动杆件的安装

① 转向垂臂的安装。首先把转向器总成装到拖拉机上，转动转向盘处于中间位置，再装上左、右转向垂臂，使垂臂上的宽齿与轴上的定位槽对准。装后的垂臂应向后倾斜一定的角度，不同机型其向后倾斜角度值亦不同。如果不符合规定值，说明转向器的装配不正确，应拆卸重装。

② 转向节臂的安装。在安装前必须先检查半圆键与键槽的配合间隙，间隙不应大于 0.1 mm，然后把半圆键装到转向节主销键槽内，套上转向节臂，拧紧转向节臂固定螺栓，此时转向节臂应与转向节主销紧密贴合。

③ 纵拉杆的安装。首先把球头销座装入纵横拉杆接头内，之后装球头销上盖和补偿弹簧，拧上密封盖，调整球头销与座、盖的配合间隙，保证球头销转动灵活而不晃动。然后把球头销锥体装入转向节臂小端锥形孔内，拧紧固定螺母，用开口销锁住，把纵拉杆和转向节臂连接在一起。最后，使两前轮处于直线行驶方向，调节纵拉杆的长度，使其后端的球头销正好插入转向垂臂小端孔内，转向垂臂后倾的角度应符合规定值，而后拧紧固定螺栓，穿上开口销锁住。

三、转向机构安装后的检查与调整

1. 转向盘自由转角的检查与调整　使两前轮对正前方，转动转向盘直到前轮开始偏转，转向盘向左和向右空转的角度称为自由转角，应不大于 15°。若不符合要求，应进行调整。

采用螺杆螺母循环球式转向器的应依次调整转向螺杆、止推轴承的轴向间隙、转向螺母与固定销的配合间隙、纵横拉杆接头与球头销的配合间隙，直到符合要求为止。

采用球面蜗杆滚轮式转向器的是通过专门的调整螺钉来进行调整，调后用锁紧螺母锁紧。

采用蜗轮蜗杆式转向器的是通过松开转向器壳后边的固定螺钉，转动调芯衬套，改变蜗轮的位置进行调整。调整好以后，将固定螺钉拧紧。

2. 转向盘左右转动量的检查与调整　两前轮正对前方，转向盘从中间开始向左和向右转动，检查左右转动量是否一致，能否达到最大值（转向节主销上的限位块与副套管的凸肩相碰表示转动量达最大值）。如果不符合要求，应卸下纵拉杆重新调整前轮和转向盘的位置，并矫正变形的零件。

3. 检查与调整前轮前束　转向机构安装调整后，无论前轮前束如何，都应按照前面讲过的方法再次检查与调整前轮前束。

部分拖拉机转向器的修理技术要求，见表 12－2。

表 12－2　拖拉机转向器的修理技术要求

机型	转向器形式	自由转角	轴向间隙	啮合间隙
铁牛－55	球面蜗杆滚轮式	不大于 15°	安转向器时，须将蜗杆轴承预紧。预紧时增减转向器壳体和转向器下盖间的调整垫片，拧紧转向器下盖螺栓，压紧下盖	拧松右侧的调节螺母，打向转向垂臂轴调整螺钉，使滚轮在中间位置时，转向盘左右转动 45°，蜗杆与滚轮啮合没有间隙
上海－50	带滚珠的螺杆螺母式	不大于 15°	将转向轴滚珠轴承上座拧到底，消除间隙后拧紧螺母，锁好垫片	调整两侧的调整垫片厚度，使固定销与转向螺母无间隙，但不能用很小力矩把转向螺母转动

（续）

机型	转向器形式	自由转角	轴向间隙	啮合间隙
雷沃 TH404	循环球阀	不大于 15°	装配时通过增减上盖衬垫保证转向螺杆轴承预紧程度，在不带转向盖臂轴时，加在方向盘上的力为 1.5～4 N	不大于 0.02 mm
TS250	球面蜗杆滚轮式	不大于 15°	安转向器时，须将蜗杆轴承预紧。预紧时增减转向器壳体和转向器下盖间的调整垫片，拧紧转向器下盖螺栓，压紧下盖	拧松右侧的调节螺母，打向转向垂臂轴调整螺钉，使滚轮在中间位置时，转向盘左右转动 45°，蜗杆与滚轮啮合没有间隙

四、全液压转向系统常见故障判断排除方法

全液压转向系统常见故障判断排除方法见表 12-3 和表 12-4。

表 12-3　液压转向器总成常见故障判断排除方法

故障现象		产生原因	排除方法
漏油	① 零件结合面漏油；② 前盖处漏油；③ 螺栓（堵）漏油	① 结合面有污物② 轴密封圈损坏③ 螺栓（堵）拧紧力矩不够	① 将结合面清理干净② 更换密封圈③ 拧紧螺栓（堵）
转向沉重	① 转向盘快转沉，慢转轻② 油缸动作迟缓，有不规则响声③ 转向沉，且转向油缸无动作④ 油缸不动作⑤ 空载转向轻，重载转向沉⑥ 转向沉	① 供油不足② 转向系统中有空气③ 人力转向单向阀失效④ 过载阀或油缸内泄露⑤ 安全阀垫堵泄露或安全阀弹簧失效⑥ 液压油黏度太高	① 检查油泵是否正常，并清洗滤网，油泵不正常，应拆下修理② 排除系统中空气，并检查油泵进油口是否漏气，若漏气，应更换油管③ 检查并清洗单向阀，若单向阀失效，应更换④ 检查油缸并清洗过载阀，更换活塞密封圈⑤ 清洗检查安全阀，更换失效的弹簧⑥ 更换符合规定的液压油

（续）

故障现象	产生原因	排除方法
转向失灵	① 转向不能回中位 ② 压力波动明显，甚至不能转向 ③ 当转动转向盘时，转向盘立即向反方向转或左右摆动 ④ 车辆行驶中跑偏，转动转向盘时无转动	① 弹簧片失效 ② 拨销弯曲或折断，联动轴销槽处断裂 ③ 联动轴与转子相互装位 ④ 双向过载阀被脏物垫住或弹簧失效	① 更换弹簧片 ② 更换拨销或联动轴 ③ 重新装配 ④ 检查清洗过载阀，更换失效的弹簧
转向盘不自动回中位	中位位置压力降增加，转向盘停止转动时，转向器不卸荷（车辆出现跑偏）	① 转向柱与阀芯安装不同心 ② 转向柱轴向顶死阀芯 ③ 弹簧片折断	① 正确调整转向柱与阀芯的同心度 ② 正确调整转向柱与阀芯的间隙 ③ 更换损坏的弹簧片
转向转不到极端位置	转向油缸转不到极端位置，并感觉转向沉	安全阀压力低	适当调高安全阀压力
无终点感	转向油缸转到极端位后，当用力转动转向盘时，转向盘即可以较轻地转动	过载阀压力低	适当调高过载阀压力
人力转向失灵	动力转向时，油缸活塞至极端位置，驾驶员终点感不明显，人力转向时，转向盘转动油缸不动	定转子副的径向或轴向间隙过大	更换定转子副

表 12 - 4 全液压转向系统常见故障判断排除方法

故障现象	产生原因	排除方法
不能转向	① 液压转向器总成的驱动轴装配错误 ② 油管破裂	① 重新装配 ② 更换油管，之后必须加油并排气

（续）

故障现象	产生原因	排除方法
液压转向困难（转向过重）；慢转轻，快转重；转动转向盘，而油缸时动时不动；轻负荷转向轻，增加负荷转向沉重；快转与慢转，转向盘沉重，并且转向无力	① 前轮胎气压过低 ② 液压齿轮油泵供油量不足，齿轮油泵内漏或转向油箱内滤网堵塞 ③ 转向系统有空气 ④ 转向泵油箱油位不足 ⑤ 安全阀弹簧弹力变弱，或钢球不密封 ⑥ 动力转向液不合适或油液黏度过大 ⑦ 阀体内钢球单向阀失效 ⑧ 阀座损坏 ⑨ 转向系漏油，包括内漏（油缸）、外漏	① 按规定要求充气 ② 检查齿轮泵是否正常，清洗滤网或更换齿轮油泵 ③ 排除系统中空气，并检查吸油管路是否进气 ④ 加油至规定液面高度 ⑤ 清洗并调整安全阀压力弹簧的弹力，或更换安全阀 ⑥ 换成规定的油液 ⑦ 清洗、保养或更换钢球单向阀 ⑧ 更换阀座 ⑨ 检查并排除漏油点，必要时更换活塞及其密封圈
当手松开时方向盘自己转动	控制阀卡滞	清洗维修或更换控制阀
转向力不稳定	① 控制阀卡滞或控制阀其他故障 ② 因为缺油空气被吸进液压泵 ③ 空气从吸油回路被吸进液压泵	① 清洗维修或更换控制阀 ② 补充动力转向液并排气 ③ 检查修复漏油点、加油并排气
前轮左右摆动	① 控制阀故障 ② 因为缺油空气被吸进液压泵 ③ 吸油回路漏气，空气被吸进液压泵 ④ 回路中有空气 ⑤ 油缸故障	① 清洗维修或更换控制阀 ② 补充动力转向液并排气 ③ 检查修复漏气点、加油并排气 ④ 放泄动力转向液进行排气 ⑤ 维修更换活塞或活塞密封圈
车轮转向与转弯方向相反	油管反方向连接	重新正确装配
手动转向时转向盘空转	① 回路中有空气 ② 因为缺油，空气被吸进液压泵	① 放泄动力转向液进行排气 ② 补充动力转向液并排气
液压泵有噪声（嘎吱声）	① 动力转向液中有空气 ② 动力转向液液面过低 ③ 液压泵座过松 ④ 因为缺油空气被吸进液压泵 ⑤ 空气从吸油回路被吸进液压泵 ⑥ 油管变形	① 加油并排气 ② 加油至规定液面高度 ③ 紧固泵座 ④ 补充动力转向液并排气 ⑤ 检查修复漏气点、加油并排气 ⑥ 更换油管

（续）

故障现象	产生原因	排除方法
液压转向失灵	① 拨销折断或变形 ② 联动轴开口折断或变形 ③ 转子与联动轴相互位置装错 ④ 转向油缸活塞或活塞密封圈损坏	① 更换拨销 ② 更换联动轴 ③ 重新装配 ④ 更换活塞或密封圈
液压转向时转向盘不能自动回到中立位置	① 弹簧片折断 ② 转向轴与转向立柱套管不同心 ③ 转向轴轴向顶死阀芯 ④ 中立位置压力降过大或转向盘停止转动时转向器不卸荷 ⑤ 转向轴与阀芯不同心	① 更换弹簧片 ② 修理或更换转向立柱套管 ③ 正确调整转向柱与阀芯的间隙 ④ 修理或更换控制阀 ⑤ 正确调整转向柱与阀芯的同心度
液压转向无人力转向	① 转子与定子间隙过大 ② 油缸活塞密封性太差	① 更换转子和定子 ② 更换活塞密封圈
油温升高太快	安全阀故障	更换安全阀
动力转向液中有泡沫或乳化（油液中有空气）	① 齿轮油泵内部泄漏 ② 动力转向液液面过低	① 检查修理齿轮油泵的内部泄漏，并排出系统中的空气 ② 加油至规定液面高度
齿轮泵漏油，导致压力过低	① 液压泵密封处骨架油封损坏 ② 螺栓松动 ③ 密封件损坏	① 更换骨架油封 ② 拧紧螺栓 ③ 更换密封件

五、全液压转向系统的维护保养

1. 在使用过程的注意事项

（1）经常检查各螺纹连接处，如有松动应及时拧紧。全液压转向系统工作时各连接处不得有漏油现象；所有油管螺纹及螺栓应拧紧，扭紧力矩应符合规定值。

（2）经常检查转向油箱液面，不足时按要求添加足够的油液。

（3）使用过程中，如发现转向沉重或失灵时，应首先仔细查找原因，不可用力转动转向盘，更不要轻易拆开转向器，以防零件损坏。

（4）严禁两人同时转动转向盘。

（5）安装全液压转向系统时，转向器应保证与转向管柱同轴，且轴向应有间隙。安装后对转向系进行试运转，整个系统应运转正常，不应有漏油、转向沉重和卡滞等不正常现象，转向盘回位应灵活。

（6）检查和维护转向油箱。打开油箱盖观察油尺，如箱体内油量不足，应检查找出原因，然后补充加油至油尺的中间刻线。油箱内滤网应定期清洗或更换。

（7）检查转向油液的清洁度。应经常检查滤清器滤芯和油液的情况，以保证动力转向油液的清洁。检查方法：将油液滴一滴到吸墨纸上，如油迹有一黑色中心，即应更换油液。

2. 排放转向系统中的空气　转向液压系统维修后、更换或加注油液后，必须排尽系统中的空气。通常按如下步骤排出系统中的空气。

（1）装配完成后，应拧松油缸上的两个管接头，低速运转油泵进行放气，直至流出的油中不含泡沫为止。

（2）拆除转向油缸活塞杆与转向轮的联接，转动转向盘，将转向盘向左或向右打到底，使活塞达到最左或最右，在两个极端位置不要停留，将液压转向油液添加至油液液面指示器的最低标记。

（3）启动发动机，使发动机在怠速下运行，重新检查液面。必要时，添加油液，使液面达到最低标记。

（4）使转向盘回到中心位置。发动机继续运行 2～3 min。

（5）重新添加、检查油液液面，确保系统达到正常工作温度并稳定后，液面达到规定的最高标记。

（6）将所有螺纹连接处拧紧（不要在有压力的情况下拧紧），连接活塞杆。检查转向系统在各种工作条件下，工作是否正常。

（7）路试车辆，确保转向功能正常且没有噪声。

第三节　制动装置的修理

拖拉机的制动系统是保证安全行驶的重要系统，它由制动器和操纵机构两部分组成。为了协助拖拉机转向，轮式拖拉机一般都设有两套制动器和操纵机构，以便对两侧驱动轮进行单独制动。直线行驶时，通常将两套操纵机构联合起来操纵。制动器是专门用来对驱动轮产生阻力矩的装置，使驱动轮能够迅速减速至停止。操纵机构则是对制动器施加操纵力的机构。

一、制动器的构造与修理

1. 构造 目前轮式拖拉机使用的制动器都是摩擦式制动器，它主要由旋转元件和制动元件组成。旋转元件始终随驱动轮转动，制动元件则固定在拖拉机机体上。通过操纵机构使旋转元件和制动元件在压力下进行摩擦，产生阻力矩，阻止驱动轮转动。根据制动元件的形状不同，摩擦式制动器分盘式、蹄式和带式 3 种，其中带式制动器应用得很少，大多用于履带式拖拉机上；小型轮式拖拉机大多采用蹄式制动器；大中型拖拉机普遍采用密封性好、尺寸紧凑、操纵轻便的盘式制动器。

（1）盘式制动器 盘式制动器分干式和湿式两种。

① 干式盘式制动器。使用盘式制动器的拖拉机，通常将制动器对称地装在后桥壳体和左右半轴壳之间。盘式制动器有两个制动压盘，制动压盘的内端面上制有多个球面斜槽，互相对应，槽内装有小钢球，两制动压盘用几个回位弹簧拉紧在一起，组成制动元件。两个制动压盘浮动地支承在制动鼓内的 3 个凸肩上，不随主动轴旋转，只能作较小弧度的转动。两个摩擦圆盘位于两个制动压盘两侧，摩擦圆盘总成通过花键套在半轴上，随轴一起转动，并能作轴向移动，是制动器的旋转元件。两制动压盘用内拉板和外拉板与拉杆调节叉连接，调节叉另一端与拉杆连接。拉杆通过左制动杠杆及踏板轴与左踏板相连，另一边直接与右踏板相连。制动时，踏下制动踏板，通过拉杆、拉杆调节叉拉动内外拉板，使两压盘相对转动一个角度，带动钢球在球面斜槽中由深处向浅处滚动，将两制动压盘挤开，分别推动两摩擦盘压紧在制动鼓及制动盘的制动端面上，产生一制动力矩，从而迫使主动轴停止转动；当松开制动踏板后，踏板回位弹簧将踏板拉回原位，两制动压盘在压盘回位弹簧作用下反向相对旋转回到原位，钢球又进入斜槽深处，从而消除了对驱动轮的制动，如图 12 - 27 所示。

左、右制动踏板设有连锁板，以便选择同时制动两驱动轮或单边制动。另外，制动踏板

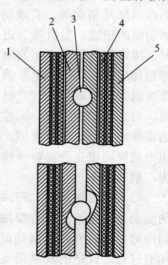

图 12 - 27 制动过程示意图
1. 半轴壳体 2. 压盘 3. 钢球
4. 摩擦盘 5. 差速器轴承座

处还设有锁定装置，需要时可用锁定爪将踏板锁定在制动位置。

这种制动器在制动过程中具有自行增力作用，当摩擦盘顺时针旋转时，制动过程中产生的摩擦力使两个制动压盘同时顺时针旋转，当制动压盘上的凸耳碰到制动鼓上的凸台而不能再转时，一个制动压盘则在摩擦力作用下相对另一个制动压盘继续顺时针旋转，协助钢球进一步挤开两制动压盘，从而增大了制动摩擦力矩。当摩擦盘逆时针旋转时，也同样具有自行增力作用。因此，不论拖拉机前进或倒退，这种制动器都有增力作用，使操纵省力。

②湿式盘式制动器。湿式盘式制动器近年来被逐渐应用到拖拉机上。与传统的蹄式制动器和干式盘式制动器相比，湿式多盘制动器具有制动力矩大、制动安全可靠、抗衰退等优点，是一种低维护费、高效率的制动装置。湿式盘式制动器主要由制动器壳、制动活塞、制动圆盘、摩擦片、弹簧、轮毂及端板等组成，如图 12-28 所示。制动器壳中间形成一个腔体，里面有制动盘、摩擦片；半轴通过花键套连接摩擦片使其旋转和轴向移动；制动活塞可作轴向的往复运动：压向制动盘和离开制动盘，实现制动、解除制动的功能。当活塞腔进压力油时，活塞推动制动盘，使制动盘与摩擦片压紧，从而产生摩擦力形成摩擦阻力矩实现制动。此时弹簧压缩。当活塞腔卸压时，回位弹簧将活塞推回，制动盘与摩擦片之间的压力消失而相互分离，摩擦力矩消失，制动解除。

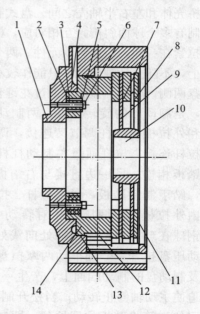

图 12-28　湿式多盘制动器结构
1. 制动器壳体　2. 隔套　3. 衬套　4、13. 密封圈
5. 挡圈　6. 螺栓　7、8、9. 制动圆盘　10. 花键套
11. 摩擦片　12. 弹簧　14. 制动活塞

（2）蹄式制动器　蹄式制动器的制动元件是两个带有摩擦衬片的制动蹄，旋转元件是制动鼓，制动蹄通过与之铰链的支承销支承在固定底板上，制动鼓固定在车轮的轮毂内，如图 12-29 所示。制动时，踏下制动踏板，通过拉杆、调节叉等件使制动凸轮轴转动一个角度，凸轮将制

动蹄撑开，使摩擦衬片压紧在制动鼓的内表面上而形成摩擦阻力矩。在摩擦阻力矩的作用下，制动鼓被迫降低转速或停止转动。当松开制动踏板时，在回位弹簧作用下，制动蹄恢复原位，制动作用解除。

不制动时，制动鼓与制动蹄摩擦衬片之间应有一定的间隙，通常固定铰链端处的间隙为 0.2～0.3 mm，可用固定底板上的铰链制动蹄的偏心支承销来调整；张开端处的间隙用踏板自由行程来衡量，标准值为 30～40 mm，可通过改变拉杆长度的方法进行调整。

2. 检查与修理

（1）盘式制动器的检查与修理　盘式制动器的常见故障有：摩擦盘的摩擦衬片磨损、烧蚀；压盘磨损、变形和龟裂；差速器轴承座和半轴壳的摩擦端面磨损；压盘的球面斜槽磨损产生凹坑；回位弹簧折断；操纵杆件的连接销孔磨损。以上故障会使制动性能逐渐变坏，操纵费力，制动时产生异常响声并发热，甚至制动失灵，影响安全。

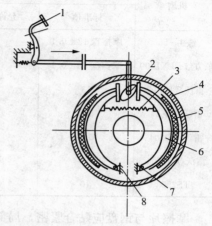

图 12-29　蹄式制动器
1. 制动踏板　2. 凸轮　3. 回位弹簧
4. 制动鼓　5. 摩擦衬片　6. 制动蹄
7. 支承销　8. 固定底板

① 摩擦盘的检查与修理。摩擦盘由摩擦片和钢盘组成。摩擦片用紫铜铆钉或铝铆钉铆在钢盘上。当摩擦盘沾油、脏污或有毛刺时，可用汽油洗净、锉平。个别铆钉松动或外露时，可重新铆合。当摩擦片烧蚀或磨损严重，使总厚度小于使用极限值，或在铆钉孔周围有裂纹，以及铆钉头下沉量小于 0.5 mm 时，应更换新摩擦片。

铆合新摩擦片以前，应检查钢盘的平面度和轮毂花键齿的磨损情况，当钢盘的平面度超过 0.2 mm 时，可在平台上轻轻敲击矫平。花键磨损严重与半轴配合松动后，一般应更换新摩擦片。新摩擦片的厚度应符合规定值。摩擦片过厚，应磨薄；摩擦片翘曲，应加热后加压矫平。否则，装配后会改变摩擦面之间的间隙，影响制动性能，甚至造成自动刹车。

铆合制动器摩擦片的方法与铆离合器摩擦片相同，铆合后的摩擦盘，铆钉头的沉入量应不小于规定值，见表 12-5。

表 12-5　制动器制动盘的技术要求（mm）

机型	制动盘总厚度		铆钉头沉入量	
	标准值	允许不修值	标准值	允许不修值
铁牛-55	摩擦盘 12±0.1	—	1	0.5
东方红-LX1000	摩擦盘 10±0.1	—	—	—
雷沃 TH404	13	10.6	1.7	0.5
雷沃 TB604	5.5	4	—	—
雷沃 TD804	10.44	9	—	—
雷沃 TG1654	13	11.46	—	—
TS250	10	—	1.5	0.5

　　摩擦片与钢盘应贴合紧密，局部间隙不大于 0.1 mm。两摩擦平面对花键轴轴心线的端面跳动应不大于 0.3 mm。两摩擦平面的平面度应不大于 0.1 mm；总厚度应符合规定值。

　　② 制动压盘的检查与修理。制动压盘表面由于磨损、烧蚀而产生翘曲变形、龟裂和划痕，可在平台上涂气门砂，手工研磨修复；当翘曲严重或有较深的沟痕时，可在车床或铣床上加工修整，加工后的平面度应不超过 0.05 mm。若车削量达 1 mm 仍不能消除缺陷，应更换新件。

　　制动压盘的球面斜槽磨损轻微时，可用砂纸打磨圆滑。当磨损严重出现局部凹坑，钢球运动涩滞时，应和钢球一起更换新件。

　　制动压盘回位弹簧弹力减弱后，踩下制动踏板松开后，压盘不能迅速回位而产生拖滞现象，影响拖拉机起步和加速，应更换新弹簧。

　　在检修制动压盘的同时，应检查与摩擦盘结合的差速器轴承座端面和半轴壳端面的技术状态，若出现烧蚀斑点和划痕，可用油石研磨修整。

　　③ 制动器的调整。盘式制动器压盘和摩擦盘的正常间隙为 1～2 mm，由于直接测量有困难，通常用踏板自由行程来衡量，不同的机型，踏板自由行程差别较大，见表 12-6。调整时，通常先松开内拉杆的锁紧螺母，拧动调整螺母，改变内拉杆的长度，逆时针拧调整螺母时拉杆缩短，自由行程减小，顺时针拧调整螺母则踏板自由行程增大。注意左右制动踏板的自由行程一致，否则在紧急制动时，拖拉机会向一边急剧偏转，造成严重事故

表 12-6　制动器的间隙和制动踏板行程（mm）

机型	制动带与制动鼓间隙（不制动时）	制动踏板行程	
		自由行程	工作行程
铁牛-55	2	70	—
上海-50	1.0～1.2	90～120	—
东方红-LX1000	1.4～2.1	—	—
雷沃 TH404	1.84	12～16	80～90
雷沃 TB604	1.21	12～16	100～130
雷沃 TD804	0	12～16	140～150
雷沃 TG1654	0	15～20	130～145
雷沃 TK1904	1.5	15～20	100～120
TS250	1.0～1.2	20～40	26～35

④ 制动性能的检验。为保证制动器的工作可靠，调整后应检验制动性能。当经验不够丰富时，自由行程调好后，应将后轮支离地面，用手轻轻地推动轮胎外缘，如能不费劲地转动，说明制动器无卡滞现象（否则，应拆开制动器，查明原因重新调整）。而后把左右制动踏板锁在一起，将拖拉机开到干燥平坦的路面上，先低速行驶进行制动，如果左右制动器都能有效地进行制动，再提高车速直线行驶，分离离合器后进行紧急制动，观察驱动轮在路面上的滑行印痕，如果左右驱动轮在路面上的印痕互相平行，宽度相同，长度相等，说明调整合适。当两边制动效果不一致时，切勿将制动作用不好的一边调紧，而应将制动作用好的一边的踏板自由行程调大。只有在调大后仍达不到制动一致的要求，且制动性能变坏时，才可将左右制动器同时进行调整，即把制动作用好的一边调松，另一边调紧，直到符合要求为止。若反复调整仍达不到要求时，应拆卸检查，重新进行调整。

（2）蹄式制动器的修理　蹄式制动器的主要缺陷有：制动蹄摩擦片磨损、烧蚀和断裂；制动毂内磨损失圆；凸轮和制动蹄接触表面磨损，高度减小。

① 制动蹄总成的修理。制动蹄总成由制动蹄和摩擦衬带铆合组成。在使用过程中，除摩擦衬带磨损、烧焦、断裂和沾油外，制动蹄与连接板的连接销孔，与凸轮的接触平面也会产生磨损。

当摩擦衬带磨损，厚度小于规定的使用极限值，或表面严重烧蚀、裂纹、被油污浸透，以及铆钉下沉量小于 0.5 mm 时，应重铆新的摩擦衬带。新摩擦衬带的厚度应均匀一致，同一截面厚度差不超过 0.2 mm，圆弧表面应光洁，不得有裂纹、刮伤和翘曲现象。钻铆钉孔时，应和制动蹄夹在一起配钻。摩擦衬带铆合后，应与制动蹄紧密贴合，局部间隙不超过 0.1 mm。总厚度和铆钉下沉量应符合规定值。

制动蹄采用球墨铸铁或可锻铸铁制成。销孔磨损后，可采用扩孔换加大尺寸的连接销，也可采用镶套配标准尺寸连接销的方法恢复正常配合。制动蹄与凸轮接触平面磨损出现凹坑，可用铸铁焊条堆焊后，锉修平面。

② 制动毂的修理。制动毂内磨损轻微或有较浅的划痕、毛刺时，可用油石修磨；当磨损严重，圆柱度超过 0.1 mm，或有深度超过 0.2 mm 的划痕时，应车削消除椭圆及沟痕，但最大车削量不应超过 2 mm。车削量过大，使制动毂的壁厚过薄，制动时易产生变形，影响制动效果。当达到上述尺寸，仍不能消除椭圆或沟痕时，应更换。

制动毂与半轴的连接平键和键槽磨损后，可把键槽锉修，配加大的平键，恢复正常配合。

③ 制动器的调整和检验。一些大中型拖拉机蹄式制动器摩擦面的正常间隙为 0.2～0.5 mm，由于直接测量有困难，通常用踏板自由行程来衡量，相应的脚踏板自由行程为 30～40 mm。蹄式制动器的操纵机构如图 12-30 所示，调整时，松开制动器拉杆的锁紧螺母，取下拉杆调节叉与摇臂的连接销，转动调节叉改变拉杆长度，从而改变自由行程的大小。调好后，装上连接销，插上开口销，拧紧锁定螺母。

一些小型拖拉机，其制动器摩擦面的正常间隙为 0.2～0.5 mm，可用厚薄规测量检查。检查时，把拖拉机后轮支离地面，将厚薄规插入制动毂检查孔中测量制动毂与摩擦衬带的间隙。然后转动后轮，测量制动毂转到不同位置时的间隙。各处间隙应均匀一致，否则应松开偏心轴的锁紧螺母，转动偏心轴进行调整，直到符合要求为止。而后再检查制动踏板的自由行程，应符合规定值。如果不符合要求，可松开制动拉杆的锁

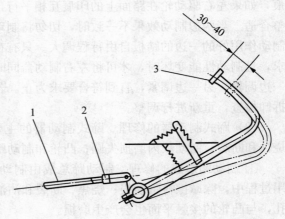

图 12-30 蹄式制动器的操纵机构
1. 制动拉杆　2. 锁紧螺母　3. 制动踏板

紧螺母，旋转拉杆，调整踏板自由行程。调好后，拧紧锁定螺母。

拖拉机左、右制动踏板的自由行程必须调整一致。为此，调整后要进行制动检验。检验方法与盘式制动器的检验方法相同。

二、制动操纵机构的构造与修理

1. 构造　拖拉机上采用的制动操纵机构通常可分为机械式人力操纵、气压式动力操纵、液压式人力操纵和液压式动力操纵等 4 种形式，前 3 种形式应用较多。

（1）机械式人力操纵机构　机械式制动操纵机构由脚踏板和一系列杆件组成，其中有些杆件的长度是可调的。左右制动器的踏板都采用连锁板连接，以便同时制动两个驱动轮。制动终了时，靠踏板回位弹簧使踏板回位。为了使拖拉机能在斜坡上停车或在固定作业时不让其随意移动位置，在制动操纵机构中都有停车锁定装置，它能卡住已踏下的制动踏板，使其不能回位，保证拖拉机能在没有驾驶员操纵的情况下长时间处于制动状态。

（2）气压式动力操纵机构　气压式制动操纵机构用压缩空气传递制动力，具有制动力大的特点，广泛应用于拖拉机拖车和一些载重量较大的车辆上。一般情况下拖拉机拖车虽可采用惯性式机械制动操纵机构，即当拖拉机制动后，靠拖车的运动惯性力推动制动杠杆实现制动的操纵机构。但这种操纵机构冲击力很大，不太可靠，容易造成事故。为了提高拖车制动的可靠性，保证行车安全，拖拉机拖车大都采用气压式制动操纵机构。拖拉机拖车气压式制动操纵机构由气泵、贮气筒、制动控制阀、制动气室和管路等组成，如图 12 - 31 所示。

① 气泵。目前拖拉机上广泛采用单缸、活塞式气泵，其型式有两种，一种为带环状进气室汽缸体，另一种为风冷汽缸体。有的拖拉机气泵固定在发动机正时齿轮室壁上，由发动机正时齿轮室齿轮驱动气泵传动齿轮。气泵具有与发动机类似的曲柄连杆机构，汽缸体固定在传动壳体上，汽缸体四周有环状的进气室，经缸壁上沿圆周分布的进气孔和汽缸相通。汽缸体上安装缸盖，在缸盖内有一个弹簧压闭的片状单向排气阀，排气室经排气管与贮气筒相通。当发动机工作时，气泵被驱动运转，活塞在汽缸中上下往复运动。当活塞下行到进气孔开启后，干净的空气经进气室、进气孔吸入汽缸。当活塞上行到关闭进气孔后，汽缸内空气被压缩，当压力升高到克服排气阀弹簧力时，排气阀开启，压缩空气经排气室和管道被压入贮气筒。

② 贮气筒。贮气筒的作用是贮备压缩空气，使制动及时可靠。贮气量应

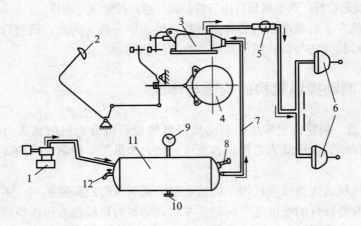

图 12-31 气压式制动操纵机构

1. 空气压缩机　2. 制动踏板　3. 制动控制阀　4. 拖拉机制动器
5. 管路接头　6. 制动气室　7. 管路　8. 安全阀　9. 气压表
10. 放水塞　11. 储气筒　12. 放气阀

保证 8～10 次完全制动之用。筒上装有气压表和安全阀。气压表的作用是使驾驶员及时了解制动系统是否正常，筒内气压为 6.9～7.9 MPa。安全阀的作用是控制系统内的气压不超过规定压力。贮气筒的最低处装有放水阀，其作用是放掉水蒸汽气油气冷凝的沉淀物。此外，为了便于给轮胎充气和其他工作使用，贮气筒上还设有放气阀。

③ 制动控制阀。它控制从贮气筒到制动气室的压缩空气供给量，从而控制制动气室中的工作气压并起随动作用，保证制动气室的气压与加于踏板上的操纵力、踏板行程有一定的比例关系。加于踏板上的操纵力大时，制动力大；踏板上的操纵力不变时，制动力不变；放松踏板时，应迅速而又完全地解除制动。

④ 制动气室。它借助压缩空气的力量推动制动臂，实现对车轮的制动。壳体与盖之间夹有橡胶膜片，膜片与盖之间构成制动气室空腔，并以接头与进气软管相通。膜片的另一面与推杆一端的圆盘接触，推杆另一端有连接叉和制动臂连接，杆上套有大小回位弹簧。制动臂下部的空腔内有调整蜗杆，当拧动蜗杆轴时，即可在制动臂与制动气室的相对位置不变的情况下，使制动凸轮轴转动一个角度，以改变制动蜗轮的角度位置来调整制动蹄片上端的间隙。

当踏下制动踏板时，一方面通过一系列杆件操纵拖拉机自身的制动器，将拖拉机制动；一方面推动制动控制阀，使进气阀打开，贮气筒的压缩空气进入拖车制动气室，使橡胶膜片挺起，推动推杆使拖车车轮制动器的凸轮轴转动，凸轮推开制动蹄片并压向制动鼓，产生制动作用。当放松踏板时，制动气室内的压缩空气经制动控制阀的排气道排入大气，膜片在弹簧作用下恢复原位，拖车解除制动。

（3）液压式人力操纵机构　拖拉机液压式制动操纵机构，主要由制动泵、油箱、油管、制动油缸等组成。其中制动泵主要由制动泵壳体、制动泵活塞、活塞回位弹簧、油箱、止回阀、平衡阀、节流阀、油封踏板、踏板、调整螺钉组成；制动油缸的构造根据制动器的不同而有所差异，通常有如下两种形式。

一是对于干式盘式和蹄式制动器的液压式制动操纵机构，如图 12 - 32 所示。制动油缸主要由制动油缸壳体、制动油缸活塞、活塞杆、O 形圈、放气螺钉组成。制动时，踩下制动踏板，止回阀封闭，建立油压，压力油经油管进入制动油缸，推动活塞，活塞杆推动制动器摇臂，产生制动力，松开制动踏板，在弹簧力作用

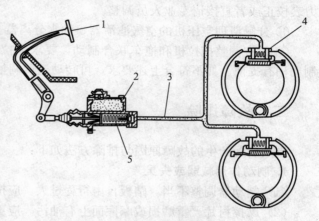

图 12 - 32　液压制动操纵装置
1. 制动踏板　2. 油箱　3. 油管　4. 制动油缸　5. 制动泵

下，踏板回位。拖拉机驾驶员可通过在驾驶室内踩制动踏板，产生制动油压，从而达到制动目的。

二是对于湿式盘式制动器的液压式制动操纵机构。由于湿式盘式制动器的结构所决定，这种操纵结构没有单独的制动油缸，制动油缸与制动器壳体制成一体，有活塞而没有活塞杆。雷沃 TG 系列拖拉机湿式盘式制动器的液压式人力操纵机构，就属于这种形式。该湿式盘式制动器有两个，分别装在后桥两侧。湿式制动器采用粉末冶金材料衬面，使用可靠，且能大大改善制动的平顺性。

2. 修理

（1）机械式人力操纵机构的修理　机械式人力操纵机构的主要缺陷是杆件变形或损坏。操纵杆件变形时，通常对操纵杆件进行冷矫正或直接更换新件。

（2）气压式动力操纵机构的检查与修理　气压式动力操纵机构的主要缺陷是管路接头不严，气泵工作不良等造成压力不足；各种阀门失效造成制动失效或安全事故。应认真检查并根据情况进行排除，通常采取的方法是：

① 用涂肥皂水检查管路各联接处是否漏气，如有漏气要及时修复，或者更换气管、接头。修理后还应进行检验，当柴油机在标定转速时，气泵工作 2 min 压力应达 0.55 MPa；工作 8 min，系统压力应达 0.7～0.8 MPa；此时将发动机熄火，保持 5 min，气压下降不得超过 0.1 MPa。这样，则可保证正常工作，否则应检查气泵进排气阀及活塞环的密封性能。

② 维护保养贮气筒、安全阀、单向阀和放水阀等，当压力达 0.8 MPa 时，安全阀应该打开，如果不能打开，必须调整。这里应注意：调整时必须使用压力表校正或者直接请专业人员调整。

③ 分解清理空压机的空气滤清器、油水分离器。

④ 检查调整拖拉机和拖车联合制动，要求拖拉机和拖车同时制动或拖车制动稍有提前。如不符合上述要求，可转动摇臂调整螺钉进行调整。

三、故障排除

制动装置产生的故障原因与排除方法如下：

1. 制动作用减弱或失灵

（1）制动器调整不当，踏板自由行程过大。应按要求进行调整。

（2）摩擦衬片严重磨损或摩擦面上有油污。应更换摩擦衬片或用汽油清洗油污。

（3）制动器操纵杆件变形或损坏。应对操纵杆件进行矫正或更换。

（4）在气压制动中，管路接头不严，气泵工作不良等造成压力不足。应认真检查并根据情况进行排除。

2. 两驱动轮不能同时制动

（1）左、右制动器踏板自由行程不一致。应进行调整。

（2）一侧制动器摩擦片沾油。应用汽油进行彻底清洗。

3. 制动器有"自刹"现象

（1）制动器踏板自由行程过小或消失。应按要求进行调整。

（2）回位弹簧变弱或折断。应更换弹簧。

（3）摩擦面间有异物。应及时清除。

4. 制动器过热或摩擦片烧毁

（1）制动器有"自刹"现象，仍进行长时间行驶。应将自由行程调整到规定值。

（2）行驶中制动时间过长。要正确进行操纵。

第十三章 ·····················

工作装置的修理

拖拉机的工作装置包括动力输出装置、牵引装置、悬挂装置和液压系统。利用工作装置可以把拖拉机的动力传递到各种农具上，进行各种田间作业、运输作业或固定作业。

第一节 动力输出、牵引和悬挂装置的构造与维护

一、动力输出装置的构造及功用

动力输出装置包括动力输出轴和皮带轮。

1. 动力输出轴 动力输出轴的功用，是在拖拉机工作中输出一部分动力以驱动一些本身不具有动力装置的农具，如旋耕机械、收获机械、撒肥和喷雾机械等。此外，动力输出轴也可连接皮带轮，使拖拉机进行各种固定作业。

动力输出轴的转速、旋转方向及尺寸等，均有国家标准统一规定。根据动力输出轴与拖拉机传动系统的关系，其动力输出形式可分为非独立式、半独立式、同步式和独立式等。

（1）非独立式动力输出轴 非独立式动力输出轴的传动和操纵都通过主离合器进行，如图 13-1 所示。当其联轴节处于接合状态时，主离合器接合，动力输出轴就转

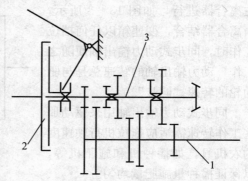

图 13-1 非独立式动力输出轴
1. 动力输出轴 2. 主离合器 3. 第二轴

动，主离合器分离，动力输出轴便停转。通常其动力经离合器，变速箱第一轴、倒挡轴后，再经爪式联轴节和动力输出轴传出。

　　非独立式动力输出轴结构简单，但由于拖拉机起步时发动机要同时克服拖拉机起步和农机具工作部件开始转动两方面的惯性力，易使发动机超负荷。此外使用也不方便，拖拉机停车换挡时，农机具工作部件也随之停止转动。

　　（2）半独立式动力输出轴　半独立式动力输出轴的动力传递是从双作用离合器中的副离合器、副离合器轴、动力输出前轴经离合套传至动力输出轴的，如图13-2所示。动力输出轴的后部花键与皮带轮或农具连接。

　　半独立式动力输出轴的特点是，动力输出轴的工作由双作用离合器控制。当踏下离合器踏板第一行程时，拖拉机停止行驶，但动力输出轴仍继续转动，当踏到第二行程时，动力输出轴才停止转动。所以这种动力输出轴在拖拉机行走或停车时，都能驱动

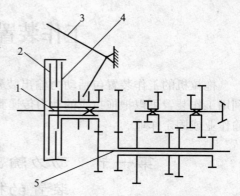

图13-2　半独立式动力输出轴
1. 主离合器轴　2. 主离合器　3. 操纵机构
4. 副离合器　5. 动力输出轴

农具工作。它可减轻拖拉机起步时发动机的负荷，也能较好地满足作业要求，简化了操作，使用也方便，因而应用较广泛。

　　（3）同步式动力输出轴　同步式动力输出轴的传动和操纵都通过主离合器进行，如图13-3所示。当离合器结合，变速箱以任何挡位工作时，同步式动力输出轴便随之工作，动力输出轴的转速总是与驱动轮的转速"同步"。

　　同步式动力输出轴用来驱动那些工作转速需适应拖拉机行驶速度的农机具，如播种机和施肥机等，以保证播种量施肥量均匀。

　　（4）独立式动力输出轴　独立

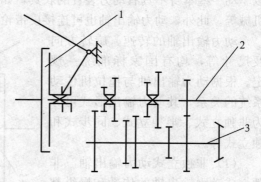

图13-3　同步式动力输出轴
1. 主离合器　2. 动力输出轴　3. 第二轴

式动力输出轴可适应较广泛的作业范围，综合利用性能较好。动力从发动机飞轮开始，经过一定的装置传至动力输出轴。其特点是动力传递不受主离合器的限制，不受拖拉机工作状态的限制，只要发动机不熄火，它就可以驱动农具工

作。这样既可以改善拖拉机发动机因起步而导致的过大负荷，又能广泛满足不同农机具作业的要求。

有的独立式动力输出轴的动力传递经离合器的球形连接器、管轴齿轮、动力输出被动齿轮传至动力输出轴。

有的独立式动力输出轴的动力传递经飞轮、动力输出轴离合器、动力输出前轴经离合套传至动力输出轴，由双联离合器控制，其传动和操纵都由单独的机构来完成，与主离合器的工作不发生关系，如图13-4所示。

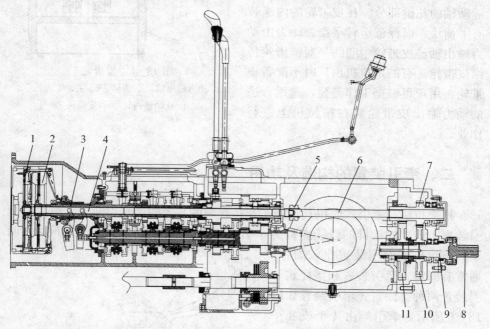

图13-4　雷沃TG系列拖拉机独立式动力输出轴
1. 副离合器（动力输出轴离合器）　2. 主离合器　3. 第一轴　4. 动力输出前段轴
5. 连接花键套　6. 动力输出中间轴　7. 动力输出高低挡主动双联齿轮　8. 动力输出轴头护罩
9. 动力输出传动轴　10. 动力输出高挡被动齿轮　11. 动力输出低挡被动齿轮

2. 皮带轮　动力输出皮带轮是一个独立部件，在需要用拖拉机动力去驱动固定式设备进行作业时，才将其装在动力输出轴上。皮带轮轴线和拖拉机驱动轮轴轴线相互平行，因此，可以借助拖拉机的进退调整皮带的张紧度。

皮带轮的旋转方向、宽度、安装位置，圆周速度等都有国家标准统一规定。大多数小型拖拉机由于动力输出轴是横置，其动力输出皮带轮用平键直接固定在动力输出轴上；大中型拖拉机由于动力输出轴是纵向设置的，其动力输出皮带轮设有传动锥齿轮，将动力输出轴的旋转方向转换 90°输出，如图 13-5 所示。有的将其安装在后桥壳体的后壁上，以花键套和动力输出轴花键连接，主动锥齿轮套在主动轴的花键上，并用定位套筒定位。被动锥齿轮与被动轴制成一体。皮带轮用螺母固定在被动轴的花键部分。在皮带轮的内缘装有平衡块，以保证运转平衡。动力由动力输出轴经皮带轮中间的一对锥齿轮传给皮带轮。有的拖拉机出厂时不配备皮带轮，用户可根据工作需要，选用合适的动力输出皮带轮装在拖拉机上进行作业。

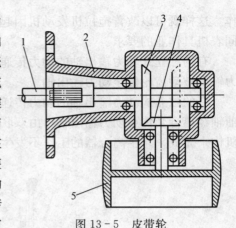

图 13-5 皮带轮
1. 动力输出轴 2. 壳体 3. 主动锥齿轮
4. 从动锥齿轮 5. 皮带轮

二、牵引装置的构造及功用

把拖拉机与牵引式农机具或拖车连接起来的装置叫做牵引装置。拖拉机牵引装置上连接农机具的铰接点称为牵引点，牵引点的位置可进行上下左右调节。拖拉机的牵引装置比较简单，通常有固定式牵引装置和摆杆式牵引装置两种。固定式牵引装置如图 13-6 所示，牵引架由 4 个或 6 个双头螺栓固定在后桥壳体上。拖车的牵引架用插销与拖拉机牵引架相连接。为防止插销弹出而发生事故，插销下端装有弹簧销。当拖拉机需要配装悬挂式农机具时，应将牵引板和牵引叉拆掉，换上与悬挂机构配套的连接零件即可。

摆杆式牵引装置如图 13-7 所示，其摆动中心在驱动轮轴线之前，拖拉机的直线行驶性较好；拖

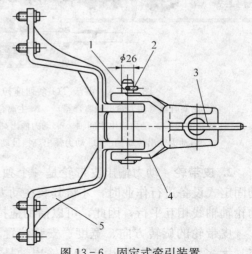

图 13-6 固定式牵引装置
1. 长销 2. 锁紧销 3. 牵引销 4. 牵引叉 5. 牵引架

拉机转向时其转向阻力矩也较小。这种牵引装置结构复杂，一般用在大功率拖拉机上。

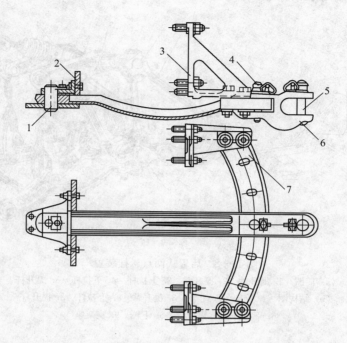

图 13-7　摆杆式牵引装置

1.轴销　2.牵引叉销　3、7.牵引版　4.定位销　5.牵引销　6.牵引杆

三、悬挂装置的构造及功用

悬挂装置是拖拉机连接农机具的杆件机构，用来传递液压升降力和拖拉机对农机具的牵引力，并保持农机具的正确工作位置。根据悬挂机构在拖拉机上布置的位置不同，悬挂方式可分为前悬挂、后悬挂、中间悬挂和侧悬挂 4 种。目前在拖拉机上应用最广泛的是后悬挂。拖拉机与农具之间一般采用后置式两点悬挂或三点悬挂，如图 13-8 和图 13-9 所示。中、小型拖拉机几乎都采用后置式三点悬挂。各种型号拖拉机的悬挂机构基本相同，主要由提升臂、斜拉杆、纵拉杆、中央拉杆和限位链等组成。当采用三点悬挂时，左、右纵拉杆分别固定在下轴的两个铰链点上，即分别与左、右纵拉杆铰链销相连接，中央拉杆固定点为第三铰链点。此时农具相对拖拉机的摆动量很小，因而机组行驶的

直线性好。对牵引阻力不大、行驶直线性要求较高的作业，多采用三点悬挂，如播种、中耕等农田作业。

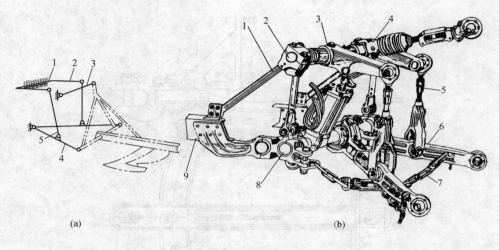

图 13 - 8　后置式两点悬挂装置

（a）简图　1. 提升轴　2. 提升臂　3. 上拉杆　4. 下拉杆　5. 提升杆

（b）结构图　1. 支架　2. 上轴　3. 提升臂　4. 上拉杆　5. 提升杆

6. 下拉杆　7. 限位链　8. 下轴　9. 支架座

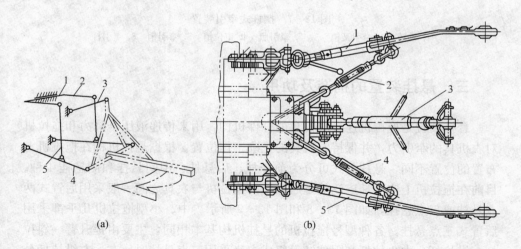

图 13 - 9　后置式三点悬挂装置

（a）简图　1. 提升轴　2. 提升臂　3. 上拉杆　4. 下拉杆　5. 提升杆

（b）结构图　1. 右下拉杆　2. 右提升杆　3. 上拉杆　4. 左提升杆　5. 左下拉杆

四、使用维护

1. 动力输出轴的使用注意事项

（1）拖拉机后退时，必须使动力输出轴停止转动，以免损坏农机具的工作部件。

（2）动力输出轴允许输出的功率有一定限度，在选择配套农机具时应予以考虑，作业时也要防止动力输出轴超负荷而扭坏。

（3）动力输出轴的同步传动，在一般情况下不适宜旋耕机工作，因为在低转速下达不到作业质量的要求。

2. 皮带轮的保养及调整

（1）检查各连接件紧固情况，按时加注润滑油。

（2）调整圆锥齿轮副啮合间隙，当齿轮磨损间隙增大出现噪声时，应减少调整垫片。

（3）皮带轮的轴线应与拖拉机驱动轮轴线平行，以便借助前后移动拖拉机来调整动力输出皮带的张紧度。安装皮带时，如果皮带接口是搭接的，接口应顺着皮带轮的旋转方向，以避免冲击。为增大皮带传动的包角，减少皮带打滑，应保持紧边在下，松边在上。

3. 牵引装置和悬挂装置的保养及调整　由于牵引装置和悬挂装置的结构简单，其维护保养也比较简单。在对拖拉机进行检修的同时，应根据规定要求，对牵引装置和悬挂装置主要零件的配合关系进行检查，修复或更换磨损和损坏的零件，恢复正常配合。

悬挂装置的调整方法，以耕地作业为例，进行简要介绍。为保证前后犁铧耕深一致，必须对犁的悬挂装置进行纵向和横向水平的调整。

（1）纵向水平的调整　调整图 13-9 中上拉杆的长度，使犁架纵向保持水平，以达到各犁铧耕深一致。当出现前铧深、后铧浅或犁踵离开沟底时，应伸长上拉杆；当出现前铧浅、后铧深或犁踵将沟底压实时，应缩短上拉杆。

（2）横向水平的调整　调整图 13-9 中左、右提升杆长度，使犁架横向保持水平。右提升杆伸长，第一铧的耕深增加；右提升杆缩短，第一铧的耕深减少。一般情况下，左提升杆不作调整，只有在右提升杆调整量不够时，才调整左提升杆，以使各犁铧耕深一致。

第二节　液压系统的构造与修理

液压系统的功用是传递提升力或下降力，使农机具具有足够的提升高度和适当的提升速度；对农机具的耕深实行位调节和力调节，并可调节农机具的入土速度；可对外输出液压油，供其他作业机械使用。液压系统包括油箱、液压油泵、分配器、油缸、控制阀和操纵机构等。液压油泵由发动机传递的动力驱动，通过油泵把油压升高，产生液压能，再经分配器送入油缸推动活塞移动，液压能转变为机械能，从而使农机具升起或下降。根据液压系统中液压油泵、分配器和液压油缸3个主要元件的布置方式，液压系统可分为分置式、半分置式和整体式3种形式。

一、构造及工作过程

1. 分置式液压系统 分置式液压系统如图13-10所示，液压油泵、分配器、液压油缸等主要元件分别布置在拖拉机的不同位置上，用油管连接起来。它的优点是：元件容易实现标准化和组织专业化生产，在拖拉机上布置和检查维修方便，此外，也便于实现农具的前悬挂，侧悬挂和综合悬挂。缺点是：因活塞杆外露，要求加强防尘、防泥水措施；不具备自动控制耕作深度的操纵机构，管路较长，容易泄漏。

2. 半分置式液压系统 半分置式液压系统如图13-11所示，分配器、液压油缸和操纵机构等元件装在一个壳体内，称为提升器，液压油泵单独装在其他部位。半分置式液压系统的优点是油路短，结构紧凑，密封性好，工作可靠，便于设置力调节机构。其缺点是元件制成一个整体，在拖拉机

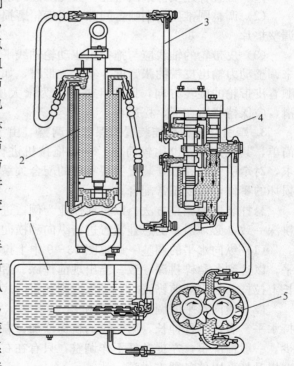

图13-10 分置式液压系统
1. 油箱 2. 液压油缸 3. 油管
4. 分配器 5. 液压油泵

上布置受到总体结构限制。目前，这种型式在中小型拖拉机上得到广泛采用。

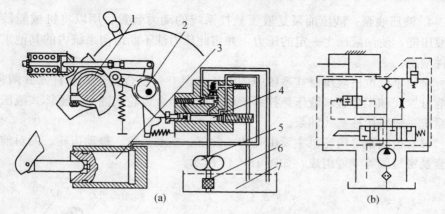

图 13-11 半分置式液压系统

（a）液压系统简图 （b）液压系统油路简图

1. 升举机构 2. 力、位调节机构 3. 油缸 4. 分配器 5. 油泵 6. 滤清器 7. 油箱

3. 整体式液压系统 整体式液压系统如图 13-12 所示，液压油泵、分配器和液压油缸等主要元件组成一个整体式提升器，都装在后桥壳体内。整体式液压系统的优点是结构紧凑，油路短且不暴露在外面，密封性好，不易损坏；力、位调节的传感机构比较好布置，可以采用力调节、位调节和高度调节法控制农具。其缺点是结构复杂，拆装维修不方便，在拖拉机上布置受总体结构限制。

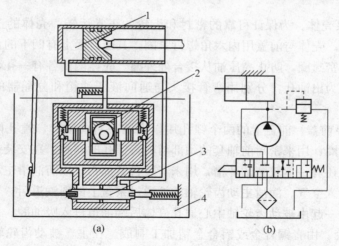

图 13-12 整体式液压系统

（a）液压系统简图 （b）液压系统油路简图

1. 油缸 2. 柱塞式油泵 3. 主控制阀 4. 油箱

4. 液压油泵 液压油泵是液压悬挂系统的动力装置，用以将机械能转换为液压能，使油液产生一定的压力，并将此压力油不断地向系统内的其他工作元件输送。

应用于拖拉机液压悬挂系统中的液压油泵有外啮合齿轮式和柱塞式两种。目前分置式和半分置式液压悬挂系统均应用外啮合齿轮式油泵，整体式液压悬挂系统一般采用柱塞式油泵。

（1）齿轮泵　齿轮泵主要由壳体、前盖、主动齿轮、被动齿轮、两对前后轴套及密封圈等零件组成，如图 13-13 所示。

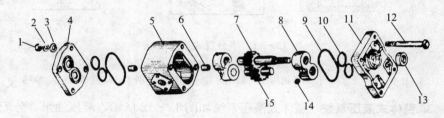

图 13-13　齿轮泵零件

1. 螺母　2. 弹簧垫圈　3. 垫圈　4. 油泵后盖　5. 泵壳　6. 定位套筒　7. 主动齿轮
8. 轴套　9. 泵盖密封圈　10. 隔压密封圈　11. 油泵前盖　12. 螺栓　13. 自紧油封
14. 橡胶堵塞　15. 从动齿轮

① 油泵壳体。为保证可靠的密封和齿轮的正常运转，壳体的工作表面是精密加工的。壳体与前盖用内六角螺钉紧固，其接合面上有凹下的台肩，用来安装橡胶大密封圈，防止高压油从接合处外漏。壳体两侧各有一孔，大孔为进油孔，小孔为出油孔，分别用弯管接头与通向液压油箱和分配器的连接油管相接。

② 油泵前盖。前盖上的两个镗孔用以安装一对前轴套，镗孔内的环槽安装轴套密封圈，用来密封前轴套的颈部与前盖镗孔的间隙。在安装主动齿轮轴的镗孔外侧还有一道较宽的环槽，用来安装自紧油封，以防润滑主动齿轮轴的油外漏或吸入空气。润滑主动齿轮轴的油通过泵盖上的斜油道后，与润滑被动齿轮轴的油一起由被动齿轮轴中心通孔壳体后端油道进入吸油腔。

③ 轴套。由青铜合金或铝合金精加工制成。在主、被动齿轮轴的前后两端各装一轴套，它既是齿轮轴的滑动轴承，又对齿轮端面起止推密封作用。同侧的两轴套以其削平面相配合，并有一对"S"形导向钢丝伸入两轴套的小孔内，使两轴套削平面紧密地配合在一起。为了引导吸油腔的油进入齿轮轴和轴

套之间润滑，在轴套端面开有供油槽，在轴套内孔开有螺旋润滑油槽，此外轴套端面还开有卸荷槽。

④ 齿轮。它与轴一起由合金钢精加工制成。主动齿轮轴的一端制有花键与驱动轴相连。被动齿轮轴的中心通孔是润滑前轴承的回油通路。

⑤ 传动机构。齿轮油泵的传动机构安装在发动机左侧的齿轮室上，传动轴由两个滚珠轴承支承，其中部用半圆键固定驱动齿轮，与配气凸轮轴齿轮常啮合。传动轴后端装有固定爪形联轴节。液压油泵用4个螺钉固定于传动壳体上。在主动齿轮轴前端的花键上套有可动爪形联轴节，传动机构手柄通过拨叉轴和拨叉移动可动爪形联轴节，使液压油泵动力分离或接合。

齿轮油泵的工作原理过程，如图13-14所示。在油泵壳体与前盖所包容的密封油腔内，由主、被动齿轮的齿牙啮合线及两对轴套端面，将油腔分隔成互不相通的吸油腔和压油腔。当主动齿轮按图示方向转动时，被动齿轮在主动齿轮带动下作反方向转动。转动中，每一对齿牙在进入啮合和退出啮合时，两油腔的容积都要发生变化。在吸油腔一侧，每对齿牙先后退出啮合。从图示可见，被动齿轮的齿牙在主动齿轮的齿谷中占据的体积逐渐减小。这样，在主动齿轮的齿谷中可以盛油的容积便逐渐增

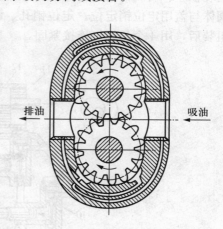

排油　　　　吸油

图13-14　齿轮油泵工作原理图

大，因而形成局部真空，液压油箱中的油被吸入吸油腔中。当被动齿轮的齿牙完全退出主动齿轮的齿谷时，齿谷的吸油过程结束。在压油腔一侧，每对齿牙先后进入啮合。起初被动齿轮的齿牙还没有进入主动齿轮的齿谷，齿谷中充满油液。随着齿轮的旋转，被动齿轮的齿牙逐渐进入主动齿轮的齿谷，使齿谷的容积减小，于是油液被逐渐挤压出去，并经出口输出。这样，随着齿轮的旋转，进入吸油腔的油液将不断地通过齿轮的齿谷被带到压油腔，并不断地被挤出，形成了连续不断的油流，完成了吸油和供油过程。因为油泵的吸油和供油过程是通过容积的变化来完成的，所以此种油泵也称为容积式油泵。

（2）柱塞式油泵　柱塞式油泵通常安装在后桥内前底部，全部浸没在齿轮油面下，后桥内的齿轮油即为液压泵的工作油液。柱塞式油泵总成用后桥壳体

两侧的两个定位销定位。柱塞式油泵偏心轴是由变速箱动力输出轴末端驱动。偏心轴动力受副离合器和液压油泵偏心轴离合手柄控制。

柱塞式油泵总的来讲是由 4 个对称卧式分泵组成的，如图 13-15 所示。具体讲，是由液压油泵前盖、液压油泵后盖、左、右阀体、偏心轴、偏心轴衬套、宽偏心轴衬套、柱塞框架、摇摆机构和滤网总成等组成。油泵偏心轴上有两个互成 90°的偏心轮，前后偏心轮各套有外方内圆的衬套，衬套装在柱塞框架内。前偏心轮套有宽偏心轴衬套，宽偏心轴衬套上有凸肩，连接环就套在凸肩上，凸肩的方向不能装反。每个柱塞架上都有两个对称分布的柱塞，柱塞分别装在左、右阀体的柱塞孔内。为了保证阀体上油道与盖上油道的正确位置，阀体与盖用定位销定位。定位销孔、油道口均用 O 型密封圈密封，液压油泵组装后，用 4 个长螺钉连接紧固。

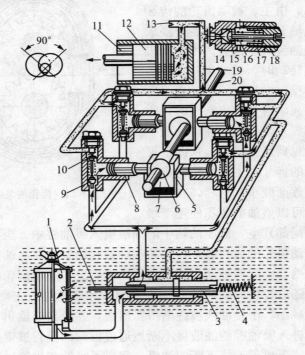

图 13-15　整体式液压系统油路及柱塞式油泵结构示意图

1. 滤网总成　2. 阀杆　3. 控制阀　4. 弹簧　5. 柱塞框架　6. 偏心轮
7. 宽偏心轴衬套　8. 柱塞　9. 进油阀　10. 出油阀　11. 油缸　12. 活塞
13. 液压输出螺塞　14. 安全阀体　15. 阀杆　16. 弹簧　17. 调节螺丝
18. 螺母　19. 高压油管　20. 偏心轴

柱塞式油泵的工作过程：当偏心轴转动时，偏心轴衬便在柱塞框架内上下滑动，由于柱塞在孔内的导向作用，柱塞框架作左右往复运动，从而完成了吸油和压油的泵油过程。偏心轴每转 1 圈，4 个柱塞依次泵油 1 次，增加了泵油的脉动频率，连续不断供油，使农具提升时连续平稳。

进、出油阀门都是单向阀，共有 4 组，分别装在左、右阀体上，进油阀与液压油泵阀体内的进油道相接。出油阀与液压油泵阀体内的出油道相接。进油阀弹簧和出油阀弹簧分别用来控制进油阀和出油阀的启闭。当柱塞泵吸油时，相应的进油阀开启，出油阀关闭。当柱塞泵压油时，压力油打开出油阀，进油阀关闭。

液压油泵前盖的高压油路上装有安全阀总成。安全阀开启压力为17.5 MPa，当液压系统内油压超过此值时，安全阀开启而使系统降低压力，避免超载损坏机件。

很多小型拖拉机液压系统属于整体式，液压油泵采用单柱塞油泵，其构造原理与上述的基本相同，安全阀开启压力为 12 MPa。

5. 分配器或控制阀　分配器或控制阀是液压系统总开关，通过它控制液压油泵送来的高压油的流动方向，使农机具提升、下降或中立，起溢流卸载等作用。分配器是用于分置式和半分置式液压系统中的控制元件，控制阀是整体式液压系统中的控制元件。

（1）分置式液压系统中的分配器　分置式液压系统中的分配器主要由阀体、滑阀、回油阀、安全阀、定位钢球、球阀、调节螺杆、分离套筒、滑阀回位弹簧、增力阀弹簧和调整螺钉等组成，如图 13-16 所示。阀体上有 4 个油管接头螺孔 P、A、B、T。油孔 P 与油泵出油口相接，油孔 A 和 B 分别与油缸上下腔相接，油孔 T 用低压油管与油箱相接。分配器通过滑阀控制液压油的流向，滑阀上端有 6 个分配凸肩，其间相应有 5 道环槽，滑阀上第一、第二凸肩上钻有 3 个相通的间隔120°的径向小孔，装配时，必须有一个小孔对着回油阀一边，以免单边磨损。

定位钢球装在滑阀的下段，使滑阀能准确地定位在"提升"、"中立"和"浮动" 3 个位置上（注意不包括"压降"位置，因为在拖拉机的作业中，只能在极短的时间内使用"压降"位置），并能给操作者一个明确的感觉。而处在"压降"位置时，手柄上只有定位感，不能定位，松开手柄后会自动跳回到"中立"位置。

滑阀回位弹簧、增力阀、增力阀弹簧和分离套筒等组成一个回位机构，使滑阀在农具提升终了时，能自动跳回中立位置，使油泵卸载。为此，不许手按

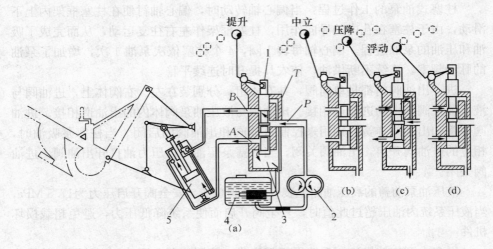

图 13-16　分置式液压悬挂装置作用原理
(a) 提升位置　(b) 中立位置　(c) 压降位置　(d) 浮动位置
1. 滑阀　2. 油泵　3. 分配器　4. 油箱　5. 双作用油缸

操作手柄长时间停留在"提升"位置上，妨碍液压回位机构自动回位，导致液压系统内油压剧增。

　　扳动操作手柄，使滑阀移动不同的距离，可获得"中立"、"提升"、"压降"和"浮动"4 个位置。

　　①"提升"位置。扳动操作手柄至"提升"位置，液压油泵来油经分配器进入液压油缸的下腔，推动活塞上移，通过悬挂机构使农具提升，液压油缸上腔的油经分配器流回液压油箱。

　　②"中立"位置。扳动操作手柄至"中立"位置，分配器使液压油缸上、下腔彼此不通，活塞在液压油缸中不能上下移动，农具固定在某一位置，与拖拉机形成刚性连接。此时液压油泵来的油全部经分配器流回液压油箱。

　　③"压降"位置。扳动操作手柄至"压降"位置，液压油泵来油经分配器进入液压油缸的上腔，推动活塞下移，通过悬挂机构使农具下降，液压油缸下腔的油经分配器流回液压油箱。这时油缸上腔进入高压油，油缸下腔排油，农具在油缸上腔油压作用下被强迫入土。通常只有在农具不能靠自重入土的情况下，才允许使用"压降"位置。在此必须注意：农具压入土后，应立即将手柄放在"中立"位置。

④"浮动"位置。扳动操作手柄至"浮动"位置，液压油缸的上、下腔同时与液压油箱相通，活塞不受约束，农具的位置不受液压系统的控制。此时液压油泵来油经分配器回液压油箱。"浮动"位置也叫悬挂农具的"工作位置"。此时，悬挂农具靠自身的限深轮调节耕深。

（2）半分置式液压系统中的分配器　分配器由壳体、主控制阀、回油阀、单向阀、安全阀以及下降速度调节阀等组成。主控制阀装在阀套内，可来回滑动，以控制油流的方向，阀杆上有 3 个分配凸肩，工作时，主控制阀有提升、下降、中立 3 个位置。

回油阀在其阀套中是浮动的，受主控制阀的动作而定，起关闭或打开回油孔的作用。回油阀前端面起密封作用，尾部是十字导向叶片，有利于轴向滑动。

单向阀由弹簧紧压在阀座上，靠锥面密封，阀的下部是十字导向片，保证阀与阀孔的同轴性，避免锥面密封带偏磨。高压油液只能从单向阀进入液压缸，而不能倒流。

安全阀有两只，即系统安全阀和液压缸安全阀。前者安装在单向阀前保护液压油泵；后者安装在单向阀后保护液压油缸，开启压力比系统安全阀高 2.5 MPa，达到 20 MPa。安全阀的结构与单向阀类似，只是压紧弹簧比单向阀压紧弹簧硬得多，并可通过调节螺钉对弹簧的压紧力进行调整，以达到规定的开启压力。这种调整需在专用试验台上调整，不得随意拆装，两种安全阀也不得互换。

下降速度调节阀位于排油道上，它利用改变油液通过排油道的截面积的方法来控制流量，以改变农机具的下降速度。另外，在悬挂农机具作长途行驶时，下降速度调节阀还可完全关闭排油道，以免渗漏或误操作而发生农机具掉落现象。

在半分置式液压系统中，分配器的主控制阀是由操纵机构中的力调节杠杆和位调节杠杆直接作用的，扳动操作手柄可获得"中立"、"提升"、"下降" 3 个位置。

①"中立"位置。如图 13 - 17 所示，位调节和力调节手柄放在提升位置，主控制阀在力（位）调节杠杆的作用下，处在中立位置。油泵来油经主控制阀、回油阀流回油箱。此时第二密封环带关闭了压力油进入回油阀左侧内腔的通道，而使回油阀左腔与大气相通，左腔的油液可经主控制阀上的轴向小孔流回油箱。由于回油阀右侧仍受压力油作用，所以回油阀左移并打开回油孔，这时液压泵送来的油经回油孔流回油箱，单向阀在压紧弹簧的作用下处在关闭状

态，由于第三密封环带仍关闭着排油道，所以液压缸内的油液既不增加，也未减少，于是农机具便停止在某个高度位置上。

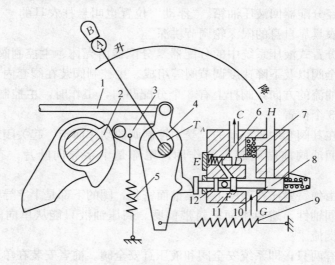

图 13-17　半分置式液压分配器（中立位置）

A. 位调节手柄　　*T_A*. 位调节偏心轮　　*B*. 力调节手柄　　*C*. 通油箱　　*D*. 回油阀前腔

E. 回油阀背腔　　*F*. 主控制阀背腔（通油箱）　　*G*. 通油泵　　*H*. 通油缸

1. 力调节推杆　2. 位调节凸轮　3. 位调节杠杆　4. 力调节杠杆　5. 位调节杠杆弹簧　6. 回油阀
7. 单向阀　8. 主控制阀　9. 力调节杠杆弹簧　10. 第三密封环带　11. 第二密封环带　12. 第一密封环带

　　②"提升"位置。如图 13-18 所示，主控制阀在回位弹簧的作用下向左移至极限位置，第三密封环带关闭排油道，而第二密封环带却打开了通往回油阀左腔的油道。高压油进入回油阀的左右两侧，回油阀势必在压力差的作用下右移，关闭通往油箱回油道。液压油泵送来的油液压力很快升高，单向阀即被打开，高压油就进入液压缸，使农机具提升。位调节手柄向"提升"方向移动，主控制阀由"中立"移动到"提升"位置。油泵来油经主控制阀、单向阀到油缸。回油阀关闭。

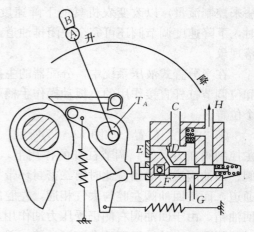

图 13-18　位调节（提升）

随着农机具提升，凸轮升程减小，主控制阀由"提升"回到"中立"，农机具停止上升。

③"下降"位置。如图 13-19 所示，控制阀在力（位）调节杠杆的作用下被推至最右位置时，回油阀左腔仍与大气相通，而排油道被第三密封环带开启。在农机具重力的作用下，油缸内的油液，一方面将单向阀关闭；另一方面通过排油道与来自液压泵的油液汇合，汇合后的油液将回油阀推至左端，汇合的油液即经回油孔流回油箱，随之农机具下降。位调节手柄向"下降"方向移动，主控制阀由"中立"移动到"下降"位置。油泵来油、油缸的油经主控制阀、回油阀流回油箱。随着农机具下降，凸轮升程增加，主控制阀由"下降"回到"中立"，农机具下降结束。

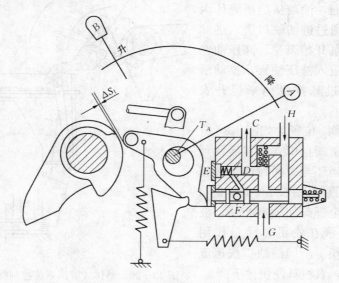

图 13-19　位调节（下降）

手柄位置不同时，对应的农具悬挂高度不同。手柄向"下降"方向移动的距离越长，农机具下降的位置越低。当手柄位置一定时，农机具与拖拉机的相对位置固定。

（3）整体式液压系统中的控制阀　控制阀是由控制阀壳体、控制阀、球头杆、阀杆总成、弹簧套筒、弹簧等组成。控制阀为圆形滑阀，其后端呈圆锥形，有两个超过锥形部分的进油缺口，前端有两个宽而短和两个窄而长的回油缺口，中间凹槽内嵌有限位挡环。控制阀安装在控制阀壳体内，用以控制液压油的进油和回油流量。

操纵机构通过拨动摆动杆，使控制阀前移，松开摆动杆后，控制阀在回位弹簧作用下后移，分别将进油室和回油室打开或关闭，从而达到操纵控制农具的目的。控制阀共有 4 个工作位置。

①"中立"位置。控制阀处于中立位置时，封油垫圈将进油缺口与进油室隔开，同时封油垫圈也将排油缺口与回油室隔开。此时，进油室与回油室都被封闭。液压油泵空转，液压油缸内的油液既不增加也不减少，农机具保持在原来的位置上。

②"提升"位置。如图 13 - 20所示，当控制阀自中立位置前移一段距离后，控制阀的进油缺口开始与进油室相通，油液从后桥壳体内经滤清器，通过进油缺口进入进油室。液压油泵开始泵油，高压油经过高压油管进入液压油缸，推动活塞移动，通过悬挂机构来提升农机具。

③"快降"位置。如图 13 - 21所示，当控制阀自中立位置后移到阀上的限位挡环与中间封油垫圈相碰的极限位置时，控制阀前端的 4个回油缺口全部与回油室相通，液压油缸内油液在农机具质量作用下，从控制阀 4 个回油缺口快速流回后桥壳体，农机具便快速下降。

④"慢降"位置。如图 13 - 22所示，当控制阀从"快降"位置前移一段距离后，控制阀上两个短宽回油缺口与回油室隔开，两个窄而长回油缺口仅有一小部分与回油室

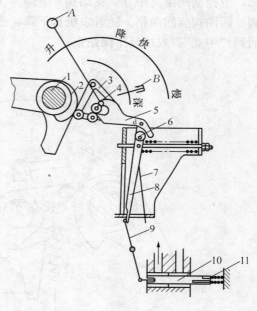

图 13 - 20　整体式液压系统控制阀（提升）
A. 位调节手柄　*B.* 力调节手柄
1. 提升轴　2. 位调节凸轮　3. 位调节滚轮架
4. 位调节偏心轮　5. 位调节拨叉　6. 偏心轮
7. 力调节杠杆　8. 位调节杠杆　9. 摆动杆
10. 主控制阀　11. 主控制阀弹簧

相通，液压油缸内的油液在农机具质量作用下，因流通截面小，只能以细小流束流回后桥壳，农机具便缓慢下降。

"快降"到"慢降"是一个调节区域，是"无级"变速，可根据作业的需要来进行选择。

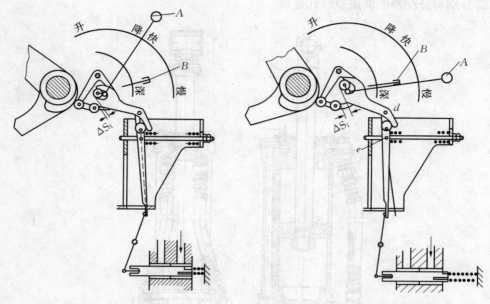

图 13-21 位调节（快降）　　　　图 13-22 位调节（慢降）

　　另外，小型拖拉机液压系统的控制阀，是属于转阀式方向控制阀。这种阀通常安装在单柱塞泵一侧的座孔中，阀芯有两个弧形槽和两个凸缘，还钻有一个径向孔和一个轴向孔。阀与阀盖的结合面上有限位和定位装置，防止阀芯自由转动。扳动操作手柄可获得"中立"、"提升"、"下降"3个位置。

　　6. 液压油缸　液压油缸的作用就是将液压油泵送来的液压能转换为提升农机具的机械能。分置式液压系统的液压油缸是双作用式，半分置式和整体式液压系统的液压油缸是单作用式。

　　（1）双作用式油缸　双作用式油缸是由缸筒、上下盖、活塞、活塞杆、上下腔高压软管、下腔输油管、缓冲阀、定位阀、定位挡板及除尘片等组成，如图 13-23 所示。液压油缸通过下盖与拖拉机机架铰接，通过活塞杆一端的连接套与悬挂机构的提升臂铰接。上下盖用 4 根长螺栓与缸筒连成一体。为了加强密封，油缸各零件接合处都装有"O"密封圈。为防止工作过程中附在活塞杆上的灰尘进入油缸，在上盖的活塞杆孔内装有一组由薄钢片组成的除尘片。油缸上、下腔的油道都要通过上盖，通向上腔的油道比较简单，通向下腔的油道比较复杂，需要经过缓冲阀、定位阀和下腔输油管才能到达。上下腔高压软管分别与分配器的油道裂纹孔连接。

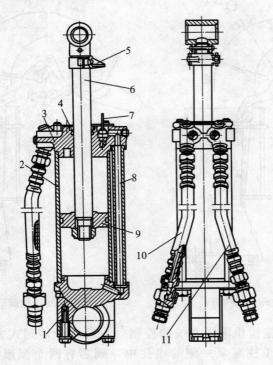

图 13-23　双作用油缸

1. 下盖　2. 缸筒　3. 上盖　4. 除尘片　5. 定位挡块　6. 活塞杆
7. 定位阀　8. 下腔输油管　9. 活塞　10. 上腔油管　11. 下腔油管

双作用式油缸是活塞把油缸分隔成上下两个作用腔，来自上下腔高压软管的高压油能从两腔中任一腔进入，当一腔进高压油时，另一腔则泄油。

定位阀与定位挡板组成了活塞行程调节装置，其作用是在农机具下降时，可以使农机具降落于某一位置后切断油缸下腔的油路，以保持农机具停留在所需要的位置，使每次降落的位置不变；当悬挂农机具运输时，可保持其悬挂位置不变。

缓冲阀是单向流量控制阀，装在油缸下腔高压软管的接头上，其作用是使农机具下降缓慢。当提升农机具时，液压油经阀片四周缺口和中间节流口进入油缸，这时流量大，不影响农具的提升速度；当下降农机具时，液压油推动阀片靠向阀体，液压油只能从阀片中间节流口流出，这时流量较小，所以农机具下降缓慢。

（2）单作用式油缸　单作用式液压油缸大都与提升器装在一起，或安装在提升器内。单作用式油缸一般是由缸体、活塞和密封元件等组成，如图13-24所示。油缸体通常由灰铸铁制成，通过螺栓固定在提升器壳体上。活塞是由铸铁制成，它的外圆有环槽，其内装有防漏的橡胶密封圈。另外，活塞外圆上还有平衡槽，以便于润滑和受力平衡。活塞尾部制成锥形凹坑，内装球座，以便与活塞杆接触良好。

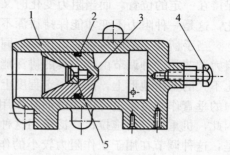

图13-24　单作用油缸结构图
1. 油缸体　2. 密封圈　3. 活塞
4. 支承螺钉　5. 活塞球座

单作用式液压油缸中液压油只控制活塞向一个方向移动，当压力油从分配器流入液压油缸内腔后，推动活塞后移，通过提升臂等元件使农机具提升；活塞的反向移动是靠农机具自重作用来实现的。

7. 操纵机构　液压系统的操纵机构主要控制拖拉机悬挂农机具的作业位置，特别是控制和调节农机具在地下的耕作深度。其耕作深度调节方法有3种：

一是高度调节法。农机具依靠它自身安装的限深装置，如限深轮和限深滑板等，来限制耕作深度。拧动调节杆，可以改变限深轮相对于工作部件的高度，从而改变耕深。采用高度调节法耕作时，液压系统只起升降作用，不能自动调节耕深。所以耕作时工作部件能随地面的高低仿形起伏，容易保持耕深均匀一致。但由于农机具对地面方向的垂直作用力基本上由限深装置承受，在松软土壤上作业容易下陷，仿形作用减弱，耕深难以保证。此外，农机具的质量不能充分地转移到拖拉机后轮，对改善拖拉机牵引附着性能和减少后轮滑转效果也差。

二是位置调节法。农机具依靠液压油缸的油压作用力，固定在某个悬挂位置，使农机具工作部件和拖拉机的相对位置保持不变。这时液压油在油缸中处于封闭状态，活塞不能移动。若需调节农机具的耕深，可通过手柄操纵分配器控制阀，改变农机具悬挂的高低位置。这种调节法适用于进行地面以上的农田作业，如喷药，收割等。若在地形不平的土地上耕作，拖拉机倾仰起伏会严重影响农机具的耕深变化，不仅使作业质量变坏，还可能损坏农机具。若在土壤比阻变化较大的土地上耕作，发动机负荷稳定性很差。但它的优点在于，能把农机具对地面方向的垂直作用力通过液压油缸作用于拖拉机后轮，从而可以显著改善机身较轻的拖拉机的牵引附着性能，减少后轮滑转。因此，在水田和地势平坦且土壤比阻变化不大的旱地，这种耕深调节法比较适用。

三是阻力调节法。农机具耕作时，也是依靠液压油缸的油压作用力，把它保持在一定的位置，而当阻力变化时又能自动地改变耕深来维持阻力不变。因此，这是一种阻力不变才能保持耕深不变的调节法。

当手柄处于不同位置时，耕深不同，但在各种耕深情况下，都可进行上述阻力调节。这种调节由于农具的耕深能随工作阻力变化而变化，在土壤比阻变化不大的不平地形上，能在一定程度上保持耕深均匀。同时，农机具对地面方向的垂直作用力，也可以通过油缸作用于拖拉机后轮，改善了牵引附着性能。因此，机重较轻的拖拉机广泛采用这种调节法，用于水、旱田的耕地作业。但是，这种调节在用于工作阻力较小的作业时，耕深的自动调节作用不太灵敏；而当土壤软硬松紧变化较大时，阻力调节作用反而引起耕深不均，使耕作质量降低。

液压系统的操纵机构，依据分置式、半分置式和整体式的不同而有所差别。

(1) 分置式的操纵机构　分置式液压系统的油泵、油缸、分配器 3 个主要液压元件分别布置在拖拉机上不同的位置，相互间用油管连接。其液压元件标准化、系列化、通用化程度较高，布置灵活，拆装比较方便。分置式的操纵机构比较简单，只有一个操作手柄安装在分配器的上盖上，操作手柄与滑阀相接，扳动操作手柄可以完成"中立"、"提升"、"压降"和"浮动" 4 种操作。这种操纵机构主要是用高度调节法进行作业的，作业时操作手柄应在"浮动"位置。将操作手柄扳到"中立"位置，也可以实行位置调节法进行地上作业，如收割作业。

分置式的操纵机构的缺点是传统的力调节和位调节传感机构不易布置，难以实现力调节和位调节的操作。近几年来，有的大型拖拉机实现了电控液压操作系统，弥补了这一缺点。例如，部分雷沃 TG 系列拖拉机采用了电液比例自动控制分配器，通过角度、拉力电子传感器及相应控制机构的动作，可实现力调节、位调节、力位综合控制、浮动控制等多种操作。

(2) 半分置式的操纵机构　如图 13 - 25 所示，半分置式的操纵机构是根据需要来操纵主控制阀，使得农机具提升、下降或自动控制农机具耕作深度及提升位置。它由位调节操纵机构和力调节操纵机构两部分组成。

① 位调节操纵机构。它由位调节操纵手柄、位调节杠杆、弹簧、位调节

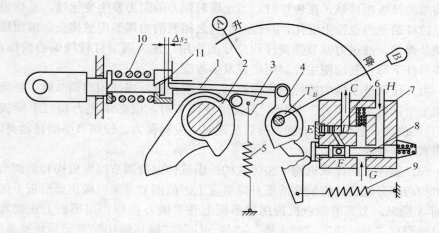

图 13 - 25　半分置式的操纵机构

A. 位调节手柄　T_B. 位调节偏心轮　*B.* 力调节手柄　*C.* 通油箱　*D.* 回油阀前腔
E. 回油阀背腔　*F.* 主控制阀背腔（通油箱）　*G.* 通油泵　*H.* 通油缸
1. 力调节推杆　2. 位调节凸轮　3. 位调节杠杆　4. 力调节杠杆
5. 位调节杠杆弹簧　6. 回油阀　7. 单向阀　8. 主控制阀
9. 力调节杠杆弹簧　10. 力调节弹簧　11. 力调节弹簧座

偏心轮、空心轴及位调节凸轮等部分组成。

位调节偏心轮和空心轴焊在一起，位调节手柄通过半圆键与空心轴相连。位调节杠杆空套在偏心轮上。若手柄前后移动时，将带动空心轴使位调节杠杆的下端前后摆动，控制主控制阀的位置，以实现农机具的提升或下降。由于位调节杠杆的上端在弹簧的作用下与用螺钉紧固在提升器轴上的位调节凸轮是相接触的，当农机具提升或下降时，提升轴上的位调节凸轮也随之转动。若手柄处在某一给定位置不动，位调节杠杆的上端随位调节凸轮的转动而摆动，达到位调节杠杆下部的控制端反馈控制主控制阀位置的作用，使之回到"中立"状态，使农机具达到某一给定高度而停止。

② 力调节操纵机构。它由力调节操纵手柄、力调节杠杆、弹簧、力调节偏心轮、芯轴及力调节弹簧等组成。

力调节偏心轮和芯轴焊成一体，力调节操纵手柄通过半圆键与芯轴相连，力调节杠杆空套在偏心轮上。当手柄前后移动时，可使力调节杠杆的下部控制端前后摆动，控制主控制阀的位置，以达到农机具的提升或下降。由于安装在力调节杠杆的上端的力调节推杆，在弹簧的作用下与用螺钉紧固在力调节弹簧杆前端的推板相接触，在耕作时，当土壤对犁刀的阻力发生变化时，悬挂机构的上拉杆的受力也发生变化，并传递给与之相联的力调节传感接头，继而压缩力调节弹簧，通过力调节弹簧杆和推杆的作用，使力调节杠杆绕偏心轮摆动，力调节杆下部控制端使主控制阀位置发生改变。

力、位调节手柄均能控制主控制阀。但应注意，当选用力调节时，必须把位调节手柄扳至"提升"位置，当选用位调节时，也必须把力调节手柄扳至"提升"位置，避免互相干扰。拆后装配时，应确保力、位调节手柄转动灵活，不得有卡滞现象。

（3）整体式的操纵机构　整体式的操纵机构由位调节操纵机构和力调节操纵机构两部分组成，安装在液压升降机盖上。位调节操纵机构用扇形板上的里手柄 A 操纵，力调节操纵机构用扇形板上外手柄 B 操纵。扇形板上正面和侧面分别刻有"升—降"、"快—慢"、"浅—深"、"液压输出"等记号。操纵时，里、外手柄配合使用，互不干扰。

① 位调节操纵机构。其作用是控制农机具升降时高低位置和农机具入土速度。位调节操纵机构，主要由调节凸轮、里手柄、偏心轴滚轮、外拨叉滚轮架、外拨叉片、偏心轮、外拨叉杆等组成。

使用位调节时，必须先将外手柄 B 扳至"深—浅"区段内"深"的位置。将里手柄 A 放在"升—降"区段内某一位置，农机具可提升或降落在某一位置上，如图 13 - 26d 所示。如果里手柄 A 位于"升"或"降"的位置上，农机具就处于最高位置或最低位置。再把里手柄 A 向"快—慢"区段扳动，位调节不再起作用，而转入农机具下降速度的控制。当将里手柄 A 扳至"快—慢"区段内"快"的位置时，农机具快速下降入土；当将里手柄从"快"移至"慢"时，农机具慢速下降入土。里手柄在"快—慢"区段内的任一位置，农机具即有一相应的入土速度。其间是"无级变速"，"快降"和"慢降"只是两个极限速度。

② 力调节操纵机构。其主要作用是以农具耕作阻力为依据自动调节耕深，其次是控制液压输出。它主要由外手柄 B、中央拉杆、连接板、顶杆头、顶杆、力调节弹簧、控制顶杆、里拨叉片、里拨叉滚轮架、里拨叉杆和偏心轮等组成。

用力调节法耕作时，先将外手柄 B 放在"浅—深"区段内某一位置，然后，将里手柄 A 推到"快—慢"区段内某一位置，农机具便以里手柄所选定的速度入土，以外手柄 B 选定的耕深进行耕作，如图 13 - 26c 所示。耕作过程中，力调节操纵机构根据耕作阻力自动调节耕深。需要提升农具时，则需将里

手柄 A 扳到"升—降"区段内"升"的位置上。

使用液压输出时，先将液压输出螺塞拧出，接上连接液压油缸的油管接头，将里手柄 A 固定在"快—慢"区段内，把外手柄 B 扳至"液压输出"位置，便可输出液压油，供给液压农机具使用，如图 13 - 26e 所示。停止液压输出，只要将外手柄 B 稍向前扳动一个角度，使控制阀回到中立位置，液压油泵便停止供油。拖拉机进行运输作业时，里手柄 A 和外手柄 B 所应处的位置如图 13 - 26a 所示。

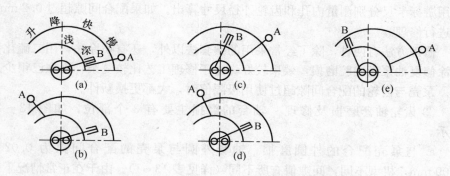

图 13 - 26　整体式液压系统操作手柄的正确使用
（a）牵引作业时　（b）悬挂作业时　（c）力调节作业时
（d）位调节作业时　（e）液压输出时

二、主要零部件的检查与修理

随着零件磨损、密封圈损坏和老化，再加上使用维护不当等原因，液压系统往往会出现农机具不能提升，提升缓慢和升起后立即降落、农机具不能降落和下降缓慢等现象。发生故障后，应由表及里地进行检查排除。由于液压系统各零部件的结构比较复杂，加工及装配精度要求较高，一般情况下，不轻易进行拆卸。经过保养和调整后，仍不能排除故障，则应拆卸检修。

1. 液压油泵的检查与修理

（1）齿轮油泵的检查与修理　齿轮油泵的常见损伤有：泵壳、轴套和齿轮等主要零件磨损，密封圈老化、断裂，连接松动。这些损伤会改变零件的相对位置，增大配合间隙，导致内部漏油，输油压力降低，供油量减少。当油路堵塞、油泵吸油量不足或经常超负荷工作时，会加速零件的磨损和损坏。

① 油泵壳体内腔磨损及修理。油泵体内腔与齿轮的配合处磨损较大，与轴套配合处的磨损较轻，随着轴套配合孔磨损的增大，在出油腔和进油腔压力差的作用下，油泵齿轮和轴套一起向进油腔一边倾斜，使进油腔一侧磨损严重，产生偏磨，如图 13-27 所示。磨损后齿轮与泵壳配合间隙增大，高压区的油向低压区泄漏，使油泵输油能力降低，油液温度升高，磨损加剧。泵壳与齿轮的配合间隙可在拆去前盖和前轴套，齿轮垂直放正后，用厚薄规测量；也可用游标卡尺分别测量内孔和齿轮外径尺寸算出。如果配合间隙超过 0.2 mm，应进行修理。

修理方法有两种，除了经常采用的镶套法以外，还有喷涂法，用二硫化钼喷涂修复油泵壳内腔磨损，效果较好。由于修理工艺比较复杂，现在已很少采用。泵壳与齿轮的配合间隙超过使用极限值时，大都更换新件。

② 齿轮轴套磨损及修理　轴套的磨损主要有 3 个部位，如图 13-28所示。

a. 与泵壳配合的外圆磨损。轴套外圆与泵壳的配合间隙为 0.02～0.09 mm，机型不同，间隙值有所不同（详见表 13-1）。由于在正常情况下两者不作相对运动，所以磨损较轻。这个部位通常不需要修理。

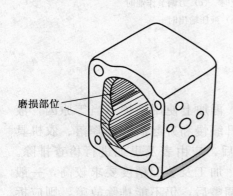

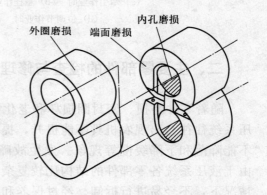

图 13-27　泵壳内腔磨损部位　　　　图 13-28　轴套磨损部位

b. 轴套与齿轮轴配合的内孔磨损。轴套内孔用来支承齿轮轴旋转，正常的配合间隙为 0.045～0.087 mm（详见表 13-1）。由于齿轮四周的油液压力不一致，齿轮轴受压力差的作用被压向进油腔一侧，使轴套产生偏磨。磨损引起齿轮啮合间隙增大，油液泄漏增多，油压降低，配合间隙超过 0.1 mm 时应修理。修理的方法是镶套修复法，目前已很少采用，大都是更换新件。

c. 轴套与齿轮配合端面磨损。工作时，轴套在轴向油压的作用下，紧紧压向齿轮，由于油液中杂质的作用，使此处磨损最为严重。磨损后，端面密封作用变差，漏油急剧增加，实验证明，端面漏油占内部漏油的 50%～60%。因此当轴套端面磨损，使齿轮、轴套安装后总高度小于泵壳宽度 0.3 mm 时，就应进行修理。当磨损轻微或有毛刺、划痕时，可在平台上涂细研磨膏研磨。两轴套的高度差不得超过 0.01 mm。磨损严重时，可将轴套端面车平或磨平，再用青铜或铝合金制作两个补偿垫片，垫片厚度以保证齿轮、轴套和垫片一起装入壳体后，与壳体平齐为准，但厚度最大不超过 1 mm。安装时，垫片应放在与齿轮接触的一面。除加补偿垫片外，也可把壳体两端车去相应的尺寸，使齿轮和轴套安装后，与壳体平齐即可。这样安装后保证隔压密封圈有足够的压缩量，从而恢复轴套与齿轮接触端面的密封性。隔压密封圈的压缩量一般为 0.2～0.6 mm，其使用极限值通常为 0.2～0.25 mm（详见表 13-1）。

③ 油泵齿轮的磨损及修理。油泵齿轮磨损后，油泵的密封性降低，内部漏油增多，供油量和供油压力降低，农机具提升缓慢，甚至不能提升，油液温度升高，零件磨损加剧。油泵齿轮的磨损主要有 3 个部位。

a. 齿轮轴颈磨损。齿轮轴颈磨损，可用外径百分尺测量检查。齿轮轴颈与轴套配合间隙超过使用极限值 0.1～0.15 mm 时（详见表 13-1），应进行修理。其修理方法是在外圆磨床上磨削，消除锥形和椭圆形磨损后，配以相应尺寸的衬套，恢复正常配合。也可将轴颈镀铬后，磨至标准尺寸。目前大都采用更换新件的方法来恢复正常的配合间隙。

b. 齿轮端面磨损。此处磨损较重，且有划痕和偏磨。可用外径百分尺测齿轮宽度进行检查。端面磨损超过 0.5 mm 时，应修理或更换。其修理方法是：当磨损轻微时，可用粗、细研磨膏在平台上研磨。如果磨损严重，平面度超过 0.2 mm 时，可在平面磨床上磨平。修理后的主、被动齿轮高度差不应大于 0.005 mm，为此最好将两个齿轮一起研磨。磨平后，配相应尺寸的补偿垫片，恢复油泵的密封性。

c. 齿侧磨损。齿侧磨损，使齿轮啮合间隙增大，可用厚薄规测量。当齿轮啮合间隙超过 1 mm 时，应直接更换新件。

齿轮油泵的前、后端盖与泵壳结合平面磨损和翘曲后，可在平板上涂研磨膏研磨修复。油泵端盖密封圈、隔压密封圈老化和损坏后，应及时更换。

表 13－1 液压油泵主要零件使用极限指标（mm）

机型	指标项目		正常要求	使用极限值
铁牛－55	端面磨损	卸荷片密封圈压缩量	0.2～0.6	0.20
	径向间隙	齿轮顶与泵内孔间隙	0.095～0.175	0.30
		轴套外圆与泵内孔间隙	0.03～0.09	0.12
		齿轮轴轴颈与轴套内孔间隙	0.045～0.075	0.15
雷沃 TD804（天力）	端面磨损	卸荷片密封圈压缩量	0.40～0.60	0.20
	径向间隙	齿轮顶与泵壳内孔间隙	0.03～0.05	0.25
		轴套外圆与泵内孔间隙	0.02～0.04	0.12
		齿轮轴轴颈与轴套内孔间隙	0.025～0.045	0.10
雷沃 TG1254	端面磨损	卸荷片密封圈压缩量	0.40～0.60	0.20
	径向间隙	齿轮顶与泵壳内孔间隙	0.03～0.05	0.25
		轴套外圆与泵内孔间隙	0.02～0.04	0.12
		齿轮轴轴颈与轴套内孔间隙	0.025～0.045	0.10
TS250	端面磨损	密封圈压缩量	0.25～0.50	0.25
	径向间隙	齿顶圆与壳体内孔间隙	0.085～0.130	0.26
		轴套外圆与壳体内孔间隙	0.04～0.09	0.13
		齿轮轴颈与轴套孔间隙	0.045～0.087	0.15
TS550	端面磨损	密封圈压缩量	0.25～0.50	0.25
	径向间隙	齿顶圆与壳体内孔间隙	0.085～0.130	0.26
		轴套外圆与壳体内孔间隙	0.04～0.09	0.13
		齿轮轴颈与轴套孔间隙	0.045～0.087	0.15
TS1204	端面磨损	密封圈压缩量	0.25～0.50	0.25
	径向间隙	齿顶圆与壳体内孔间隙	0.085～0.130	0.26
		轴套外圆与壳体内孔间隙	0.04～0.09	0.13
		齿轮轴颈与轴套孔间隙	0.045～0.087	0.15

④ 齿轮油泵的装配。

a. 用柴油将全部零件清洗干净，仔细除去密封圈沟槽中的毛刺、污垢，并将骨架油封表面涂以薄层润滑脂，其他零件表面涂上润滑油。

b. 用芯轴和手锤把骨架油封轻轻打入前后端盖的油封座孔内，油封的阻油边应朝向油泵盖内侧。

c. 将主、从动齿轮和前后轴套装入壳体内。安装轴套时应注意使具有卸荷槽的一面朝向齿轮。

d. 齿轮和轴套装入泵壳后，检查其总宽度，应小于泵壳宽度 0.06～0.15 mm，但最多不得超过 0.3 mm，以保证隔压密封圈有 0.2～0.6 mm 的压缩余量。如果不符合要求，应加补偿垫片，或研磨壳体端面。

e. 把前后端盖装到油泵壳上，在未拧紧固定螺母以前，端盖和泵壳之间应有 0.3～0.6 mm 的间隙，再以规定的力矩拧紧油泵固定螺栓的螺母。

f. 油泵安装完毕，从进油口注入少量机油，用开口扳手均匀转动油泵主动轴，应无卡阻或过紧的现象。如果安装过紧，应检查密封圈的尺寸，并复查齿轮和轴套的总宽度与泵壳宽度的差值。如果不符合要求，应采取相应措施加以修整，不能用松动固定螺栓的办法来解决转动过紧的问题，否则将引起漏油。

（2）柱塞式油泵的检查与修理　柱塞式液压油泵常见损伤有：柱塞与柱塞孔、单向阀与阀座的配合表面磨损，使配合间隙增大，油泵吸力减小，泵油量减少，内部漏油增多，以致农机具提升缓慢，甚至不能提升，农机具在运输位置自动下落，工作中产生噪声。

① 柱塞与柱塞孔磨损的检查与修理。由于油液中机械杂质形成的磨料磨损和擦伤，使柱塞和柱塞孔磨损严重，形成椭圆形和锥形，并沿柱塞运动方向拉出深浅不均的沟纹。

柱塞和柱塞孔的磨损，可用百分尺及百分表测量，当圆柱度和圆度超过 0.04 mm，配合间隙超过 0.08 mm 时，应修理。其修理方法是：当磨损较轻时，可根据柱塞孔的实际尺寸制作研磨棒，涂上研磨膏进行研磨，消除沟痕和椭圆形、锥形磨损。然后将柱塞镀铬，并根据修整后的柱塞孔尺寸，磨削柱塞，最后进行互研，以恢复正常配合。当磨损严重时，可采用镶套法修复，目前大都直接更换新件。

② 单向阀磨损的检查与修理。单向阀在工作中反复开闭，由于高速油液中机械杂质的冲刷和摩擦而产生磨损和偏磨，使阀门关闭不严，吸油行程时柱塞孔内真空度降低，吸力减小，吸油量不足，泵油量减少，泵油压力降低。

单向阀密封情况的检查方法是：在单向阀上部注入煤油，油面能维持 5 min 不下降即为合适，否则，应进行修理。当单向阀和阀座磨损轻微或有较浅的划痕时，可在配合表面涂细研磨膏进行互研，清除磨痕，恢复正常配合。当磨损严重，沟纹和凹陷较深时，可用平面铣刀铣削阀座平面，然后与单向阀互研，以恢复密封性。

③ 驱动偏心轴与偏心套、衬套的检查与修理。经过长期使用后，偏心轴支承轴颈与衬套配合表面、偏心凸轮与偏心套的配合表面、偏心套与柱塞尾端接触表面都会磨损，使配合间隙增大，造成柱塞行程减小，泵油量减少，油泵工作不稳定，并产生噪声。当偏心轴轴颈的圆柱度和圆度超过 0.04 mm，轴颈

与衬套、偏心凸轮与偏心套的配合间隙超过 0.15 mm 时，应予修理。修理方法是将轴颈和偏心凸轮磨修，恢复正确形状后，配制相应尺寸的衬套、偏心套，以恢复正常配合间隙；也可将轴颈和凸轮镀铬或堆焊后，磨至标准尺寸，再配标准尺寸的衬套，恢复正常配合间隙。这种方法目前应用较少，大都直接更换新件。

④ 柱塞式油泵的装配。

a. 必须将所有零件清洗干净，用压缩空气吹净油路。

b. 柱塞与柱塞孔要进行选配，并进行配研，使其最大间隙不超过 0.02 mm。装配后，柱塞在孔内应滑动灵活，没有阻滞现象。

c. 在有条件的情况下，装配完后，应和后盖总成一起装到试验台上进行耐压试验，柱塞处于最低位置，将安全阀的开启压力调到规定值，3 min 内油泵外部不得有渗漏现象。

d. 耐压试验合格后，再将安全阀的开启压力调到规定值，用铅封封住。

2. 分配器的检查与修理　拖拉机液压系统所用的分配器和控制阀，功用和结构大体相似，检查与修理方法也基本相同，下面仅以应用比较广泛的半分置式液压系统分配器为例，进行简要介绍，如图 13-29 所示。在使用过程中，经常出现的缺陷有：控制阀磨损和卡滞、分配器内部漏油增多、不能按要求向油缸供油和回油、不能有效地封闭油缸，造成农机具提升缓慢、不能提升、提升后不能降落，或不能保持在运输位置。

（1）分配器壳体的磨损与修理　由于安装主控制阀套和回油阀套的座孔的加工精度要求较高，所以分配器壳体是用高强度铸铁铸成。分配器壳体的损伤主要是安装主控制阀套、回油阀套和单向阀座的座孔磨损。座孔磨损后，

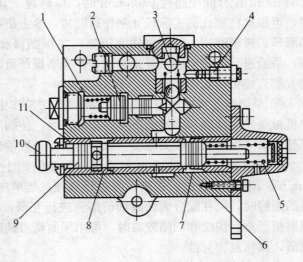

图 13-29　分配器
1. 回油阀弹簧　2. 回油阀　3. 单向阀　4. 下降速度调节阀
5. 主控制阀弹簧　6. 分配器壳　7、8、9. 密封环带
10. 主控制阀　11. 主控制阀套

阀套在座孔中晃动，改变了各油道的相互位置，影响供油和回油，并加剧零件磨损。

主控制阀套和回油阀套座孔磨损后，可用旧阀套涂研磨膏研磨，消除椭圆形和锥形磨损后，选加大一级的阀套与座孔配合，以达到正常配合紧度。单向阀座孔磨损后，可用铰削的方法消除椭圆形和锥形磨损后，配加大外径的单向阀座。

（2）主控制阀和阀套的磨损与修理　主控制阀和阀套的加工精度要求很高，正常配合间隙为 0.006～0.012 mm。主控制阀和阀套的损伤主要是主控制阀密封环带和阀套内孔磨损，主控制阀端面磨损，如图 13 - 30 所示。

主控制阀密封环带与阀套内孔磨损后，配合间隙增大，内部泄漏增多，供油压力降低。主控制阀与阀套的配合间隙可用百分表检查。检查时，使阀套固定不动，将阀体第三密封环带（图 13 - 17）插入阀套磨损部位，使百分表的触头垂直触在阀体露在外面的环带上，沿轴心线垂直方向推动阀体，此时表针的摆动量就是配合间隙。当超过 0.01 mm 时，应更换新件。

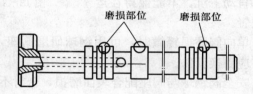

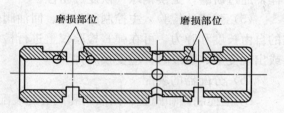

图 13 - 30　主控制阀及阀套的磨损部位

主控制阀密封环带磨损轻微时，可选较大一组的阀套，涂上研磨膏进行互研，达到标准配合间隙，如果磨损严重或划痕较深时，应更换新件。阀体端面磨损轻微时，可在平台上涂研磨膏磨平，如果磨损严重，厚度小于 5.5 mm 时，可用合金钢焊条堆焊后，磨至规定值。

阀套外圆磨损后，可换用较大一组的阀套与壳体配合；阀套内孔磨损轻微时，可选较大一组的主控制阀，并进行互研达到标准配合间隙。如果磨损超过使用极限值，应更换新件。

（3）回油阀和阀套的磨损与修理　回油阀和阀套的磨损部位如图 13 - 31 所示。当配合表面卡滞或有锈蚀时，可涂机油互研。如果磨损严重或有较深的划痕时，可用旧阀体涂研磨膏研磨阀套内孔，消除锥形和椭圆形磨损，并将回油阀镀铬后磨圆，与阀套互研，达到标准配合间隙和粗糙度。这种方法目前应用较少，大都更换新件。

（4）单向阀及阀座的磨损与修理　单向阀为钢球，阀座用锰硼钢制造，与钢球接触面经过淬火处理，阀座与分配器壳体为过盈配合。其主要损伤是钢球和阀座配合表面磨损，且靠回油阀一边磨损较重，出现偏磨。使单向阀密封不严，农具自动下沉，不能保持在运输位置。

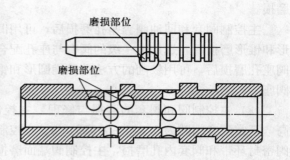

图 13-31　回油阀及阀套的磨损部位

单向阀磨损轻微时，可用钢球研磨阀座，并换用新钢球。阀座磨损严重时，应更换新件。

安全阀钢球与阀座配合表面磨损，密封不严而产生渗漏时，可和单向阀一样，通过研磨，更换钢球，恢复严密性。

（5）弹簧的检验　主控制阀弹簧、回油阀弹簧、单向阀弹簧和安全阀弹簧的自由长度和弹力，可在弹簧检验仪上进行检验。当自由长度缩短、弹力减弱或出现变形、裂纹时，应更换新件。

（6）分配器的装配

① 主控制阀和阀套、回油阀和阀套的装配，应按尺寸分组要求进行选配。检查各主要零件的配合关系，应符合规定值。

② 检查分配器与油缸接合平面的平面度，应不超过 0.05 mm，否则应进行研磨。

③ 主控制阀套和回油阀的装配，应有一定的紧度。装配时，将主控制阀套和回油阀套垫木板轻轻打入分配器壳体座孔内，然后将主控制阀和回油阀蘸机油装入阀套，应能在阀套内均匀滑动，无卡滞现象。

④ 进行密封性试验。将单向阀装入阀座，倒入煤油做密封性试验，在5 min 内不得有渗漏现象，否则应进行研磨。分配器装配完毕，还应进行整体密封性试验。

3. 液压油缸的检查与修理　油缸与活塞大都用高强度铸铁制成。活塞球座与活塞杆常常用合金钢制成。油缸配合表面的圆柱度、圆度一般不得超过0.02 mm，活塞圆柱表面的圆柱度允差为 0.01 mm。油缸与活塞的配合间隙一般为 0.028～0.25 mm，机型不同数值有所差别，见表 13-2。

表 13 - 2　拖拉机液压油缸的配合间隙（mm）

机型	活塞与油缸的间隙	
	正常要求	使用极限
铁牛- 55	0.040～0.129	0.2
东方红- LX1000	0.028～0.055	—
雷沃 TD804（天力）	0.15～0.25	0.4
雷沃 TG1254	0.15～0.25	0.4
TS250	0.050～0.175	0.3
TS550	0.04～0.11	0.25
TS1204	0.040～0.129	0.3

油缸与活塞的主要损伤有配合表面磨损和拉伤、密封圈和密封垫片损坏。损伤后，密封性降低，油液大量泄漏，农机具提升缓慢，不能保持在运输位置。

油缸与活塞的配合表面磨损轻微时，可用更换密封圈和密封片的方法来恢复密封性，安装皮革密封片时，应先在 45～55 ℃的车用机油中浸泡 2 h，再趁热装入活塞环槽内，皮革光面朝密封圈，密封圈应在靠活塞顶一边。如果磨损严重，配合间隙超过 0.15～0.2 mm，或油缸内表面有明显的拉伤，圆柱度和圆度超过 0.1 mm，应先用旧活塞涂研磨膏进行研磨，消除锥度和椭圆度后，配相应加大尺寸的活塞，以达到规定的配合要求。

4. 液压系统的车上安装与调整　拖拉机液压系统的车上安装与调整，以应用比较广泛的半分置式液压系统为例，进行简要介绍。

（1）齿轮油泵的安装　半分置式液压系统的油泵位于后桥壳内，安装时注意装好防漏纸垫，并与传动轴连接好，然后均匀地拧紧 4 个固定螺栓。安装进、出油管，装好密封圈，然后用手转动传动轴，应旋转灵活，无卡滞现象和异常响声，出油口有油流出，同时其他部位不应有渗漏现象。

（2）分配器和油缸总成的安装　分配器和油缸总成位于提升器壳体内，安装时把分配器和油缸组到一起时，应先将分配器出油孔和油缸进油孔连接处的密封圈涂上黄油装入槽内，然后均匀拧紧连接螺栓，拧紧力矩应符合规定值。最后装上分配器进油管，注意装好密封圈。

（3）力调节弹簧总成的安装与调整　拖拉机的力调节弹簧，可按以下步骤安装：

① 将弹簧座套到弹簧杆上，装上弹簧、压板、调整螺母，拧上传感接头，

推动压板，调节弹簧杆的长度，使弹簧和弹簧座、压板刚好接触，不存在间隙，也没有预紧度，然后用销子将弹簧杆与转感接头锁住。

② 用调节螺母将力调节弹簧总成拧入提升器壳体内，螺母拧进的深度应保证弹簧座刚刚与壳体支承面接触，在弹簧座与支承面之间、传感接头与压板之间都不应存在间隙。检查方法是，用手拉动传感接头，不应有轴向游动感觉。如果有轴向间隙，可稍微拧进调整螺母，再做检查，如果间隙减小或消失，说明间隙在弹簧座与支承面之间；如果间隙增大，说明间隙在传感接头与压板之间，需要退出螺母才能消除间隙。调整合适后，拧紧位于提升器壳体侧面的内六角螺钉，锁住调整螺母，最后装上防尘罩。

（4）扇形板总成的安装与调整　将扇形板总成固定到提升器壳体上，并使位调节杠杆总成和力调节杠杆总成分别套到偏心轮上。将力、位调节手柄扳到与提升器壳底平面垂直的位置，然后转动扇形板，使力、位调节手柄处在各自扇形板标牌上的两个三角符号之间，再用螺栓将两块扇形板固定。挂上力、位调节拉力弹簧。

（5）力调节推杆的调整　将位调节和力调节手柄置于最高位置，使主控制阀处于最大伸出位置，这时力调节杠杆头部和主控制阀端面之间应有 3.5 mm 的间隙。如不符合要求，可松开力调节推杆锁紧螺母，拧动推杆，改变长度，使之达到要求，然后加以锁定。

（6）提升轴总成的安装与位调节凸轮的调整　首先，将提升轴从一侧穿入提升器壳体座孔中，装上内提升臂、位调节凸轮和套筒，从两端压入轴套，装上外提升臂。其次，把位调节和力调节手柄扳到最高升起位置，转动外提升臂，使它与壳体底平面成 60°夹角，然后转动位调节凸轮，使它与位调节杠杆滚轮接触，并继续转动，直到将主控制阀推至中立位置。调好后，将位调节凸轮固定在提升轴上。如果凸轮的调节范围不够，则可适当调节扇形板的位置。

第三节　液压系统的使用维护与故障排除

一、分置式液压悬挂系统的使用维护与故障排除

1. 使用维护

（1）液压油泵传动装置的操纵手柄必须在发动机启动之前扳到接合位置。分配器操纵手柄应置于"中立"位置。

（2）当操纵手柄扳到"提升"位置后，应将手松开，以免影响滑阀自动回

位，使油道压力增高打开安全阀。

（3）农机具不得处于"压降"位置进行作业，否则容易造成农机具损坏或软管爆裂。

（4）带悬挂农机具长途运输时，要注意活塞杆的沉降量，当农机具有明显下降时，应重新提升农机具到最高位置。当沉降量较大，可利用液压油缸限位阀下移的方法来锁住活塞的下降，但不允许将定位卡箍挡块放到限位阀杆尾部来限制农机具的沉降，否则限位阀杆会被压弯。

（5）配带有地轮的农机具进行工作时，应把活塞杆的定位卡箍挡块移到最高位置，应使手柄处于"浮动"位置。

（6）悬挂农机具在运输位置时，应将中央拉杆和斜拉杆调短，以增大农机具的通过性。此时还要调紧限位链，使侧向摆动量最好不超过 20 mm。

（7）无安全措施时，严禁在提升状态的农机具下面进行检查、清理和其他工作。

（8）液压系统的工作液体为柴油机机油。必须保持用油清洁，并定期清洗回油滤清器。

（9）经常检查各处是否有渗漏现象。

2. 故障原因与排除方法

（1）农机具提升缓慢

① 空气进入液压系统中。

a. 各管接头处漏油，油箱缺油。检查排除各油管接头处是否漏油，及时添加液压油。

b. 油泵主动轴油封漏气。检查及更换主动轴油封。

c. 液压油温过低，黏度大，吸油阻力大，造成过大负压，吸入空气。使油温保持在正常范围。使用适当黏度的液压油。

② 液压系统发生外漏或内漏，油液流量及压力不足。

a. 油泵内部漏油严重（卸荷片密封圈老化损坏等）。更换密封圈和牛皮垫。

b. 液压油缸活塞密封圈磨损严重或活塞杆的锁紧螺母松动使上、下腔漏油。更换密封圈，拧紧活塞锁紧螺母。

c. 滑阀及其配合孔、回油阀及座、安全阀及座等磨损；分配器内各胶圈损坏。修复或更换有关磨损件，更换分配器内胶圈。

d. 油液污染，杂物将回油阀垫起，引起大量泄漏。用小锤轻敲分配器壳体上靠近回油阀部位，使阀受震落下。或将操纵手柄短时间在提升位置停留，利用回流油液冲洗回油阀及座圈的配合锥面。

（2）农机具不能提升

① 油箱无油或油泵没有接合。加油或接合油泵。

② 回油阀卡住不落下，或因脏物使回油阀垫住。液压油几乎全部流回油箱。用小木棒轻敲回油阀盖，使回油阀受震落下，或卸下回油阀进行清洗。

③ 油缸定位阀卡住。用钳子将定位阀夹出。

④ 油缸定位挡板与定位阀尾部之间的间隙过小。将定位挡板升到所需的位置。

⑤ 悬挂农机具的提升阻力过大。去掉悬挂农机具增加的"提升"阻力。

⑥ 升压阀的压力过小，安全阀弹簧松弛，开启压力过小。检查调整升压阀的开启压力和安全阀的开启压力。

⑦ 油泵内部漏油严重。检查并修复油泵。

⑧ 油泵进油管与油泵连接的螺母松动而进气等。拧紧连接螺母。

（3）分配器不能定位

① 如果在提升位置不能定位，则为下定位弹簧折断或支承套筒上端磨损。更换定位弹簧，修复支承套筒。

② 如果在工作位置不能定位，则为下定位弹簧折断或支承套筒下端磨损。更换定位弹簧，修复支承套筒。

③ 如果在下降位置不能定位，则为上定位弹簧折断或分离套筒倒角端磨损。更换定位弹簧，修复分离套筒。

（4）分配器不能自动回位

① 滑阀弹簧变软或折断。更换滑阀弹簧。

② 安全阀打开压力低于自动回位油压。按规定调整安全阀打开压力。

③ 滑阀卡住。将分配器操纵手柄在各工作位置移动几次。

④ 液压系统内的机油工作温度过高或过低（高于 60 ℃或低于 30 ℃）。保证机油工作温度在 30～60 ℃。

⑤ 回油阀节流孔被堵塞。卸下回油阀，用软金属丝清理小孔并清洗。

⑥ 自动回位装置因分离套筒磨损，升压阀卡住而失灵。修复或更换分离套筒，卸下滑阀并卸开回位装置活塞，进行清理。

（5）分配器回位过早

① 升压阀打开压力低。

a. 油压控制弹簧变软或折断。更换或重新调整油压控制弹簧。

b. 调节螺钉松动。按照规定紧固调节螺钉。

② 钢球与阀体接触处磨损，密封不严。修复阀体，恢复密封性。

③ 液压系统油温过低。扳动分配器操纵手柄在上升、下降工作位置数次，使油温升高。

（6）从液压油箱加油口溢出带泡沫的油

① 油箱内油量不足或油温过低。加油或保持正常工作温度。

② 进油管内吸入空气。检查油泵进油管连接是否紧密，拧紧连接螺母。

③ 油箱内有水。更换油箱内的油液。

④ 油箱加油口盖太脏或堵塞。清洗加油口盖。

⑤ 油箱内滤清器太脏。清洗滤清器。

（7）液压软管爆裂

① 经常用中立位置进行作业。凡是悬挂农机具有耕深调节装置的拖拉机，在工作时应利用工作位置。

② 在农机具运输过程中受到强烈冲击。按规定使农机具固定在运输位置，在运输时应低速行驶。

（8）农机具不能下降

① 定位阀偶然落下，使油缸下腔不能泄油。检查修复。

② 缓冲阀中间节流堵塞。检查疏通和清洗。

二、半分置式液压悬挂系统的使用维护与故障排除

1. 使用维护　液压系统的用油是与后桥传动系统用油分开的，要根据季节选择合适的柴油机油。应经常检查提升器壳体内的油面高度，若使用液压输出，应根据分置液压缸的容积适当添加油液。

为了防止因油液不洁或变质而影响液压系统的工作和使用寿命，应按规定定期更换油液。

液压泵、分配器和液压缸等部件都比较精密，只有在迫不得已的情况下，才可拆开，但要特别注意清洁，不可用力敲击，防止刮伤各零件，更不得用砂纸打磨配合表面。在无调试手段的情况下安全阀不得拆开。

在拆洗当中，如发现橡胶密封元件老化、损坏或可能出现密封性能下降时，应更换。

2. 故障原因与排除方法

（1）农机具不能提升或不能下降

故障原因主要是：长期不用而锈蚀、安装不当阀与座间隙过小、传动箱油

液污秽等原因使主控制阀、回油阀卡滞。

故障排除方法：一是将操纵手柄在"提升"和"下降"位置间移动几次，或用木棒轻敲提升器壳体上靠近分配器部位，利用震动消除卡滞。二是在主控制阀或回油阀卡滞严重时，应拆开分配器清洗，并更换传动箱油液。

（2）农机具提升后抖动，静沉降迅速，农机具提升缓慢，甚至不能提升

① 油泵内密封件损伤，失去作用，或齿轮轴套端画磨损严重而产生内漏，高、低压腔之间窜通。更换密封件，修复磨损的齿轮轴套。

② 压油管路中密封件损坏，管路有泄漏。更换密封件。

③ 安全阀磨损或开启压力调整过低。调整安全阀压力，不能消除泄漏时，更换新件。

④ 单向阀磨损。修复或更换。

三、整体式液压悬挂系统的使用维护与故障排除

1. 使用维护

（1）不使用液压油泵时，应将液压油泵偏心轴离合手柄置于"离"的位置（操作时先将离合器踏板踏到底）。

（2）除液压输出外，禁止将外手柄放在液压输出位置。

（3）使用里手柄时，须先将外手柄放在"深"的位置。不能使用外手柄来提升农机具。

（4）按拖拉机技术保养要求，定期清洗液压油泵滤网，定期更换后桥内齿轮油。

（5）力调节弹簧处、顶杆头与螺母孔内应常加润滑脂，防止生锈，从而保证"力调节"应有的灵敏度。螺母上外露螺纹部分，应涂些润滑脂并包好，防止生锈。

（6）液压系统中，高压油管两端，油管压盖出油口，油缸进油口，阀体与前盖、后盖，控制阀壳体与前盖、后盖等的油道进出油口及定位销孔口，都装有"O"型密封圈，拆装液压油泵时，应注意不要遗失。如果发现"O"型密封圈损坏，必须更换新件。

（7）活塞装入液压油缸时，三道活塞环的开口应相互错开120°，两只平环分别装在第一、第二道环槽中，一只油环装在靠近活塞裙部的环槽中，切勿装错。

2. 故障原因与故障排除

（1）农机具提升缓慢（柴油机低速运转时农机具不能提升，中、高速运转

时可缓慢升起）

　　① 液压泵滤网堵塞。清洗滤网。

　　② 液压泵内"O"形密封圈损坏。更换"O"形密封圈。

　　③ 安全阀漏油。修复或更换安全阀。

　　④ 进油阀或出油阀漏油。修复或更换。

　　⑤ 液压泵柱塞与柱塞腔之间漏油。更换已磨损件。

　　⑥ 控制阀与封油垫圈间漏油。更换已磨损件。

　　⑦ 高压油管上的"O"形密封圈损坏。更换"O"形密封圈。

　　（2）农机具不能提升

　　① 包括以上（农机具提升缓慢）7 种原因。按以上方法排除。

　　② 副离合器有故障。检查并排除。

　　③ 操纵机构中短偏心轴上的滚轮脱落。重新安装滚轮并调整好。

　　④ 里、外拨叉杆安装不当。重新安装。

　　⑤ 液压泵偏心轴离合手柄不起作用。更换。

　　⑥ 安全阀脱落。重新安装。

　　⑦ 控制阀卡在中立位置或回油位置。清洗控制阀，修复或更换。

　　⑧ 活塞在油缸中卡住。清洗并修复。

　　⑨ 安全阀开启压力过低。调整开启压力至规定值。

　　（3）农机具升起后不能下降

　　① 控制阀弹簧失效。更换新弹簧。

　　② 控制阀卡住在中立位置。清洗并修复。

　　③ 外拨叉杆缓冲弹簧弹性不足。重新调整或更换缓冲弹簧。

　　④ 摆动杆位置调节不正确。重新调整。

　　（4）农机具有时能提升有时不能提升

　　① 控制阀卡滞。清洗并修复。

　　② 滚轮架有偏摆现象。修复。

　　③ 滚轮架焊接处松动。重新焊修。

　　（5）农机具上升时有抖动现象

　　① 油缸活塞的活塞环已损坏一只。更换活塞环。

　　② 高压油路某密封处漏油。查明漏油位置，采取堵漏措施。

第十四章・・・・・・・・・・・・・・・・・・・

电器设备的修理

电器设备是拖拉机的重要组成部分。它的主要功用是启动发动机、发出安全信号和夜间工作时的照明等。它由电源、用电设备和配电设备3部分组成。电源由发电机及其配用的调节器和蓄电池组成，发电机是拖拉机上用电设备的主要电源。在正常工作时，发电机向除电启动机外的所有用电设备供电，同时补充蓄电池在使用中所消耗的电能。拖拉机上采用的发电机型式有永磁交流发电机、硅整流发电机和直流发电机3种，目前直流发电机应用得较少。

用电设备由启动、照明、信号仪表及其他辅助装置组成，配电设备由导线、接线板、开关和保险装置等组成。

拖拉机上电器设备的特点：一是采用低压电源，一般为12 V，有的大型拖拉机为24 V。二是采用单线制，即电源和用电设备之间只用一根导线，另一根由机体担当，称为搭铁，搭铁有正极搭铁和负极搭铁之分，目前大多采用负极搭铁。三是电源多为直流，用电设备多与电源并联。拖拉机电器设备简图如图14-1所示。

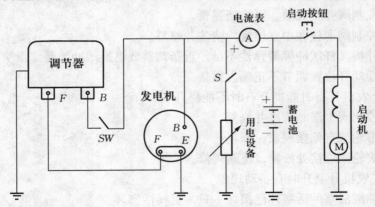

图 14-1　拖拉机电器设备电路简图

拖拉机上所用电器设备，工作条件很差，经常受到颠簸、振动、高温、潮湿和尘土的侵袭。因此，电器设备的正确使用和维护，对保证电器设备的正常技术状态和拖拉机的正常行驶，提高生产力和降低能耗具有重要意义。

第一节 蓄电池的构造与修理

蓄电池是一种预先将电能转变为化学能贮存起来，用电时又将化学能转变为电能供给用电设备的一种装置，属于可逆直流电源。根据电极和电解液所用物质不同，蓄电池分为酸性蓄电池和碱性蓄电池。酸性蓄电池又称铅蓄电池，由于其内阻小、容量大、启动时能供给较大的启动电流，故拖拉机上均采用铅蓄电池。铅蓄电池分为干封铅蓄电池和干式荷电铅蓄电池。前者注入电解液后，按规定充电后方能使用，后者注入电解液即能使用。目前用得较多的是干封铅蓄电池。随着制造技术的不断进步，免维护蓄电池已开始应用于部分大型拖拉机上。

一、蓄电池的构造

铅蓄电池由正极板、负极板、隔板、外壳、盖板和电解液等组成，如图14-2所示。

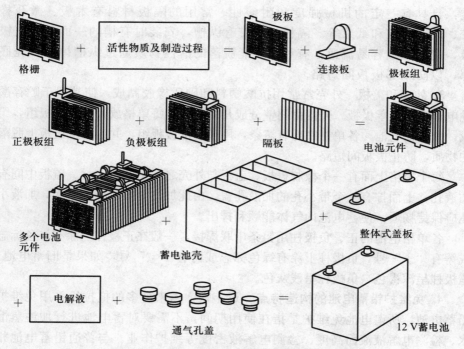

图 14-2 蓄电池的零部件及制成的基本步骤

1. 极板 铅蓄电池极板有正、负极板两种。正、负极板分别由格栅和填入格栅的活性物质组成。格栅由铅锑合金铸成，起导电和支承活性物质的作用。正、负极板上的活性物质均由保持一定细度的氧化铅粉与稀硫酸溶液，以及若干添加剂调制而成。

涂好活性物质的极板，经多次反复充、放电处理后，正极板上的活性物质变为深棕色多孔状的二氧化铅，正极板的总厚度一般为 2.2 mm；负极板上的活性物质变为青灰色多孔海绵状的纯铅，负极板的总厚度一般为 1.8 mm。

为了增大蓄电池的容量，将多片正、负极板分别用带极柱的铅连接板焊接起来，组成正、负极板组。安装时，正、负极板互相嵌合，各片间都留有间隙。每个单格蓄电池中，有两片负极板和一片正极板，正极板装在两片负极板中间，以使正极板两侧参加化学反应，保证正极板两侧放电均匀，减少极板弯曲，提高极板使用寿命。

2. 隔板 为了减小蓄电池内部的尺寸和内阻，通常有两项要求必须满足：一是正、负极板间的距离应尽量缩小，通过在极板之间插入隔板，来防止正、负极板接触而短路；二是隔板的多孔性要好，以便电解液自由渗透，且具有一定的机械强度和耐酸性。常用的隔板材料有木板、微孔橡胶、玻璃纤维和纸浆等。隔板一面带有纵槽，安装时有槽的一面朝向正极板，使电解液容易流通，有利于可能脱落的活性物质通过纵槽掉入外壳底部，以防相邻极板间短路。

3. 外壳和盖板 外壳常用抗酸塑料和硬质橡胶制成，使其适于贮存酸性电解液和支承极板。壳内由间壁分成几个单格，每单格放入一对极板组，组成一个单格电池。各单格底部有棱条，用来支承极板组，并容纳从极板上脱落的物质，防止极板间短路。

每个单格上面有一个橡胶盖板，盖板与外壳之间用沥青密封。盖板中间有加液孔，上面拧有一个带小孔的加液孔盖，由此加注电解液或蒸馏水，加液小孔应保持畅通，使蓄电池内气体能顺利排出。

各单格电池的正、负极柱用铅条串联焊接，一般在正极柱上涂有红色标志或铸有"＋"号，负极柱上涂有绿色标志或铸有"－"号，如果是旧蓄电池，正极柱呈深褐色，负极柱呈浅灰色。

4. 免维护铅蓄电池的构造特点 近年来，越来越多的拖拉机采用免维护铅蓄电池。所谓电池免维护是指在使用期间，不需要对蓄电池进行加注蒸馏水、检测电解液液面高度、检测电解液密度等维护作业。与普通铅蓄电池相比，免维护铅蓄电池的构造有以下几个特点。

（1）格栅材料采用铅钙合金或低锑合金，并将极格栅的结构进行了改变，如图 14-3 所示。这两项变革，既提高了格栅的机械强度，又可以大大减少析气量和耗水量，同时自行放电也大大减少，使用寿命延长。

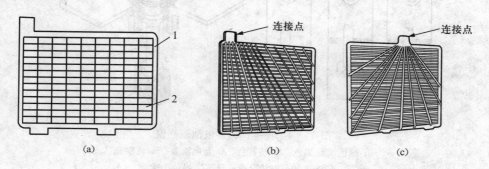

图 14-3　蓄电池格栅的各种型式

（a）普通型格栅　（b）、（c）免维护型格栅

1. 栅栏　2. 活性物质

（2）隔板采用袋式聚氯乙烯隔板，将正极板装在隔板袋内，既可避免正极板上的活性物质脱落，又能防止极板短路。因此壳体底部不需要凸起的肋条，降低了极板组的高度，增大了极板上方的容积，使电解液贮存量增多。与同容量电池相比，重量轻，体积小。

（3）有的通气孔采用新型安全通气装置，可保持蓄电池内的酸气不外泄，不仅可以最大限度地减少电解液的消耗，而且可以避免与外部火花直接接触，以防爆炸。有的通气塞中还装有催化剂钯，帮助排出的氢氧离子结合生成水再回到蓄电池中去，减少水的消耗。这种新型通气装置还可使蓄电池顶部和接线柱保持清洁，减少了接头的腐蚀。

（4）单格电池间采用穿壁式连接，减小了内阻，提高了启动性能。

（5）蓄电池内部装有电解液密度计，可自动显示蓄电池的存电程度和电解液液面的高低。如果密度计的观察窗呈绿色，表明蓄电池存电充足，可正常使用；若显示深绿色或黑色，表明蓄电池存电不足，需补充充电；若显示浅黄色，表明蓄电池解液液面过低，已接近报废。如图 14-4 所示。

5. 电解液　电解液是由化学纯净硫酸和蒸馏水按一定比例配制而成的硫酸溶液，其纯度是影响蓄电池性能和使用寿命的重要因素之一。一般工业硫酸和非蒸馏水中都有杂质，不应加入蓄电池内，以免损坏极板和造成蓄电池容量的减少。

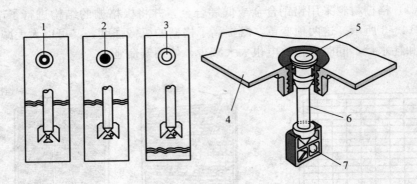

图 14-4　免维护铅蓄电池观察窗
1. 绿色　2. 黑色　3. 浅黄色　4. 蓄电池盖　5. 观察窗
6. 光学的荷电状况指示器　7. 绿色小球

　　电解液中硫酸和蒸馏水的含量，可用测量电解液密度的方法来判断。硫酸多，密度大；硫酸少，密度小。电解液的密度一般为 1.23～1.3。电解液的密度对蓄电池的工作有重要影响，密度大，可减少结冰的危险并提高蓄电池的容量，但密度过大，则黏度增加，会促使极板硫化，反而降低蓄电池的容量，影响极板和隔板的使用寿命，密度过小，内阻增加，电压将迅速下降。电解液密度常因地区气温条件而异，不同地区和气温下的电解液的密度，可参照表 14-1 选配。

表 14-1　不同地区和气温下的电解液的密度

气候条件	完全充足电的蓄电池 25℃时电解液的密度（g/cm³）	
	冬季	夏季
冬季温度低于-40 ℃地区	1.30	1.26
冬季温度高于-40 ℃地区	1.28	1.25
冬季温度高于-30 ℃地区	1.27	1.24
冬季温度高于-20 ℃地区	1.26	1.23
冬季温度高于 0 ℃地区	1.24	1.23

二、蓄电池的工作原理

　　蓄电池充、放电过程中，正、负极板上的活性物质和电解液之间不断发生化学反应，即在充电过程中，将电能转变为化学能贮存起来，在放电过程中，又将化学能转变为电能供用电设备使用。所以蓄电池的工作原理是化学能与电能互相转换的原理。这种转换是可逆的。

1. 电动势的产生　在未接通电路前，蓄电池每个单格的正极板处的活性物质二氧化铅，有少量溶于电解液，与电解液中的硫酸作用生成含有 4 价铅的硫酸铅和水。硫酸铅又分离为 4 价铅离子和两个硫酸根离子。一部分 4 价铅离子沉附在正极板上，使正极板具有正电位，约为 2 V。

同样，每个单格的负极板处的纯铅，在未接通电路时，有少量溶于电解液中，生成两价铅离子，而在负极板上留有两个电子，使负极板具有负电位，约为 −0.1 V。在上述反应达到相对平衡状态时，蓄电池每个单格的电动势 2.1 V。若蓄电池有 6 个单格，则这个蓄电池的电动势为 12.6 V 左右。

2. 放电过程　用导线将蓄电池的正、负极板与用电设备连通，如图 14−5a 所示。在上述电动势的作用下，电路中便有电流通过，使灯泡发亮，称为放电。放电时，负极板上的电子，通过用电设备流向正极板，使正极板电位降低，破坏了原来的平衡状态。电子和 4 价铅离子结合变为两价铅离子，并与电解液中的硫酸根离子结合生成硫酸铅沉附在正极板上。在负极板上的两价铅离子与电解液中的硫酸根结合，生成硫酸铅沉附在负极板上。这就是放电过程。此时，电子由负极流向正极，而放电电流的方向则从正极流向负极。由于上述放电过程不断进行，电流不断流动，电解液中硫酸逐渐减少，而水逐渐增多，使电解液密度逐渐下降。因此，在蓄电池的日常保养中，可通过测量电解液密度的变化，确定蓄电池放电的程度。

理论上讲，放电过程可以进行到极板上的活性物质被耗尽为止，但由于生成的硫酸铅沉附于极板表面，阻碍电解液向活性物质层渗透，内层物质因缺少电解液而不能参加反应。在日常使用中，放完电的蓄电池，其活性物质利用率只有 30% 左右。因此，要求采用薄型极板，增加极板的多孔性，能够有效提高活性物质的利用率，增大蓄电池的容量。

3. 充电过程　充电时，蓄电池的正、负极分别与直流电源的正、负极相接，如图 14−5b 所示。当电源的电压高于蓄电池的电动势时，则电流从蓄电池正极流入，负极流出。即电子由正极板经外电路流向负极板。

正极板处有少量硫酸铅溶于电解液中，产生两价铅离子和硫酸根离子，在充电电流作用下，使沉附在正极板处的两价铅离子失去两个电子，而变为 4 价铅离子回到溶液中去，并与电解液作用生成二氧化铅，沉附在正极板处。

负极板处也有少量硫酸铅溶于电解液中产生两价铅离子和硫酸根离子。由于电流的作用，使沉附在负极板处的两价铅离子获得两个电子，而变为金属铅。正、负极板产生的硫酸都溶于电解液中，因此电解液的密度不断增加。因此，可通过测量电解液密度的变化，确定蓄电池充电的程度。

在充电过程的最后阶段，蓄电池内部活性物质的化学反应完全结束，这时再继续充电，称为过充电，如图 14-5c 所示。蓄电池过充电，活性物质反应结束，正负两极开始电解水，使电解液中的水电解成氢气和氧气。由于电解液中离子的同性相斥、异性相吸的物理特性，带正电荷的氢离子都聚集在负极板上形成氢气，带负电荷的氧离子都聚集在正极板上形成氧气，以气泡的形式放出，出现"沸腾"现象。

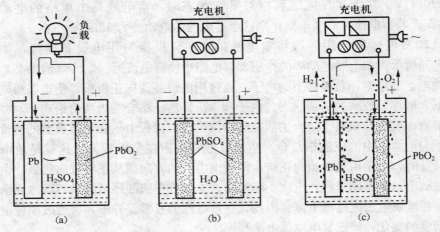

图 14-5　铅蓄电池反应原理
(a) 放电　(b) 充电　(c) 过充电

蓄电池充足电的标志，一是电解液中有大量气泡冒出，呈沸腾状态；二是电解液的密度和蓄电池的端电压上升到规定值，且在 $2\sim3\,h$ 内保持不变。

三、蓄电池的电特性

蓄电池电特性的主要指标有：电动势、内电阻、充电特性、放电特性和容量。

1. 电动势　蓄电池在无负载状态下，两极间的电位差称为蓄电池的静止电动势，其大小与极板数量和尺寸无关，只与电解液密度有关。电解液的密度大时，电动势增高，反之，则电动势降低。

电解液的密度随充电过程而变，变化范围为 $1.12\sim1.29$。静止时的电动势将相应地在 1.96～2.13 V 之间变化。

2. 内电阻　蓄电池的内电阻，主要包括电解液电阻、极板电阻、隔板电阻和电桩接触电阻等。其电阻值很小，一般不大于 0.01 Ω，因此在启动时可以获得较大的电流。

3. 充电特性　放完电的蓄电池，以一定的电流进行正常充电时，便可得到图 14-6 的曲线。开始瞬间电压很快增加到 2.2 V，以后很长一段时间内电压缓慢地上升到 2.4 V，在充电接近终了时又迅速上升到 2.7 V。再继续充电，电压不再上升，并出现"沸腾"现象。停止充电后，电压便迅速降到 2.11 V 左右。把这个电压变化规律，称为充电特性，而反映此特性的曲线称充电特性曲线。

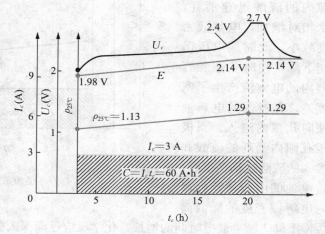

图 14-6　充电特性曲线

U. 电压　ρ. 电解液密度　E. 电动势

产生这种充电特性曲线的原因是：开始充电瞬间，极板表面迅速生成硫酸，使极板孔隙中电解液密度增大，故电动势迅速升高。此后硫酸向周围扩散，当充电至孔隙内硫酸产生的速度和扩散的速度达到平衡时，电动势便随着容器内电解液密度的上升而缓慢增加。当电压达到 2.3～2.4 V 时，极板上的活性物质几乎全部恢复。再继续充电，便使负极板上产生氢离子，由于聚集在负极板处的氢离子来不及全部变成氢气而泄出，因而使电解液和极板之间产生了约 0.33 V 的电位差，所以端电压上升到 2.7 V。停止充电后，极板处的氢离子消失，电压迅速降到 2.11 V。

4. 放电特性　完全充电的蓄电池，以 20 h 放电率的电流进行正常放电时，可得到图 14-7 的曲线。开始端电压迅速地由 2.1 V 降到 2 V，此后随着放电时间的延长，电压缓慢地降到 1.9 V，在较长的一段时间内，电压基本上稳定在此数值，放电到一定时间，电压很快降到 1.75 V，此时应终止放电。

产生这种放电特性曲线的原因是：开始接通负载时，蓄电池内部产生化学反应，极板孔隙内的硫酸迅速消耗，水相对增加，电解液密度减小，此时端电压迅速下降。同时孔隙和容器内的电解液产生了密度差，容器内的电解液便向孔隙内渗入。当极板孔隙内消耗的硫酸和渗入的硫酸达到平衡时，蓄电池的电压便随容器内电解液密度的降低而缓慢下降。随着放电时间的增长，化学反应逐渐深入极板内层，同时形成的硫酸铅使孔隙不断缩小，电解液渗入困难。当蓄电池放电到 1.75 V 时，电解液渗入非常困难，若再放电，孔隙内电解液密度急剧下降，电压便下降到零，称为过度放电。这时会使极板孔隙内产生粗晶粒的硫酸铅，造成极板损坏，容量降低，这是不允许的。如在 1.75 V 停止放电，使蓄电池有时间恢复，电压还能自己回升到 1.98 V。为了合理使用蓄电池，使其发挥最高的工作效能，必须理解和掌握蓄电池工作时的这个放电特性。

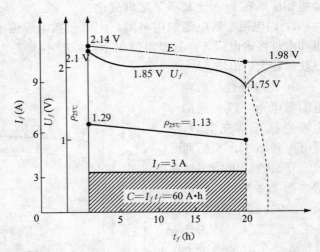

图 14-7　恒流放电特性曲线

蓄电池放电终了的特征，一是单格电池电压降到放电终止电压；二是电解液密度降到最小许可值。放电终止电压与放电电流的大小有关。放电电流越大，允许的放电时间就越短，放电终止电压也越低，见表 14-2。

表 14-2　放电终止电压与放电电流、放电时间的关系

放电电流（A）	$0.05C_{20}$	$0.1C_{20}$	$0.25C_{20}$	C_{20}	$3C_{20}$
放电时间	20 h	10 h	3 h	25 min	5 min
单格电池终止电压（V）	1.75	1.70	1.65	1.55	1.50

注：C_{20}——蓄电池的额定容量。

5. 蓄电池的容量

（1）蓄电池的额定容量　充足电的蓄电池，在放电允许范围内所输出的电量

称为蓄电池的额定容量。蓄电池的额定容量标志着蓄电池的供电能力，其大小等于放电电流与放电时间的乘积，单位是"A·h"，读作安培小时。不同的放电电流所需的放电时间是不同的，因而蓄电池的额定容量亦不同，如图 14-8 所示。

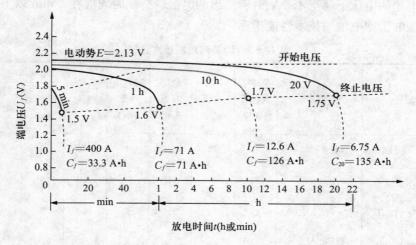

图 14-8　放电电流（I_f）与容量（C_f）的关系曲线

过去曾规定蓄电池的额定容量是以额定容量 1/10 的电流连续放电 10 h，单格电池的电压降到 1.7 V 所供的电量。例如，容量为 150 A·h 的蓄电池，如果以 15 A 电流放电，直到单格电池的电压降到 1.7 V 为止，所经历的时间应是 10 h。而现在有所变化，新的国家标准规定：将充足电的蓄电池在电解液温度为 25±5 ℃条件下，以 20 h 放电率的电流连续放电至单格电池的平均电压降到 1.75 V 时，输出的电量称为额定容量。实际测量蓄电池额定容量时，以超过 20 h 为合格。上面的例子就有了新的解释：容量为 150 A·h 的蓄电池，以 7.5 A 电流放电，直到单格电池的电压降到 1.75 V 为止，所经历的时间应是 20 h。

（2）储备容量　新的国家标准还规定了储备容量。储备容量是指蓄电池在 25±2 ℃的条件下，以 25 A 恒流放电至单格电池平均电压降到 1.75 V 时的放电时间，单位为 min。储备容量表达了在拖拉机充电系统失效时，蓄电池能为照明系统等用电设备提供 25 A 恒流的能力。

（3）启动容量　新的国家标准还规定了启动容量。启动容量是指蓄电池在发动机启动时的供电能力，是检验蓄电池质量的重要指标之一。启动容量受温度影响很大，故又分为低温启动容量和常温启动容量两种。

① 低温启动容量。电解液在 −18 ℃时，以 3 倍额定容量的电流持续放电至单格电压下降至 1 V 时所放出的电量。持续时间应在 2.5 min 以上。

② 常温启动容量。电解液在 30 ℃时，以 3 倍额定容量的电流持续放电至单格电池的电压下降至 1.5 V 时所放出的电量。持续时间应在 5 min 以上。部分机型的铅蓄电池的技术性能指标，见表 14 − 3。

表 14 − 3　铅蓄电池的技术性能

型号	适用机型	单格电池极板数（片）	标称电压（V）	额定容量（A·h）	电解液质量（kg）	常温启动放电		
						电流（A）	终电压（V）	持续放电时间（min）
6 - Q - 56	铁牛 - 55	9	12	56	4	170	9	5
3 - Q - 140	上海 - 50	21	6	140	5	450	9	5
6 - Q - 120T	东方红 - LX1000	19	12	120	5	480	9	5
6 - QW - 120	雷沃 TD804（天力）	19	12	120	9	460	8.4	1
6 - QW - 120	雷沃 TG1254	19	12	120	9	460	8.4	1
6 - QW - 120MF	TS550	17	12	120	5.2	420	9	5
6 - QW - 150MF	TS1204	23	12	150	5.2	420	9	5

（4）影响蓄电池容量的因素　蓄电池的容量并不是一个定量，它与电解液的温度、放电电流、电解液的密度和使用时间等因素有关，使用和维护保养时应特别注意。

① 电解液的温度越低，蓄电池的容量越小，如图 14 - 9 所示，图中纵轴表示蓄电池的容量，横轴表示电解液的温度。因温度低时电解液黏度大，流动性变坏，电解液向极板孔隙内渗入困难，极板孔隙内的活性物不能充分利用，同时电解液内电阻增加；另

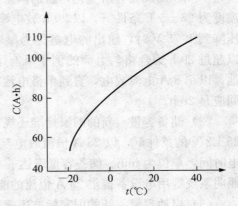

图 14 - 9　蓄电池容量（C）与电解液温度（t）的关系

外，温度降低，硫酸铅在电解液中溶解度降低，形成的硫酸铅致密层，阻碍了活性物质与电解液的接触，所以使电池容量减小。据测试，温度每降低 1 ℃，缓慢放电时，容量约减小 1%，大电流放电约减小 2%。如果以 30 ℃时的容量为 100%，那么在－18 ℃时，就只有原来容量的 40%。这就是冬天启动电动机常常会感觉没劲的主要原因之一。所以冬天除了要勤向蓄电池充电，使其经常保持完全充电状态以外，还要注意给蓄电池保温。

② 当放电电流增大，则蓄电池的容量降低，如图 14－10 所示。图中纵轴表示 20 h 放电率蓄电池的容量，横轴表示放电电流。这是因为巨大的放电电流，使极板化学反应激烈，极板表面活性物质间的空隙很快被迅速生成的硫酸铅堵塞而缩小，使电解液向孔内渗入困难，极板内部大量的活性物质不能参加化学反应，因而蓄电池放电容量迅速下降。反之，极板化学反应缓慢，电解液有充足的

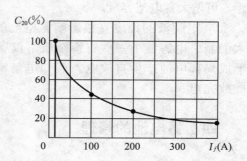

图 14－10　蓄电池容量（C）与放电电流（I_f）的关系

时间渗入活性物质深处，有更多的活性物质参加化学反应，因而容量增加。启动时电流较大，会使蓄电池容量降低，如果时间过长还会引起极板翘曲和活性物质脱落。因此，规定每次启动不超过 5 s。如再启动应停 1～2 min。如果 3 次启动不着，应检查原因，以免损坏极板。

③ 蓄电池的容量与电解液密度关系极大，如图 14－11 所示。在一定范围内，适当加大电解液密度，可以提高蓄电池的电动势及电解液活性物质向极板内的渗透能力并减小电解液的电阻，而使蓄电池容量增加。但密度增大，电解液黏度也增加，若密度超过了某一值，又会反过来降低渗透能力，使内阻增大，端电压及容量减小。另外，电解液密度过高，蓄电池自行

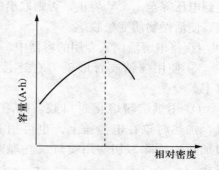

图 14－11　蓄电池容量与相对密度的关系

放电速度加快，对极板格栅和隔板的腐蚀作用加剧，缩短蓄电池使用寿命。一般情况下，采用电解液密度偏低有利于提高放电电流和容量，也有利于延长铅

蓄电池的使用寿命。

④ 极板越薄，蓄电池的容量越大。极板越薄，活性物质的多孔性越好，则电解液的渗透越容易，活性物质的利用率越高。在外壳不变的前提下，采用薄型极板可以增加极板片数，从而增大蓄电池容量；极板面积越大，同时参加化学反应的活性物质就越多，蓄电池容量也就越大；缩短同性极板的中心距，可减小蓄电池内阻，因此在保证具有足够电解液的前提下，尽可能缩短中心距，可增大蓄电池容量。

⑤ 电解液的纯度直接影响蓄电池的容量。电解液必须用纯硫酸和蒸馏水配制。电解液中一些有害杂质不仅腐蚀格栅，而且沉于极板上的杂质会形成局部电池产生自放电。假如电解液中含有 $1‰$ 的铁，蓄电池一昼夜就能放完电。

四、蓄电池的修理

蓄电池的常见故障有：极板硫化，活性物质脱落，外壳破裂，极桩和连接条烧熔、断裂等，这些故障使蓄电池容量降低，甚至完全失去供电能力。

1. 蓄电池主要零件的检查与修理 当蓄电池的输出电压降低，经过充电和保养仍不能恢复，以及蓄电池有渗漏现象时，应拆卸修理。

(1) 蓄电池的拆卸

① 拆卸前应首先清洗蓄电池外表面，然后以蓄电池容量10%的电流放电，直到电压降至 1.7 V 为止，否则取出的极板会被空气强烈氧化，并产生大量的热，使活性物质变松脱落。

② 将电解液倒入专用的容器中，要注意安全，严防电解液溅出。

③ 使用摇钻或管形铣刀在连接条和电桩连接处钻孔，然后将连接条取下。

④ 用烘熔箱熔化封口胶，然后用刮刀刮除干净。烘熔箱用电阻丝制成，加热时罩在电池盖上。也可用 220 V 的电烙铁，使用钢质的小铲刀，边加热边铲除。切勿用喷灯或气焊火焰直接烧封口胶，以免损坏电池壳和盖板。

⑤ 拆极板组的方法，如图 14-12a 所示。先将蓄电池放在木板上，用脚钩卡紧蓄电池的边缘，然后用夹钳钳住电极桩，提出极板组。用丁字形铁钩插入加液孔中，钩住胶盖往外拉极板组，如图 14-12b 所示。

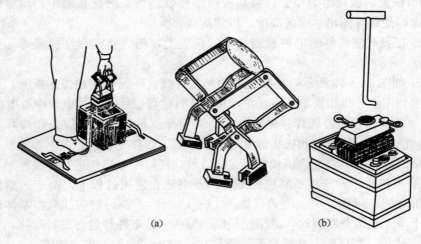

(a)   (b)

图 14-12　取出极板组的方法

⑥ 将极桩与连接条用烙铁烫开，使电池盖与极板组分离，取下电池盖。

（2）蓄电池外壳破裂的修补　蓄电池外壳破裂，可采用胶粘的方法来修补。首先，在裂纹两端钻直径为 3~4 mm 的止裂孔，然后将裂纹处局部加热软化，用铲刀沿裂纹开出 V 形坡口。其次，将修补的部位清洗干净，用刀片把环氧树脂黏结剂涂在坡口内，涂平后表面贴一张纸，放在室内慢慢固化，也可在温度为 40~60 ℃的干燥室内放置 2~3 h，加速固化。固化后，揭去纸张，锉光表面。如果表面不光滑，可再用少量环氧树脂黏结剂涂在锉过的表面上，硬化后，即可装配蓄电池。

（3）极板组的检修

① 清洗和检验。把极板组放在耐酸容器内的木架上，用清水冲洗，并用木制铲刀或毛刷清除极板表面上的污物和硫酸铅，洗净后逐片拨开极板，取出隔板，将正、负极板组分开放置进行检验。当极板的活性物质松软或脱落，以及严重硫化时，需更换新极板。对能够使用而暂时不装复的极板组，应晾干后放置在通风处保存。拆下的木质或玻璃纤维纸浆隔板，一般应更换新品。对细孔塑料隔板、细孔橡胶隔板和玻璃丝棉隔板，只要表面没有变质和损坏，可清洗后继续使用。

② 极板组的焊接。极板组由若干片极板熔焊在一起组成。当极板组损坏，换用新极板组时，可按以下步骤进行焊接。

a. 用锉刀清除极板焊耳上的氧化物，露出明亮的金属光泽。

　　b. 根据旧极板组的片数，将新极板逐片装到焊架的梳状槽中，调整焊架的高度，使焊耳露出一定的高度，以便焊接。

　　c. 把预先浇铸好的电桩放到规定的位置上，把焊接框套在极板焊耳和电桩上。

　　d. 如图 14-13 所示，将接电源的两根导线，一根固定在焊接框上，另一根接到焊钳上，焊钳夹着 5 mm 左右炭精棒（也可以使用 1 号电池中心电极）。

　　e. 使炭精棒与极板焊接处接触，待炭精棒红热后，熔化焊条和焊耳填满被焊接的部分，使电桩和极板焊耳熔化在一起。焊接完毕后，取下焊接框，剔除多余的铅块和毛刺。除用炭精棒熔焊以外，还可用电烙铁进行焊接。

　　③ 电桩烧熔和连接条断裂的修复。蓄电池在使用过程中，由于短路常常使电桩烧熔。可用铅熔液浇铸，如图 14-14 所示。浇铸前应注意将基体彻底打磨干净。连接条断裂时，可用充足电的另一个蓄电池作电源进行焊接，如图 14-13 所示。焊接时，在断裂处钻直径10～12 mm 的孔，将炭精棒（1 号电池中心电极）插入孔内与孔壁接触，待炭精棒烧红，熔化的铅液把断裂部分连接起来以后，再把备用铅条插入孔内，使铅条和连接条熔合，直到把孔填平。

炭精棒

图 14-13　用炭精棒电极焊接连接条

图 14-14　浇注电桩

2. 蓄电池的装配

　　（1）极板组的装配　把焊接好的正、负极板组装在一起，放至工作台上，将隔板插入正、负极板之间，隔板的沟槽应上下直立，并使有槽的一面对着正极板。若装木质和玻璃丝棉组合隔板，应使玻璃丝棉贴紧正极板一面。装隔板的次序应从极板组中间开始向两边装。

　　（2）极板组在电池壳内的安装　把装好的极板组安装到电池壳内，若太紧装不下，可将极板组在台虎钳中夹紧，夹紧时应在极板和钳口之间垫以尺寸与极板相等的木板，以免损坏极板，若太松，可在电池壳和极板组之间加木楔挤紧，以免晃动，损坏极板。极板组装好后，铺上带孔的塑料护板，再将电池盖套在电桩上。电池盖和电池壳之间有缝隙要用石棉绳塞紧，以防封料漏入池内。焊接连接条时注意不要使铅液漏入池内。最后把电桩和电池盖焊在一起。

（3）浇封口剂   完成上述工艺后，即可浇注封口剂。封口剂可用旧的沥青封口剂。浇封口剂时，不要一次浇平，先浇 2/3，冷却后再浇一遍，并用火焰加热表面，使之光滑平整。

3. 蓄电池的充电   修复后的蓄电池或新蓄电池，必须经过充电才能使用。为了保证蓄电池有足够的容量和使用寿命，必须运用正确的充电方法进行充电。给蓄电池充电有两种方法：定流充电法和定压充电法。所谓定压充电法，是将各蓄电池并联后再和充电机连接进行充电的方法，这种充电方法可同时并联许多电池充电，但充电初期电流过大，易使极板弯曲，活性物质脱落，充电末期充电电流小，使极板深处的硫酸铅不易还原。故此法极少采用。

所谓定流充电法，是将蓄电池串联后和充电机连接进行充电的方法，如图14-15 所示。其特点是保持充电电流不变。因其电流可调，所以适应性大，应用广。初次充电、补充充电和去硫充电都可采用。由于这种方法的充电电流是恒定的，所以进行充电的各蓄电池的容量最好是相同的。

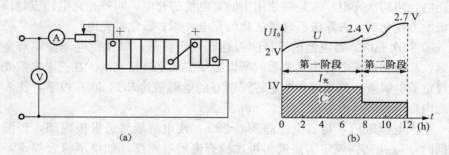

图 14-15 定流充电

（a）充电电路连接简图 （b）充电特性曲线

（1）电解液的配制   配制电解液应在耐酸的玻璃或瓷质容器内进行，绝对不允许用金属容器，以免被电解液腐蚀。先将蒸馏水倒入容器，然后将硫酸慢慢倒入蒸馏水中，倒入顺序绝对不允许颠倒，且必须边倒边用玻璃棒搅拌。

在配制电解液时，可按质量比或体积比来进行，见表 14-4。一定要用浓度为 95%～98% 的化学纯硫酸和蒸馏水来配制电解液, 电解液的密度应根据气温情况而定。气温高的地区和季节, 密度应低一些; 气温低的地区和季节, 密度应高一些 (详见表 14-1)。

表 14-4　　电解液的密度与硫酸、蒸馏水的比例 (%)

密度 (15 ℃时)	质量比		体积比	
	蒸馏水	浓硫酸	蒸馏水	浓硫酸
1.20	72.8	27.2	82.3	17.7
1.22	70.4	29.6	80.4	19.6
1.24	68.0	32.0	78.4	21.6
1.25	66.8	33.2	77.4	22.6
1.26	65.6	34.4	76.4	23.6
1.27	64.4	35.6	75.4	24.6
1.28	63.2	36.8	74.4	25.6
1.29	62.0	38.0	73.4	26.6
1.30	60.9	39.1	72.4	27.6
1.31	59.7	40.3	71.4	28.6

(2) 充电　蓄电池的充电通常有 3 种情况: 一是对新蓄电池和修理的蓄电池充电, 叫初次充电; 二是对使用中的蓄电池的充电, 叫补充充电; 三是预防极板发生硫化或者去除极板轻微硫化的充电, 叫去硫化过充电。

① 初次充电。蓄电池的容量能否达到规定数值, 以及蓄电池使用寿命的长短, 都与初次充电有很大关系, 所以必须按规定进行充电。在充电之前先加入规定的电解液。其具体方法是将配制好的电解液冷却到 30 ℃ 以下, 注入蓄电池内, 液面应高出极板 10～15 mm。

注入电解液后, 将蓄电池静放 6～8 h, 使电解液渗透极板内部, 当液面降低时, 应补充到规定的高度。再次检查电解液密度, 如果不符合规定, 可再次调整电解液密度。待温度下降, 低于 30 ℃ 以后, 方能开始充电。充电分两个阶段进行: 第一阶段, 首先确定初充电流的大小, 通常以蓄电池容量的 1/10 作为初充电流值; 而后用初充电流充到电解液放出气泡, 单格电压上升到 2.3～2.4 V 为止, 这段充电时间为 30～40 h。第二阶段, 充电电流为第一阶段的一半, 继续充到电解液放出大量的气泡, 电解液密度和电压连续 2 h 不变为止。全充电时间为 45～60 h。如果在充电过程中, 电解液温度超过 45 ℃, 则必须中断充电, 待冷却后再进行充电, 除此以外, 不要随意中断充电。

　　充电完毕，检查调整各单格电解液的密度，使其均匀一致，符合规定。如果密度低于规定值，加入密度为 1.4 的稀硫酸（切勿注入浓硫酸），继续充电 1 h，使内部电解液混合均匀一致，再检查电解液密度，如果仍不符合规定，可再次调整密度，直到符合规定，并稳定不变为止。

　　电解液的密度调整合适后，检查调整各单格电池的液面高度符合规定，并使其均匀一致。之后，拧紧加液口塞并注意疏通气孔，清洁蓄电池表面。

　　新蓄电池或修理后的蓄电池初次充电通常要经过 2～3 次充、放电处理。所谓充、放电处理，即将充好电的蓄电池用灯泡或变阻器放电，放电电流取其容量的 1/20，放电电压降到 1.75 V 为止，然后再按充电方法充电，再放电。当容量提高到不小于额定容量的 90％时才能使用。

　　长期存放的新蓄电池充电后，应进行循环充电。即以蓄电池容量 10％的电流放电，直到电压降到 1.7 V 为止，再用同样的电流充电，直到充足。接着进行第二次放电和充电，然后才能使用。循环充电的目的是使极板在存放期间生成的硫酸铅，全部变成活性物质。

　　② 补充充电。蓄电池在使用过程中，发现蓄电池的电压和电解液密度下降，启动电动机无力，灯光暗淡，应及时进行补充充电。一般情况下每月检查一次，如果发现电解液密度降到 1.15 以下，灯光转暗，启动无力时，必须随时进行补充充电。补充充电分两个阶段进行。第一阶段的充电电流约为电池容量的 10％左右，当单格电压达到 2.3～2.4 V 后，转入第二阶段，充电电流减少一半，充到电压和电解液密度达到规定值，电池内产生大量气泡为止，需 12～16 h。充电结束后，若电解液的密度和液面高度不合格，应进行调整。调整的方法与初充电时相同。

　　③ 预防硫化过充电。蓄电池在使用过程中，常有充电不足或始终存在着部分放电的情况，从而使蓄电池产生程度不同的极板硫化现象。为消除可能发生的轻度硫化，通常每隔 3 个月进行一次预防硫化过充电，就是比平常充电的时间更长，充电更完备。即：用正常充电电流将蓄电池充电到终了，中断 1 h 后再用 1/2 正常充电电流重新充电，到电解液有大量气泡形成为止，中断充电 1 h 后，再用 1/2 正常充电电流重新充电。重复这种间歇充电，到只要接触充电电源，蓄电池就立刻出现大量的气泡为止。

　　(3) 充电应注意的事项

　　① 充电必须连续进行，不得中途长时间停止，以免极板产生硫化缺陷。

　　② 充电过程中，要经常检查电解液温度，超过 40 ℃时应将充电电流减

半，超过 45 ℃时，应暂停充电，待温度降到 35 ℃以下再继续充电。

③ 配制电解液时，必须牢记先将水倒入容器中，再将浓硫酸慢慢倒入水中，边倒边用木棒或玻璃棒搅拌，严禁将水倒入硫酸中，以免由于剧烈的化学反应，使硫酸从容器中溅出或引起爆炸，造成烧伤事故。

④ 应戴橡皮手套、橡皮围裙和口罩，并尽量避免用手接触氧化铅，以免中毒。

⑤ 充电场所应通风良好，禁止明火，且必须备有防火、防爆的安全设施。

⑥ 充电场所应备有苏打溶液或氨水，以备及时中和飞溅在人身上的硫酸。

五、蓄电池的维护保养与检查调整

蓄电池的工作性能和使用寿命与使用维护有密切关系。实践证明，蓄电池的早期损坏，主要由于使用维护不当造成，因此必须认真做好蓄电池的维护与检查工作。

1. 维护保养

（1）在拖拉机上安装蓄电池时，电池壳底下要放橡皮或毛毡减震垫，固定要牢稳，接线要正确可靠。

（2）蓄电池外部要清洁干燥，不得存有电解液和其他杂质，以防短路；电桩及线夹表面要涂凡士林，防止氧化。

（3）经常检查加液口塞的通气孔，保持畅通，但需拧紧塞子。

（4）正确进行启动操作，每次接通启动电机的时间不得超过 3～5 s。两次启动间隔 2 min。如连续 3 次启动不着，应停车检查。冬季要做到先预热，后启动。

（5）经常使用密度计或高率放电计检查蓄电池的放电程度，当冬季放电超过 25％，夏季放电超过 50％时，必须及时将蓄电池从拖拉机上拆下进行补充充电。并根据季节和地区的变化情况及时调整电解液的密度。冬季可加入适量的密度为 1.4 g/cm^3 的电解液，以调高电解液的密度（一般比夏季高 0.02～0.04 g/cm^3 为宜）。

（6）冬季向蓄电池内补加蒸馏水时，必须在蓄电池充电前进行，以免水和电解液混合不均而结冰。

（7）冬季蓄电池应经常保持在充足电的状态，以防电解液密度降低而结冰，引起外壳破裂、极板弯曲和活性物质脱落等故障。蓄电池电解液密度、放电程度和冰点温度的关系见表 14-5。

表 14-5　蓄电池电解液密度、放电程度和冰点温度的关系

放电程度	充足电		放电 25%		放电 50%		放电 75%		放电 100%	
	密度 (g/cm³) 25℃	冰点 (℃)	密度 (g/cm³) 25℃	冰点 (℃)	密度 (g/cm³) 25℃	冰点 (℃)	密度 (g/cm³) 25℃	冰点 (℃)	密度 (g/cm³) 25℃	冰点 (℃)
电解液的密度和冰点	1.31	-66	1.27	-58	1.23	-36	1.19	-22	1.15	-14
	1.29	-70	1.25	-50	1.21	-25	1.17	-16	1.13	-10
	1.28	-69	1.24	-42	1.20	-25	1.16	-16	1.12	-9
	1.27	-58	1.23	-36	1.19	-22	1.15	-14	1.11	-8
	1.25	-50	1.21	-28	1.17	-18	1.13	-10	1.09	-6

（8）蓄电池的贮存方法有 3 种：一是湿存法，短期（1～6 个月）不用的蓄电池采用湿存法。其方法是将蓄电池充足电，电解液密度和液面高度均达到规定值，将加液盖拧紧，外表擦净，存放在通风干燥的室内。在存放期间应定期检查电解液密度或单格电压。如存电量降低 25% 应立即补充充电。在使用前，应先充足电。二是干存法，停用时间超过半年以上的蓄电池采用此法。其方法是将蓄电池充足电后，以 20 h 放电率完全放电，倒出电解液，并加入蒸馏水，多次冲洗至水中无酸性，倒尽蒸馏水，晾干后拧紧加液口盖，密封贮存。重新启用时按新蓄电池进行充电。三是充电充水保存法，首先，将蓄电池充足电后倒出电解液，并加入蒸馏水，停放 6 h。其次，再充电 4 h，再换水，再充电 2 h，再换上新蒸馏水，即可长期保存。冬季应注意保温，以免冻坏。再次启用前，先用小电流充电至单格电压达 2.5 V，然后倒出蒸馏水，再加入相对密度合适的电解液，按补充充电充足电，即可使用。

（9）免维护蓄电池也要注意维护保养。前面讲过，所谓免维护，主要是不需要检查和添加蒸馏水和稀硫酸溶液，而其他的维护保养工作与普通蓄电池一样，不可以免除。例如，通过免维护蓄电池上的观察窗，经常检查蓄电池的放电程度，根据情况进行补充充电。

2. 检查调整

（1）定期检查电解液液面高度　夏季每工作 80 h、冬季每工作 100～150 h，必须检查一次电解液液面高度。检查方法如图 14-16 所示，用内径 4～6 mm，长 100～150 mm 的玻璃管，从加液孔插入电池中，而后用食指堵

住管口，最后将玻璃管提出，管
中留有一段液体，此段高度相当
于极板以上的液面高度。液面高
度的规定值为 10～15 mm，不足
时添加蒸馏水，切勿添加硫酸。
除非确知液面降低是由电解液溅
出或泄露所致，否则不允许补充
硫酸溶液。检查时如无玻璃管，
可用干净木棒检查，但切不可用
金属棒，以免破坏电解液的纯
度。各单格电池的液面高度应
一致。

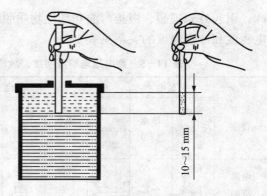

图 14－16　检查蓄电池液面高度

　　(2) 蓄电池存电情况的检查　常用 3 种方法检查。

　　① 测量电解液的密度。这是判断蓄电池存电情况最简便的方法。电解
液密度的大小，是判断蓄电池容量的重要标志。测量蓄电池电解液密度
时，蓄电池应处于稳定状态。蓄电池充、放电或加注蒸馏水后，应静置
30 min 后再测量。密度计的构造及测量方法，如图 14－17 所示。测量时，
将玻璃管伸入蓄电池中，并压、松橡皮球吸进电解液到密度计浮起为止，
与液面对齐的刻度为电解液的密度。由于电解液的密度随温度的升高而降
低，每差 15 ℃，其密度下降 0.01 左右，所以，测得的密度值必须用标准
温度（25 ℃）下密度予以校正，与此同时还应测量电解液温度。不同温
度条件下电解液密度修正值见表 14－6。

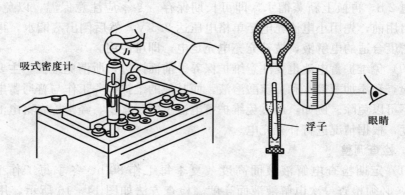

图 14－17　电解液密度测量与吸式密度计

表 14 - 6　电解液密度修正值

电解液温度（℃）	密度修正值（g/cm³）
40	0.011 3
35	0.007 5
30	0.003 7
25	0
20	−0.003 7
15	−0.007 5
10	−0.011 3
5	−0.015 0
0	−0.018 8
−5	−0.025 5
−10	−0.026 3

由试验得知，电解液密度与放电程度的关系是：密度每下降 0.01g/cm³ 相当于蓄电池放电 6％，当判定蓄电池在夏季放电超过 50％，冬季放电超过 25％时不宜再继续使用，应及时进行补充充电，否则会使蓄电池早期损坏。要保持各单格的电解液密度一致，相差不应超过 0.005。

② 测量蓄电池开路电压。测量蓄电池开路电压时，蓄电池应处于稳定状态。蓄电池充、放电或加注蒸馏水后，应静置 30 min 后再测量。蓄电池开路电压可用万用表的电压挡测量，将万用表的正、负表笔分别与蓄电池的正、负极相接即可。蓄电池端电压大小可以反映蓄电池的存电程度，它们之间的关系见表 14 - 7。

表 14 - 7　蓄电池端电压与蓄电池存电程度的关系

存电程度（％）	100	75	50	25	0
蓄电池电压（V）	12.6 以上	12.4	12.2	12	11.9 以下

③ 测量大电流放电时的端电压。并不是所有端电压达到 12.4 V 左右（对有 6 个单格电池的蓄电池而言）的蓄电池，其技术状况就是良好的。高效率放电计是模拟接入启动机时蓄电池的负荷，通过测量单格电池在大电流（接近启动机启动电流）放电时的端电压，判断蓄电池的技术状况和启动能力的一种测量工具。用高效率放电计能准确地测定出蓄电池具有这种技术状况和启动能力的存电程度。高效率放电计有新旧两种，旧式高效率放电计的构造及测量方

法，如图 14-18 所示。它由一只电压表和一负载电阻组成。由于在检测时，蓄电池对负载电阻的放电电流可达 100 A 以上，所以，能比较准确判定蓄电池的容量和基本性能，是目前普遍使用的检测仪器。检查时，将两触针抵住蓄电池的正、负极桩，这时蓄电池便以较大的电流放电。在 5 s 内保持的电压值，即为该单格电池的存电程度。用此法测定时，因放电电流大，每次不得超过20 s。

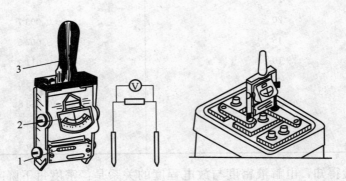

图 14-18 高效率放电计及其测量方法
1. 分流电阻 2. 电压表 3. 手柄

使用旧式高效率放电计测量蓄电池的单格电压，其单格电压值应在 1.5 V 以上，并在 5 s 内保持稳定。一般情况下，蓄电池每放电 25%，单格电压约下降 0.1 V：若 5 s 内下降到 1.7 V，说明存电充足；下降到 1.6，表明放电量达到 25% 的额定容量；下降到 1.5 V，表明放电量已过 50% 的额定容量；若5 s 内电压迅速下降，则说明该单格电池有故障。

新式高效率放电计如图 14-19 所示，它与旧式的主要区别在于测量的是整个蓄电池的电压。测量时，用力将放电计触针刺入蓄电池正负极，保持 5 s，对 12 V 的蓄电池来说，若电压能保持在 9.6 V 以上，说明蓄电池良好，但存电不足；若稳定在 10.6～11.6 V，说明电池存电充足；若迅速下降，则说明蓄电池已损坏。

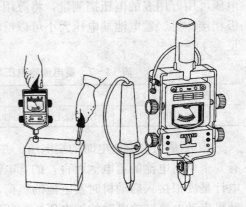

图 14-19 新式高效率放电计及其测量方法

在没有高效率放电计的情况下，可在拖拉机上进行启动测试。在启动系统正常的情况下，以启动机作为试验负荷。将万用表置于电压挡位，红、黑表笔分别接在蓄电池正、负极柱上，接通启动机 15 s，读取电压表读数，对于 12 V 蓄电池，应不低于 9.6 V。

六、蓄电池的故障排除

蓄电池常见的故障有：极板硫化、自行放电、活性物质脱落、极板短路和极性"颠倒"等。产生这些故障的原因，除正常的自然损耗、制造质量和运输保存的影响外，大多数是由于维护使用不当造成的。

1. 极板硫化与排除方法　极板上生成一层导电不良的白色粗晶粒硫酸铅，正常充电时它不能转化成二氧化铅和铅，这种现象称为硫酸铅硬化，简称"硫化"。粗晶粒硫酸铅堵塞了极板孔隙，使电解液渗入困难，减少了参与反应的活性物质，使蓄电池容量下降。同时因其导电不良，使内阻增大，所以不能供出较大的电流使启动电动机正常工作。

极板硫化的外部现象是：充电时电压迅速上升，过早发生"沸腾"，温度很快上升到 40 ℃以上，使用时容量显著不足，且电压下降很快，极板表面有白色的霜状物。极板硫化产生的原因有三点：一是蓄电池在放电或半放电状态下长期放置。当温度升高时，极板上一部分硫酸铅溶入电解液，而温度下降时，电解液中的硫酸铅就结晶成粗晶粒硫酸铅沉附在极板上。二是电解液液面过低，使极板上部露在空气中，活性物质被氧化，在行驶振动时，电解液液面上下波动，与氧化部分接触而生成粗晶粒的硫酸铅。三是电解液的密度过大、放电电流过大且气温过高等，都使化学反应速度加剧，生成的硫酸铅很快沉积在极板上，促使硫化。

极板硫化的排除方法有如下 3 种。

（1）过充电法　此法适用于轻微硫化。用初充电的第二阶段充电电流连续地进行过量充电。当电解液产生大量的气泡，密度达 1.28 左右，即可使用。最好将有硫化的单格电池单独进行过充电，使其消除硫化。

（2）小电流充电法　此法适用于较重硫化。将蓄电池以 10 h 放电率放电到终止电压，倒掉电解液，加入蒸馏水，用初次充电的第二阶段充电电流进行连续充电，待电解液密度升到 1.15 左右时，再按 10 h 放电率放电到终止电压。然后再用原来充电电流进行过充电，直到电解液密度不再上升时，把电解液密度调整到 1.28 并用 10 h 放电率放电到终止电压，如果蓄电池容量达到额定容量的 80%，即可使用。若容量还很小，可按上述方法反复进行，直到蓄电池性能恢复正常为止。

（3）水处理法　此法适用于严重硫化。将蓄电池充电后，做一次 10 h 放电率放电，当单格电池电压均降到 1.8 V 为止。然后倒出电解液，并立即加入蒸馏水，静置 1～2 h，再用补充充电第二阶段充电电流值的 1/2 进行充电，到电解液的密度达 1.12 以后，再将充电电流减少 1/5 继续充电，直到正、负极板开始出现大量气泡，电解液密度不再上升，即可停止充电。然后用 10 h 放电率的 1/5 放电电流放电 1.5～2 h，要重复数次，直到所有极板恢复正常，即可使用。

2. 自行放电与排除方法　蓄电池在不工作的情况下，逐渐失去电量的现象称为自行放电。自行放电产生的原因主要有如下几点：

（1）极板材料或电解液中有杂质，杂质与极板或杂质之间会产生电位差，形成闭合的"局部电池"而产生电流，使蓄电池放电。

（2）隔板破裂，造成局部短路。

（3）蓄电池盖上有电解液或水，使正、负极板形成通路而放电。

（4）活性物质脱落，使极板短路造成放电。

（5）蓄电池长时间存放，电解液中硫酸下沉，造成上下密度差，引起自行放电。

要排除或减少自行放电，首先要修复损坏的极板和隔板；其次必须力求电解液纯净，使用中应经常保持蓄电池盖清洁，以免短路。自行放电严重的蓄电池，应将其全部放电，使极板上的杂质进入电解液，然后倒出电解液，并用蒸馏水清洗，再加入新电解液，进行充电即可。长时间存放的蓄电池，应定期检查和补充充电。

3. 活性物质脱落与排除方法

活性物质脱落，其表现是充电时电解液中有褐色物质，蓄电池的容量不足。产生活性物质脱落的原因有如下几点：

（1）开始充电的充电电流过大。

（2）充电终期电流过大。

（3）经常性地过量充电。

（4）放电电流过大。

按充电规范进行充电，合理使用启动电动机，是排除活性物质脱落的关键因素。活性物质脱落较少的，可以清除后继续使用，脱落严重的要重新更换极板。

4. 内部短路 内部短路使电压降低，电解液密度减小，丧失大电流供电能力，充电时电解液密度变化不大，且温度上升很快。产生内部短路的原因有如下几点：

(1) 活性物质脱落。

(2) 电解液中有杂质。

(3) 隔板质量不好或缺损。

(4) 隔板破裂且极板弯曲过度。

内部短路的排除方法与自行放电的排除方法基本相同。

5. 极性颠倒 所谓极性颠倒，就是单格电池原来的正极板变成负极板，负极板变成了正极板。其表现是电压下降很多，如果有一个单格极性颠倒，总电压的减小量近似等于一个单格电压的两倍。产生的现象主要是放电时某个单格电池过早降到终止电压，在继续放电情况下，该电池电压迅速降为零，此时如果不停止放电，该单格电池将被其他单格电池反充电，成为反极电池。经过一段时间，该单格电池的正极板变成负极板，负极板变成正极板。也有的因为在充电时电池极性与电源极性接错而造成整个电池极性的颠倒。

为了防止极性颠倒，应经常检查各单格电池存电情况，发现充电量落后的单格电池应对其单独充电，使其电压与其他单格电池的电压相近。

对不太严重的落后电池可对其进行单独正向充电。若其容量可恢复到接近其他单格容量，方可使用。否则应更换极板。

极性颠倒很严重的单格电池，必须进行修复更换。

第二节 永磁式交流发电机的构造与修理

一、构造及工作原理

永磁式交流发电机通常应用在小型拖拉机上，有永磁式和飞轮永磁式两种，以永磁式应用较为广泛。永磁式交流发电机主要由定子、转子和端盖3部分组成。外面不转动部分叫定子，它的两个凸起为极掌，在极掌上绕有电枢线圈。里面转动的部分叫转子，由永久磁铁制成。转子转动时，转子的磁力线穿过电枢线圈的数量和方向不断变化，在电枢线圈中产生感应电动势。这种发电机的优点是：结构简单，价格便宜，运转可靠，使用寿命较长，同时还有自动调节电流的特性。当发电机转速升高时，铁芯中磁力线的变化速率增加，所以感应电动势增加，使电路中电流增大，而电枢线圈的感抗（对电流的阻力）也随着转速的升高而增大，使电路中的电流减小，二者互相补偿，使电路中的电流不会随转速升高而不断增加。其缺点是：低转速时灯光不亮，转子是永久磁铁，容易退磁，且充磁困难。

1. 定子 定子是发电机的固定部分，由铁芯和电枢线圈组成。铁芯由许多圆环形硅钢片叠成圆筒，内有 12 个突出部分。在每个凸起上绕一组电枢线圈。相邻两个凸起上的电枢线圈绕向相反，互相串联，并与其相隔 180°的两电枢线圈连接组成一组。12 个电枢线圈组成 3 组，形成 3 个单相绕组。其 3 个尾端连在一起后，接到接线柱 M 上，经过总开关"搭铁"。而 3 个首端分别接到 A、B、C 接线柱上。这 3 个接线柱称为火线接线柱，其中有两个分别与两前灯相接，另一个通过开关接后灯和仪表灯，如图 14－20 所示。

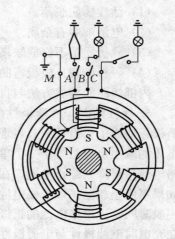

图 14－20　电枢线圈的接线

2. 转子 转子是发电机转动部分的总称。转子轴上固定着两块氧化钡环状永久磁铁。每个磁铁上套着两片软铁做成的爪形导磁片，形成 12 个极。安装时应使两磁铁互相排斥，即爪形导磁片在轴线方向相邻两片的极性相同，而在径向相邻两片则极性相反。转子轴前端固定驱动皮带轮。

3. 端盖 端盖包括前后两端盖，用来支承转子，内装有轴承和毛毡油封，后端盖上有接线柱 A、B、C 和 M。

二、主要零部件的检查与修理

永磁交流发电机的主要缺陷是：电枢线圈短路或搭铁、转子退磁、转子轴弯曲、轴承磨损，造成发电机输出电压过低、灯光暗淡、发电机过热，使用寿命缩短。

1. 定子的检修 电枢线圈在使用过程中，由于工作温度过高，造成绝缘老化、剥落，引起线圈匝间短路或搭铁，使发电机输出电压降低，灯光暗淡。

（1）电枢线圈匝间短路或搭铁的检查 先用汽油擦净油污，检查各接线头有无脱焊折断，并加以修复；检查线圈有无发黑烧焦和绝缘漆剥落、擦伤等现象，判断电枢线圈的匝间短路情况，用 220 V 交流电源接 40 W 试灯，检查电

枢线圈的绝缘情况，如图 14-21
所示。其检查的方法是将电源的
一个触针触在外壳上，另一个触
针分别与 3 根火线接触，如果灯
泡不亮，表示绝缘良好；反之，
表示绝缘破坏。

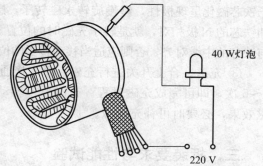

40 W灯泡

220 V

图 14-21　用 220 V 试灯检查电枢线
圈的绝缘情况

（2）电枢线圈的更换　当电
枢线圈发黑、烧焦或绝缘破坏，
应更换新的线圈。新线圈的导线
直径、匝数应与旧线圈相同，因
此在拆卸时，要做好记录。绕制的新线圈应涂上绝缘清漆，放入烘箱内烘干，
然后按规定的排列顺序下线。下线前应垫好绝缘纸，下线后应检查各线圈的绝
缘情况，最后用竹楔固定。

2. 转子的检修　永磁交流发电机的转子，通常采用氧化钡粉末冶金的方
法制成。在压制成型的过程中进行了定向充磁，使磁化后的氧化钡分子按极性
规律排列，所以转子上虽没有隔磁片，仍有界线分明的 3 对磁极。氧化钡永磁
转子的主要故障是和定子不能保持正确的间隙，甚至互相摩擦，造成发电机过
热，引起转子退磁，磁力减弱，使输出电压降低。

（1）转子轴和轴承的检查　转子轴弯曲后，可在车床上用百分表检查径向
跳动，超过 0.05 mm 时，应进行冷矫直（详见第二章第五节）。轴承磨损的径
向间隙超过 0.05 mm、轴向间隙超过 0.1 mm 应更换新品。

（2）转子的充磁　永磁交流发电机的转子退磁后，可用蓄电池作为电源，
进行充磁，如图 14-22 所示，
其具体步骤如下：

① 接线。把发电机的搭
铁接线柱与蓄电池的搭铁线相
接，发电机的 3 个火线接线柱
连在一起与蓄电池的正极相接
（均用电瓶线），在线路上与开
关并联一个 6 V 20 W 的灯泡。

② 确定转子充磁时的位
置。在开关没有闭合前，电流
通过灯泡进入电枢线圈，使定

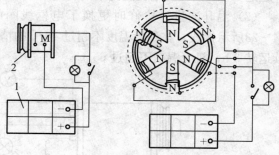

图 14-22　蓄电池作为电源的充磁方法
1. 蓄电池　2. 交流发电机

子铁芯磁化呈现极性，慢慢旋转永磁转子，感觉转动费力时，表明转子的S极和铁芯的N极相对，就是转子充磁时的位置。此时，转子上的定向充磁记号应与铁芯的中线对齐，否则应适当移动转子的位置使记号对齐。

③ 充磁。合上开关进行充磁，每次接通充磁电路的时间为1 s，连续开关4～5次，即可完成充磁过程。充磁后，转动转子，根据吸力的变化来判断充磁效果，必要时可补充充磁。

三、拆装要求与性能试验

1. 拆装要点

（1）拆卸发电机端盖时，应轻轻敲击，以免转子退磁。从转子轴上取下轴承时，应用拉出器拉下，绝不可硬打，以免转子退磁和破碎。

（2）定子外圆两端面上有止口，两端盖上有切槽。装配时应对齐，以保证定子与转子同心。

（3）安装两端支承轴承时，应添加钙钠基复合润滑脂，并装好毛毡油封。油封应放在汽油或柴油中洗净拧干，并涂少量润滑油。

（4）装配完毕的发电机，转子应转动灵活，无刮碰，轴向窜动量不超过0.1 mm。

2. 发电机的性能试验

永磁交流发电机的性能试验包括电气性能试验和温升试验两项。

（1）电气性能试验　电气性能试验接线方法如图14-23所示，每相都接上6 V 20 W的灯泡。逐步提高发电机转速，分别测量各单相电压，当发电机转速为3 700～4 700 r/min时，各单相电路的电压应为6～8 V，且均匀一致，相差不超过0.5 V。当发电机达到最高转速4 700 r/min时，电压应稳定在8 V。

（2）温升试验　检修时更换了电枢线圈的，应进行温升试验。仍按图14-23所示接线，在环境温度不超过40 ℃的情况下，发电机在4 000 r/min连续运转3 h，机壳温度不超过65 ℃。

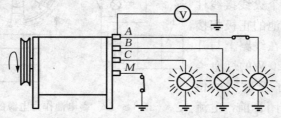

图14-23　永磁交流发电机的性能试验接线方法

四、维护保养与检查调整

1. 维护保养

（1）经常清除发电机外部的尘土和油污，以防自行短路。检查各接头紧固情况，防止因松动引起跳火和灯光闪动。

（2）每运转 200 h 应加注钠基润滑脂。使用 1 000 h 时，应清除轴承并加注新润滑脂。在拆装时，不要用锤击，以免转子磁铁退磁。

（3）白天工作时，应取下发电机皮带，否则，发电机处于空载状态，降低发电机使用寿命。

（4）夜间工作时，应将 3 个灯都打开，如果有一个灯不打开，将使另两个灯变暗。在后灯不接或烧坏的情况下，不能使用仪表灯，否则易烧坏。

（5）接线时，标有记号 M 的接线柱应接到总开关而后"搭铁"。若错接到照明灯时，会造成其中一个灯亮，另外两个灯发暗。

（6）接线柱的识别。当发电机使用时间过久，接线柱的字迹看不清时，可用螺丝刀任意短接两接线柱，若短接时没有火花，则表明两接线柱都是"火"线。若有火花，则表明其中有一个是"搭铁"接线柱，再将两接线柱分别与另一个接线柱短接，哪个有火花则哪个是"搭铁"接线柱 M。

2. 检查调整　永磁交流发电机皮带张紧度应经常检查。其方法是用大拇指和食指捏紧皮带中部，被捏处两边外缘相距 55～60 mm 为合适，否则应调整。

五、故障排除

永磁交流发电机常见故障主要有：全部灯不亮、全部灯光暗和个别灯不亮。

1. 全部灯不亮　检查方法是让发动机高速运转，用导线或螺丝刀将发电机总"搭铁"接线柱直接"搭铁"，此时会出现两种情况：一是全部灯仍不亮，说明发电机不发电。应拆开发电机检查定子线圈与总"搭铁'接线柱是否脱接，否则，需要进行充磁或者更换电枢线圈等修理工作。二是全部灯亮，说明总"搭铁"接线柱经开关"搭铁"这一段有断路处或接触不良。应检查"搭铁"接线柱是否松动或氧化，并对其进行清理和紧固；如果发现"搭铁"接线柱经开关"搭铁"这段导线有断路处，应更换导线。

2. 全部灯发暗　产生的主要原因与排除方法有 3 点：一是发电机转速低，

应检查调整皮带张紧度；二是接线柱松动或表面氧化，应清除接线柱上的氧化物，拧紧接线柱；三是转子退磁或表面附有铁屑，清除转子表面附有的铁屑，必要时对转子进行充磁。

3. 个别灯不亮 产生的主要原因与排除方法有两点：一是该灯搭铁不良或断路。应清理接线柱，并重新接牢；必要时更换导线。二是发电机该相定子绕组断路。对于这种发电机的内部故障，应将发电机从车上拆下，进行专门的拆卸修理，其方法通常是重新绕制定子绕组。

第三节　硅整流发电机的构造与修理

一、构造及工作过程

硅整流发电机是大中型拖拉机电器设备中的主要电源，它体积小、质量轻、结构简单、维修方便，低速运转时对蓄电池充电性能好，所以拖拉机上使用硅整流发电机的越来越多。

硅整流发电机，本身是个三相交流发电机，其工作原理如图14-24所示。三相交流发电机发出交流电后，经硅整流二极管使之变成直流电。所谓整流，就是利用硅二极管单向导电的性能，把交流电变成直流电的过程。

硅整流发电机主要由转子、定子、整流器、前后端盖和调节器等组成，如图14-25所示。

1. 转子 转子的构造主要由转

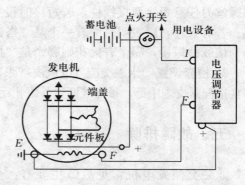

图14-24　硅整流发电机的工作原理简图

子轴，磁极，激磁线圈和滑环等组成。磁极呈爪形，故称为爪极。磁极爪齿相嵌并固定在转子轴上。转子轴上套有激磁线圈。当激磁线圈通电后，形成磁场并强化磁极。滑环固定在转子轴上，但与轴绝缘。激磁线圈的两端分别接于滑环上，引入激磁电流。激磁线圈的电流是由蓄电池或发电机本身供给的，激磁线圈与定子绕组是并联的，所以它也是并激发电机。硅整流发电机与直流发电机不同，它的激磁保磁能力很差，基本上无剩磁，所以它不能自激建立电压，必须由蓄电池供给激磁线圈电流，产生磁场。当发电机低速运转时，转子磁极

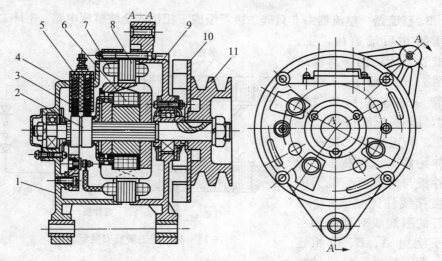

图 14 - 25　硅整流发电机的构造

1. 后端盖　2. 滑环　3. 电刷　4. 电刷弹簧　5. 电刷架　6. 励磁绕组
7. 定子绕组　8. 定子铁芯　9. 前端盖　10. 风扇　11. 带轮

由来自蓄电池的电流通过激磁线圈而激磁，在定子线圈的铁芯中，随之形成了交变磁场，使各相定子线圈与磁力线产生相对切割运动，于是在定子线圈中产生了感应交变电动势和电流，再经过二极管整流后形成直流电，由此建立了发电机的电压。随着转速的增加，发电机的电压逐渐升高，当发电机的电压超过蓄电池的电压时，蓄电池便不再向激磁线圈供电，而由发电机自己供电。

2. 定子　定子由铁芯和电枢线圈组成。铁芯由硅钢片叠成，内圆开有许多槽，槽内嵌装电枢线圈。将电枢线圈等分为 A、B、C 3 组，称为 A、B、C 三相，互相错开 $120°$。三相绕组的连接方式有星形和三角形两种，如图 14 - 26 所示。常用的星形连接方式是将尾端连在一起，首端分别与元件板和端盖上的硅二极管相连。

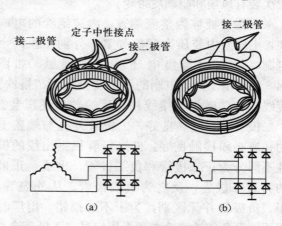

图 14 - 26　定子及定子绕组的连接方式
(a) 星形（Y）连接　(b) 三角形（△）连接

3. 整流器　　整流器由 6 只硅二极管组成三相桥式全波整流电路。3 只二极管压装在后端盖内，正、负极管分为两组，其线路如图 14‑27 所示。3 个负极管一端通过后盖"搭铁"，即接在负极接线柱上。3 个正极管，装在与壳体绝缘的元件板上，而元件板与发电机后端面的正极接线柱连接。6 个二极管的引线成对地分别与定子绕组 A、B、C 相连接。由硅二极管组成的整流器，

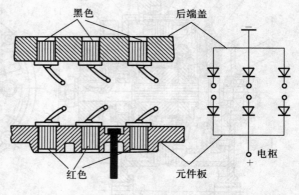

图 14‑27　硅二极管安装示意图

当硅二极管阳极电位高于阴极电位时，就开始导电；而当阳极电位低于阴极电位时，二极管就截止，即不导电；从而将定子绕组所感应的三相交流电变成直流电输出。

4. 前、后端盖　　前、后端盖用铝合金制成，它质量轻、散热好，又可减少漏磁。

前端盖被称为驱动端盖，其上有一挂脚，用以固定发电机并调整皮带张紧度。前端盖外依次装有风扇和驱动皮带轮。

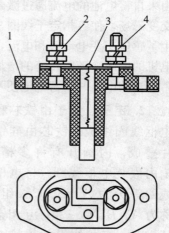

后端盖被称为整流端盖，内装绝缘的电刷架，电刷架内装压力螺旋弹簧，分别压住两个电刷，使电刷与集电环可靠地接触，如图14‑28所示。两个电刷的引出线分别接"搭铁"接线柱和"磁场"接线柱。后端盖内还压装 3 个二极管。为散热良好，二极管外壳与端盖上的孔座必须接触良好。硅二极管根据出线的极性不同分为正二极管和负二极管。出线是正极的为正二极管，反之为负二极管。从外表看，正、负极管并无区别，为了不致搞错，出厂时

图 14‑28　电刷和电刷架示意图
1. 电刷架　2、4. "磁场"接线柱
3. 电刷与弹簧

用不同颜色的油漆涂在顶上作记号，正极管涂红色，负极管涂蓝色或黑色，使用时必须注意。

5. 硅整流发电机的调节器　硅整流发电机与蓄电池、用电设备联合工作时，因硅整流元件有单向导电的特性，能自动防止蓄电池向发电机放电，故不需装截流器。又因硅整流发电机和永磁式交流发电机一样，其定子线圈的感抗随转速增加而增大，自动地限制发电机高转速时的输出电流，也不需装限流器。但需要安装使发电机电压在转速变化时保持稳定的电压调节器。

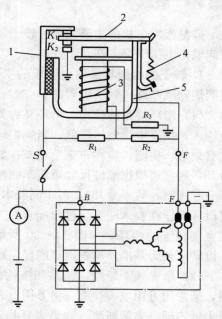

硅整流发电机的调节器，有单触点振动式、双触点振动式、晶体管式和集成电路式等多种形式。下面以应用比较广泛的双触点振动式调节器为例介绍其构造及工作过程。

双触点振动式调节器的构造如图 14-29 所示。它主要由框架、铁芯、磁化线圈、触点电阻 R_1、R_2、R_3，拉力弹簧等组成。

发电机不工作或转速比较低时，在拉力弹簧作用下，上面一对触点 K_1 保持闭合，下面一对触点 K_2 分开，发电机激磁线圈由蓄电池供电激磁，产生磁场，这时，调节器的磁化线圈

图 14-29　硅整流发电机调节器构造及工作原理示意图
1. 定触点支架　2. 触点臂　3. 磁化线圈
4. 拉力弹簧　5. 框架

也有电流通过；当发电机转速不断增加，其端电压超过蓄电池的端电压时，发电机开始向激磁绕组供电，并且随着通过磁化线圈的电流不断增加，电磁吸力也不断增大。

当发电机的端电压增加到一定值时，电磁力超过弹簧拉力，将触点臂吸下，触点 K_1 开始振动，此时发电机的激磁电流开始流经附加电阻。由于 R_1 和 R_2 的串入，激磁电流减少，磁场减弱，使发电机端电压维持在一定范围内。

当发电机高速运转，其端电压增加到额定值（14 V 左右）时，流过磁化线圈的电流也增大，在电磁吸力作用下使触点 K_2 闭合或不断振动，激磁电流串入电阻 R_1 和 R_2 或者激磁线圈被短路，使激磁电流平均值更小，磁场进一步减弱，电压进一步下降。如此反复动作，维持发电机端电压的平均值稳定。

二、主要零部件的检查与修理

硅整流发电机的主要缺陷有转子、电刷磨损、线圈短路、断路等，从而会引起输出电压下降，甚至不发电。

1. 转子的检查与修理 转子的主要缺陷有滑环烧损、磨损和脏污、激磁线圈短路或断路、转子轴弯曲。

（1）滑环烧损的修理 滑环又称为铜环，烧损或脏污后，直接影响激磁电流输入，使发电机电压降低。当烧损轻微时，可用细砂布打光。如果烧损严重或有划痕、失圆，应在车床上精车；如果滑环过薄应更换新件。也可重新车制滑环，通常可根据原件尺寸重新车制新滑环和绝缘胶木圈。首先车制滑环（两环一起车制，暂不分开），再车制胶木圈，并在胶木圈内径沿轴向挫出通线沟，将滑环套压在胶木圈上（过渡配合），并一起套压在转子轴上，而后将滑环切成宽度相等的两环，如图 14 - 30 所示。两铜环不能有丝毫牵连，以免短路。并以转子轴为基准，检查滑环的径向跳动，必要时再车削找正。

（2）激磁线圈短路、断路和搭铁的检查与修理 激磁线圈是否短路或断路，通常用万用电表检查。将万用电表的两支试电笔分别触在两个滑环上，如果表针不动，表示断路；如果表针指示的电阻值过小（正常为 5 Ω），表示激磁线圈短路。

激磁线圈是否短路或断路，也可用直流电检查。如图 14 - 31 所示，用一块电流表和一只蓄电池接成串联电路，用以测定通过励磁线圈的电流，这电流等于蓄电池电压除以励磁线圈的电阻。如测得无电流，说明励磁线圈内部已断

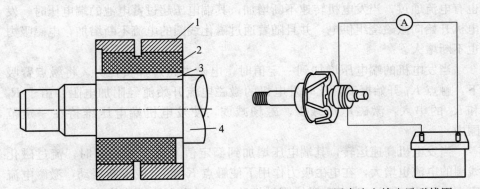

图 14 - 30　重新车制滑环示意图　　　图 14 - 31　用直流电检查励磁线圈
1. 铜环　2. 胶木圈　3. 通线沟　4. 转子轴

路，或励磁线圈与滑环之间连接线已断；若测得电流超过规定数值电流很大，则表示励磁线圈内部或两滑环之间已短路。

激磁线圈是否搭铁，通常用万用电表检查。将一支试电笔触在滑环上，另一支试电笔触在轴上，每个滑环与转子轴之间，其阻值在正常情况下都是无穷大，如果阻值很低，说明激磁绕组搭铁。

激磁线圈是否搭铁，也可用交流电检查。如图 14-32 所示。用一只 220 V 的灯泡，串接在 220 V 交流电路中。接上电源后，一根导线接在滑环上，另一根导线搭接在转子磁极上，灯泡亮表示励磁线圈或励磁线圈与滑环连接线搭铁。当线圈确已损坏，应按以下步骤拆开转子更换新线圈。

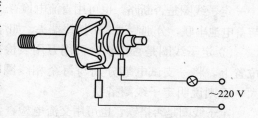

图 14-32　用交流电检查励磁线圈

① 将激磁线圈线头与滑环的焊接处熔开，再把转子放到压力机上压出转子轴，取出损坏的线圈。

② 按规定的导线直径和匝数绕制成新的激磁线圈，绕好后，浸以绝缘清漆，放在烘箱内烘干，或者直接更换新的激磁线圈。

③ 将新线圈放到两爪极之间，重新压入转子轴，然后将线圈的两头分别焊到两个滑环上。为了防止极爪松动，压入时，在转子轴上涂一层环氧树脂黏结剂。

在一般情况下，无论激磁绕组是短路、断路还是搭铁，都必须更换转子。但是，更换转子的费用与更换发电机的费用接近，所以，当激磁绕组需要更换时，就可以直接更换发电机总成。

（3）转子轴弯曲的检查与修理　由于转子与定子的间隙很小，当转子轴弯曲后，造成转子扫膛，引起发电机发热、运转不平稳，加速损坏。转子轴的弯曲可用百分表检查，当转子轴的径向跳动超过 0.05 mm、极爪的径向跳动超过 0.15 mm 时，应进行冷矫直。

2. 定子的检修　定子线圈在工作中出现的主要缺陷是由于长期重负荷工作，温度过高，使绝缘漆老化、剥落，造成相间和匝间短路，由于个别二极管烧毁后继续工作，引起发电机内部短路，烧毁定子线圈。此外，由于机械损伤，也可能出现断路现象。

（1）定子的检验

① 定子线圈是否断路或短路，可用万用表检查。把万用电表的旋钮转到

$R\times1$挡位置上，将两支试电笔分别与两相线圈相接，每次任取两个首端，测量3次。正常时，测出的电阻值应相等。如测出电阻值极大或极小时，表示线圈内部断路或短路。定子线圈短路有时很难检测。因为一个正常定子线圈的阻值非常低。如果所有其他部件的检测均属正常，但输出电压却很低，其原因可能是定子线圈匝间短路。

定子线圈是否断路，也可用直流电检查。如图14-33所示，用一只30 W灯泡与蓄电池串联，分别测试3个接线端头。如灯不亮，表示定子线圈局部导线已断。

② 定子线圈是否搭铁，可用万用表检查。把万用电表的旋钮转到$R\times1$挡位置上，将一支试电笔分别与每个相线圈相接，测量3次，阻值均应为无穷大，否则说明定子线圈搭铁。

定子线圈是否搭铁，也可用交流电检查。如图14-34所示，在220 V电路中串联一只15 W灯泡。按图示的方法接上电源后，灯亮表示定子线圈搭铁。

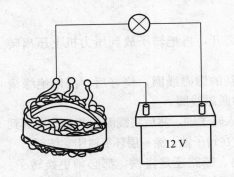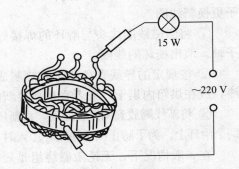

图14-33　用直流电检查定子绕组　　　图14-34　用交流电检查定子绕组

（2）定子线圈的更换　定子线圈损坏，无论定子绕组是断路、短路还是搭铁，均需更换定子总成。

3. 硅二极管的检验与更换　硅二极管在正常情况下，使用寿命较长，但当发电机或蓄电池的搭铁极性接反，或采用擦火的方法检查发电机时，很容易烧毁二极管，烧毁后造成发电机输出电压降低，甚至不发电。

（1）二极管的检验　如图14-35所示，检验二极管是否烧毁，可用蓄电池和试灯测试法：用一个蓄电池和一只1.5 W灯泡串联的电路即可检查二极管的好坏。元件板上3只二极管的外壳是负极，二极管引出线是正极。测试时将蓄电池正极接到二极管引出线上，外壳连接灯泡至蓄电池负极，这时灯泡应亮。将蓄电池正极接到外壳上，引出线接灯泡至蓄电池负极时，灯泡应不亮。

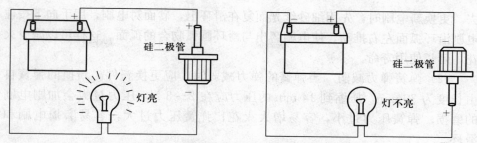

图 14-35　用蓄电池和灯泡测试二极管

后端盖上二极管的外壳是正极，引出线是负极。将蓄电池正极接到引出线上，外壳接灯泡至蓄电池时，灯泡应不亮。蓄电池正极接外壳，引出线接灯泡至蓄电池负极时，灯泡应亮。如果两种接法灯泡都亮或都不亮，说明二极管已经短路或断路。

（2）二极管的更换方法　当发现二极管损坏时，必须更换新件。更换二极管需要在压床上进行，或在台虎钳上使用专用工具，但不得使用锤子敲击，以免损坏元件。用台虎钳更换时，用顶套和一个直径小于二极管销子夹在台虎钳上，把损坏二极管顶出，再用压套夹在台虎钳上，把新二极管压入端盖或元件板。压入二极管时，必须注意把涂红色的二极管压在元件板上，涂黑色的二极管压在端盖上，同时要放正二极管，不可偏斜，以免压坏二极管。压装二极管时，过盈量控制在 0.07～0.09 mm 之间。另外，更换二极管时，必须换用相同型号、相同极性的二极管，不得任意代用或错装。

4. 电刷的检验与更换　电刷装在后端盖的电刷架内，靠弹簧的压力与滑环保持接触。常见的故障有电刷磨损、弹簧弹力减弱、电刷架变形，使电刷与滑环接触不良，影响导电，甚至不导电。

（1）电刷磨损　电刷的标准高度通常分为规定值和极限值，其检查方法如图 14-36 所示。当电刷磨损后的高度于小极限值或规定值的一半时，应更换新电刷。新电刷在刷架孔中应能自由上下活动，不应有卡住现象。如发现电刷卡住，可用细锉将电刷卡住处轻微锉去。电刷如有油污，会影响导电，应用蘸有汽油的布擦

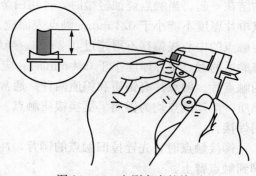

图 14-36　电刷高度的检测

去。更换新电刷时，先用细砂纸光面复在滑环上，砂面对电刷，用手向下按住电刷沿环弧面左右推动，使电刷磨出与滑环圆弧吻合的孤面。这样可以减少火花，延长使用寿命。

(2) 弹簧弹力减弱　当弹簧的弹力减弱时，应更换新件。新换的弹簧自由长度为 30 mm，压缩到 14 mm 的压力应在 2～3 N，压力过大会加剧电刷的磨损。弹簧压力过小，容易增大火花；弹簧压力过大，容易磨损电刷和滑环。

(3) 电刷架变形　电刷架变形后，使电刷在刷架内运动不灵活，甚至卡住，影响碳刷与滑环的接触。当变形轻微时，可用小锉刀修整，严重时应更换。

5. 端盖和轴承的检验　发电机的前后端盖都是用铝合金铸成的。端盖内装有轴承，用来支承转子轴。当轴承座孔磨损，与轴承配合松动后，应更换端盖。轴承的径向间隙超过 0.05 mm，轴向间隙超过 0.1 mm 应更换轴承。后端盖上装有电枢、磁场两个与端盖绝缘的接线柱和搭铁接线柱，当端盖裂纹或绝缘垫损坏时，都应更换。

6. 调节器的检查与修理　调节器是发电机正常工作的重要保障，必须经常检查与修理。调节器的主要故障常常是触点烧蚀、磁化线圈或电阻烧坏，铁芯和支架的绝缘破坏而搭铁，从而使调节器失去控制发电机电压的能力。

(1) 触点的检修　调节器触点是很容易出现缺陷的零件，需要经常检查和修理。正常情况下，调节器触点在工作中时开时闭，由于激磁线圈的自感作用，在触点间产生轻微电火花。当触点间隙调整不正确、接触不良，或电枢接线柱与磁场接线柱短路时，就会使火花更加强烈，加速触点的烧蚀，甚至熔化黏结在一起。当触点烧蚀轻微时，可用白金砂条或玻璃砂纸修磨，修磨后的触点单片厚度不能小于 0.4 mm，触点表面应是鼓形，不应偏斜，活动触点和固定触点的中心线偏移不得超过 0.2 mm。当触点烧蚀严重，出现较深的凹坑或修磨后的触点单片厚度小于 0.4 mm 时，应更换新的触点臂总成，或铆、焊新的触点片。触点片有银质和钨质两种。通常上固定触点为银质，下固定触点为钨质，活动触点均为银质。更换银质触点一般采用铆接，更换钨质触点一般采用焊接。

铆接触点时，先锉掉旧触点的铆背，冲出旧触点，用合适的模具将新触点铆到触点臂上。

焊接触点时，先锉去旧钨片，将底座修磨平整，涂上焊药，放上新钨片，然后夹在炭精棒焊接装置的电极中间，接通电源 3～5 s，即可焊好。

（2）磁化线圈的检修　调节器磁化线圈出现缺陷的原因很多。长期使用后，磁化线圈由于绝缘漆、绝缘纸、绝缘垫老化或剥落，会引起匝间短路和搭铁；由于电枢和磁场接线柱短路，发电机电压过高，通过磁化线圈的电流过大，会将其烧焦；由于线圈端头焊锡脱落，会造成断路。当线圈出现短路、断路和搭铁时，铁芯吸力减小，触点难以打开，发电机电压升高，造成用电设备温度过高，使用寿命缩短，甚至损坏。

① 磁化线圈的检验。首先观察线圈的包扎绝缘纸和绝缘漆，如果有烧焦、发黑、剥落等现象，表明线圈烧坏，应当更换；如果外部无损坏迹象，可将线圈在底座上的焊点用烙铁烫开，做如下检查：

a. 线圈断路和匝间短路的检查。用万用电表的 $R \times 1$ 挡测试线圈电阻值，在正常情况下测得的电阻值应为 7 Ω 左右，如果电表指针不动，表明线圈断路；如果测得的电阻值小于 7 Ω 或等于 0，表明线圈匝间短路。

b. 线圈与铁芯、支架绝缘情况的检查。将万用电表的一支试电笔与线圈的任意一个端头相接，另一支试电笔触在支架或铁芯上，如果电表指针不动，表示绝缘良好：如果表针摆动，表明绝缘破坏。

c. 支架和铁芯与调节器底座绝缘情况的检查。将万用电表的一支试电笔触在底座上，另一支试电笔触在支架上，如果表针不动，表明绝缘良好；如果表针摆动，表示绝缘破坏。

检查线圈、支架、铁芯的搭铁情况时，也可用 220 V 交流电试灯的办法，更为准确。

② 磁化线圈的修复。对于焊点脱落、外部绝缘破损、衬垫破裂，应根据情况重新焊接、包扎，以及更换新的衬垫。

对于线圈内部断路或匝间短路的缺陷，应将旧线圈拆除，重新绕制新线圈，新线圈的导线直径和匝数应符合规定。线圈的绕向应与原线圈的绕向相同。绕好后，测量线圈的电阻值，应符合规定值，最后包上绝缘纸。

（3）电阻的检修　电阻使用一段时间后，电阻值会发生变化或断路。调节器上通常装有 3 个电阻，应注意检查经常电阻值。检查时，先通过外部观察，看是否有断路和绝缘芯烧焦、短路之处。再用万用表分别测量各电阻值，并与标准值比较，如不符合规定值或电阻丝烧断，可更换新的电阻。测量电阻值时，注意先在触点之间垫以绝缘纸，否则会影响测量结果的准确性。

（4）调节器的检查调整　调节器的检查调整通常是在试验台上进行的，如果无试验台，也可在拖拉机上检验调整。调节器应检查调整的内容主要是气隙和触点间隙两项，双触点振动式调节器对这两项调整的要求比较严格，如果调整不当，调节器就无法正常工作。

① 气隙的检查调整。气隙是指触点闭合时，铁芯上端的衔铁与触点臂之间的间隙，通常为 1.5 mm 左右（型号不同，其间隙有所不同），可用厚薄规测量。如果不符合规定值，可上下移动固定触点支架进行调整。微量调整时，可轻轻敲击固定触点臂。

② 触点间隙的检查调整。双触点调节器不工作时，上触点闭合，下触点打开。要检查调整的触点间隙是指下触点间隙，在正常情况下应为 0.35 mm 左右（型号不同其间隙也不同），可用厚薄规测量，如果不符合规定值，可用尖嘴钳夹住上触点活动臂上下扳动进行调整。

③ 调节器在拖拉机上的试验调整。拖拉机上试验调整的内容主要是：在发动机一定转速下，发电机的输出电压和负载电流符合规定值。

试验时，在电枢接线柱和搭铁螺钉之间并联一个量程在 50 V 的直流电压表。首先应使用已充足电的蓄电池，启动发动机，提高转速对蓄电池充电，直到充足，电流表指针回到 0 为止。而后调整发电机的转速，在 3 000 r/min 左右（发动机转速为 1 500～1 600 r/min），打开两个前大灯（负载电流约为 5 A），电流表的指针仍应指示在 0 位，此时电压应为 13.8～14.5 V。如果电压过高，可扳动调压器拉力弹簧的挂钩，减小弹簧拉力，反之，应增加弹簧拉力。然后在保持发电机转速不变的情况下，增大输出电流至 15 A 时，电压下降不应超过 0.5 V。

如果没有电压表，也可凭经验用拖拉机上的电流表做粗略的检查。当发动机在 600～700 r/min 时，触点应闭合，电流表指针摆向"＋"；当发动机在中速以上运转，充电电流应达到 12～13 A（蓄电池亏电的情况下）；当发动机转速继续升高，充电电流不再增加，即表示电压调整合适。

三、拆装要求与性能试验

1. 硅整流发电机的拆装要点

（1）分解发电机，先旋下 3 个对销螺钉，取下后端轴承盖，轻击转子轴，使转子和前端盖一起与后端盖分离，然后分解其他零件。对被轴承锈紧的转子轴，不要硬打，以免打坏铝制的后端盖，尽量采用拉力器拆卸轴承，如图 14 - 37 所示。

（2）安装前，用压缩空气吹净发电机各部分的尘土，用万用电表检查转子线圈、定子线圈、电刷架的绝缘情况，检查硅二极管有无击穿和中间引线是否脱落。

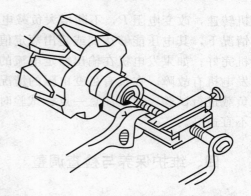

（3）垫好绝缘垫，将元件板与后端盖装在一起，用万用电表检查绝缘情况。

（4）安装两端支承轴承时，应注满钙钠基润滑脂，并注意装好毛毡油封。

图14-37　用拉力器拆卸发电机轴承

（5）转子轴上装有定位圈，安装时，应使凹面朝里，不能装反，以免改变转子和定子的相对位置，影响正常发电。

（6）安装电刷时，应选择正确的安装方法：先将电刷弹簧和电刷装入电刷架内，用一根直径约1 mm的钢丝插入端盖和电刷架的小孔内挡住电刷，待两端盖装合后，抽出钢丝，使电刷落在滑环上。

（7）发电机装配完毕后，必须检查转子的运行情况。转子应转动灵活，无卡涩和扫膛现象，无轴向窜动。

2. 发电机的试验　经过检修的发电机，应进行空载和负载试验。试验工作应在电气试验台上进行。没有条件的也可在拖拉机上试验，如图14-38所示，接好试验电路，启动发动机，逐渐提高转速，同时用蓄电池的火线碰接一下发电机磁场接线

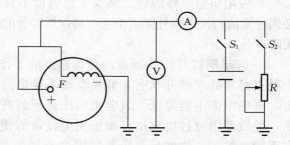

图14-38　发电机的空载和满载测试线路

柱，进行激磁。然后观察空载和不同转速下发电机的电压和电流。

（1）在空载的情况下，先将开关 S_1 闭合，由蓄电池给发电机提供他励电流，当发电机转速上升到 $500\sim800$ r/min 时，发电机开始自励；继续提高转速，同时观察电压表的读数；当发电机转速为 1 300 r/min（相当于发动机 $700\sim800$ r/min）时，电压应高于 12 V，否则表示发电机有故障。

（2）当交流发电机的空载转速达到额定值时，接通开关 S_2，提高发电

机转速，改变电阻 R，不断增大负载电流。如果发电机在输出额定电流的情况下，其电压能够达到或超出额定值，通常电压达到 14 V，则说明发电机完好；如果发电机在输出额定电流的情况下，其电压低于额定值，表明发电机有故障。在没有可变电阻的情况下，可用拖拉机上的用电设备作为负载进行试验。这里注意一点：试验时，因为还没有装调节器，所以转速不宜过高。

四、维护保养与检查调整

1. 硅整流发电机与直流发电机不同，采用负极搭铁。为此蓄电池的搭铁极性应相同，都是负极搭铁，切勿接反，否则二极管将被导通，蓄电池通过二极管大量放电，迅速烧毁二极管。用螺丝刀搭接电枢接线柱与外壳（即搭火）时，也同样使二极管短路烧毁。因此不能像直流发电机那样，用搭火的方法检查发电机的发电情况，操作者必须引起足够的重视。

2. 电枢接线柱和磁场接线柱之间严禁短接，否则会很快烧毁调节器的上触点。因为电枢和磁场短路后，激磁电流不通过调节电阻，激磁电流增大，发电机电压迅速升高，使上触点闭合，发电机的大电流通过上触点很快就会烧毁。

3. 发电机整流器的硅二极管工作温度不宜过高，否则会降低使用寿命。必须经常清扫发电机外部的尘土，确保后端盖的进风口和前端盖的出风口畅通无阻。

4. 应定期打开调节器盖，检查触点的工作情况，特别是上触点，因为上触点经常处于断开状态，容易黏附不导电的尘土，造成触点闭合后不导电，激磁电流不能降低，发电机电压得不到有效控制，随转速的升高而升高，导致蓄电池过度充电，缩短用电设备的使用寿命，甚至损坏电器。当发现触点脏污、烧蚀后，应及时用白金砂条修整。调节器必须保持密封，以使上触点清洁。

5. 经常检查发电机的工作温度和发电情况。当温度过高或输出电流减小，应通过空载试验，确定故障的大体部位，并拆卸检查，当个别二极管损坏时，应及时更换，不可继续使用，以免烧毁电枢线圈。

6. 检查发电机时，只允许用万用电表或 12 V 的试灯，不要用试火法（电枢接线柱搭铁）检查发电机是否发电，不允许用摇表或 220 V 的交流电源，否则会击穿二极管。

7. 发电机轴承润滑用复合钙基润滑脂，一般每工作 750 h 更换一次，以填充轴承空间 2/3 为宜。定期检查和调整发电机皮带的张紧度。

五、故障排除

1. 不充电或充电电流过小　不充电或充电电流过小的主要原因，一是蓄电池和发电机之间的连线断路。断路一般发生在接线柱部位或导线转折处。可将蓄电池断开后用万用表逐段进行检查。二是发电机不发电或发电不正常。发电机不发电或发电不正常原因很多，常见的有以下几种故障。

（1）转子部分出现故障　转子部分常见故障有激磁电路短路、断路或电刷和滑环接触不良等。检查方法是，闭合电源开关（不要打开其他用电设备），观察电流表时会出现 4 种情况：一是有 2～3 A 的放电电流，说明激磁电路无故障；二是放电电流过大，则激磁电路有短路处；三是无放电电流，则说明激磁电路有断路处；四是放电电流很小，说明激磁电路接触不良，常见原因是滑环积污、电刷磨损严重、弹簧弹力减弱等。应经常清理滑环处的油污，更换磨损严重的电刷及电刷弹簧。对于电磁电路短路和断路等故障，通常采用更换新件的方法进行修复。

（2）定子部分出现故障　定子部分常见故障是线圈"搭铁"或断路。对于定子线圈"搭铁"和断路的故障，通常采用更换新件的方法修复。

（3）整流部分出现故障　整流部分常见故障是二极管击穿。如正向电阻过大或反向电阻过小，说明二极管损坏，应予以更换。

（4）调节器有故障　对于调节器调压值过低，要进行调整；对于触点烧蚀，使激磁电路的电阻增大，造成无充电电流，可用砂纸打光。

2. 充电电流过大　如果长期充电电流过大，会使蓄电池过充电造成早期损坏。充电电流过大的原因是：调节器调压值过高；调节器的调压线圈末端脱落，失去调节作用。这样还易烧坏激磁线圈。重新调整调节器。

3. 充电电流不稳定　充电电流不稳定的主要原因，一是调节器附加电阻烧坏或脱焊，使激磁电路的电流时有时无，造成充电电流不稳定；二是发电机内部接线不可靠；三是滑环积污、电刷磨损过度、弹簧压力过小，引起电刷和滑环接触不良；四是蓄电池至发电机"＋"接线柱的导线接触不可靠，时通时断，造成充电电流时大时小。排除此故障常用的方法是清除杂质及油污、更换新件。

第四节　启动电动机的构造与修理

启动用的电动机叫做启动电动机。拖拉机上广泛采用电动启动发动机。启动电动机是按短期工作设计的，每次工作一般不超过 3～5 s。常用的有 1.323 kW、1.47 kW、2.94 kW、5.145 kW 及 7.35 kW 等多种。

一、构造及工作原理

电动机是将电能转变为机械能的动力机械，启动电动机主要由直流电动机、啮合机构和驱动机构等组成。

1. 直流电动机　直流电动机是由定子、转子（电枢）、电刷、机壳和端盖等组成，如图 14-39 所示。启动电动机是根据载流导体在磁场中受电磁力作用而运动的原理制成的，当电流通过电动机时，形成了载流导体和磁场的条件，转子就会旋转运动，并产生一定的扭矩。

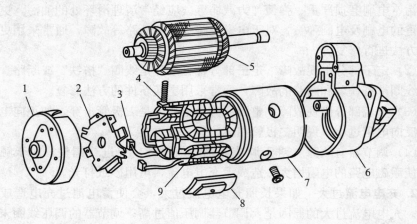

图 14-39　启动用直流电动机结构
1. 前端盖　2. 电刷架　3. 电刷　4. 接线柱　5. 转子　6. 后端盖
7. 机壳　8. 定子铁芯　9. 定子绕组

（1）定子　定子由机壳、定子铁芯和磁场线圈等组成。机壳内固定着 4 块铁芯，每个铁芯上绕有一个激磁线圈，通电后形成两对磁极，产生了相互交错磁场。功率超过 7.35 kW 的启动机通常有 3 对磁极。激磁线圈的一端与绝缘电刷连接，另一端与机壳上的接线柱连接。激磁线圈和电枢线圈通过电刷串联，所以也称串激式直流电动机。激磁线圈和电枢线圈的串联电路如图14-40所示。前面讲过，发电机的激磁线圈与电枢线圈是并联的，而电动机则不同。之所以采用串激式是因为这样可以使启动电动机获得较大的启动扭矩。串激式电动机的输出扭矩是与通过电动机电流的平方成正比的，这是直流串激式电动机的一个很重要的特性。所以只要蓄电池能供给电动机足够大的电流，便能产生很大的启动扭矩。

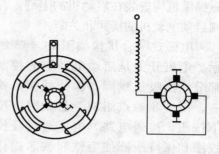

图14-40　激磁线圈和电枢线圈电路

（2）转子（电枢）　如图14-41所示，转子由轴、转子铁芯、电枢线圈和整流子等组成。转子铁芯用硅钢片叠成，上面开有许多槽，槽内绕有电枢线圈，线圈两端分别与许多个整流铜片焊在一起。整流铜片之间用云母片绝缘，并制成一体，叫做整流子。为了得到较大的扭矩，电枢线圈采用比较粗的导线，其断面呈矩形，圈数很少，每槽只有两根。因启动时电枢线圈中的电流往往达到几百安培，粗的导线可以减少电阻，减少发热量。

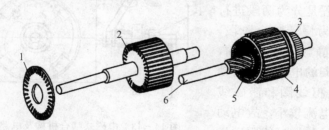

图14-41　启动机转子示意图

1. 铁芯垫片　2. 未绕绕组的铁芯转子　3. 整流子　4. 铁芯　5. 绕组　6. 轴

（3）前后端盖和机壳　前后端盖和机壳用长螺栓固定在一起，端盖中心孔装有衬套。如图14-42所示，前端盖上装有4个电刷架，其中一对与机体绝缘，称为绝缘电刷架；另一对搭铁，称为搭铁电刷架。电刷架内装有电刷和弹簧，在弹簧压力下，电刷与整流子紧密接触。

2. 啮合机构　启动电动机的驱动齿轮与发动机飞轮齿圈啮合，同时接通电动机的电枢电路，此过程称为啮合过程，完成这一动作的机构叫做啮合机构。啮合机构通常有杠杆式和电磁式两种，目前普遍采用电磁式啮合机构。电磁操纵机构安装在启动机的上部，控制启动电动机的接通和关断。

电磁式啮合机构如图 14-43 所示。电磁开关是启动电动机的控制部分，由吸拉线圈、保持线圈、铁芯、衔铁和触点组成。启动时，按下按钮，接通电路，电流通过吸拉线圈和保持线圈使衔铁和铁芯磁化互相吸引，铁芯向左移动，带动拨叉绕销轴转动，下端拨动单向接合器和驱动齿轮向右移动，与飞轮齿圈啮合。当齿轮完全啮合后，活动触点与固定触点正好接触，电流经触点直接进入激磁线圈和电枢线圈，启动电动机就带动飞轮旋转启动发动机。

图 14-42 前端盖的结构

1. 搭铁电刷架 2. 绝缘垫
3. 绝缘电刷架 4. 搭铁电刷

启动过程是分为两段进行的。第一段为慢转啮合阶段，在动触桥和静触点接触之前，流经吸拉线圈的电流经过启动电动机的电枢线圈和激磁线圈，因这时电流较小，故电动机只能缓慢地旋转，使驱动齿轮和飞轮齿圈较柔和地啮合。第二段为全速启动阶段，动触桥和静触点接触后，大量的电流流经启动电动机的激磁线圈

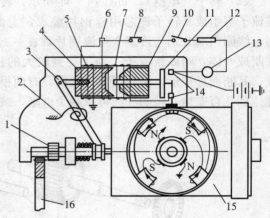

图 14-43 电磁式啮合机构及电路示意图

1. 驱动小齿轮 2. 回位弹簧 3. 传动叉 4. 活动铁芯
5. 保持线圈 6、14. 接线柱 7. 吸拉线圈 8. 启动按钮
9. 挡铁 10. 电锁 11. 接触盘 12. 保险丝
13. 电流表 15. 电动机 16. 飞轮

和电枢线圈，使启动电动机全力带动发动机旋转。这时吸拉线圈被短路失去作用，只有保持线圈使电磁开关闭合，减小了启动过程中的冲击。

发动机着火后，松开启动开关，电磁开关的保持线圈断路，磁力消失。铁芯在回位弹簧的作用下右移，切断电枢电路，同时使驱动齿轮退出啮合位置。

3. 驱动机构 驱动机构是启动电动机的传动部分，包括操纵拨叉、单向

接合器和驱动齿轮等。单向接合器的功用是在发动机启动后，自动将启动电机和发动机分离；当过载时，能起保护启动电动机的作用。单向接合器有单向滚柱式、摩擦式和弹簧式3种，较常用的是前两种。

（1）滚柱式单向接合器　滚柱式单向接合器的构造，如图14-44所示。它由驱动齿轮、外圈、内圈、衬套、滚柱、柱塞、缓冲弹簧和滑套等组成。衬套套装在铣有花键的电枢轴上。衬套上还套装着用卡环锁定的外套。外套上有铸成一体的驱动齿轮。内圈中装有弹簧、柱塞和滚柱，而滚柱位于内圈及外圈的楔面之间。当滚柱在楔面最小间隙处时，可使内圈及外圈因摩擦作用而暂成一体。反之，则可使内、外圈分离。缓冲弹簧对驱动齿轮啮合飞轮齿圈的撞击力起缓冲作用。

在启动电动机啮合机构将驱动齿轮啮入飞轮齿圈后，启动机即行转动。电动机轴通过衬套使内圈转动，如图14-44b所示。由于发动机未启动，其阻力阻止外圈转动而静止，这样，滚柱在弹簧力和本身的惯性作用下移向楔面小的方向，结果卡在内、外圈之间，并在内圈的转动下越卡越紧。最后在滚柱作用下，内、外圈面上的摩擦力超过发动机的阻力时，内圈就带动外圈一起使发动机转动。

在发动机启动后，反过来飞轮齿圈带动启动电动机驱动齿轮旋转，将使启动电动机转速提高十几倍。如果不及时分离驱动齿轮与发动机飞轮齿圈的啮合，就有损坏启动电动机的危险。如图14-44c所示，当发动机飞轮转速增高时，接合器外圈的转速也增高，当超过内圈转速时，滚柱在外圈的摩擦作用下，克服弹簧张力，向楔面的大端方向移动，外圈和内圈的摩擦就消失，动力被切断，外圈的转速再高也不会传给内圈，起到安全保护作用。由此可见，这种装置是依靠内、外圈的速度差和滚柱在楔面上的不同位置而起不同的作用。它既是一个传动的装置，也是一个自动分离的安全装置。

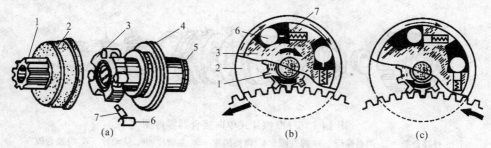

图14-44 滚柱式单向接合器

(a) 零件图　(b) 结构图（启动时）　(c) 结构图（启动后）

1. 驱动齿轮　2. 外壳　3. 十字块　4. 护盖　5. 花键套筒　6. 滚柱　7. 压帽与弹簧

（2）摩擦式单向接合器　摩擦片式单向接合器的构造如图 14-45 和图 14-46所示。它由驱动齿轮、主动摩擦片、被动摩擦片、内接合鼓、压环、弹性垫圈、花键套筒和移动衬套等组成。在花键套筒左端外面有三线右螺旋花键，其上装有带三线内螺旋花键槽的内接合鼓。在内接合鼓的外面制有外齿，并装上有内齿的主动摩擦片。在与驱动齿轮制成一体的外接合鼓中，装有以外齿与其啮合的被动摩擦片。主动摩擦片和被动摩擦片相间排列。特殊螺母的右侧装有两个弹性垫圈，弹性垫圈的右边装有压环，在压环与摩擦片间装有调整垫片。

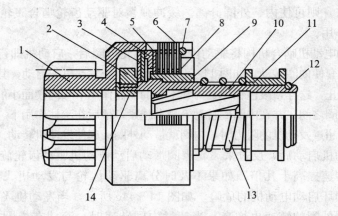

图 14-45　摩擦片式单向接合器结构图

1.驱动齿轮与外接合鼓　2.螺母　3.弹性圈　4.压环　5.调整垫圈

6.从动摩擦片　7、12.卡环　8.主动摩擦片　9.内接合鼓

10.花键套筒　11.移动衬套　13.缓冲弹簧　14.挡圈

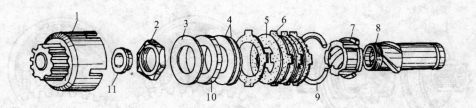

图 14-46　摩擦片式单向接合器零件图

1.外接合鼓　2.调整螺母　3.弹性圈　4.调整垫片　5.主动片　6.从动片　7.内接合鼓

8.螺旋花键套筒　9.卡簧　10.压环　11.止推套筒

当驱动齿轮与飞轮齿圈啮合时，启动电动机的扭矩由电枢轴通过螺旋花键

传给花键套筒。由于惯性力的作用，使内接合鼓和花键套筒之间有一定转速差，内接合鼓便沿三线花键向左移动，使主动摩擦片和被动摩擦片互相压紧，单向离合器接合。将扭矩传给启动电动机驱动齿轮，从而带动飞轮转动。

发动机着火后，飞轮齿圈变为主动，反过来带动驱动齿轮旋转，其转速高于花键套筒，内接合鼓便沿三线右螺旋花键向右移动，使主动摩擦片和被动摩擦片松开，切断发动机传给启动电动机的动力。避免了电枢轴因高速转动而损坏。

当启动电动机超负荷时，压环压在弹性垫圈外缘的力增大，使弹性垫圈外缘向左弯曲加大，弹性垫圈的中部顶住内接合鼓的凸起，从而限制了主动摩擦片和被动摩擦片之间的紧度，接合器开始打滑，以防传动件过载损坏。

摩擦式单向接合器传递的扭矩大小是可以调整的，其方法是增减调整垫片的数量。增加垫片，扭矩增大，反之，扭矩减小。

摩擦片式单向离合器可以传递较大的力矩，应用于大功率启动电动机上。但是在使用过程中，摩擦片磨损后，传递的力矩将会下降，因此需要经常调整，而且其结构复杂。

4. 启动电路和开关　启动电路是电器设备中主要电路之一。它由蓄电池、电源开关、启动开关、预热器和启动电动机等组成。启动时，启动电动机所需的电流很大，所以电动机的主电路不通过电流表，而直接与蓄电池正极相接。要接通启动电路，需要同时将电源开关和启动开关闭合。

5. 火焰预热器　柴油机在低温启动时十分困难，为了保证柴油机迅速可靠地启动，而将火焰预热器装在发动机的进气管内，用来加热进气管道和空气。常用的火焰预热器有电磁式和电热式两种。

（1）电磁式火焰预热器　电磁式预热器装在发动机进气支管上，它由燃油箱、预热器壳体、电磁开关及电阻丝等组成。按下预热器开关按钮，使电阻丝及电磁开关同时与电源接通。此时，电阻丝发热至赤红，而电磁开关将吸盘吸下迫使阀门打开，燃油经过阀门和量孔流向电阻丝被点燃并产生火焰，加热进气支管中的空气。当发动机启动后，松放按钮时，电流被切断，电阻丝不再发热，电磁开关磁力也消失，吸盘在弹力作用下复位，阀门随之关闭，燃油停止流出，预热器停止工作。

使用中，当预热器接通电流后，听到电磁开关吸动吸盘的金属碰击声，同时指示灯开始发红，即可启动发动机。若发动机不能启动，则预热器单独接通时间不得超过 20 s，否则会烧坏电阻丝。

（2）电热式火焰预热器　拖拉机上广泛采用电热式火焰预热器，其构造如

图 14 - 47 所示。它装在进气管上，电阻丝的一端经预热罩通过壳体"搭铁"，另一端经接线柱通向启动开关。当启动开关在预热位置时，预热器的电路被接通，电阻丝中有电流通过而发热，空心杆在电阻丝的加热下受热伸长，带动球阀杆向左移动，使球阀脱离阀座，打开进油道。柴油从空心杆和球阀杆之间的缝隙处流出，滴到赤热的电阻丝上被点燃，形成火焰喷出，将进入进气管中的空气加热。

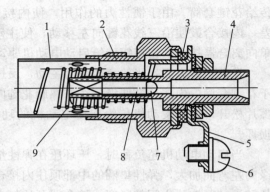

图 14 - 47　电热式火焰预热器
1. 预热器罩　2. 接头螺套　3. 预热器定位片
4. 预热器螺杆　5. 预热器固定架　6. 接线柱
7. 球阀　8. 球阀杆　9. 电阻丝

启动完毕，启动开关扳回"0"位置，电阻丝中电流被切断，空心杆因温度下降而收缩，球阀杆将球阀压在阀座上，关闭进油道。使用这种预热器时，每次预热时间不得超过 20 s，一次不能启动时，必须间歇一下再预热启动，否则易烧坏电阻丝。

二、主要零部件的检查与修理

启动电动机的主要故障有：接通启动开关后电动机不转，或电动机旋转无力；电动机空转而曲轴不转。在正常使用情况下，启动电动机每工作 900～1 000 h，应拆开进行检验，修复或更换损坏的零件，以保证启动电动机正常工作。

1. 直流电动机的检查与修理

（1）电刷与整流子接触情况的检查及电刷的修理　为了确保电刷与整流子的接触面积不小于 80％，电刷在电刷架内应上下移动灵活，且无偏斜。电刷与整流子的接触情况通过目测即可发现，如果接触面积过小或接触偏斜，应先校正电刷架的变形和弹簧与电刷的接触位置，然后对电刷进行研磨。研磨时，在整流子上包一层细砂纸，使砂面朝外，装到端盖上，再将电刷装到电刷架内，用弹簧压紧，使电枢固定不动，按工作时电枢旋转方向的反方向转动端盖进行研磨，研磨几圈后，提出电刷，检查接触情况（不宜研磨时间过长），以免磨损过多。

（2）电刷磨损程度的检查　电刷是容易磨损的零件，应经常检查电刷的磨损程度，其检查方法与发电机电刷的检查方法相同。当电刷高度小于标准高度一半时，应更换新品。更换绝缘电刷时，先用电烙铁把旧电刷从激磁线圈上烫下，再焊上新电刷。新换的电刷应按上述方法进行研磨，以保证接触良好。

（3）电刷弹簧弹力的检查　电刷弹簧不应有断裂、变形，弹簧对电刷的压力应为 9～13 N，可用弹簧秤钩住弹簧检查，当弹簧刚刚离开电刷时，弹簧秤上的读数即为弹簧对电刷的压力，如图 14-48 所示。如果压力过小，可将弹簧向螺旋反方向扳动，以增加弹力。

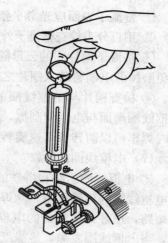

图 14-48　电刷弹簧的弹力检查

（4）电刷架的检查　前面讲过，电刷架分为搭铁和绝缘两种。绝缘电刷架与端盖间的绝缘情况，可用 220 V 试灯检查，不应有击穿现象。为保证绝缘电刷的绝缘性能，软线应包扎好，不应有破损处。搭铁电刷架应与端盖接触良好，连接牢靠。

（5）转子轴弯曲的检验和衬套的更换　转子轴的缺陷主要是弯曲。如图 14-49 所示，转子轴的弯曲可用百分表测量铁芯外圆的径向跳动来确定，当跳动量超过 0.5 mm（机型不同数值有所不同）时，应对转子轴进行冷压矫直。

转子轴两端轴颈用石墨青铜衬套支承，正常配合间隙为0.1～0.15 mm（机型不同其间隙也不

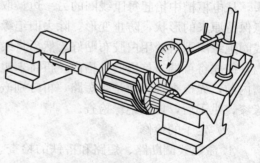

图 14-49　转子轴的弯曲检查

同），否则会引起转子扫膛，运转不稳，启动无力。配合间隙过大时，转子晃动。衬套与外壳配合松动时，可用专用工具在压力机上将旧铜套压缩 2～3 mm，增加厚度以补充内外径的磨损，恢复正常配合，或按转子轴的实际尺寸车制新的衬套。新的或修复的衬套压入后，要用活络铰刀铰孔，使配合间隙适当。配合不可过紧，否则会挤掉润滑脂，加剧磨损，甚至造成烧结。

（6）整流子的检查与修理

① 整流子表面应光滑平整，如果烧蚀发黑，可用细砂纸打磨。

② 用百分表检查整流子外圆的圆度，当超过 0.5 mm 时，应在车床上车圆。

③ 整流子铜片间的云母隔片凸出时，可用什锦锉锉平，但不能低于铜片，以免磨掉的电刷粉落入铜片之间，造成短路。

④ 检查铜片与电枢线圈的焊接线头是否脱焊松动。由于转子轴向窜动、电枢线圈端面与电刷架刮擦，容易引起焊头脱焊松动，当发现这种情况时，应及时焊牢，以防转子高速旋转时，电枢线圈甩出槽外，造成损坏。

（7）电枢线圈的检修

① 电枢线圈短路和搭铁的检查。电枢线圈的缺陷主要是短路和搭铁，由于电枢线圈的导线较粗，除焊头脱落以外，一般不会出现断路现象。电枢线圈的短路，最好在试验台的电枢检验仪上检查，如果无此条件，也可凭直观检查，当电枢线圈发黑，绝缘纸烧焦，绝缘漆剥落，转动无力时，一般可以认为电枢线圈短路。

电枢线圈的搭铁，可用 220 V 交流电源接试灯进行检查。将两个试笔分别触在整流子的铜片和电枢轴上，如果灯亮，表明电枢线圈搭铁，不亮表示绝缘良好。

② 电枢线圈的修理。首先拆掉线圈的绑带，用电烙铁烫掉每匝线圈的末端焊头，并从电枢槽中将各匝线圈的一边抬起。其次，烫掉各匝线圈的首端焊头，从电枢槽中抬起每匝线圈的另一边，取下全部线圈。在抬起线圈时，应注意保持原来的形状，防止变形。除去旧绝缘纸，将新绝缘纸铺到电枢槽中，将线圈绝缘漆剥落处用白胶布贴好，然后将线圈按与拆卸相反的顺序嵌入电枢槽内，即先将首端、首边嵌入槽内，再将末边、末端嵌入。再将各匝的末端嵌入槽内前，先检查各匝间是否短路，再分别嵌入，用锡焊焊牢端头。最后浸以绝缘漆，烘干后，再做绝缘检查。

（8）定子的检修

① 激磁线圈断路、短路和搭铁的检查。首先检查激磁线圈的各接头是否有松动和脱焊现象，再分别检查短路、断路和搭铁情况。激磁线圈由较粗的扁裸铜线绕成。匝间绝缘是靠绕线时夹在匝间的一层绝缘纸，外面绝缘是靠布带包扎和涂绝缘漆。因此，当发现外面绝缘烧焦、内部匝间绝缘纸烧焦时，便产生匝间短路。如图 14-50 所示，激磁线圈是否与铁芯、外壳搭铁短路，可用 220 V 交流电源串联试灯进行检查。将接电源的两个试笔中的一个触在绝缘接线柱上，另一个与外壳相触，如果灯不亮，说明绝缘良好；反之，表示绝缘破坏。短路的检查，还可用图 14-51 所示的方法进行检查。将蓄电池的电压加在激磁绕组的两端，注意控制电流，同时用一铁片或螺钉旋具在 4 个磁极上分

别感受磁吸力的大小，如果某一磁极有磁吸力明显低于其他磁极，则表明该磁极上的激磁绕组短路。

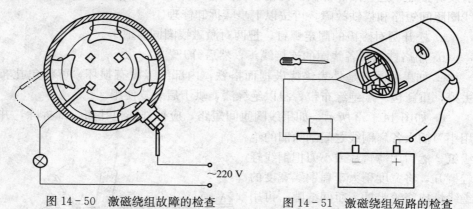

图 14-50　激磁绕组故障的检查　　　图 14-51　激磁绕组短路的检查

激磁线圈断路和搭铁故障，可用图 14-52 所示方法进行检查。检查激磁线圈是否断路时，将万用电表电阻挡扳到 $R×1$ 的位置，用一支电笔接触电动机外壳上的"磁场"接线柱，另一支电笔接触绝缘电刷，若万用电表指针不动，即为激磁线圈断路。检查激磁线圈是否搭铁时，将万用电表电阻挡扳到 $R×10$ 的位置，仍然用一支电笔接触电动机外壳上的"磁场"接线柱，另一支电笔接触电动机外壳，若万用电表指针偏转，即为激磁线圈搭铁。

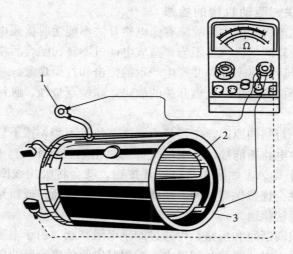

图 14-52　用万用表检查激磁线圈搭铁故障
1. 磁场线柱　2. 磁场绕组　3. 启动机机壳

② 激磁线圈的修理。激磁线圈断路的故障，大多发生在线圈的接线头和引线焊接处，这些故障部位，比较容易修理，用焊接法修理即可。而对于激磁线圈匝间短路和搭铁故障，可按以下步骤拆卸修理。

a. 松开两对磁极的固定螺钉，把两对激磁线圈同时取下。

b. 用烙铁烫开各线圈的连接线头，然后分开。

c. 如果线圈只是外表绝缘破损而搭铁，内部绝缘没有损坏，可将包扎布去掉，重新包一层绝缘布带，浸以绝缘漆，烘干后装复使用。

d. 如图 14-53 所示，如果线圈匝间短路，应把外部包扎布全部拆除，并用小刀插入各扁铜线之间刮除旧的绝缘纸，然后用薄竹片或小刀把铜线轻轻撬开，将宽度稍大于扁铜线宽度的绝缘纸或涤纶带插入匝间缝隙，再用绝缘布带按半叠包扎法包好，浸以绝缘漆并烘干。

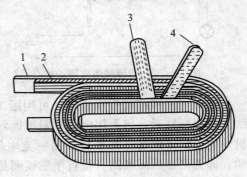

e. 按原来的连接方式把 4 个线圈连起来，装回定子外壳，注意线圈的绕线方向，应使相邻两组绕向相反，否则就会使极性错乱，电动机无法工作。

图 14-53　启动机磁场绕组的修理
1. 铜片　2、4. 绝缘纸　3. 薄竹片

2. 电磁开关、驱动机构的检修

电磁开关和驱动机构的主要故障有：电磁开关不能适时接通电路，单向接合器打滑；驱动齿轮的啮合位置不当，造成电动机不转、啮合后空转、驱动齿轮啮合不上或啮合后分离不开，并产生严重的撞击和打齿现象。

（1）电磁开关的检修　电磁开关的故障，除触点烧蚀、脏污外，主要是线圈断路和短路。

线圈断路、短路的原因，主要是由于铁芯位置不当，按下启动按钮后，触点不能接触，主电路不能接通，电流全部通过电阻只有不足 $1\ \Omega$ 的吸拉线圈，最大电流可超过 40 A，如果不及时松开按钮，就会将吸拉线圈烧毁。每次启动时间过长，也会烧毁保持线圈。线圈烧毁后，造成断路或短路，使铁芯失去吸力，主电路无法接通。

电磁开关线圈断路和短路，可通过测量电阻判断。由于电阻值很小，不易测准，所以多采用对线圈短时间通电，根据其电流值来判断线圈的断路和短路情况。在正常情况下，吸拉线圈的电流不大于 44 A，保持线圈的电流不超过

吸拉线圈的一半，如果电流值过大，则为短路。当线圈烧毁造成内部断路或短路时，可重新绕制线圈或者更换新件。

（2）单向接合器打滑的检查与修理　单向接合器打滑的检查方法如图14-54所示，将其夹在台虎钳上，插入花键轴，将扭力扳手用套管与花键轴相连，向锁止方向搬动扭力扳手检查扭力大小。一般要求滚柱式单向接合器的扭矩在 26 N·m 以下不滑转，摩擦片式单向接合器的扭矩在 117～176 N·m 以下不滑转，大于 180 N·m 时应打滑。否则，应通过增减压环与摩擦片间的调整垫片予以调整。

滚柱式单向接合器，由于滚子和十字体楔形槽、外圈内表面互相摩擦产生磨损，使滚柱直径减小并产生椭圆，十字体楔形槽增大并产生波纹、外圈内孔增大并出现凹坑。结果使电机轴带动十字体旋转时，滚子不能将外圈卡住，啮合后，接合器打滑，驱动齿轮和飞轮不转，发动机不能启动。

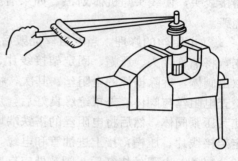

图 14-54　单向接合器的检查

滚柱式单向接合器磨损后，一般采用换加大滚柱的方法进行修复。更换滚柱时，先将接合器垫上木板或铜板，夹在台虎钳上，用螺丝刀轻轻撬开铁皮罩，取出十字体。装配时，先将柱塞、弹簧和滚子装到十字体上，再用双手捏住平放入外圈内，装后用左手握住外圈不动，右手向反时针方向转动，传动套应能卡死不动，顺时针方向旋转时打滑，表示符合要求，最后将铁皮罩收口铆合。

（3）驱动齿轮轴向位置的检查调整　启动时，驱动齿轮与飞轮齿圈啮合不上、啮合后分离不开以及打齿，一般都是驱动齿轮的轴向位置调整不当造成的。当驱动齿轮与飞轮齿圈啮合以前，开关触点就闭合，电动机开始高速旋转起来，便无法接合，产生打齿。反之，当驱动齿轮与飞轮齿圈完全啮合后，开关触点尚未接触，铁芯继续移动使触点接触，驱动齿轮也继续向啮合方向移动。当触点打开时，驱动齿轮不能立即退出啮合而被飞轮带动高速旋转。为保证驱动齿轮与飞轮齿圈完全啮合时，触点正好接触，及时接通电路，必须对驱动齿轮的轴向位置进行检查调整。检查方法是，把铁芯向里推到底，使触点接触，驱动齿轮与花型螺母的间隙应为 1.5～2.5 mm，在非工作状态时，此间隙应为 26～27 mm，（机型不同其间隙有所不同），如果间隙不符合规定值，应拧动铁芯调节螺钉加以调整。

3. 电热式火焰预热器的检查修理 电热式火焰预热器的主要故障是电阻丝烧毁和阀芯漏油。

(1) 电阻丝烧毁的检修

① 电阻丝烧毁的原因和检验方法。启动预热时间过长，电阻丝通电后无燃油流出，以及电阻丝绝缘层剥落引起短路，都会使电阻丝烧毁，或使电阻丝接头脱焊。检查时，先观察耗电情况，预热器正常工作电流为 12～14 A，按下预热按钮，如果电流表无放电指示，说明预热器电路不通，此时可拆下预热器接线头，使线头与机体划擦，如果有火花，说明导线连接良好，而电阻丝烧毁。

② 电阻丝的修理。当电阻丝烧毁后，可按以下步骤更换新的电阻丝。首先，将油管接头、压帽、固定架接线片、绝缘垫卸下，将外罩的压合层撬开，取出阀体，拆除损坏的电阻丝。其次，将新电阻丝套到阀体上，装入外罩内，检查电阻丝与阀体、外罩绝缘良好后，用小锤轻轻敲击预热塞外罩的压合层，使其压紧阀体，然后将电阻丝的搭铁端焊在原搭铁处。最后，装上绝缘垫，固定架接线片、压帽，接上进油管和电线。接通电源后，电阻丝的工作电流应为 12～14 A，电阻丝烧红后，阀芯处应有柴油滴出燃烧。

(2) 预热器漏油的修复 预热器在非工作状态不允许有漏油现象，在点燃喷火后，允许有微量烧不完的燃油滴出，如果不符合要求，应对阀芯和阀孔锥面进行研磨。磨后清洗干净，将阀芯拧到与阀孔锥面接触后，拧紧 1/6 圈，再检验密封性。符合要求后，在阀芯与空心杆接合处点焊或铆合，以防使用中震动松脱，造成大量柴油进入汽缸而飞车。

另外，预热器常常由于积炭而产生漏电现象，影响正常工作，应定期清除预热器中的积炭。

三、拆装要求与性能试验

1. 启动电动机的装配要点

(1) 启动电动机装配时，要注意检查调整两个间隙：一是电枢轴与衬套的配合间隙通常应不大于 0.1～0.15 mm；二是电枢轴的轴向间隙通常应不大于 0.5 mm，可通过增减轴头处的垫片厚度进行调整。调整时，不要漏装电枢轴后端的绝缘垫。

(2) 启动电动机装到飞轮壳上时，应保证驱动齿轮轴心线与飞轮齿圈的轴心线平行，不允许有偏斜，否则会引起打齿及咬齿现象。

（3）启动电动机装到飞轮壳上后，驱动齿轮端面与飞轮齿圈端面的距离应保持在 2.5～5 mm。如果不符合要求，可在启动电动机凸缘平面与飞轮壳之间增减垫片进行调整。

2. 启动电动机的试验　检修后的启动电动机应进行空载和全制动试验，以检查其性能。试验采用的蓄电池容量要充足，连接导线截面积要符合规定，以保证能通过大电流。

（1）空载试验　空载试验的目的是判断启动机是否有电气和机械故障，其试验电路如图 14-55 所示。启动电动机不带负荷接通电源，测量启动电动机的空载电流和转速，并与规定值比较，如果测得的电流值过大，转速过低，可能是装配过紧、电枢轴弯曲、轴承与电枢不同心、轴承磨损、电枢和激磁线圈短路造成的；如果在蓄电池电压正常的情况下，电流和转速均低于标准值，可能是由于连接导线或内部导线接触不良、电刷与整流子接触不良、弹簧压力过小造成。

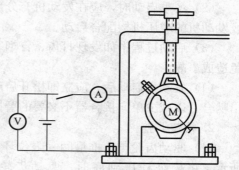

图 14-55　启动电动机空载试验

空载试验时电刷不应有火花，电枢旋转应平稳，没有刮擦声等异响，试验时间不超过 1 min。

（2）全制动试验　全制动试验的目的与空载试验相同，试验电路如图 14-56所示。接通电源，测出启动电动机在完全制动时所产生的最大扭矩和所通过的电流，并与规定值比较。如果电流大于规定值，而扭矩小于规定值可能是电枢或激磁绕组搭铁或短路；如果扭矩和电流均低于规定值，则可能是线路中有接触不良的地方，如果电枢转动，而驱动齿轮不动，则可能是单

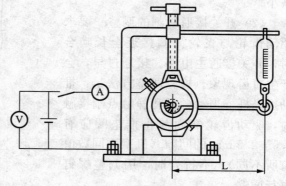

图 14-56　启动电动机全制动试验

向接合器打滑。

四、维护保养与检查调整

1. 维护保养

（1）启动电动机每次启动时间不能超过 5 s。如一次启动不着，应间隔 1～2 min后，才能再启动。否则会引起线圈过热，导致绝缘破坏，严重影响启动电动机和蓄电池的使用寿命。

（2）冬季启动时，应在发动机充分预热后，踏下离合器踏板，利用预热器或发动机的减压机构配合启动。

（3）启动过程中如发现打齿、冒烟等不正常现象，应及时检查、修理，以免造成事故。

（4）发动机启动后，应立即松开启动开关，使启动电动机驱动齿轮及时退出啮合，以减少单向接合器不必要的磨损。

2. 检查调整

（1）驱动齿轮与止推垫圈（限位环）之间的间隙检查调整　如图 14-57 所示，将操纵杆压到底时，驱动齿轮端面与止推垫圈的间隙应为 0.5～1.5 mm（机型不同数值有所不同）。间隙过大，驱动齿轮不能全长啮合；间隙过小，则易打坏启动电动机端盖。间隙不合适时，可通过拧动限制螺钉调整，向里拧间隙增大，反之减小。

（2）开关接通时刻的调整　要求驱动齿轮与飞轮齿圈接近全长啮合时，开关接通主电路。接通过早，会产生打齿现象。检查调整方法是：推动操纵杆，当动触桥和静触点刚接触时，驱动齿轮端面与止推垫圈应有 1.5～2.5 mm 的间隙（机型不同数值有所不同）。不符合时，用调整螺钉进行调整。

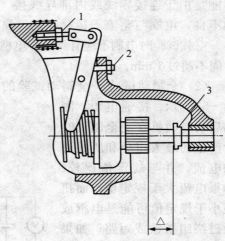

图 14-57　驱动齿轮端面与限位环
之间的距离

1. 锁紧螺母　2. 限位螺钉　3. 限位环

五、故障排除

1. 电动机不能转动　首先要判断故障出于本身还是蓄电池或导线，这可借助大灯进行判断，接通大灯后会出现亮与不亮两种情况：若灯不亮，说明蓄电池无电流输出，可能是蓄电池无电、接线折断或接触不良所造成。若灯亮，说明蓄电池至各开关的电路接触良好。然后进行启动，可能出现以下几种情况：

（1）灯光减弱，证明有电流通过电动机，故障由于导线、动触桥、电刷与换向器等接触不良所引起。应对动触桥、电刷与换向器等进行打磨或更换。

（2）灯光变得很暗甚至熄灭，表示电动机本身有短路或蓄电池亏电过多不能使用。应检查启动机发热处，排除短路故障；对亏电的蓄电池，应进行补充充电。

（3）灯光不变，则表明电动机内部断路。如果听不到电磁开关的动作声音，是电磁开关断路，否则是电枢或激磁线圈断路。此时应拆检电动机，排除可能出现的电刷卡死、弹簧折断、激磁线圈断路等故障。

2. 启动电动机空载运转正常但无力

（1）启动电流小。主要因蓄电池电量不足和启动电路电阻增大所引起。应逐个检查和排除如电刷与整流子、电磁开关的桥式触点、蓄电池接线柱接触不良、电枢导线脱焊等故障，以减小启动电阻。

（2）电枢或激磁线圈有短路处，使电动机功率下降。应更换电枢或激磁线圈。通常更换轴承。

（3）轴承磨损严重，引起转子扫膛，从而加大启动电动机的转动阻力。

3. 驱动齿轮有打齿现象无法接合

（1）限制螺钉调整不当，驱动齿轮与飞轮端面间隙过大，不能啮合。应调整驱动齿轮与飞轮端面间隙，使之符合规定值。

（2）齿轮磨损严重，产生"卷边"，或启动电动机与飞轮中心线不平行，使齿轮不易啮合。启动电动机的齿轮磨损严重时，应更换新件。

（3）桥式触点的间隙过小，驱动齿轮尚未与飞轮啮合时，电动机已全速工作。应调整桥式触点的间隙。

4. 电磁开关发生"哒哒"的声音

（1）蓄电池电量不足。应对蓄电池进行补充充电。

（2）保持线圈断路。应立即修复保持线圈。

5. 发动机着火后，松开启动开关，启动电动机仍继续旋转

（1）桥式触点烧损严重，使接触电阻增加，当大电流通过时产生高温，桥式触点被焊接，电路不能切断。应采用"00"号砂纸，对桥式触点进行修磨。

（2）电磁开关调整不当，电磁开关的铁芯不能使桥式触点断开。应对电磁开关行程进行调整。

（3）复位弹簧折断或失效，使铁芯不能复位。应更换弹簧。

（4）电磁开关铁芯周围因有脏物而发卡。应经常清除电磁开关铁芯周围的灰尘杂污。

这种故障是十分危险的，故障发生后，应立即拆开蓄电池"搭铁"线。否则启动电动机就会被烧毁。进行清理检查，更换失效的零件，使桥式触点间隙符合规定。

6. 电刷与整流子间产生强烈火花

（1）电刷过短、电刷弹簧失效或新换电刷磨削不好，使电刷与换向器接触不良。对于过短的电刷和弹簧失效的电刷应更换新件，更换新电刷时，应注意采用砂纸进行适当打磨。

（2）换向器积污、氧化、烧蚀或长期磨损失圆，使其与电刷接触不良。通常用砂纸进行打磨，使换向器与电刷接触紧密。

（3）电枢导线短路。通常更换新件。

（4）电枢线圈和整流子由于开焊而造成接触不良。可拆开电动机，对开焊处进行焊修。

第五节　其他用电设备的构造与修理

一、其他用电设备的构造

拖拉机上其他用电设备，主要包括照明装置、信号装置及仪表等。

1. 照明装置

（1）前大灯　前大灯主要由灯壳、反射镜、散光玻璃和灯泡所组成。灯泡有单灯丝和双灯丝两种。单丝灯泡位于反射镜的焦点处，发出的光束为远光。双丝灯泡中，一根灯丝位于反射镜的焦点处，发出远光，另一根灯丝位于焦点上方，发出近光。远光可照明 100 m 以内的路面，近光可照明 30 m 以内的路面。

（2）后大灯　后大灯用于夜间田间作业时照亮农具。灯泡用单丝灯泡，其构造与前大灯相同。

（3）顶棚灯　装在驾驶室内顶部，用来照亮驾驶室。

（4）其他灯　为夜间检修照明和拖车用灯，拖拉机上常设有工作灯插座。

2. 信号装置

（1）前小灯　小灯内安装有示宽灯和转向信号灯。夜间临时停车或会车时用示宽灯，转向时用转向信号灯。

（2）尾灯　尾灯是夜间用来照明牌照并告示后面来车保持一定的距离；当拖拉机制动时，刹车灯丝突然明亮，告示后面来车提高警惕。因此，一般尾灯包括牌照灯和刹车灯，并装在同一壳体内。分上下两个灯泡，有的则装有一个光度不等的双丝灯泡。

（3）转向灯　转向灯是由闪光器控制的转向闪光灯，与前小灯装在一起或单独安装。

（4）闪光器　闪光器是使转向指示灯发出闪光信号的装置，有电热式、电容式等形式。电热式闪光器主要由铁芯、线圈、触点、感温电阻和附加电阻组成。在不工作时，感温电阻克服弹簧片的拉力，拉紧活动触点臂，使触点处于分开状态。转向时，转向开关使一侧灯泡接通，由于电流通过附加电阻和感温电阻，电流较小，灯光暗淡。通电一段时间后，感温电阻受热膨胀而伸长，使触点闭合，电流经触点和线圈构成回路，电阻被隔出，电流增大，灯光发亮。感温电阻被隔出后，冷却收缩，又拉开触点，如此反复变化，转向指示灯便发出一亮一暗的转向信号。

电容式闪光器如图 14 - 58 所示，它是利用电容器充、放电延时特性，使继电器的两个线圈产生的电磁吸力，时而相同叠加，时而相反削减，从而使继电器产生周期性开关动作，使得转向信号灯及指示灯实现闪烁的。

（5）电喇叭和喇叭继电器

① 电喇叭。拖拉机上的电喇叭多为电磁振动式。主要由铁芯、磁力线圈、接触盘、膜片、共鸣盘、弹簧片、固定触点、电容器组成，如图 14 - 59 所示。膜片、共鸣盘和固定接触盘由中心杆和调整螺母、锁紧螺母连成一体。

当按下喇叭按钮时，磁力线圈电路被接通，铁芯产生磁力吸引接触盘，接触盘带动中心杆和膜片，并带动调整螺母克服弹簧片的弹力压动活动触点臂，使触点分开，磁力线圈的电路被切断。铁芯退磁，接触盘和膜片返回原位，触点重新闭合，磁力线圈电路又接通。如此，电路忽开忽闭，膜片不断振动，发出一定音调的响声，共鸣盘在振动时发出陪音，使喇叭的声音更加洪亮悦耳。与触点并联的电容器（或消弧电阻），可以减少触点分开时的火花，防止触点烧损。

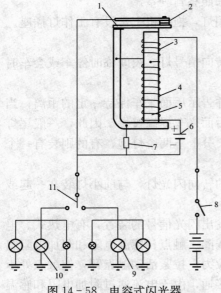

图 14-58　电容式闪光器

1. 弹簧片　2. 触点　3. 串联线圈
4. 并联线圈　5. 铁芯　6. 电解电容器
7. 灭弧电阻　8. 电源开关　9. 右转向信号
灯及指示灯　10. 左转向信号灯及指示灯
11. 转向灯开关

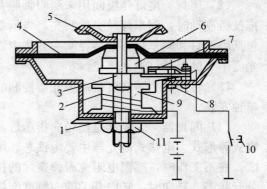

图 14-59　盆形电喇叭

1. 底座　2. 线圈　3. 上铁芯　4. 膜片
5. 共鸣板　6. 衔铁　7. 触点　8. 调整螺钉
9. 铁芯　10. 按钮　11. 锁紧螺母

② 电喇叭继电器。为了使喇叭更加悦耳，有的拖拉机上也采用双音（高、低音）喇叭。但又因消耗电流大（15～20 A），用按钮直接控制时，易烧坏按钮触点。为此，一般采用喇叭继电器，使通过喇叭的大电流，不通过按钮的触点。其构造和工作原理如图 14-60 所示。当按下喇叭按钮时，继电器电路接通。电磁线圈通电后，产生电磁力，吸下触点臂，使触点闭合，接通了喇叭电路。但喇叭的工作电流却不经过喇叭按钮，避免了按钮触点被烧坏。

3. 仪表

（1）电流表　电磁式电流表接在发电机和蓄电池之间，用来指示蓄电池充电或放电电流的大小，其工作原理如图 14-61 所示。

电流表内的黄铜片（相当于单匝线圈）固定在绝缘底板上，两端与接线柱相连，黄铜片的下面装有永久磁铁，磁铁内侧的轴上装有带指针的软铁转子。

因电流表零点位于仪表刻度的中间，接线时，电流表的负极用导线通过熔断器与蓄电池的正极相接；电流表的正极，一路通过熔断器和硅整流发电机

"＋"接线柱相接，另一路和电源开关相接。

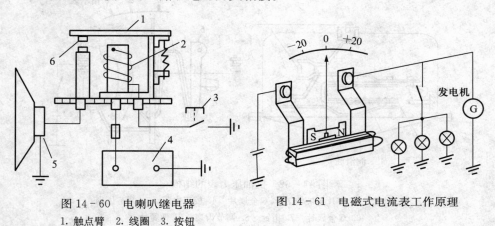

图 14-60 电喇叭继电器
1.触点臂 2.线圈 3.按钮
4.蓄电池 5.电喇叭 6.触点

图 14-61 电磁式电流表工作原理

当没有电流通过电流表时，软铁转子被永久磁铁磁化而相互吸引，使指针停在中间"0"的位置。当充电电流通过黄铜片时，在黄铜片周围产生磁场，与永久磁场合成一个磁场，使软铁转子向"＋"方向偏转一个角度，充电电流愈大，偏转角度愈大，电流表的读数愈大；当放电时，指针则反向偏转，指示蓄电池放电电流的大小。

当有振动时，其指针可灵活摆动，不能有卡死或呆滞现象，在静止状态时指针应指零。

（2）机油压力表 机油压力表用来指示润滑系统主油道的机油压力。它由机油压力传感器和机油压力表盘两部分组成，如图 14-62 所示。

① 机油压力表盘。机油压力表内装有双金属片，其上绕有加热线圈，线圈两端分别与机油压力表接线柱相接，机油压力表接线柱与机油压力传感器相接，机油压力表接线柱经点火开关与电源相接。双金属片的一端弯成钩形，扣在指针上。

② 机油压力传感器。机油压力传感器内部装有膜片，其下腔与发动机润滑主油道相通，机油压力直接作用到膜片上，其上方压着弹簧片，簧片一端与外壳固定并搭铁，另一端焊有触点，双金属片上绕着加热线圈，线圈的一端焊在双金属片的触点上，另一端焊在接触片上。

③ 机油压力表的工作原理。当电源开关闭合时，电流通过电流表内双金属片的加热线圈时生热就会使双金属片变形，带动指针偏转。若机油压力很低，则传感器膜片变形很小，作用在触点上的压力也很小，触点分开时长，接

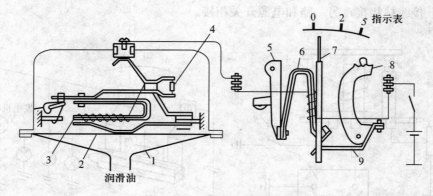

图 14-62　机油压力表的结构

1. 油腔　2. 膜片　3. 传感器双金属片　4. 校正电阻　5. 调节齿扇
6. 双金属片　7. 指针　8. 调节齿扇　9. 弹簧片

触时短，平均电流小，压力表内双金属片变形小，指针偏转量小，指示低油压；当机油压力升高，则传感器膜片变形增大，作用在触点上的压力也增大，触点分开时短，接触时长，平均电流大，压力表内双金属片变形大，指针偏转量大，指示高油压。

为使油压压力表指示值不受外界温度变化影响，双金属片做成"门"形，一臂有加热线圈，另臂作补偿。因外界温度变化而引起工作臂变形时，由补偿臂的相应变形进行补偿，减小了误差。安装传感器时箭头朝上，保证工作臂位于补偿臂上方，避免工作臂产生热影响补偿臂的作用。

（3）水温表　水温表用来指示发动机冷却水的工作温度，它必须与感温塞配合工作。比较常用的水温表是电热式，它主要由双金属片、绕组、附加电阻、指针等组成，安装在拖拉机仪表板上。感温塞主要由双金属片、绕组、动触点等组成，安装在汽缸盖前端水道内，位于节温器下方。电热式水温表的结构及工作原理与机油压力表相似，但表盘的刻度相反。双金属片变形最大时指示低温，变形最小时指示高温。当切断电路后，水温表的指针应在 100 ℃ 刻度线上。

（4）燃油表　燃油表用来指示燃油箱中储存燃油量的多少。它由安装在油箱中的传感器和仪表板上的油量表两部分组成。通常使用的燃油表有电热式和电磁式两种形式。电热式燃油表的结构和工作原理如图 14-63 所示。它主要由电源稳压器、加热线圈、双金属片、指针、可变电阻、滑片和浮子等组成。

浮子漂浮于油面上，随油面的高低而改变位置。油量多时，浮子上升，传感器阻值减小，流过表中电热线圈的电流增加，双金属片变形大，指针向燃油多的一侧偏转；反之向燃油少的一侧偏转。

（5）发动机转速表和车速里程表

① 发动机转速表。有的拖拉机上使用发动机转速表，主要由磁电式转速传感器和表盘等组成。转速表主要用于监测发动机工作转速、显示动力输出轴转速对应的发动机转速，另外，在转速表盘中还显示发

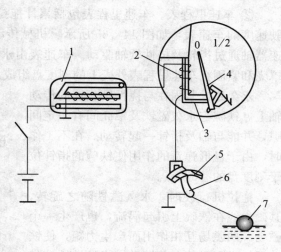

图 14-63　燃油表的结构
1. 电源稳压器　2. 加热线圈　3. 双金属片　4. 指针
5. 可变电阻　6. 滑片　7. 传感器浮子

动机工作小时数，通常当发动机的转速高于 350 r/min 时开始计数。

发动机转速表是通过转速传感器的磁感应头测得发动机飞轮壳内的飞轮齿数，传入仪表内，转化为发动机的转速，转速传感器的结构与产生的波形如图 14-64 所示。发动机的飞轮旋转时，在转速传感器的线圈内产生交流电压，电压的频率与发动机的转速成正比，将转速传感器的信号作为输入经过仪表电路的放大及整理显示出发动机的转速。

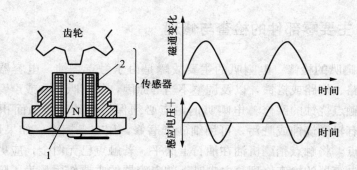

图 14-64　发动机转速传感器的结构与产生的波形
1. 永久磁铁　2. 线圈

② 车速里程表。车速里程表包括累计拖拉机行驶里程的里程表和指示行驶速度的车速表，如图 14 - 65 所示。机械传动磁铁式车速里程表，一般由变速器轴通过齿轮及挠性软轴驱动。车速表由永久磁铁、带有轴及指针的铁碗、罩壳和紧固在车速里程表外壳上的刻度盘组成。

永久磁铁紧固在与挠性轴相连的传动轴上。铁碗与永久磁铁及罩壳间有一定间隙，并能与轴及指针一起转动。在不工作时，由于盘形弹簧的作用使铁碗的指针位于刻度盘的"0"点。

拖拉机行驶时，永久磁铁随之旋转，其磁力线在铁碗上引起涡流，也产生一个磁场。两磁场互相作用而产生力矩，使铁碗反抗盘形弹簧向前转动，指针被铁碗带动转动一个与车速成比例的角度，便可在刻度盘上读出车速数值。

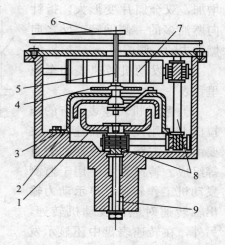

图 14 - 65　机械传动磁铁式车速里程表
1. 永久磁铁　2. 铝罩　3. 铁罩
4. 盘形弹簧　5. 针轴　6. 指针
7. 计数器　8. 蜗轮蜗杆　9. 驱动轴

里程表是由蜗轮蜗杆机构和计数轮组成的。拖拉机行驶时，挠性轴驱动车速里程表的小轴，经 3 对蜗轮蜗杆传到第一计数轮，第一计数轮上的数字是 1/10 公里。第一计数轮把传动逐级传到其余计数轮，表示出车辆行驶里程。挠性轴一般由变速器轴上的蜗轮驱动。

二、主要零部件的检查与修理

1. 电喇叭的检修　电喇叭的主要故障是由于触点烧蚀，电容器损坏、磁力线圈断路、短路或搭铁，以及调整不当等原因，使喇叭不响或声音沙哑。

（1）触点烧蚀的磨修　电喇叭的触点必须保持清洁，接触面积不应小于 80%，若有轻微烧蚀或脏污，可用细砂纸磨修，用布条擦净。如果烧蚀严重，应卸下触点，将触点稍蘸机油在油石上磨平。若触点已无白金，应更换新件。

（2）电容器的检查修理　电喇叭上的电容器的主要作用是为了防止和减少触点的烧蚀，所以，当发现触点烧蚀很快，影响电喇叭声响时，应检查电容器外壳搭铁是否良好，中心引线的固定是否牢靠。如果正常，可拆下电容器，用

220 V 的交流电源串联一只 15 W 的试灯进行检查；如果试灯很亮，说明电容器已被击穿；如果试灯不亮或呈暗红色，可断开电源，把电容器中心引线靠近电容器外壳做跳火试验，如果出现强烈的蓝色火花，表示电容器良好，如果无火花，表示电容器内部断路。电容器短路或断路时都应更换新件。

（3）磁力线圈断路、短路和搭铁的检查修理　当电喇叭声音沙哑或不响，耗用电流减小或不耗电，应检查磁力线圈的接线是否松动、脱焊或断头，如果耗用电流过大，应检查线圈是否短路和搭铁。当线圈烧毁或匝间短路时，应按原样绕制新的线圈。

（4）电喇叭的调整　技术状态正常的电喇叭，在额定电压工作时，声音应洪亮悦耳，耗用电流不应超过规定的额定电流，否则应进行调整。

当喇叭音调不正常时，应以调整衔铁与铁芯间的间隙为主；当喇叭音量不正常时，应以调节调整螺母改变触点压力为主。

① 接触盘与铁芯间隙（气隙）的调整。气隙的大小应根据喇叭的音调来确定，一般在 0.8～1.2 mm。当喇叭发出尖叫声时，应增大气隙，当音调低哑时，应减小气隙。调整方法如图 14-66 所示，拧松接触盘紧固螺母，转动音调调整螺钉，即可改变气隙。接触盘与铁芯整个圆周的间隙应均匀，防止互相碰撞，产生杂音。

② 螺母与活动触点臂间隙的调整。调整螺母与活动触点臂间隙的大小影响着喇叭响度，喇叭响度过大说明间隙过大，触点闭合时间过长，应调小；喇叭响度过小时间隙小，应调大。调整时，拧动音量调整螺钉，即可改变间隙。有的喇叭只有音调调整螺钉，而铁芯间隙在制造中即调定不变了。

上述两个间隙应当互相配合反复调整，直至符合要求为止。

2. 闪光器的检修　闪光器的主要故障有闪光频率过快、过慢和线圈烧毁。

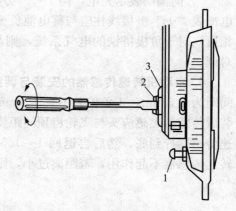

图 14-66　盆形电喇叭的调整
1. 音量调整螺钉　2. 音调调整螺钉
3. 紧固螺母

（1）闪光频率的检验调整　转向指示灯的闪光频率应为 95～120 次/min。当闪光灯电路各接线头接触不良、灯泡瓦数过小、触点间隙过大时，都会使感温电阻通电时间延长，闪光频率降低；反之，当灯泡瓦数大，触点间隙过小时，闪光频率就高。因此，当闪光过快或过慢时，除了检查线路和灯泡瓦数以外，可拉动电阻丝架或扳动活动触点臂，改变电阻丝对活动触点臂的拉力来调整触点间隙，以改变闪光频率。

（2）线圈烧毁的修复　当触点间隙过小或线圈接头搭铁，通过线圈的电流过大，会使线圈烧毁。线圈烧毁后，可用直径 0.5 mm 的漆包线绕 50 圈修复。

3. 电流表的检查修理　电流表最常用的检查方法是比较法。检查时先将被试电流表与标准直流电流表（0～30 A）及可变电阻（0～5 Ω，电流量为 30 A）串联在一起。接通电源并逐渐减小可变电阻值，同时比较两电流表的读数。若两读数相差不超过 20%，则可认为电流表状况良好，否则应予以修理。

如电流表读数比标准值高时，多半是永久磁铁退磁所致，应进行充磁。充磁时，将电流表的永久磁铁的磁极与一直流电磁铁的异性磁极接触一段时间即可。

如读数比标准值低，一般是转子轴及轴承磨损，或指针磁极卡住，应拆开检修。

换装电流表时，应注意"＋"、"－"接线柱的接向。为使电流表指针向"＋"方向偏摆表示充电，向"－"方向摆表示放电，对正极搭铁的电气系统，电流表"＋"极接线柱应与蓄电池负极相通，电流表"－"极接线柱与调节器相通；对于负极搭铁的电气系统，则与之相反，即将电流表接线柱上两接线对调。

4. 发动机转速传感器的安装与调整　发动机转速传感器的磁感应头感应间距为 1.5 mm，正负偏差不大于 1 mm，故对转速传感器的安装要求较高，安装后传感器磁感应头与飞轮齿顶间距要保证在感应间距范围内。调整时应将转速传感器拧到底，然后再退回 1～1.5 圈，以保证磁感应间距，若距离偏大，转速传感器不起作用，若距离过小，则容易造成飞轮将转速传感器损坏。

第十五章

拖拉机的总装与磨合试运转

第一节 拖拉机的总装

拖拉机的总装，就是把经过检修的发动机、变速箱、后桥、离合器、行走、转向及其他总成部件装成整台拖拉机，并进行外部调整。有的拖拉机为无架式，总装是分别围绕发动机和变速箱、后桥两总成进行的；有的拖拉机为半架式，总装是分别围绕梁架和传动箱进行的。下面以无架式拖拉机的总装为例进行介绍。

一、安装前桥

前桥的安装，应将发动机垫高放平，把装好前轮和支座的前桥总成推到发动机正前方，使前桥支座的螺栓孔与发动机体上的螺栓孔对准，穿入固定螺栓，左右均匀拧紧固定螺母，拧紧力矩应符合规定。安装后，前桥应能自由摆动，前后窜动量不得超过1 mm，间隙过大应加平垫予以调整，然后检查调整前轮轴承间隙，将花形螺母拧到底后退回1/8～1/3圈，刚能用手转动前轮为宜。调好后穿上开口销，装上轴承盖。

二、安装离合器

离合器的安装，使用专用芯轴不仅能提高安装效率，而且能提高安装质量。将离合器压盘总成和被动盘总成串在专用芯轴上，使被动盘轮毂凸缘短的一边靠近飞轮，将芯轴小端插入飞轮中心轴承内孔，转动离合器盖使螺栓孔对齐，均匀拧紧固定螺栓，拧紧力矩应符合规定值。然后检查调整3个分离杠杆内端球面到飞轮与中间压盘接合面的距离，应符合规定值，且处于同一平面上。检查调整离合器差动间隙，调好后上紧锁定螺母。

三、连接变速箱与后桥

变速箱与后桥连接的关键是防止机油渗漏。在变速箱与后桥之间装好防漏纸垫,必要时可在纸垫上涂密封胶。移动变速箱总成,使行星减速啮合套与小圆锥齿轮轴啮合,并使定位销对准定位孔,然后左右交替均匀拧紧连接螺栓,拧紧力矩应符合规定值。

四、安装转向器

将转向器总成用螺栓固定到变速箱体上,拧紧力矩应符合规定值。转动方向盘使其处于中间位置,检查左右转向垂臂,应向后倾斜 $15°$,否则应调整。

五、安装分离轴承

将分离拨叉轴装入变速箱体,穿上分离拨叉,拧紧固定螺钉,拨叉轴与衬套的配合间隙应符合规定值;将注满钙基润滑脂的分离轴承压装到轴承座上,将分离轴承座装到轴承座支架上,配合间隙应符合规定值。分离轴承应旋转自如,沿轴向滑动灵活,没有卡滞和晃动现象,最后装上回位弹簧。

六、安装离合器踏板和制动器踏板

将踏板轴穿入变速箱体,装上踏板,检查踏板轴与支承衬套、踏板与踏板轴的配合间隙,应符合规定值。踏板的轴向窜动量应不大于 0.5 mm,装上离合器、制动器调节拉杆,穿上开口销,装上回位弹簧。

七、安装驱动轮

将驱动轮装到驱动轴接盘上,分次均匀拧紧固定螺母,拧紧力矩应符合规定值。

八、发动机与底盘的连接

发动机与底盘的连接是飞轮与离合器轴的连接，是发动机与底盘在飞轮、离合器室位置互相衔合，当离合器轴花键与被动盘花键啮合不上时，可少许摇转曲轴，使其啮合，不要从结合面处伸手拨动离合器轴，以免挤伤。待定位销进入定位孔以后，均匀拧紧固定螺栓，拧紧力矩应符合规定值。安装左右转向纵拉杆，拧紧球形销固定螺母后，穿上开口销锁住。转动球头销密封盖，调整补偿弹簧的压力，保证球头销相对拉杆接头转动灵活，但不晃动。

九、安装水箱、油箱

安装水箱、油箱时，一定要注意装好减震垫和减震弹簧，拧紧固定螺母后，用开口销锁住。安装后，水箱、油箱、水管、油管不得有渗漏现象。

十、安装电器设备和仪表盘

所有用电设备应固定牢靠，所有线路的接头应连接可靠，接触良好，不得有松脱和漏电现象。

十一、安装其他附件

安装座位、挡泥板、牵引装置和机罩。安装全部黄油嘴，并注满润滑脂。

十二、进行外部检查调整

按规定要求检查调整各操纵机构、轮胎气压；检查调整离合器和制动器踏板自由行程；检查调整前轮前束等。

第二节　拖拉机的磨合试运转

经过检修的拖拉机，在投入正常负荷作业以前要进行试运转，即按一定的润滑、速度和负荷规范进行摩擦表面的磨合，并仔细检查拖拉机的运转情况，及时排除各种故障，使拖拉机达到预定的技术状态。

试运转分为修理单位修后的试运转和使用单位使用前的试运转。修理单位的试运转主要是检查拖拉机的装配和调整质量，排除故障，进行初步磨合和检查拖拉机的工作性能，但因条件限制，磨合时间短，达不到磨合要求。因此，在投入正常工作前，使用单位还必须进行由轻负荷到全负荷的试运转，以改善配合状况，及时排除各种负荷下可能出现的各种故障，使拖拉机达到规定的技术要求和延长使用寿命。

一、试运转前技术状态的检查与准备

1. 试运转前的技术检查内容

（1）从外部观察拖拉机各部件的完整性，着重检查漏装、短缺和损坏情况，并注意各部连接螺栓和螺母的紧固情况，如有松动，应及时拧紧。

（2）检查发动机油底壳、喷油泵、传动箱、最终传动箱、空气滤清器和液压油箱等部位的润滑油面。

（3）在减压状态下用摇把摇转曲轴，检查转动是否灵活。然后将一侧驱动轮支离地面，先后挂上各挡，摇转曲轴，检查传动系统有无阻碍和异响。

（4）检查轮胎充气压力。

（5）检查蓄电池电解液面的高度和充电情况，以及电气线路的连接状况。

（6）检查发电机皮带和风扇皮带的张紧度。检查各操纵机构调整的正确性。

2. 试运转前的准备工作

（1）按润滑图表向各润滑点加注润滑脂或润滑油，并使润滑油到达各摩擦表面。

（2）添加燃油和冷却水。

（3）认真阅读使用说明书中的试运转规程，了解具体操作方法。

二、发动机无负荷试运转

启动发动机，中速空运转"暖车"，然后在不同转速下检查发动机的技术状态，具体步骤如下：

（1）启动发动机，检查启动电机的工作性能和发动机的启动性能是否良好，如有故障应加以排除。

（2）使发动机由低速到中速运转一段时间，待水温上升到 40 ℃以上，再以全速运转。

（3）在不同转速下，检查发动机的技术状态，注意各指示仪表的读数。若发现有特殊响声、机油压力不正常、发电机不充电、排气冒烟（冷车低速运转时允许带淡烟）及漏水、漏油等情况，须查明原因及时排除，只有在发动机工作正常后，才可进行整车试运转。

三、拖拉机无负荷试运转

在空行中，对发动机和传动系进行轻负荷磨合，并检查拖拉机运行的技术状态。

1. 发动机经中速空转暖车后，按照规范进行各挡的空行试运转。

2. 在前进挡行驶过程中，检查以下各项：

（1）仔细倾听和观察发动机、传动系、行走部分的工作情况，注意各指示仪表的读数是否正常。

（2）检查离合器的调整是否正确。离合器应分离彻底，结合平稳可靠，不发抖，不打滑，无响声。

（3）换挡是否轻便，有无乱挡和自动脱挡现象。

（4）在平坦路面上左右转弯，并在低速时进行单边制动，检查转向机构的工作是否正常。

（5）在平坦路面上进行高速紧急制动，检查制动器的调整是否正确。

空行中发现的故障彻底排除后，方可进行拖拉机的负荷试运转。

四、拖拉机液压悬挂系的试运转

液压系的试运转是为了检查它的工作性能，并进行初步磨合。有的拖拉机由于装有单独液压油箱，试运转前应先运转油泵预热油液，其他大部分拖拉机可在空行试运转后，油液已经预热的情况下进行。

液压悬挂系试运转的步骤如下：

1. 接合液压油泵传动装置，使发动机中速运转，操纵液压手柄，试验升降动作是否正常，如果有故障应及时排除。

2. 悬挂一定的重量，例如可悬挂犁具，在发动机中速或高速运转下，操纵手柄，反复升降多次进行磨合。为了减轻农具降落时的冲击，应在松软地面上操作，或在农具下面挖坑，不让农具触地。

3. 注意观察升降过程是否平稳，有无抖动，提升速度是否正常，停升是否适时，以及油路各连接处有无漏油现象。

4. 试运转结束后，脱开油泵传动装置，使油泵停止工作。

五、拖拉机的负荷试运转

负荷试运转由使用者在拖拉机投入正常作业之前进行。负荷试运转是由轻负荷开始，逐步增加负荷，并在每一种负荷下，由低挡到高挡顺序磨合。由于每一种负荷磨合的时间都比较长，所以要结合一定的作业来进行，作业的负荷必须与规范规定的牵引力大致相符。

在负荷试运转期间，应注意检查各部分技术状态，及时排除故障，并按保养规程进行班次保养。

拖拉机磨合试运转规范见表 15-1。

表 15-1　雷沃 TG 系列拖拉机的磨合试运转规范

牵引负荷（kN）	相当的作业项目	油门开度	各挡的磨合时间（h）					总时间（h）
			A 挡 1、2、3、4	B 挡 1、2、3、4	C 挡 1、2、3、4	D 挡 1、2、3、4	倒挡 1、2、3、4	
0	空驶	3/4	0.5	0.5	0.5	0.5	0.5	2
3~4	挂拖车装 10T 质量运输	3/4	2	2	2	2	0	8
9~11	用配套五铧犁 IL-535，在沙土上，耕深为 20 cm 犁耕	全开	0	8	6	0	0	18
12~15	用配套五铧犁在较黏土壤上，耕深为 20 cm 犁耕	全开	0	12	10	0	0	22

六、试运转后的检查、保养及质量检验

1. 试运转后的检查

（1）将拖拉机外部泥土冲洗干净，停放在平坦地面上，倾听发动机有无不正常的响声，观察冒烟有无烧机油和油底壳有无窜气现象。

（2）检查变速箱、后桥、前轮毂和制动鼓的温度是否正常。

（3）检查进排气支管和汽缸垫处有无漏气现象。

（4）检查水箱、水泵、汽缸垫和水堵处有无漏水现象。

（5）检查油箱、输油泵、喷油泵、喷油嘴以及液压系统各油管接头有无漏油现象。检查曲轴箱、定时齿轮室盖、气门室盖、变速箱、分动箱、后桥、最终传动各衬垫处有无渗油现象。

（6）检查行走、转向和制动器等处连接螺栓是否松动。

（7）检查转向盘的自由行程、前轮前束、前轮轴承间隙、离合器踏板和制动器踏板的自由行程有无变化。

2. 试运转后的保养　拖拉机磨合后，润滑油中含有大量的金属粉末和其他杂质，必须紧接着进行换油、清洗、保养。同时，还应对各个部分进行复查、添加、紧固和调整等工作。

（1）负荷试运转结束后，趁热放出传动箱、最终传动和液压油箱中的润滑油。加入柴油，首先清洗液压系统，用手柄操纵升降数次，然后将手柄放在下降位置，并脱开油泵传动装置，使油泵停止转动，接着用低速挡前后开动拖拉机数分钟，清洗传动箱，最后放出清洗柴油，清洗液压系统的吸油滤网，重新添加清洁的润滑油至规定油面。

（2）停止发动机运转后，趁热放出油底壳的润滑油，清洗润滑系统，然后添加新机油至规定油面。

（3）用扭力扳手拧紧汽缸盖固定螺母，并检查调整气门间隙和减压杆间隙。必要时，校正喷油嘴的喷油压力。

（4）更换冷却水，必要时清洗冷却系统。

（5）检查蓄电池电解液面高度和密度，必要时进行补充充电。

（6）向所有润滑点注入钙基润滑脂。

3. 试运转后的质量检验　试运转后的质量检验标准如下：

（1）发动机启动性能良好，在气温不低于 5 ℃时，每次按下启动按钮不超过 15 s，最多不超过 3 次应能启动。当气温低于 5 ℃时，加热水或气温低于 −5 ℃加热机油后能启动，即为正常。

（2）发动机工作平稳，无噪声和敲击声，无过热和冒烟现象。

（3）油门操纵机构应准确可靠，当操纵手柄在两个极端位置时，应保证怠速运转不大于 700 r/min，保证额定转速稳定在 2 000 r/min，拉出停车拉杆，发动机应停止运转。

（4）进气系统各连接处应严密不漏气，当封闭空气过滤器的进气管时，发动机应立即熄火。

（5）水箱、油箱、管道、进排气管等各连接处，必须清洁畅通，但不得有漏油、漏水和漏气现象。

（6）各仪表工作可靠，正常工作时的读数应符合规定值。

（7）电气系统完整无缺，连接可靠，各线路接触良好，不松动，不搭铁，喇叭不沙哑，灯光不发暗。

（8）离合器结合平稳，分离彻底，不打滑，不发抖，离合器踏板行程应符合规定值。

（9）变速箱应换挡轻便，无乱挡、跳挡和自动脱挡现象。在各挡工作时，不得有噪声和敲击声，不得有过热现象。

（10）转向机构应操纵轻便灵活，转向盘自由行程在直线行驶位置应不超过 15°，左右最大回转角度应相等，转向盘打到极限位置时，拖拉机能以最小转弯半径作 360°转弯。

（11）制动器踏板联锁时，踩下制动器踏板，应能左右同时迅速制动，不得有偏转和侧滑现象。松开踏板应能迅速复位。在 20°斜坡上，上坡和下坡均能完全刹住不动。

（12）液压悬挂系统，操纵手柄应运动灵活，悬挂额定重量时，提升时间不超过 3 s，提升过程中不得有抖动现象，油泵不得有过热现象。提升到最高位置后，半小时内下沉量不得超过 15～20 mm。

参考文献

陈传强 . 2011. 农用运输车故障分析与排除 ［M］. 2 版 . 北京：中国农业出版社 .

陈地光 . 1988. 农机修理工必读 ［M］. 福州：福建科学技术出版社 .

段铁城 . 1993. 农机修理工：初级工 ［M］. 北京：机械工业出版社 .

隋善贞 . 1989. 泰山系列拖拉机检修 ［M］. 济南：山东科学技术出版社 .

田庆璋 . 1993. 农机修理工：中级工 ［M］. 北京：机械工业出版社 .

杨秋苏 . 1994. 农机修理工：高级工 ［M］. 北京：机械工业出版社 .

姚平民 . 1991. 拖拉机修理概要 ［M］. 北京：科学普及出版社 .

图书在版编目（CIP）数据

拖拉机修理工/王世杰主编.—北京：中国农业
出版社，2013.3
（新农村能工巧匠速成丛书）
ISBN 978 - 7 - 109 - 17667 - 6

Ⅰ.①拖… Ⅱ.①王… Ⅲ.①拖拉机-车辆修理
Ⅳ.①S219.07

中国版本图书馆 CIP 数据核字（2013）第 038143 号

中国农业出版社出版
（北京市朝阳区农展馆北路 2 号）
（邮政编码 100125）
责任编辑 何致莹 黄向阳

北京中科印刷有限公司印刷 新华书店北京发行所发行
2013 年 7 月第 1 版 2013 年 7 月北京第 1 次印刷

开本：720mm×960mm 1/16 印张：30.75
字数：550 千字
定价：62.00 元
（凡本版图书出现印刷、装订错误，请向出版社发行部调换）